シグマ基　題集

数学Ⅱ+B

文英堂編集部 編

MATHEMATICS

文英堂

特色と使用法

◎『**シグマ基本問題集　数学Ⅱ＋B**』は，問題を解くことによって教科書の内容を基本からしっかりと理解していくことをねらった**日常学習用問題集**である。編集にあたっては，次の点に気を配り，これらを本書の特色とした。

学習内容を細分し，重要ポイントを明示

学校の授業にあわせた学習がしやすいように，「数学Ⅱ＋B」の内容を 50 の項目に分けた。また，**「テストに出る重要ポイント」**では，その項目での重要度が非常に高く，テストに出そうなポイントだけをまとめた。これには必ず目を通すこと。

「基本問題」と「応用問題」の２段階編集

基本問題は教科書の内容を理解するための問題で，**応用問題**は教科書の知識を応用して解く発展的な問題である。どちらも小問ごとにチェック欄を設けてあるので，できたかどうかをチェックし，弱点の発見に役立ててほしい。また，解けない問題は，ガイドなどを参考にして，できるだけ自分で考えよう。

特に重要な問題は例題として解説

特に重要と思われる問題は例題研究》として掲げ，着眼と解き方をつけてくわしく解説した。着眼で，問題を解くときにどんなことを考えたらよいかを示してあり，解き方で，その考え方のみちすじを示してある。ここで，問題解法のコツをつかんでほしい。

定期テスト対策も万全

基本問題のなかで，定期テストに出やすい問題には〈テスト必出マークを，**応用問題**のなかで，テストに出やすい問題には〈差がつくマークをつけた。テスト直前には，これらの問題をもう一度解き直そう。

くわしい解説つきの別冊正解答集

解答は，答え合わせをしやすいように別冊とし，問題の解き方が完璧（かんぺき）にわかるようにくわしい解説をつけた。また，テスト対策では，定期テストなどの試験対策上のアドバイスや留意点を示した。大いに活用してほしい。

もくじ

1　3次の乗法公式

テストに出る重要ポイント

- **展開公式**

　① $(\boldsymbol{a}\pm\boldsymbol{b})^3=\boldsymbol{a}^3\pm3\boldsymbol{a}^2\boldsymbol{b}+3\boldsymbol{a}\boldsymbol{b}^2\pm\boldsymbol{b}^3$（複号同順）

　② $(\boldsymbol{a}\pm\boldsymbol{b})(\boldsymbol{a}^2\mp\boldsymbol{a}\boldsymbol{b}+\boldsymbol{b}^2)=\boldsymbol{a}^3\pm\boldsymbol{b}^3$（複号同順）

- **因数分解の公式**

　① $\boldsymbol{a}^3\pm3\boldsymbol{a}^2\boldsymbol{b}+3\boldsymbol{a}\boldsymbol{b}^2\pm\boldsymbol{b}^3=(\boldsymbol{a}\pm\boldsymbol{b})^3$（複号同順）

　② $\boldsymbol{a}^3\pm\boldsymbol{b}^3=(\boldsymbol{a}\pm\boldsymbol{b})(\boldsymbol{a}^2\mp\boldsymbol{a}\boldsymbol{b}+\boldsymbol{b}^2)$（複号同順）

基本問題

解答 ➡ 別冊 *p. 1*

できたらチェック。

1 次の式を展開せよ。

□ (1)　$(x+3)^3$　　□ (2)　$(x-4)^3$

□ (3)　$(x+5)(x^2-5x+25)$　　□ (4)　$(x-6y)(x^2+6xy+36y^2)$

2 次の式を因数分解せよ。

□ (1)　x^3+8　　□ (2)　$27x^3-64y^3$

□ (3)　$x^3+15x^2+75x+125$　　□ (4)　$8x^3-12x^2y+6xy^2-y^3$

応用問題

解答 ➡ 別冊 *p. 1*

3 次の式を因数分解せよ。

□ (1)　$a^3+b^3+c^3-3abc$　　□ (2)　$27x^3-8y^3+18xy+1$

ガイド　(1) $a^3+b^3=(a+b)^3-3ab(a+b)$ を用いて，まず a^3+b^3 を変形する。

4 $\alpha=\dfrac{2}{\sqrt{6}+\sqrt{2}}$，$\beta=\dfrac{2}{\sqrt{6}-\sqrt{2}}$ のとき，次の式の値を求めよ。 差がつく

□ (1)　$\alpha+\beta$　　□ (2)　$\alpha^3+\beta^3$　　□ (3)　$\alpha^6+\beta^6$

2 二項定理

✪ テストに出る重要ポイント

- **二項定理**

  $(\boldsymbol{a}+\boldsymbol{b})^n={}_n\mathrm{C}_0\boldsymbol{a}^n+{}_n\mathrm{C}_1\boldsymbol{a}^{n-1}\boldsymbol{b}+\cdots+{}_n\mathrm{C}_r\boldsymbol{a}^{n-r}\boldsymbol{b}^r+\cdots+{}_n\mathrm{C}_n\boldsymbol{b}^n$

- **一般項，二項係数**…${}_n\mathrm{C}_r\boldsymbol{a}^{n-r}\boldsymbol{b}^r$ を**一般項**，各係数 ${}_n\mathrm{C}_r$ を**二項係数**という。
- **$(\boldsymbol{a}+\boldsymbol{b}+\boldsymbol{c})^n$ の展開式(多項定理)**…$(a+b+c)^n$ の展開式における $a^pb^qc^r$ の項の係数は $\dfrac{\boldsymbol{n!}}{\boldsymbol{p!q!r!}}$ （ただし，$p+q+r=n$）

基本問題

解答 ➡ 別冊 p. 1

できたらチェック。

5 二項定理を使って，次の式を展開せよ。

□ (1) $(x-y)^8$　□ (2) $(a+2b)^4$　□ (3) $(x-2y)^5$

□ (4) $(2a+b)^6$　□ (5) $(2x-3y)^5$　□ (6) $(3a+2b)^5$

6 二項定理を使って，次の式を展開せよ。

□ (1) $\left(x-\dfrac{1}{2}\right)^5$　□ (2) $\left(\dfrac{1}{3}a+2b\right)^4$　□ (3) $\left(2x+\dfrac{1}{x}\right)^6$

□ (4) $\left(x^2+\dfrac{1}{x}\right)^6$　□ (5) $\left(x^2-\dfrac{3}{x}\right)^5$　□ (6) $\left(x^2+\dfrac{2}{x}\right)^5$

例題研究》 $\left(x^2-\dfrac{2}{x}\right)^6$ の展開式における x^6 の項の係数を求めよ。

着眼 $(a+b)^n$ の展開式を扱う場合，まず一般項 ${}_n\mathrm{C}_ra^{n-r}b^r$ を作り，指定された項だけを取り出して考える。

解き方 $\left(x^2-\dfrac{2}{x}\right)^6$ の展開式の一般項は　${}_6\mathrm{C}_r(x^2)^{6-r}\left(-\dfrac{2}{x}\right)^r={}_6\mathrm{C}_r(-2)^rx^{12-2r}\cdot\dfrac{1}{x^r}$

→ この種の問題では，まず一般項を求める

$x^{12-2r}\cdot\dfrac{1}{x^r}=x^6$ から　$x^{12-2r}=x^{6+r}$

$12-2r=6+r$ から　$r=2$

したがって，x^6 の項の係数は

$${}_6\mathrm{C}_2\times(-2)^2=15\times4=60$$

答 60

7 次の展開式における，〔　〕内に指定された項の係数を求めよ。 テスト必出

□ (1) $(2x-3)^8$ 〔x^6〕

□ (2) $(x+5)^{10}$ 〔x^7〕

□ (3) $\left(x-\dfrac{2}{x}\right)^8$ 〔$\dfrac{1}{x^2}$〕

□ (4) $\left(x^2+\dfrac{2}{x}\right)^7$ 〔$\dfrac{1}{x}$〕

例題研究》 $(x+2y+3z)^8$ の展開式における $x^2y^3z^3$ の項の係数を求めよ。

着眼 多項定理を利用して，一般項を $Ax^By^Cz^D$ の形で表す。

解き方 $(x+2y+3z)^8$ の展開式の一般項は

$$\frac{8!}{p!q!r!}x^p(2y)^q(3z)^r=\frac{8!}{p!q!r!}2^q\cdot 3^r x^p y^q z^r \quad (p+q+r=8)$$

→ この関係に注意！

よって，$x^2y^3z^3$ の項の係数は $p=2$，$q=3$，$r=3$ として

$$\frac{8!}{2!3!3!}\times 2^3\times 3^3=120960$$

答 **120960**

□ **8** $(x-y-2z)^6$ の展開式における x^2y^3z の項の係数を求めよ。

□ **9** $(x+2y-3z)^6$ の展開式における x^3y^2z の項の係数を求めよ。 テスト必出

応用問題

解答 ➡ 別冊 p. 3

□ **10** $(1+x)^7(2+x)^7$ を展開したときの x^3 の項の係数を求めよ。

□ **11** 次の展開式における x^6 の項の係数を求めよ。

$$(1+x^2)+(1+x^2)^2+(1+x^2)^3+\cdots+(1+x^2)^{10}$$

□ **12** 11^{13} の百の位の数と十の位の数を二項定理を用いてそれぞれ求めよ。

□ **13** $(x^2+2x+3)^4$ の展開式における x^5 の項の係数を求めよ。

□ **14** $\left(x^2+x-\dfrac{1}{x}\right)^5$ の展開式における x^4 の項の係数を求めよ。 差がつく

3 多項式の除法

テストに出る重要ポイント

- **指数法則（除法）**…m, n が正の整数で，$a \neq 0$ のとき

$$a^m \div a^n = \begin{cases} a^{m-n} & (m>n \text{ のとき}) \\ 1 & (m=n \text{ のとき}) \\ \dfrac{1}{a^{n-m}} & (m<n \text{ のとき}) \end{cases}$$

- **多項式の除法**…多項式 A を 0 でない多項式 B で割ったときの商を Q，余りを R とすると

$$A=BQ+R \ (R \text{ の次数} < B \text{ の次数})$$

基本問題

解答 ⟹ 別冊 *p. 4*

15 次の計算をせよ。

□ (1) $x^4 \div x^2$

□ (2) $(-4x^3y^2) \div 2x^2y$

□ (3) $x^2y^3 \div xy$

□ (4) $(3x^2y-4xy^3) \div xy$

□ (5) $(6x^2y-8xy^2) \div 2xy$

16 次の多項式 A を多項式 B で割ったときの商と余りを求めよ。 テスト必出

□ (1) $A=4x^2+3x-1$, $B=2x+3$

□ (2) $A=2x^3+3x^2-6x+2$, $B=x-1$

□ (3) $A=-2x^3+x^2+5x-4$, $B=x-1$

□ (4) $A=2x^2+7x+5-3x^3$, $B=3x-1$

□ (5) $A=x^3+3x^2+8x-1$, $B=x^2-2x+1$

□ (6) $A=-2x^3-5+3x^2$, $B=x^2+2x-1$

ガイド (4) 降べきの順に整理する。(6) 降べきの順に整理し，$A=-2x^3+3x^2$ □ -5 のように，欠けている次数の項はあけて計算する。

□ **17** 多項式 A を多項式 $2x^2-x+3$ で割ると，商が x^4-x+1，余りが $x-2$ となる。多項式 A を求めよ。

応用問題

解答 ➡ 別冊 p. 5

□ **18** 多項式 $8x^3+3x-6$ を最高次の係数が1である多項式 P で割ると，余りが $3x-5$ である。多項式 P を求めよ。

□ **19** x^3 をある多項式 A で割ると，商が $x+2$，余りが $x-6$ である。多項式 A を求めよ。

20 次の多項式 A，B を x についての多項式とみて，A を B で割った商と余りを求めよ。

□ (1)　$A=x^2-xy-6y^2+x+7y-3$，$B=x+2y-1$

□ (2)　$A=4x^3-7xy^2+4y^3$，$B=2x-3y$

例題研究》 m，n を $m>n>0$ である整数とする。$x^3-mnx+2(m+n)$ が $x-1$ で割り切れるとき，m，n の値と商を求めよ。

着眼 割り切れるということは，実際に割り算をしたとき**余りが0**であればよい。

解き方 右のように，実際に割り算を行うと，余りが $-mn+2(m+n)+1$ となる。割り切れるということは余りが0であるので　$-mn+2(m+n)+1=0$

$mn-2(m+n)-1=0$ → 大切

$(m-2)(n-2)-4-1=0$

$(m-2)(n-2)=5$

m，n は $m>n>0$ を満たす整数だから

$m-2=5$，$n-2=1$　　よって　$\boldsymbol{m=7}$，$\boldsymbol{n=3}$ ……答

$m=7$，$n=3$ を商に代入して　$\boldsymbol{x^2+x-20}$ ……答

$$
\begin{array}{r|l}
 & x^2 \quad + \quad x+(1-mn) \\
\hline
x-1 & x^3 \quad\quad -mnx+2(m+n) \\
 & x^3-x^2 \\
\hline
 & \quad x^2 -mnx \\
 & \quad x^2 \quad -x \\
\hline
 & \quad (1-mn)x+2(m+n) \\
 & \quad (1-mn)x-(1-mn) \\
\hline
 & \quad\quad -mn+2(m+n)+1
\end{array}
$$

□ **21** 多項式 x^4+ax^2+1 が多項式 x^2+ax+1 で割り切れるとき，a の値を求めよ。《差がつく》

□ **22** 多項式 $2x^3-5x^2-7x+3$ を $(x+1)$ の多項式として表せ。

ガイド　$x+1=y$ とおき，$x=y-1$ を与えられた式に代入すればよい。

4 分数式の計算

✪ テストに出る重要ポイント

- **多項式の約数と倍数**…多項式 A が多項式 B で割り切れるとき，B を A の**約数**，A を B の**倍数**という。いくつかの多項式に共通な約数を，それらの**公約数**といい，そのうちで次数の最も高いものを**最大公約数**という。また，いくつかの多項式に共通な倍数を，それらの**公倍数**といい，そのうちで次数の最も低いものを**最小公倍数**という。
- **分数式の約分と通分**…A，B を多項式とするとき $\dfrac{A}{B}$ の形の式を**分数式**といい，A を分子，B を分母という。分数式の分母，分子が共通因数をもつとき，分母，分子を共通因数で割ることを**約分する**という。また，2つ以上の分数式の分母を同じ多項式にそろえることを**通分する**という。
- **分数式の四則計算**

加法：$\dfrac{A}{C}+\dfrac{B}{C}=\dfrac{A+B}{C}$　　減法：$\dfrac{A}{C}-\dfrac{B}{C}=\dfrac{A-B}{C}$

乗法：$\dfrac{A}{B}\times\dfrac{C}{D}=\dfrac{AC}{BD}$　　除法：$\dfrac{A}{B}\div\dfrac{C}{D}=\dfrac{A}{B}\times\dfrac{D}{C}=\dfrac{AD}{BC}$

基本問題

解答 ➡ 別冊 p. 6

23 次の分数式を約分して簡単にせよ。

□ (1) $\dfrac{27a^3b^2xy}{15a^2bx^3y^2}$　□ (2) $\dfrac{3x^2-5x+2}{2x^2+x-3}$　□ (3) $\dfrac{x^3+3x^2+2x}{x^3-4x}$

□ **24** 分数式 $A=\dfrac{x-4}{x^2-4x+3}$，$B=\dfrac{x+3}{x^2+x-2}$ を通分せよ。

25 次の式を計算せよ。〈テスト必出〉

□ (1) $\dfrac{2x}{x-y}+\dfrac{4x}{y-x}$　□ (2) $\dfrac{2x}{x^2-4}-\dfrac{1}{x-2}$　□ (3) $\dfrac{1}{x+1}-\dfrac{1}{x-1}+\dfrac{2x}{x^2-1}$

26 次の式を計算せよ。

□ (1) $\dfrac{x+2}{x-1}\times\dfrac{x-2}{x+1}$　　□ (2) $\dfrac{x^2-x-6}{x^2-1}\times\dfrac{x^3-1}{2x^2+3x-2}$

□ (3) $\dfrac{x^2-4x+3}{x^2-5x+6}\div\dfrac{x^2-1}{x^2-x-2}$　　□ (4) $\dfrac{2x^2+x}{3x^2-11x+6}\div\dfrac{x^2-5x}{x^2-8x+15}$

応用問題

解答 ➡ 別冊 *p. 7*

例題研究》 次の式を計算せよ。

(1) $\dfrac{3x+1}{x}-\dfrac{4x-3}{x-1}-\dfrac{x-1}{x-2}+\dfrac{2x-5}{x-3}$

(2) $\dfrac{1}{(x-1)(x-2)}+\dfrac{1}{(x-2)(x-3)}+\dfrac{1}{(x-3)(x-4)}$

着眼 (1) 分子 A を分母 B で割った商を Q，余りを R とすると，$A=BQ+R$ であるから $\dfrac{A}{B}=\dfrac{BQ+R}{B}=Q+\dfrac{R}{B}$ となる。こうすると，分子の次数が分母の次数より低くなり，計算しやすくなる。

(2) 次の等式を利用する。

$$\frac{1}{(x+n)(x+n+1)}=\frac{1}{x+n}-\frac{1}{x+n+1}$$

解き方 (1) 与式

$$=\left(3+\frac{1}{x}\right)-\left(4+\frac{1}{x-1}\right)-\left(1+\frac{1}{x-2}\right)+\left(2+\frac{1}{x-3}\right)$$

$$=\left(\frac{1}{x}-\frac{1}{x-1}\right)-\left(\frac{1}{x-2}-\frac{1}{x-3}\right)=\frac{-1}{x(x-1)}+\frac{1}{(x-2)(x-3)}$$

$$=\frac{-(x-2)(x-3)+x(x-1)}{x(x-1)(x-2)(x-3)}=\boldsymbol{\frac{2(2x-3)}{x(x-1)(x-2)(x-3)}}$$ ……答

(2) 与式$=\left(\dfrac{1}{x-2}-\dfrac{1}{x-1}\right)+\left(\dfrac{1}{x-3}-\dfrac{1}{x-2}\right)+\left(\dfrac{1}{x-4}-\dfrac{1}{x-3}\right)$

$$=\frac{1}{x-4}-\frac{1}{x-1}=\boldsymbol{\frac{3}{(x-1)(x-4)}}$$ ……答

→ このように変形することを部分分数に分解するという

27 次の式を計算せよ。〈差がつく

□ (1) $\dfrac{x^2}{(x-y)(z-x)}+\dfrac{y^2}{(y-z)(x-y)}+\dfrac{z^2}{(z-x)(y-z)}$

□ (2) $\dfrac{x+2+\dfrac{1}{x}}{x-\dfrac{1}{x}}$　　□ (3) $\dfrac{\dfrac{1}{x}-\dfrac{1}{x-y}}{\dfrac{1}{x+y}-\dfrac{1}{x}}$

5 恒等式

テストに出る重要ポイント

- **恒等式**…含まれている文字にどのような値を代入しても成り立つ等式を恒等式という。また，与えられた等式が恒等式となるように未知係数を決定する方法(未定係数法)には，**数値代入法**と**係数比較法**がある。
- **数値代入法**…恒等式に適当な数値を代入して，未定係数についての連立方程式をつくって解く。このとき，**逆の確認**が必要となる。
- **係数比較法**…任意の実数 x に対して
  $ax^2+bx+c=a'x^2+b'x+c' \iff \boldsymbol{a=a'},\ \boldsymbol{b=b'},\ \boldsymbol{c=c'}$ を利用する。

できたらチェック。

基本問題

解答 → 別冊 p. 8

□ **28** 次の等式のうち，恒等式はどれか。

(1) $x^2-4x+2=(x-2)^2-2$　　(2) $2x(x-1)=2x^2-x$

(3) $\dfrac{6}{x^2-9}=\dfrac{1}{x-3}-\dfrac{1}{x+3}$　　(4) $\dfrac{2}{(x+1)(x+2)}=\dfrac{1}{x+1}-\dfrac{1}{x+2}$

29 次の等式が x，y についての恒等式となるように定数 a，b，c の値を定めよ。

□ (1) $x^2-3x-a=(x-2)(x-b)$

□ (2) $x^2-x+c=a(x-1)(x+1)+b(x-1)(x-2)$

□ (3) $ax^2+bx-1=(x-2)(x+1)+c(x-1)^2$

□ (4) $xy+ax-y+b=(x-c)(y-1)$

□ (5) $x^3+x^2+3=(x^2-2x-1)(x-a)+(bx+c)$

□ (6) $x^3=(x-1)^3+a(x-1)^2+b(x-1)+c$

30 次の等式が x についての恒等式となるように定数 a，b，c の値を定めよ。

テスト必出

□ (1) $\dfrac{a}{x^2-1}=\dfrac{b}{x+1}-\dfrac{1}{x-1}$　　□ (2) $\dfrac{1}{x^3-1}=\dfrac{a}{x-1}+\dfrac{bx+c}{x^2+x+1}$

ガイド　分母を払ってから両辺の同じ次数の項の係数を比較する。

応用問題

解答 ➡ 別冊 p. 9

例題研究》 x の3次式 x^3-3x^2-ax-b が x の2次式 x^2-x+1 で割り切れるように，定数 a，b の値を定めよ。

着眼　3次式 A が2次式 B で割り切れるとき，A を B で割ったときの商を C とすると，$A=BC$ となる。右辺を展開し，整理してから係数を比較すればよい。

解き方　3次式を2次式で割ったとき，商は1次式で $px+q$ と表せる。割り切れるから
$x^3-3x^2-ax-b=(x^2-x+1)(px+q)$ は恒等式である。
$x^3-3x^2-ax-b=px^3+(-p+q)x^2+(p-q)x+q$
両辺の同じ次数の項の係数を比較して
$1=p,\quad -3=-p+q,\quad -a=p-q,\quad -b=q$
これらを解いて　$p=1,\quad q=-2,\quad a=-3,\quad b=2$
よって　$\boldsymbol{a=-3,\quad b=2}$ ……答
└→ 係数比較法では逆の確認は不要である

□ **31** 多項式 ax^3+4x^2-bx+7 を多項式 x^2+x-2 で割ると，余りが11になる。このとき，定数 a，b の値を求めよ。

□ **32** 等式 $2x^2-axy-2y^2+7x+y-b=(2x+y+c)(x-2y-d)$ が，x，y についての恒等式となるように，定数 a，b，c，d の値を定めよ。

□ **33** 等式 $(2k+1)x+(k-1)y-2k-7=0$ が，k のどのような値に対しても成り立つように，x，y の値を定めよ。

□ **34** x についての多項式 $(x-1)(x-2)f(x)=x^3+mx+n$ が恒等式となるとき，m，n の値と x の多項式 $f(x)$ を求めよ。〈差がつく〉

ガイド　与式に $x=1$，$x=2$ をそれぞれ代入し，m，n についての方程式を解く。

□ **35** ある3次式 $f(x)$ に対して，$f(x)-2$ は $(x+1)^2$ で割り切れ，$f(x)+2$ は $(x-1)^2$ で割り切れる。このとき，3次式 $f(x)$ を求めよ。

6 等式の証明

テストに出る重要ポイント

- **等式 $A=B$ の証明**
  ① **A を変形して B** を導く。または **B を変形して A** を導く。
  ② **A，B** をそれぞれ変形して，同じ式を導く。
  ③ **$A-B=0$** を示す。
- **条件つきの等式の証明**
  ① 条件式を用いて文字を減らす。
  ② たとえば，条件 $C=0$ のもとで，$A=B$ を証明するとき，$A-B$ を因数分解して C を因数にもつことを示す。
  ③ 条件式が比例式のとき，**比の値を k** とおく。

基本問題

解答 → 別冊 p. 10

できたらチェック。

36 次の等式を証明せよ。 テスト必出

□ (1) $(a-b)^2+(a+b)^2=2(a^2+b^2)$

□ (2) $(a^2+b^2)(x^2+y^2)=(ax-by)^2+(ay+bx)^2$

□ (3) $a^2+b^2+c^2-ab-bc-ca=\dfrac{1}{2}\{(a-b)^2+(b-c)^2+(c-a)^2\}$

ガイド (3) 右辺を展開して整理する。

例題研究》 $a+b+c=0$ のとき，次の等式が成り立つことを証明せよ。

$$(a+b)(b+c)(c+a)=-abc$$

着眼 等式の証明の原則は，(左辺)−(右辺)=**0** を示すことである。条件式がついている場合，条件式を用いて1つの文字を消去すれば，条件式のない場合の等式の証明と同様になる。

解き方 $a+b+c=0$ から $c=-(a+b)$ これを代入して

(左辺)−(右辺) $=(a+b)(b+c)(c+a)+abc=(a+b)\{b-(a+b)\}\{-(a+b)+a\}+ab\{-(a+b)\}$

→ この値が0であることを示せばよい

$=ab(a+b)-ab(a+b)=0$

よって $(a+b)(b+c)(c+a)=-abc$ 〔証明終〕

37 $a+b+c=0$ のとき，次の等式が成り立つことを証明せよ。

□ (1) $2a^2+bc=(a-b)(a-c)$

□ (2) $\dfrac{b^2-c^2}{a}+\dfrac{c^2-a^2}{b}+\dfrac{a^2-b^2}{c}=0$ （ただし $abc\neq0$）

38 $a+b=1$ のとき，次の等式が成り立つことを証明せよ。

□ (1) $a^2+b=a+b^2$

□ (2) $a^2+b^2+1=2(a+b-ab)$

39 $\dfrac{a}{b}=\dfrac{c}{d}$ のとき，次の等式が成り立つことを証明せよ。

□ (1) $\dfrac{a-b}{b}=\dfrac{c-d}{d}$

□ (2) $\dfrac{a+2b}{b}=\dfrac{c+2d}{d}$

□ (3) $(a^2+c^2)(b^2+d^2)=(ab+cd)^2$

応用問題

解答 ➡ 別冊 p. 12

例題研究》 $x+y+z=\dfrac{1}{x}+\dfrac{1}{y}+\dfrac{1}{z}=1$ のとき，x, y, z のうち少なくとも1つは1であることを示せ。

着眼 結論を式で表すと $\boldsymbol{(x-1)(y-1)(z-1)=0}$ だから，この式を作るように工夫すればよい。
└→ 覚えておこう！

解き方 条件式より　$x+y+z=1$　……①

また，$\dfrac{1}{x}+\dfrac{1}{y}+\dfrac{1}{z}=1$ の両辺に xyz を掛けると，$yz+zx+xy=xyz$　……②

$(x-1)(y-1)(z-1)=(xy-x-y+1)(z-1)=xyz-(xy+yz+zx)+(x+y+z)-1$ に

①，②を代入すると　$(x-1)(y-1)(z-1)=0$

ゆえに　$x=1$　または　$y=1$　または　$z=1$

したがって，x, y, z のうち少なくとも1つは1である。　〔証明終〕

□ **40** $\dfrac{1}{x}+\dfrac{1}{y}+\dfrac{1}{z}=\dfrac{1}{x+y+z}$ のとき，$y+z$, $z+x$, $x+y$ のうち，少なくとも1つは0であることを示せ。〈差がつく〉

ガイド　$(y+z)(z+x)(x+y)=0$ であることを示せばよい。

7 不等式の証明

✪ テストに出る重要ポイント

- **不等式 $A>B$ の証明**

$A-B>0$ を示すのが基本。

① $A-B$ を因数分解し，各因数の符号を調べる。

② $A-B$ が2次式なら，平方の和などに変形する。**(実数)$^2\geqq 0$** を用いる。

③ $A>0$，$B>0$ のとき　$A^2>B^2$ を示す。

④ 不等式の公式を利用する。

・[**相加平均**と**相乗平均**の関係]

$a\geqq 0$，$b\geqq 0$ のとき　$\dfrac{a+b}{2}\geqq\sqrt{ab}$（等号が成り立つのは $a=b$ のとき）

⑤ 条件式があるときは，それを使って文字を減らす。

基本問題

解答 ➡ 別冊 p. 12

41 次の不等式が成り立つことを証明せよ。また，(3)の不等式の等号が成り立つのはどのようなときか。

できたらチェック。

□ (1)　$a>1$，$b>1$ のとき　$ab+1>a+b$

□ (2)　$a>b>0$ のとき　$a^2>b^2$　　□ (3)　$a\geqq b$ のとき　$a^3\geqq b^3$

42 x，y が実数のとき，次の不等式が成り立つことを証明せよ。また，等号が成り立つのはどのようなときか。〈テスト必出

□ (1)　$x^2+y^2\geqq 2(x+y-1)$　　□ (2)　$x^2+y^2\geqq x(y+1)+y-1$

43 $a>0$，$b>0$ のとき，次の不等式が成り立つことを証明せよ。また，等号が成り立つのはどのようなときか。

□ (1)　$\sqrt{2(a+b)}\geqq\sqrt{a}+\sqrt{b}$　　□ (2)　$\sqrt{\dfrac{a^2+b^2}{2}}\geqq\dfrac{a+b}{2}$

ガイド　左辺，右辺ともに正であるから，平方して差が正または0であることを示す。

44 a，b，c，d はすべて正の数とする。このとき，次の不等式が成り立つことを相加平均と相乗平均の関係を使って証明せよ。また，等号が成り立つのはどのようなときか。〈テスト必出〉

□ (1) $a+\dfrac{4}{a}\geqq 4$　　□ (2) $\dfrac{b}{a}+\dfrac{a}{b}\geqq 2$

□ (3) $\left(\dfrac{a}{b}+\dfrac{c}{d}\right)\left(\dfrac{b}{a}+\dfrac{d}{c}\right)\geqq 4$　　□ (4) $(a+b)(b+c)(c+a)\geqq 8abc$

応用問題

解答 ➡ 別冊 p. 13

例題研究》 a，b，c が実数のとき，次の不等式が成り立つことを証明せよ。また，等号が成り立つのはどのようなときか。

$$a^2+b^2+c^2\geqq ab+bc+ca$$

着眼 差をとって**平方の和の形に変形**できないか，または，a についての 2 次式と考えて**平方完成**することができないかを考える。

解き方 $P=(\text{左辺})-(\text{右辺})=a^2+b^2+c^2-(ab+bc+ca)=a^2+b^2+c^2-ab-bc-ca$ → 正または 0 であることを示す

$=\dfrac{1}{2}(2a^2+2b^2+2c^2-2ab-2bc-2ca)$

$=\dfrac{1}{2}\{(a^2-2ab+b^2)+(b^2-2bc+c^2)+(c^2-2ca+a^2)\}$ → この変形が大切

$=\dfrac{1}{2}\{(a-b)^2+(b-c)^2+(c-a)^2\}\geqq 0$ → この結果を覚えておこう

よって　$a^2+b^2+c^2\geqq ab+bc+ca$

等号が成り立つのは $a-b=0$ かつ $b-c=0$ かつ $c-a=0$，すなわち $a=b=c$ のときである。

〔証明終〕

45 a，b は実数とするとき，不等式 $|a+b|\leqq|a|+|b|$ が成り立つことを証明し，これを用いて次の不等式が成り立つことを証明せよ。

□ (1) $|a-b|\leqq|a|+|b|$　　□ (2) $|a|-|b|\leqq|a-b|$

ガイド　平方の差をつくり，$|A|^2=A^2$，$|A|-A\geqq 0$ であることを用いる。

□ **46** x，y が実数，a，b が正の数で $a+b=1$ を満たす。このとき，次の不等式が成り立つことを証明せよ。また，等号が成り立つのはどのようなときか。〈差がつく〉

$ax^2+by^2\geqq(ax+by)^2$

8 複素数

テストに出る重要ポイント

- **虚数単位**…平方すると -1 になる数を $\boldsymbol{i}$ (虚数単位)で表す。すなわち $\boldsymbol{i^2=-1}$ である。$a>0$ のとき，$\boldsymbol{\sqrt{-a}=\sqrt{a}i}$　特に，$\sqrt{-1}=i$
- **複素数の計算**
  ① i は文字のように考えて計算する。
  ② i^2 があれば -1 におきかえる。
  ③ 分母に $a+bi$ があれば $(a+bi)(a-bi)=a^2+b^2$ を利用して実数化する。
- **複素数の相等**…a，b，c，d が実数のとき，
  ① $\boldsymbol{a+bi=c+di \Longleftrightarrow a=c,\ b=d}$　② $\boldsymbol{a+bi=0 \Longleftrightarrow a=b=0}$
- **共役な複素数**…a，b が実数のとき，複素数 $\alpha=a+bi$ に対して，$\overline{\alpha}=\boldsymbol{a-bi}$ を α と**共役な複素数**という。
  ① $\overline{\alpha\pm\beta}=\overline{\alpha}\pm\overline{\beta}$ (複号同順)　② $\overline{\alpha\beta}=\overline{\alpha}\,\overline{\beta}$　③ $\overline{\left(\dfrac{\alpha}{\beta}\right)}=\dfrac{\overline{\alpha}}{\overline{\beta}}$

基本問題 解答 → 別冊 p. 14

47 次の数を i(虚数単位)を用いて表せ。

□ (1) $\sqrt{-5}$　□ (2) $\sqrt{-12}$　□ (3) $\sqrt{-16}$

□ (4) $\sqrt{-\dfrac{1}{4}}$　□ (5) $\sqrt{-\dfrac{5}{16}}$　□ (6) $\sqrt{-\dfrac{9}{5}}$

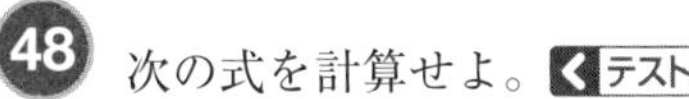

48 次の式を計算せよ。 テスト必出

□ (1) $\sqrt{-9}+\sqrt{-16}$　□ (2) $3\sqrt{-4}-5\sqrt{-25}$

□ (3) $\sqrt{-64}+\sqrt{-49}$　□ (4) $(\sqrt{-6})^2$

□ (5) $\sqrt{-5}\times\sqrt{-7}$　□ (6) $\sqrt{5}\times\sqrt{-75}$

□ (7) $\dfrac{\sqrt{-30}}{\sqrt{-5}}$　□ (8) $\dfrac{3\sqrt{-12}\times\sqrt{-4}}{\sqrt{-8}}$

49 次の式を計算せよ。

□ (1) i^2　□ (2) $-i^2$　□ (3) $(2i)^2$　□ (4) $(-i)^2$　□ (5) $(-i)^3$　□ (6) i^4

50 次の式を計算せよ。

□ (1) $(4+2i)+(3-6i)$　□ (2) $(3i-1)+(3+6i)$

□ (3) $(2+3i)-(-5-2i)$　□ (4) $(3-2i)-(2-i)$

□ (5) $(5i+3)-(2i-6)$　□ (6) $(4-8i)-(3-7i)$

51 次の式を計算せよ。

□ (1) $(1+i)i$　□ (2) $i(-6-2i)$　□ (3) $(2+5i)(1+3i)$

□ (4) $(1+2i)(2-5i)$　□ (5) $(1-i)(1+i)$　□ (6) $(\sqrt{3}+i)(\sqrt{3}-i)$

□ (7) $(1+i)^2$　□ (8) $(2-i)^2$

52 次の式を計算せよ。

□ (1) $\dfrac{1}{1-i}$　□ (2) $\dfrac{i}{2+i}$　□ (3) $\dfrac{1+i}{3+2i}$

□ (4) $\dfrac{1+i}{3-2i}$　□ (5) $\dfrac{\sqrt{2}}{\sqrt{2}+i}$　□ (6) $\dfrac{\sqrt{3}+\sqrt{2}i}{\sqrt{3}-\sqrt{2}i}$

例題研究》 次の等式を満たす実数 x, y の値を求めよ。

$$(1+i)x-(1-i)y=2-2i$$

着眼　与式の左辺，右辺をそれぞれ $a+bi$ の形に整理し，**実数の部分，虚数の部分を比較**する。　a, b, c, d が実数のとき，$\boldsymbol{a+bi=c+di \iff a=c}$ **かつ** $\boldsymbol{b=d}$

解き方　与式を整理して　$(x-y)+(x+y)i=2-2i$

→ i を含まないものと含むものに分けて整理する

x, y が実数であるから，$x-y$, $x+y$ も実数である。

よって，$x-y=2$ かつ $x+y=-2$

これを解いて　$\boldsymbol{x=0}$, $\boldsymbol{y=-2}$　……答

53 次の等式を満たす実数 x, y の値を求めよ。

□ (1) $x+yi=0$　□ (2) $x-yi=i$　□ (3) $x+yi=1$

ガイド　(2) $x-(y+1)i=0$ と変形し，$a+bi=0 \iff a=b=0$ を利用する。

54 次の等式を満たす実数 x, y の値を求めよ。〈テスト必出〉

□ (1) $(2x+2y-3)i+(5x-y-7)=0$　□ (2) $(2x+yi)+(x-2yi)=10-30i$

応用問題

解答 ⟹ 別冊 p. 15

例題研究》 $\alpha=1+2i$, $\beta=2-i$ について α, β の和，差，積，商と共役な複素数は，それぞれ α, β の共役な複素数 $\overline{\alpha}$, $\overline{\beta}$ の和，差，積，商であることを示せ。

着眼 $\alpha=1+2i$ と共役な複素数 $\overline{\alpha}$ は，$\overline{\alpha}=1-2i$ である。複素数の計算をして具体的に示せばよい。

解き方 $\alpha=1+2i$, $\beta=2-i$ より，$\overline{\alpha}=1-2i$, $\overline{\beta}=2+i$

〔和〕 $\alpha+\beta=(1+2i)+(2-i)=3+i$ よって $\overline{\alpha+\beta}=3-i$ ……①

また，$\overline{\alpha}+\overline{\beta}=(1-2i)+(2+i)=3-i$ ……②

①，②より $\overline{\alpha+\beta}=\overline{\alpha}+\overline{\beta}$

→ 公式として覚えておこう！

〔差〕 $\alpha-\beta=(1+2i)-(2-i)=-1+3i$ よって $\overline{\alpha-\beta}=-1-3i$ ……③

また，$\overline{\alpha}-\overline{\beta}=(1-2i)-(2+i)=-1-3i$ ……④

③，④より $\overline{\alpha-\beta}=\overline{\alpha}-\overline{\beta}$

→ 公式として覚えておこう！

〔積〕 $\alpha\beta=(1+2i)(2-i)=2-i+4i-2i^2=4+3i$ よって $\overline{\alpha\beta}=4-3i$ ……⑤

$\overline{\alpha}\,\overline{\beta}=(1-2i)(2+i)=2+i-4i-2i^2=4-3i$ ……⑥

⑤，⑥より $\overline{\alpha\beta}=\overline{\alpha}\,\overline{\beta}$

→ 公式として覚えておこう！

〔商〕 $\dfrac{\alpha}{\beta}=\dfrac{1+2i}{2-i}=\dfrac{(1+2i)(2+i)}{(2-i)(2+i)}=\dfrac{2+i+4i+2i^2}{4-i^2}=\dfrac{5i}{5}=i$ よって $\overline{\left(\dfrac{\alpha}{\beta}\right)}=-i$ ……⑦

$\dfrac{\overline{\alpha}}{\overline{\beta}}=\dfrac{1-2i}{2+i}=\dfrac{(1-2i)(2-i)}{(2+i)(2-i)}=\dfrac{2-i-4i+2i^2}{5}=\dfrac{-5i}{5}=-i$ ……⑧

⑦，⑧より $\overline{\left(\dfrac{\alpha}{\beta}\right)}=\dfrac{\overline{\alpha}}{\overline{\beta}}$ 〔証明終〕

→ 公式として覚えておこう！

55 次の式を計算せよ。

□ (1) $\{(2i-1)-(-2+3i)\}^2$

□ (2) $(1-i)(2-i)(1+i)(2+i)$

□ (3) $(2+i)^3+(2-i)^3$

□ (4) $i^{12}+i^{11}+i^{10}+i^9$

□ (5) $\dfrac{1-i}{1+i}+\dfrac{1+i}{1-i}$

□ (6) $\dfrac{1}{(1+\sqrt{2}i)^3}$

56 $\alpha=(1+2i)(2+i)$, $\beta=(1-2i)(2-i)$ とする。 差がつく

□ (1) α, β は互いに共役な複素数であることを示せ。

□ (2) $\alpha+\beta$, $\alpha\beta$ の値を求めよ。

9　2次方程式

テストに出る重要ポイント

- **2次方程式の解法**

① 因数分解による解法

② 解の公式による解法

(i) $ax^2+bx+c=0\ (a\neq 0)$ のとき　$x=\dfrac{-b\pm\sqrt{b^2-4ac}}{2a}$

(ii) $ax^2+2b'x+c=0\ (a\neq 0)$ のとき　$x=\dfrac{-b'\pm\sqrt{b'^2-ac}}{a}$

- **2次方程式の解の判別**…実数係数の2次方程式 $ax^2+bx+c=0\ (a\neq 0)$ で $D=b^2-4ac$ とおくとき，D を**判別式**という。

① **$D>0 \iff$ 異なる2つの実数解**　　② **$D=0 \iff$ 重解(実数解)**

③ **$D<0 \iff$ 異なる2つの虚数解**

㊟以降，とくに断りがない場合，方程式の係数はすべて実数とし，解は複素数の範囲で考えるものとする。

基本問題

解答 ➡ 別冊 p. 16

できたらチェック。

57 次の2次方程式を解け。 テスト必出

□ (1) $x^2+2=0$　　□ (2) $x^2+3x+4=0$

□ (3) $3x^2+5x+3=0$　　□ (4) $6x^2-4x+3=0$

例題研究》 $(2x-3)^2-4(2x-3)+5=0$ を解け。

着眼 展開して整理すると2次方程式になるが，計算が少しめんどうである。式をよくみれば，**$2x-3$ を1つの文字でおきかえる**ことによって，その文字の2次方程式になることがわかる。

解き方 $2x-3=X$ とおくと，与式は $X^2-4X+5=0$

これを解いて　$X=\dfrac{-(-2)\pm\sqrt{(-2)^2-1\cdot 5}}{1}=2\pm\sqrt{-1}=\underline{2\pm i}$

→ これは求める解でないことに注意する

$2x-3=2\pm i$ より　$x=\dfrac{5\pm i}{2}$　……答

58 次の2次方程式の解の種類を判別せよ。

□ (1) $x^2+x+1=0$

□ (2) $x^2-2(\sqrt{6}-1)x+2=0$

□ (3) $-3x^2+2x-2=0$

□ (4) $(\sqrt{3}-\sqrt{2})x^2-2x+(\sqrt{3}+\sqrt{2})=0$

例題研究》 2次方程式 $x^2+(a+1)x+(2a-1)=0$ の解の種類を判別せよ。ただし，a は定数とする。

着眼 解の種類の判別には，判別式 D を用いる。$D>0$ のとき異なる2つの実数解，$D=0$ のとき重解，$D<0$ のとき異なる2つの虚数解である。

解き方 この2次方程式の判別式を D とすると

$D=(a+1)^2-4(2a-1)=a^2-6a+5=(a-1)(a-5)$

$D>0$ すなわち $a<1$，$5<a$ のとき，異なる2つの実数解

$D=0$ すなわち $a=1$，5のとき，重解

$D<0$ すなわち $1<a<5$ のとき，異なる2つの虚数解

答 **$a<1$，$5<a$ のとき，異なる2つの実数解**
$a=1$，5のとき，重解
$1<a<5$ のとき，異なる2つの虚数解

59 次の x についての2次方程式の解の種類を判別せよ。ただし，a，b は定数とする。

□ (1) $x^2-ax+a^2=0$

□ (2) $a^2x^2-2abx-2b^2=0$ $(a\neq 0)$

□ (3) $x^2-2(a+1)x+2(a^2+1)=0$

□ (4) $x^2+2x-a+5=0$

□ **60** 2次方程式 $(a-1)x^2+2x-3=0$ が異なる2つの虚数解をもつように，定数 a の値の範囲を定めよ。

□ **61** 2次方程式 $x^2-2ax+4a+8=0$ が実数解をもつような定数 a の値の範囲を求めよ。また，異なる2つの虚数解をもつような定数 a の値の範囲を求めよ。

テスト必出

応用問題

解答 ➡ 別冊 p. 17

62 次の方程式を解け。

□ (1) $(x^2+x)^2+4(x^2+x)-12=0$

□ (2) $(x-1)(x-2)(x-3)(x-4)-24=0$

10 2次方程式の解と係数の関係

テストに出る重要ポイント

- **解と係数の関係**…2 次方程式 $ax^2+bx+c=0\ (a \neq 0)$ の 2 つの解を α, β とすると　$\alpha+\beta=-\dfrac{b}{a}$, $\alpha\beta=\dfrac{c}{a}$
- **2 次式の因数分解**…2 次方程式 $ax^2+bx+c=0\ (a \neq 0)$ の 2 つの解を α, β とすると　$ax^2+bx+c=a(x-\alpha)(x-\beta)$
- **2 次方程式の作成**…2 数 α, β を解とする 2 次方程式の 1 つは
  $(x-\alpha)(x-\beta)=0$
  すなわち $x^2-(\alpha+\beta)x+\alpha\beta=0$

基本問題

解答 ➡ 別冊 p. 17

できたらチェック。

63 次の x についての 2 次方程式の 2 つの解の和と積を求めよ。ただし，(3), (4)で a は定数とする。

□ (1)　$2x^2-3x+4=0$　　□ (2)　$3x^2+4=0$

□ (3)　$x^2+(a+2)x+a-3=0$　　□ (4)　$(a^2+1)x^2-4ax-a-1=0$

64 2 次方程式 $2x^2+3x-4=0$ の 2 つの解を α, β とする。このとき，次の式の値を求めよ。

□ (1)　$(\alpha+1)(\beta+1)$　　□ (2)　$\alpha^2+\beta^2$　　□ (3)　$\alpha^2\beta+\alpha\beta^2$　　□ (4)　$(\alpha-\beta)^2$

□ (5)　$(2\alpha+\beta)(\alpha+2\beta)$　　□ (6)　$\alpha^3+\beta^3$　　□ (7)　$\dfrac{1}{\alpha}+\dfrac{1}{\beta}$　　□ (8)　$\dfrac{1}{\alpha+1}+\dfrac{1}{\beta+1}$

65 2 次方程式 $x^2+ax-1=0$ の 2 つの解を α, β とする。このとき，次の式を満たす定数 a の値を求めよ。

□ (1)　$\alpha^2+\beta^2=6$　　□ (2)　$\dfrac{\beta}{\alpha}+\dfrac{\alpha}{\beta}=-3$

66 次の 2 次方程式の 1 つの解が 2 のとき，定数 a の値と他の解を求めよ。

テスト必出

□ (1)　$2x^2-ax+10=0$　　□ (2)　$3x^2-4x-a=0$

□ (3)　$ax^2+x-6=0$

例題研究》 2次方程式 $x^2-2(a-3)x+27=0$ の1つの解が他の解の3倍になるように定数 a の値を定めよ。また，そのときの解を求めよ。

着眼 1つの解が他の解の3倍であるから，2つの解は α，3α とおける。α，3α はこの2次方程式の解であるから，**解と係数の関係**を利用する。

解き方 1つの解を α とすると，題意より他の解は 3α とおける。

解と係数の関係より

→ 解ときたら必ず解と係数の関係が使えないかを考える

$\alpha+3\alpha=2(a-3)$ ……①　　$\alpha\cdot 3\alpha=27$ ……②

②より　$\alpha^2=9$　よって　$\alpha=\pm 3$

$\alpha=3$ のとき，①より　$3+3\cdot 3=2(a-3)$　$12=2a-6$　よって　$a=9$

他の解は $3\alpha=3\cdot 3=9$

$\alpha=-3$ のとき，①より　$-3+3\cdot(-3)=2(a-3)$　$-12=2a-6$　よって　$a=-3$

他の解は $3\alpha=3\cdot(-3)=-9$

答　**$a=9$ のとき，2つの解は 3，9　　$a=-3$ のとき，2つの解は −3，−9**

□ **67** 2次方程式 $2x^2-ax-a-2=0$ の2つの解の比が 5：2 となるように，定数 a の値を定めよ。また，そのときの解を求めよ。

□ **68** 2次方程式 $x^2+8x-a=0$ の2つの解の差が1となるように，定数 a の値を定めよ。また，そのときの解を求めよ。

69 解の公式を用いて，次の2次式を因数分解せよ。

□ (1) $x^2+5x-13$　　□ (2) $7x^2-11x+2$

□ (3) $2x^2-4x-1$　　□ (4) $3x^2+2x-1$

70 次の2数を解とする2次方程式を1つ作れ。

□ (1) $1,\ -2$　　□ (2) $-2+\sqrt{3},\ -2-\sqrt{3}$

□ (3) $\dfrac{2+\sqrt{3}i}{2},\ \dfrac{2-\sqrt{3}i}{2}$　　□ (4) $\dfrac{5+\sqrt{6}}{3},\ \dfrac{5-\sqrt{6}}{3}$

71 2次方程式 $-x^2-3x+2=0$ の2つの解を α，β とする。このとき，次の2数を解とする2次方程式を1つ作れ。 **テスト必出**

□ (1) $\alpha-1,\ \beta-1$　　□ (2) $\dfrac{1}{\alpha},\ \dfrac{1}{\beta}$

ガイド (1) α，β の値から，2数 $\alpha-1$，$\beta-1$ の和，積を求める。

72 2次方程式 $x^2-3x-4=0$ の2つの解を α, β とする。このとき，次の2数を解とする2次方程式を1つ作れ。

□ (1) $3\alpha+1$, $3\beta+1$　　□ (2) $\dfrac{\beta}{\alpha}$, $\dfrac{\alpha}{\beta}$

応用問題

解答 ➡ 別冊 p. 21

□ **73** 2次方程式 $x^2+4x+a=0$ の2つの実数解 α, β の間に $\alpha^2=16\beta$ という関係がある。このとき，定数 a の値を求めよ。

74 解の公式を用いて，次の式を x, y の1次式の積に因数分解せよ。

□ (1) $x^2+2xy+y^2-2x-2y-35$　　□ (2) $2x^2-11xy+5y^2+5x-16y+3$

例題研究》 $2x^2+xy-y^2+7x+y+a$ が x, y の1次式の積に因数分解できるように，定数 a の値を定めよ。

着眼 x, y の1次式の積で表されるとは，与式$=0$ を x について解いたとき，x が y の1次式で表されることである。そのために，$\sqrt{}$ が外れること，すなわち $\sqrt{}$ 内が y についての完全平方式になればよい。

解き方 x の2次方程式 $2x^2+(y+7)x-y^2+y+a=0$　……①の判別式を D_1 とすると
$D_1=(y+7)^2-4\cdot2(-y^2+y+a)=9y^2+6y+49-8a$
与式が x, y の1次式の積に因数分解されるための条件は①の解が y の1次式となること，すなわち D_1 が完全平方式となることである。$D_1=0$ とおいた y の2次方程式
$9y^2+6y+49-8a=0$ の判別式を D_2 とすると，$D_2=0$ となればよい。
$\dfrac{D_2}{4}=3^2-9\cdot(49-8a)=0$　　$1-49+8a=0$　　よって　$\boldsymbol{a=6}$　……答

□ **75** 2次方程式 $8x^2-2ax+a=0$ の2つの解の和と積を解とする2次方程式が，$4x^2-bx+b-3=0$ であるという。このとき，定数 a, b の値を求めよ。

□ **76** A，B 2人が x^2 の係数が1の同じ2次方程式を解いた。Aは定数項を書き間違えたために解は $2\pm3i$ になった。また，Bは x の係数を書き間違えたために解は3，-4 になった。正しい解を求めよ。〈差がつく〉

ガイド　Aは2つの解の和が正しく，Bは2つの解の積が正しいことを利用する。

11 因数定理

✪ テストに出る重要ポイント

- **剰余の定理**
  ① 多項式 $P(x)$ を 1 次式 $x-\alpha$ で割ったときの余りは $P(\alpha)$
  ② 多項式 $P(x)$ を 1 次式 $ax+b$ で割ったときの余りは $P\left(-\frac{b}{a}\right)$

- **因数定理**
  ① 1 次式 $x-\alpha$ が多項式 $P(x)$ の因数である $\Longleftrightarrow P(\alpha)=0$
  ② 1 次式 $ax+b$ が多項式 $P(x)$ の因数である $\Longleftrightarrow P\left(-\frac{b}{a}\right)=0$
  ③ $P(\alpha)=0$ となる α を見つけるには，次の値を代入して 0 になるかどうかを調べればよい。 $\pm\frac{\text{定数項の約数}}{\text{最高次の項の係数の約数}}$

基本問題

解答 → 別冊 p. 22

できたらチェック。

77 $P(x)=x^3-2x^2+3x-4$，$Q(x)=x^2-5$ とする。次の値を求めよ。

□ (1) $P(1)$　□ (2) $Q(-2)$　□ (3) $P(-3)+Q(4)$

78 剰余の定理を用いて，多項式 $P(x)=x^3+2x^2-3x+4$ を次の式で割ったときの余りをそれぞれ求めよ。〈テスト必出

□ (1) $x+1$　□ (2) $x-1$　□ (3) $x+2$

□ **79** 多項式 $P(x)$ を 1 次式 $ax+b$ で割ったときの余りを R とする。このとき，$R=P\left(-\frac{b}{a}\right)$ であることを示せ。

80 79の結果を用いて，多項式 $P(x)=4x^3-3x^2+x+2$ を次の 1 次式で割ったときの余りをそれぞれ求めよ。

□ (1) $2x+1$　□ (2) $2x-1$　□ (3) $2x+3$

ガイド　多項式 $P(x)$ を 1 次式 $ax+b$ で割ったときの余りは $P\left(-\frac{b}{a}\right)$ であることを利用する。

□ **81** 多項式 $P(x)=2x^3+3x-a$ を $x+1$ で割ると 2 余る。このとき，定数 a の値を求めよ。

82 次の条件を満たすように，定数 a，b の値を定めよ。

□ (1) 多項式 $P(x)=x^3+ax^2+bx-4$ を $x-1$ で割ると 3 余り，$x+2$ で割ると -5 余る。

□ (2) 多項式 $P(x)=8x^3+ax^2-3x+b$ は $2x-1$ で割り切れ，$x+1$ で割ると 10 余る。

例題研究》 多項式 $P(x)$ は $x-1$ で割り切れ，$x+2$ で割ると 3 余る。$P(x)$ を x^2+x-2 で割ったときの余りを求めよ。

着眼 **2 次式で割った余りは 1 次以下の式**である。商を $Q(x)$ とすれば $P(x)$ はどんな式で表されるか。$P(x)$ が $x-1$ で割り切れるとは $\boldsymbol{P(1)=0}$ ということ，$P(x)$ を $x+2$ で割って余りが 3 とは $\boldsymbol{P(-2)=3}$ ということである。

解き方 $P(x)$ を x^2+x-2 で割ったときの商を $Q(x)$ とする。
余りは 1 次以下の多項式であるから

$$P(x)=(x^2+x-2)Q(x)+ax+b$$

→ 余りが 1 次以下とは，$a\neq0$ ならば 1 次式，$a=0$ ならば定数ということ

$$=(x+2)(x-1)Q(x)+ax+b \quad \cdots\cdots①$$

と表せる。①の両辺に
$x=1$ を代入すると　$P(1)=a+b$
$x=-2$ を代入すると　$P(-2)=-2a+b$
一方，剰余の定理より　$P(1)=0$，$P(-2)=3$
→ 多項式の余りについての問題には剰余の定理が使えないかを考えよ
したがって　$a+b=0$ ……②
$-2a+b=3$ ……③
②，③を解いて　$a=-1$，$b=1$
→ 余り $ax+b$ に代入することを忘れずに！
よって，求める余りは　$\boldsymbol{-x+1}$ ……答

□ **83** $x-1$，$x+1$，$x-2$，$x+2$，$x-3$ のうちで多項式 $-2x^3+49x^2-78x+31$ の因数であるのはどれか。

ガイド　$P(x)=-2x^3+49x^2-78x+31$ とおき，$P(a)=0$ となるものを求める。

□ **84** 多項式 x^3-3x^2+ax-5 が $x+1$ で割り切れるように定数 a の値を定めよ。

テスト必出

ガイド　$P(x)=x^3-3x^2+ax-5$ とおき，$P(-1)=0$ となる a を求めればよい。

85 因数定理を用いて，次の式を因数分解せよ。

□ (1) x^3+x^2-2 □ (2) $x^3-6x^2+11x-6$ □ (3) $4x^3+12x^2-x-3$

応用問題

解答 ➡ 別冊 p. 23

□ **86** x の2次式 ax^2+bx+c を，$x-1$ で割ると3余り，$x+1$ で割ると5余り，$x+3$ で割ると9余る。

このとき，定数 a，b，c の値を求めよ。

□ **87** x の3次式 $2x^3-ax^2+bx+2$ が x^2-1 で割り切れるように，定数 a，b の値を定めよ。

例題研究》 多項式 $P(x)$ を $x-2$，$(x-1)^2$ で割ったときの余りがそれぞれ3，$x+2$ である。$P(x)$ を $(x-1)^2(x-2)$ で割ったときの余りを求めよ。

着眼 $P(x)$ を $(x-1)^2(x-2)$ で割ったときの余りは，$P(x)$ を $(x-1)^2$ で割ったときの余りが $x+2$ であることを利用して，どのように表されるだろうか。

解き方 $P(x)$ を $(x-1)^2(x-2)$ で割ったときの商を $Q(x)$，余りは2次以下の多項式であるから，それを ax^2+bx+c とおくと，

$P(x)=(x-1)^2(x-2)Q(x)+ax^2+bx+c$ ……①

と表せる。

$P(x)$ を $(x-1)^2$ で割ったときの余りは $x+2$ であるから，

①より $P(x)$ を $(x-1)^2$ で割ったときの余りは ax^2+bx+c を $(x-1)^2$ で割ったときの余りとなり

$ax^2+bx+c=a(x-1)^2+x+2$ ……②

よって $P(x)=(x-1)^2\{(x-2)Q(x)+a\}+x+2$ ……③

$P(x)$ を $x-2$ で割ったときの余りは3であるから $P(2)=3$

③より $a+2+2=3$ $a=-1$

よって，②より，求める余りは $-(x-1)^2+x+2=\boldsymbol{-x^2+3x+1}$ ……答

□ **88** 多項式 $P(x)$ は $(x+2)^2$ で割り切れ，$P(x)$ を $x+4$ で割ると3余る。$P(x)$ を $(x+2)^2(x+4)$ で割ったときの余りを求めよ。〈差がつく〉

ガイド $P(x)$ を $(x+2)^2(x+4)$ で割ったときの余りを ax^2+bx+c とおく。

12 高次方程式

テストに出る重要ポイント

- **高次方程式の解法**…3次以上の方程式を**高次方程式**という。解法は
  ① **因数定理**などを利用して因数分解する。
  ② **共通因数**がでるように項の組み合わせを考え，因数分解する。
  ③ **複2次方程式** $ax^4+bx^2+c=0$ の形の場合，$x^2=X$ とおき因数分解するか，または A^2-B^2 の形に変形して因数分解する。
  ④ 係数が実数である方程式が虚数解 $a+bi\ (b\neq0)$ を解にもてば，それと共役な複素数 $\boldsymbol{a-bi}$ **も解にもつ**ことを利用する。
- **1の3乗根**…$x^3=1$ の解，すなわち $\mathbf{1}$，$\boldsymbol{\dfrac{-1\pm\sqrt{3}i}{2}}$ を**1の3乗根**という。
  このうち虚数のものをとくに1の虚数3乗根といい，一方を ω で表すと他方の虚数3乗根は ω^2 となる。ω の性質として，$\boldsymbol{\omega^3=1}$，$\boldsymbol{\omega^2+\omega+1=0}$

基本問題

解答 ➡ 別冊 p. 24

89 次の方程式を解け。

□ (1) $x^3=1$　□ (2) $x^3=-1$　□ (3) $x^3=8$

例題研究》 次の方程式を解け。

$$x^3-2x^2-5x+6=0$$

着眼 3次方程式だから，**因数定理**を用いてまず左辺を因数分解する。(1次式)×(2次式)の形にすれば解が求められる。

解き方 $P(x)=x^3-2x^2-5x+6$ とおくと，
$P(1)=1^3-2\cdot1^2-5\cdot1+6=0$
よって，$P(x)$ は $x-1$ を因数にもつから，$P(x)$ を因数分解すると
$P(x)=(x-1)(x^2-x-6)=(x-1)(x+2)(x-3)$
$P(x)=0$ より　$x-1=0$　または　$x+2=0$　または　$x-3=0$
よって　$\boldsymbol{x=1,\ -2,\ 3}$　……答

$$\begin{array}{r|l} & x^2-x-6 \\ x-1 & x^3-2x^2-5x+6 \\ & x^3-\ x^2 \\ \hline & -\ x^2-5x \\ & -\ x^2+\ x \\ \hline & -6x+6 \\ & -6x+6 \\ \hline & 0 \end{array}$$

90 次の方程式を解け。

□ (1) $x^3-7x-6=0$　　□ (2) $x^3-3x-2=0$

□ (3) $3x^3+5x^2+5x+3=0$

例題研究》 次の方程式を解け。

(1) $x^4-10x^2+9=0$　　(2) $x^4+5x^2+9=0$

着眼 $x^2=X$ とおくと，aX^2+bX+c となる式を**複2次式**という。
(2)は A^2-B^2 の形に変形して因数分解する。

解き方 (1) $x^4-10x^2+9=(x^2-1)(x^2-9)$
$=(x-1)(x+1)(x-3)(x+3)=0$

よって　$x-1=0$　または　$x+1=0$　または　$x-3=0$　または　$x+3=0$

したがって　$\boldsymbol{x=\pm1,\ \pm3}$　……答

(2) $x^4+5x^2+9=x^4+6x^2+9-x^2=\underline{(x^2+3)^2-x^2}$

→ 平方の差の形をつくる！

$=(x^2+x+3)(x^2-x+3)=0$

よって　$x^2+x+3=0$　または　$x^2-x+3=0$

したがって　$\boldsymbol{x=\dfrac{-1\pm\sqrt{11}i}{2},\ \dfrac{1\pm\sqrt{11}i}{2}}$　……答

91 次の方程式を解け。

□ (1) $x^4-4x^2-5=0$　　□ (2) $x^4+x^2+1=0$

□ (3) $x^4-3x^2-10=0$　　□ (4) $x^4-6x^2+4=0$

92 a，b は実数で，3次方程式 $x^3+x^2-ax+b=0$ の1つの解が $1-i$ であるとき，次の問いに答えよ。〈テスト必出〉

□ (1) a，b の値を求めよ。

□ (2) 他の2つの解を求めよ。

ガイド　実数係数の3次方程式であるから，$1+i$ も解にもつことを利用する。

応用問題 解答 ⟹ 別冊 p. 26

□ **93** 次の方程式を解け。

$x(x+2)(x+4)=1\cdot3\cdot5$

□ **94** 3次方程式 $x^3+px^2+qx+r=0$ の1つの解が $\alpha=a+bi$ であるとする。このとき，α と共役な複素数 $\overline{\alpha}=a-bi$ も，この方程式の解であることを証明せよ。ただし，a，b は0でない実数，p，q，r は実数とする。

例題研究》 方程式 $x^3=1$ について，次の問いに答えよ。

(1) 方程式 $x^3=1$ の虚数解の1つを ω とすれば，他の虚数解は ω^2 であることを示せ。

(2) $\omega^{10}+\omega^5+1$ の値を求めよ。

着眼 (1) ω は2通りあることに注意する。

(2) ω の性質として　$\boldsymbol{\omega^3=1}$，$\boldsymbol{\omega^2+\omega+1=0}$ を利用する。

解き方 $x^3-1=0$　$(x-1)(x^2+x+1)=0$　　$x-1=0$　または　$x^2+x+1=0$

よって　$x=1,\ \dfrac{-1\pm\sqrt{3}i}{2}$

(1) $\omega=\dfrac{-1+\sqrt{3}i}{2}$ とすると　$\omega^2=\left(\dfrac{-1+\sqrt{3}i}{2}\right)^2=\dfrac{1-2\sqrt{3}i-3}{4}=\dfrac{-1-\sqrt{3}i}{2}$

$\omega=\dfrac{-1-\sqrt{3}i}{2}$ とすると　$\omega^2=\left(\dfrac{-1-\sqrt{3}i}{2}\right)^2=\dfrac{1+2\sqrt{3}i-3}{4}=\dfrac{-1+\sqrt{3}i}{2}$　〔証明終〕

(2) ω は方程式 $x^3=1$ の虚数解であるから

$\omega^3=1$，$(\omega-1)(\omega^2+\omega+1)=0$，$\omega\neq1$ より，$\omega^2+\omega+1=0$ である。

→ ω ときたらこれを使う！

$\omega^{10}+\omega^5+1=(\omega^3)^3\cdot\omega+\omega^3\cdot\omega^2+1=1^3\cdot\omega+1\cdot\omega^2+1=\omega+\omega^2+1=\boldsymbol{0}$　……答

95 1の3乗根で虚数のものの1つを ω とするとき，次の式の値を求めよ。

□ (1) $\omega^6+\omega^3+1$　　□ (2) $\omega^8+\omega^4+1$

□ (3) $\omega^{2n}+\omega^n+1$　(n は正の整数)

□ **96** 3次方程式 $x^3+3x^2+(a-4)x-a=0$ が2重解をもつように，定数 a の値を定めよ。 **〈差がつく**

ガイド 左辺を $(x-1)(x^2+4x+a)=0$ と因数分解したとき，2重解をもつのは次の2通りある。

(i) $x^2+4x+a=0$ の1つの解が1で，他の解は1ではない。

(ii) $x^2+4x+a=0$ が1以外の重解をもつ。

□ **97** 3次方程式 $x^3+(a-1)x-a=0$ が異なる3つの実数解をもつように，定数 a の値の範囲を定めよ。

13 点の座標

テストに出る重要ポイント

- **2点間の距離**…平面上の2点 $A(x_1, y_1)$, $B(x_2, y_2)$ の距離 AB は
  $AB=\sqrt{(x_2-x_1)^2+(y_2-y_1)^2}$
- **内分点と外分点**…2点 $A(x_1, y_1)$, $B(x_2, y_2)$ を結ぶ線分 AB を $m:n$ に内分する点の座標は $\left(\dfrac{nx_1+mx_2}{m+n}, \dfrac{ny_1+my_2}{m+n}\right)$, $m:n$ に外分する点の座標は $\left(\dfrac{-nx_1+mx_2}{m-n}, \dfrac{-ny_1+my_2}{m-n}\right)$ である。とくに**中点**の座標は
  $\left(\dfrac{x_1+x_2}{2}, \dfrac{y_1+y_2}{2}\right)$
- **三角形の重心**…3点 $A(x_1, y_1)$, $B(x_2, y_2)$, $C(x_3, y_3)$ を頂点とする △ABC の重心の座標は $\left(\dfrac{x_1+x_2+x_3}{3}, \dfrac{y_1+y_2+y_3}{3}\right)$
- **点 (x, y) の対称点**…x 軸に関して対称な点は $(x, -y)$, y 軸に関して対称な点は $(-x, y)$, 原点に関して対称な点は $(-x, -y)$

基本問題

解答 ➡ 別冊 p. 27

98 数直線上の3点 A, B, C の座標が，それぞれ −4, 2, 5 のとき，次の2点間の距離を求めよ。

できたらチェック。

□ (1) A, B　　□ (2) A, C　　□ (3) B, C

99 2点 A, B の座標が次のように与えられたとき，2点間の距離を求めよ。

□ (1) $A(3, 4)$, $B(5, 8)$　　□ (2) $A(-2, -4)$, $B(-1, 3)$

□ (3) $A(\sqrt{3}, \sqrt{2})$, $B(\sqrt{2}, -\sqrt{3})$　　□ (4) $A(a, b)$, $B(b, -a)$

100 点 $(1, 2)$ と次のそれぞれに関して対称な点の座標を求めよ。

□ (1) x 軸　　□ (2) y 軸　　□ (3) 原点

101 次の3点を頂点とする △ABC はどのような三角形か。 テスト必出

□ (1) $A(0, -1)$, $B(4, 2)$, $C(-3, 3)$

□ (2) $A(2, 2)$, $B(2, 0)$, $C(\sqrt{3}+2, 1)$

例題研究》 2点 A$(-2,\ 1)$，B$(3,\ 4)$ から等距離にある x 軸上の点Pの座標を求めよ。

着眼　点Pは x 軸上の点であるから，その座標は $(x,\ 0)$ とおける。
AP＝BP を満たす x を求めればよい。

解き方　題意を満たす x 軸上の点Pの座標を $(x,\ 0)$ とする。
→ y 座標が0であることに注意する

AP＝BP すなわち $AP^2=BP^2$ より

$$(x+2)^2+(0-1)^2=(x-3)^2+(0-4)^2$$

$$x^2+4x+5=x^2-6x+25 \qquad 10x=20 \qquad x=2$$

ゆえに，点Pの座標は　**(2，0)**　……答

□ **102** 2点 A$(1,\ -3)$，B$(3,\ 5)$ から等距離にある y 軸上の点Pの座標を求めよ。

103 3点A，B，Cが x 軸上にあり，その x 座標がそれぞれ2，5，9である。

□ (1) 線分ABを3：2に内分する点D，外分する点Eの座標をそれぞれ求めよ。

□ (2) 線分ACの中点の座標を求めよ。

104 2点 A$(3,\ 6)$，B$(8,\ 14)$ がある。

□ (1) 線分ABを1：2に内分する点C，外分する点Dの座標を求めよ。

□ (2) 線分ABの中点の座標Mを求めよ。

105 2点 A$(-1,\ -5)$，B$(2,\ 3)$ がある。〈テスト必出

□ (1) 線分ABを2：1に内分する点C，外分する点Dの座標を求めよ。

□ (2) 線分ABを3等分する点の座標を求めよ。

106 3点 A$(-3,\ 5)$，B$(1,\ -4)$，C$(7,\ -8)$ を3つの頂点とする平行四辺形ABCDがある。

□ (1) 対角線の交点の座標を求めよ。

□ (2) 頂点Dの座標を求めよ。

107 点 $(1,\ 3)$ に関して，次の各点と対称な点の座標を求めよ。

□ (1) $(3,\ 6)$　　□ (2) $(-4,\ 0)$　　□ (3) $(a,\ b)$

例題研究》　3 点 $A(x_1,\ y_1)$, $B(x_2,\ y_2)$, $C(x_3,\ y_3)$ を頂点とする △ABC の重心 G の座標を求めよ。

着眼　三角形の 3 つの中線は 1 点で交わり，この点が三角形の重心である。重心は，中線を頂点のほうから **2：1 の比に内分する点**であることを用いて求めればよい。

解き方　辺 BC の中点 M の座標は $\left(\dfrac{x_2+x_3}{2},\ \dfrac{y_2+y_3}{2}\right)$ である。求める重心 G の座標を $(x,\ y)$ とすると，G は線分 AM を 2：1 に内分する点だから

$$x=\frac{1\cdot x_1+2\cdot\dfrac{x_2+x_3}{2}}{2+1}=\frac{x_1+x_2+x_3}{3}$$

同様にして　$y=\dfrac{y_1+y_2+y_3}{3}$

ゆえに　$\left(\dfrac{\boldsymbol{x_1+x_2+x_3}}{\boldsymbol{3}},\ \dfrac{\boldsymbol{y_1+y_2+y_3}}{\boldsymbol{3}}\right)$ ……答

→ 公式として覚えておこう！

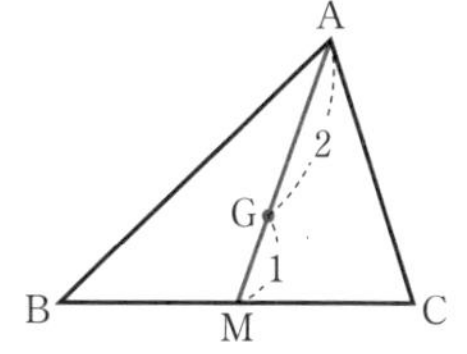

□ **108**　△ABC の頂点 A，B の座標がそれぞれ (1，3)，(6，8) であるとする。△ABC の重心 G の座標が (4，8) であるとき，頂点 C の座標を求めよ。

□ **109**　△ABC の辺 AB，BC，CA の中点がそれぞれ (3，−2)，(5，4)，(−2，1) であるとき，この三角形の 3 つの頂点 A，B，C の座標を求めよ。

応用問題

解答 ➡ 別冊 p. 29

□ **110**　直線 $y=x+1$ 上にあって，2 点 A(3，0)，B(0，2) から等距離にある点 P の座標を求めよ。

□ **111**　△ABC の辺 BC の中点を M とするとき，次の等式が成り立つことを証明せよ。　$AB^2+AC^2=2(AM^2+BM^2)$　(中線定理)

□ **112**　△ABC の辺 BC，CA，AB の中点をそれぞれ D，E，F とするとき，△ABC と △DEF の重心は一致することを証明せよ。

□ **113**　3 点 A(2，3)，B(5，8)，C(4，1) を頂点とする三角形の外心 P の座標と外接円の半径を求めよ。〈差がつく〉

14 直線の方程式

テストに出る重要ポイント

- **直線の方程式**…一般形：$\boldsymbol{ax+by+c=0}$ (a, b は同時には0でない)
  ① y 軸に平行な直線：$\boldsymbol{x=h}$　　x 軸に平行な直線：$\boldsymbol{y=k}$
  ② 傾き m, 点 $(x_1,\ y_1)$ を通る直線：$\boldsymbol{y-y_1=m(x-x_1)}$
  ③ 2点 $(x_1,\ y_1)$, $(x_2,\ y_2)$ を通る直線：$\boldsymbol{y-y_1=\dfrac{y_2-y_1}{x_2-x_1}(x-x_1)}$
  ④ 2点 $(a,\ 0)$, $(0,\ b)$ を通る直線：$\boldsymbol{\dfrac{x}{a}+\dfrac{y}{b}=1}$ $(ab\neq0)$ (a を x 切片，b を y 切片という)
- **2直線の位置関係**…2直線 $y=mx+n$ と $y=m'x+n'$ について
  ① 2直線が平行：$\boldsymbol{m=m'}$ (さらに $n=n'$ のとき，2直線は一致する)
  ② 2直線が垂直：$\boldsymbol{m\cdot m'=-1}$
  2直線 $ax+by+c=0$, $a'x+b'y+c'=0$ の平行条件：$\boldsymbol{ab'-a'b=0}$,
  垂直条件：$\boldsymbol{aa'+bb'=0}$
- **2直線の交点を通る直線**…$ax+by+c=0$, $a'x+b'y+c'=0$ の交点を通る直線の方程式は　$\boldsymbol{ax+by+c+k(a'x+b'y+c')=0}$ (k は定数)
- **点と直線の距離**…点 $(x_1,\ y_1)$ と直線 $ax+by+c=0$ の距離を d とすると
  $$\boldsymbol{d=\frac{|ax_1+by_1+c|}{\sqrt{a^2+b^2}}}$$
- **三角形の面積**…3点 O$(0,\ 0)$, A$(x_1,\ y_1)$, B$(x_2,\ y_2)$ を頂点とする三角形の面積 S は　$\boldsymbol{S=\dfrac{1}{2}|x_1y_2-x_2y_1|}$

基本問題

解答 ➡ 別冊 p.30

できたらチェック。

114 次の直線の方程式を求めよ。

□ (1) 点 $(3,\ -4)$ を通り x 軸に平行な直線

□ (2) 点 $(1,\ 2)$ を通り y 軸に平行な直線

□ (3) 傾きが2で y 切片が -4 の直線

□ (4) 傾きが -2 で点 $(3,\ -4)$ を通る直線

115 次の直線の方程式を求めよ。

□ (1) 点 $(-2,\ -4)$ と原点を通る直線

□ (2) 2 点 $(2,\ 3)$, $(-4,\ 6)$ を通る直線

□ (3) 2 点 $(3,\ -4)$, $(3,\ 5)$ を通る直線

□ (4) 2 点 $(-2,\ 3)$, $(3,\ 3)$ を通る直線

□ (5) 2 点 $(-2,\ 0)$, $(0,\ -3)$ を通る直線

□ (6) x 切片が 2, y 切片が -2 の直線

□ **116** 右の図から 2 直線 ℓ, m の方程式を求めよ。

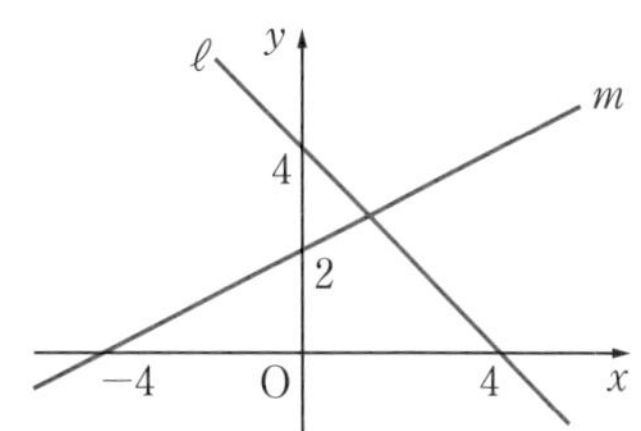

例題研究》 次の 3 点が同一直線上にあるように，定数 a の値を定めよ。

$(-4,\ -6)$, $(3,\ 2)$, $(a,\ -1)$

着眼 2 点が定まれば直線が 1 つ定まる。**第 3 の点がこの直線上にある**ことを方程式で表す。

解き方 2 点 $(-4,\ -6)$, $(3,\ 2)$ を通る直線の方程式は

$y-2=\dfrac{2-(-6)}{3-(-4)}(x-3)$, すなわち $y=\dfrac{8}{7}x-\dfrac{10}{7}$ ……①

与えられた 3 点が同一直線上にあるようにするには，点 $(a,\ -1)$ が直線①上にあればよい。

すなわち $-1=\dfrac{8}{7}a-\dfrac{10}{7}$

→ x に a, y に -1 を代入する

これを解くと $\boldsymbol{a=\dfrac{3}{8}}$ ……答

117 次の問いに答えよ。

□ (1) 3 点 $(-1,\ 0)$, $(2,\ 3)$, $(6,\ 8)$ は同一直線上にあるか。

□ (2) 次の 3 点が同一直線上にあるように，定数 a の値を定めよ。

A$(3,\ -2)$, B$(1,\ a)$, C$(a,\ 0)$

□ **118** 2直線 $x+y-3=0$, $3x-y-5=0$ の交点と点 $(5,\ 8)$ を通る直線の方程式を求めよ。 テスト必出

119 直線 $ax+by+c=0$ は，次の場合にそれぞれ第何象限を通るか。

□ (1) $ab>0$, $bc>0$　　□ (2) $ab<0$, $bc<0$

□ (3) $a=0$, $bc<0$　　□ (4) $b=0$, $ac<0$

□ (5) $c=0$, $ab<0$

□ **120** x 切片が a, y 切片が b の直線がある。その直線が点 $(3,\ 2)$ を通るとき，$2a+3b=ab$ が成り立つことを証明せよ。ただし，$a\neq 0$, $b\neq 0$ とする。

□ **121** 3直線 $x+y-3=0$, $2x-3y+1=0$, $x-ay=0$ が1点で交わるように，定数 a の値を定めよ。 テスト必出

ガイド　2直線の交点を残りの直線が通ると考える。

□ **122** 次の直線の中で，互いに平行であるもの，および互いに垂直であるものの組をいえ。

(1) $y=-3x+2$　　(2) $y=3x+2$

(3) $3x-y+1=0$　　(4) $x-3y+2=0$

□ **123** 点 $(1,\ 3)$ を通り，直線 $x+2y+3=0$ に平行な直線の方程式と垂直な直線の方程式を求めよ。

□ **124** 点 $(-2,\ -3)$ を通り，2点 $(1,\ 6)$, $(4,\ 3)$ を通る直線に平行な直線の方程式と垂直な直線の方程式を求めよ。

□ **125** 2点 $(-1,\ 4)$, $(9,\ 6)$ を結ぶ線分の垂直二等分線の方程式を求めよ。

例題研究》 直線 $\ell: 2x-y-1=0$ に関して，点 A$(-2,\ 6)$ と対称な点の座標を求めよ。

着眼 求める点を P$(a,\ b)$ とすると，直線 $\ell: 2x-y=1$ は線分 PA の垂直二等分線である。すなわち，直線 PA は $2x-y=1$ に垂直であり，線分 PA の中点 M は $2x-y=1$ 上にある。この 2 つの条件から $a,\ b$ を求めることができる。

解き方 求める点を P$(a,\ b)$ とおき，2 点 A，P を結ぶ線分 PA の中点を M とする。

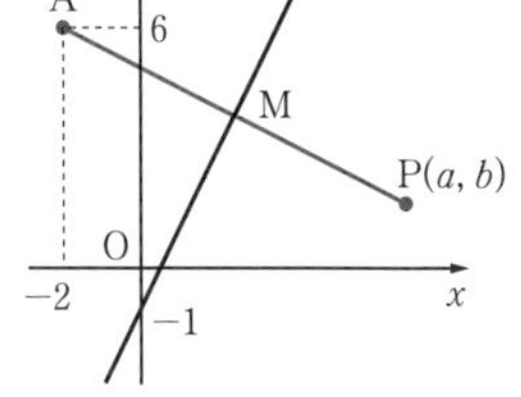

中点の公式より　M$\left(\dfrac{a-2}{2},\ \dfrac{b+6}{2}\right)$

M は直線 $\ell: 2x-y=1$ 上にあるから

$$2\left(\frac{a-2}{2}\right)-\frac{b+6}{2}=1$$

ゆえに　$2a-b=12$　……①

また，直線 ℓ と直線 PA が垂直であるから，直線 PA の方程式は $x+2y=k$ と書ける。

これが A$(-2,\ 6)$ を通るから　$-2+12=k$　　ゆえに　$k=10$

したがって，直線 PA の方程式は　$x+2y=10$ ← 上の k の値を代入する

点 P$(a,\ b)$ は直線 PA 上にあるから　$a+2b=10$　……②

①，②より　$a=\dfrac{34}{5}$，$b=\dfrac{8}{5}$　　ゆえに　$\left(\dfrac{34}{5},\ \dfrac{8}{5}\right)$　……答

□ **126** 直線 $\ell: 3x+y-6=0$ に関して，点 A$(5,\ 11)$ と対称な点の座標を求めよ。

127 2 直線 $x-y+1=0$，$x+2y+4=0$ の交点を通り，次の条件を満たす直線の方程式を求めよ。

□ (1) 点 $(3,\ 5)$ を通る　　□ (2) y 切片が 2 である

□ (3) 直線 $x-3y=0$ に平行　　□ (4) 直線 $3x-4y-1=0$ に垂直

ガイド 2 直線 $ax+by+c=0$，$a'x+b'y+c'=0$ の交点を通る直線の方程式は $ax+by+c+k(a'x+b'y+c')=0$ (k は定数) とおける。

□ **128** k がどんな実数値をとっても，次の直線は定点を通ることを示せ。

$$(3-k)x-(1+4k)y-3-2k=0$$

ガイド k について整理すると，2 直線の交点を通る直線とみることができる。

129 点と直線の距離の公式を用いて，次の点と直線の距離を求めよ。

□ (1) 点 (1, 1) と直線 $3x-4y-5=0$ □ (2) 原点と直線 $x-2y-3=0$

□ (3) 点 (−2, 1) と直線 $y=\frac{1}{2}x+1$

□ **130** 2 直線 $3x-y=2$, $3x-y=4$ の間の距離を求めよ。

ガイド 平行な 2 直線の間の距離は，一方の直線上の点と他方の直線との距離を求めればよい。

例題研究》 3 点 O(0, 0), A(x_1, y_1), B(x_2, y_2) を頂点とする三角形の面積 S は，$S=\frac{1}{2}|x_1y_2-x_2y_1|$ であることを証明せよ。

着眼 O より AB に垂線を下ろし，垂線と AB の交点を H とすれば，$\boldsymbol{S=\frac{1}{2}\mathrm{AB}\cdot\mathrm{OH}}$ で求められる。

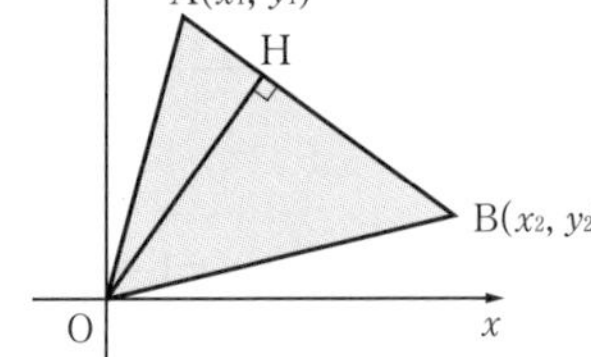

解き方 2 点 A, B を通る直線の方程式は

$(y_2-y_1)x-(x_2-x_1)y+y_1x_2-x_1y_2=0$

原点 O より直線 AB に下ろした垂線と AB の交点を H とすれば

$$\mathrm{OH}=\frac{|y_1x_2-x_1y_2|}{\sqrt{(y_2-y_1)^2+(x_2-x_1)^2}}$$

よって，求める面積 S は

$$S=\frac{1}{2}\mathrm{AB}\cdot\mathrm{OH}$$

$$=\frac{1}{2}\sqrt{(x_2-x_1)^2+(y_2-y_1)^2}\times\frac{|y_1x_2-x_1y_2|}{\sqrt{(y_2-y_1)^2+(x_2-x_1)^2}}$$

$$=\frac{1}{2}|y_1x_2-x_1y_2|=\frac{1}{2}|x_1y_2-x_2y_1|$$ 〔証明終〕

→ これは公式として覚えておく

□ **131** 3 点 A(−2, 4), B(3, −2), C(−4, −1) を頂点とする三角形の面積を求めよ。

□ **132** 3 直線 $x+2y=5$, $3x+y=2$, $2x-y=3$ で囲まれてできる三角形の面積を求めよ。 テスト必出

応用問題

解答 ➡ 別冊 p. 33

□ **133** 3 点 $(x,\ 0)$, $\left(\dfrac{1}{2},\ 14\right)$, $(0,\ y)$ が同一直線上にあり，x, y は正の整数で $y \leqq 25$ である。このとき，x, y の値を求めよ。〈差がつく〉

□ **134** 3 点 $A(x_1,\ y_1)$, $B(x_2,\ y_2)$, $C(x_3,\ y_3)$ が同一直線上にあるための条件は，$(x_2-x_1)(y_3-y_1)=(y_2-y_1)(x_3-x_1)$ であることを証明せよ。

ガイド　直線 AB 上に点 C がある条件を考える。

例題研究》 定数 a が 0 以外のどんな値をとっても，直線 $2x+a^2y=2a$ と座標軸とで囲まれる部分の面積は一定であることを証明せよ。

着眼 この直線と座標軸とで囲まれる部分は三角形であるから，x 軸，y 軸との交点を求めればよい。座標が負のときもあるので，面積の計算では，**絶対値記号を使う**こと。

解き方 直線 $2x+a^2y=2a$ と x 軸，y 軸の交点を求めると

$y=0$ として $x=a$

$x=0$ として $y=\dfrac{2}{a}$

よって，求める図形の面積 S は

$$S=\frac{1}{2}|a|\left|\frac{2}{a}\right|=1$$

→ 三角形の辺だから正にしておく

したがって，面積は一定である。　〔証明終〕

135 座標平面上に 4 点 $A(-1,\ -1)$, $B(1,\ -1)$, $C(1,\ 2)$, $D(-1,\ 2)$ がある。

□ (1) $A(-1,\ -1)$ を通り，傾きが m の直線の方程式を求めよ。

□ (2) (1)で求めた直線が長方形 ABCD の面積を 1：2 に分けるとき，m の値を求めよ。

ガイド　(2) 直線が辺 BC と交わる場合と，辺 CD と交わる場合がある。

例題研究 点$(2,\ -1)$に関して，直線$x-2y-1=0$と対称な直線の方程式を求めよ。

着眼　点$(2,\ -1)$に関して，点$P(x,\ y)$と点$Q(X,\ Y)$が対称であるならば，線分PQの**中点の座標が$(2,\ -1)$である**ことがわかる。

解き方　直線$x-2y-1=0$上の点$P(x,\ y)$と点$Q(X,\ Y)$が点$(2,\ -1)$に関して対称であるならば

$$\frac{x+X}{2}=2,\quad \frac{y+Y}{2}=-1$$

ゆえに　$x=4-X,\ y=-2-Y$　……①

点Pは直線$x-2y-1=0$上にあるので，これに①を代入して

$(4-X)-2(-2-Y)-1=0$　　ゆえに　$X-2Y-7=0$

よって，求める直線の方程式は

$\boldsymbol{x-2y-7=0}$　……答

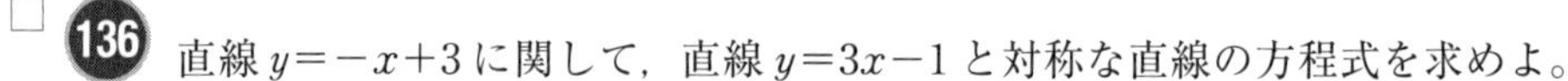

□ **136** 直線$y=-x+3$に関して，直線$y=3x-1$と対称な直線の方程式を求めよ。

□ **137** 点$(a,\ b)$は直線$2y-x+k=0$上を動くものとする。このとき，直線$(b-1)y+ax-4b=0$はつねにある定点Pを通ることを証明し，その点Pの座標を求めよ。ただし，kは-2でない定数とする。

ガイド　$a,\ b$は$2b-a+k=0$を満たすので，aまたはbを消去して考える。

□ **138** 点$(1,\ 2)$を通る直線を考える。このうち，点$(5,\ 6)$からの距離が4であるような直線の方程式を求めよ。

□ **139** 点$(-1,\ 3)$を通り，互いに直交する2つの直線がある。それらの原点からの距離が等しいとき，この2つの直線の方程式を求めよ。差がつく

ガイド　点$(-1,\ 3)$を通る直線を$y=m(x+1)+3,\ y=n(x+1)+3$とおく。

15 円と直線

テストに出る重要ポイント

円の方程式

① 円の方程式の一般形：$\boldsymbol{x^2+y^2+ax+by+c=0}$　$(a^2+b^2-4c>0)$

② 中心が原点，半径が r の円：$\boldsymbol{x^2+y^2=r^2}$

③ 中心が点 $(a,\ b)$，半径が r の円：$\boldsymbol{(x-a)^2+(y-b)^2=r^2}$

円と直線の位置関係…円と直線の方程式から，x または y を消去した2次方程式の判別式を D とすると

① 異なる2つの実数解 $(\boldsymbol{D>0})$ ⟺ **異なる2点で交わる。**

② 重解(実数解) $(\boldsymbol{D=0})$ ⟺ **1点で接する。**

③ 虚数解 $(\boldsymbol{D<0})$ ⟺ **共有点をもたない。**

円の接線の方程式…円 $x^2+y^2=r^2$ 上の点 $(x_0,\ y_0)$ における接線の方程式は　$\boldsymbol{x_0x+y_0y=r^2}$

2円の交点を通る円，直線…2円 $x^2+y^2+lx+my+n=0$，$x^2+y^2+px+qy+r=0$ が交わるとき，k を定数とすると

方程式 $x^2+y^2+lx+my+n+k(x^2+y^2+px+qy+z)=0$ は

① $k \neq -1$ のとき，2円の2つの交点を通る円

② $k=-1$ のとき，2円の2つの交点を通る直線

基本問題

解答 ➡ 別冊 p. 35

できたらチェック。

140 次の円の方程式を求めよ。〈テスト必出〉

□ (1) 原点を中心とする半径4の円

□ (2) 点 $(1,\ -2)$ を中心とする半径3の円

□ (3) 中心が $(2,\ -3)$ で x 軸に接する円

□ (4) 中心が $(1,\ 2)$ で y 軸に接する円

□ (5) 点 $(2,\ 1)$ を中心とし，点 $(5,\ 3)$ を通る円

□ (6) 2点 $(3,\ 2)$，$(-7,\ 4)$ を直径の両端とする円

□ (7) 点 $(1,\ 2)$ を通り，x 軸と y 軸の両方に接する円

ガイド　(7) 求める円の方程式を $(x-a)^2+(y-a)^2=a^2$ $(a>0)$ とおき，$(1,\ 2)$ を代入する。

141 次の円の中心と半径を求めよ。

□ (1) $(x-3)^2+(y-2)^2=5^2$

□ (2) $(x+3)^2+(y+2)^2=25$

□ (3) $x(x+2)+(y-2)(y+4)=0$

□ (4) $x^2+y^2-6y=0$

□ (5) $x^2+y^2-8x+6y=0$

□ (6) $2x^2+2y^2-4x+8y+1=0$

□ (7) $x^2+y^2-2ax=0$ (aは定数で，$a\neq 0$)

例題研究》 点 $(4,\ -3)$ を中心とし，直線 $x-y+1=0$ に接する円の方程式を求めよ。

[着眼] 中心がわかっているので半径がわかればよい。**半径は，中心と直線 $x-y+1=0$ の距離に等しいことを使って求める。**

[解き方] 点 $(4,\ -3)$ を中心とし，直線 $x-y+1=0$ に接する円の半径 r は，点 $(4,\ -3)$ と直線 $x-y+1=0$ の距離に等しいので，

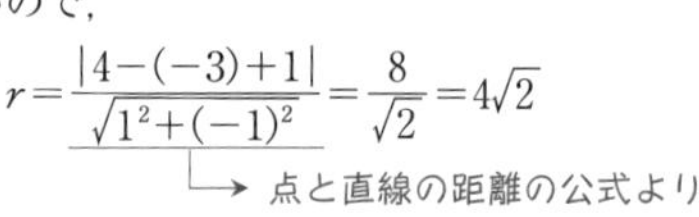

$$r=\frac{|4-(-3)+1|}{\sqrt{1^2+(-1)^2}}=\frac{8}{\sqrt{2}}=4\sqrt{2}$$

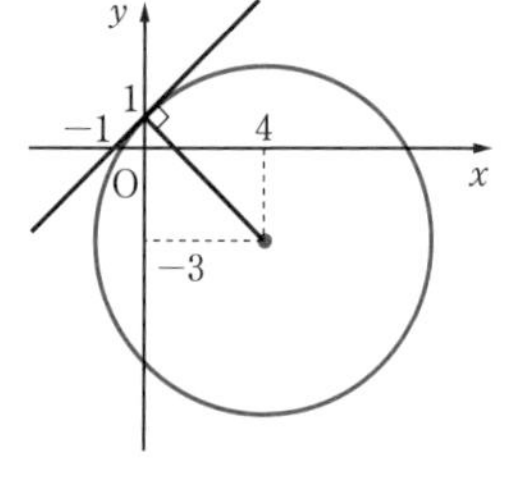

よって，求める円の方程式は

$(x-4)^2+(y+3)^2=32$ ……[答]

□ **142** 点 $(3,\ 4)$ を中心とし，円 $x^2+y^2=1$ に接する円の方程式(内接する場合と外接する場合がある)を求めよ。

ガイド　2円の半径を r_1，r_2 $(r_1<r_2)$，中心間の距離を d とすると，
外接する $\Longleftrightarrow r_2=d-r_1$，内接する $\Longleftrightarrow r_2=d+r_1$

□ **143** 3点 $(0,\ -4)$，$(3,\ 3)$，$(5,\ -2)$ を通る円の方程式を求めよ。

□ **144** $x^2+y^2+2x-4y+k=0$ が円を表すように，定数 k の値の範囲を定めよ。

テスト必出

145 次の円の方程式を求めよ。

□ (1) $x^2+y^2-4x-8y-5=0$ と中心が同じで y 軸に接する円

□ (2) 原点と点 $(1,\ 2)$ を通り，中心が直線 $y=x+5$ 上にある円

ガイド (2) 円の中心を $(a,\ a+5)$ とおく。

□ **146** 3 直線 $3y=2x+5$，$y=x+3$，$y=3$ で囲まれてできる三角形の外接円の半径を求めよ。

例題研究 点 $(1,\ 2)$ に関して，円 $x^2+y^2-2x-6y-6=0$ と対称な円の方程式を求めよ。

着眼 求める円の中心を $(a,\ b)$ とすると，点 $(a,\ b)$ は点 $(1,\ 2)$ に関して与えられた円の中心と対称な点であることに気がつけばよい。

解き方 $x^2+y^2-2x-6y-6=0$ は $(x-1)^2+(y-3)^2=16$ と変形できるので，中心が $(1,\ 3)$，半径が 4 の円である。
求める円の中心を $(a,\ b)$ とすれば，点 $(a,\ b)$ は点 $(1,\ 2)$ に関して点 $(1,\ 3)$ と対称な点である。 → この点が重要！

したがって $\dfrac{a+1}{2}=1$，$\dfrac{b+3}{2}=2$ ゆえに $a=1$，$b=1$

よって，求める円の方程式は $\boldsymbol{(x-1)^2+(y-1)^2=16}$ ……答

147 次の直線と円との位置関係(2 点で交わる，接する，共有点をもたない)を調べ，共有点があればその座標を求めよ。

□ (1) $x+y=1$，$x^2+y^2=1$

□ (2) $y-x=2$，$x^2+y^2=2$

□ (3) $x+2y+6=0$，$x^2+y^2=2$

148 直線 $y=-x+a$ と円 $x^2+y^2=1$ との位置関係が，次の各場合のとき，a のとりうる値の範囲を求めよ。また，(2)では接点の座標も求めよ。 テスト必出

□ (1) 異なる 2 点で交わる　　□ (2) 接する

□ (3) 共有点をもたない

□ **149** 直線 $y=mx-3$ と円 $x^2+y^2+2y=0$ が異なる2点で交わるように，定数 m の値の範囲を定めよ。また，接するように m の値を定めよ。

150 次の円周上の与えられた点における接線の方程式を求めよ。

□ (1) $x^2+y^2=25$　$(-3,\ -4)$

□ (2) $x^2+y^2=9$　$(\sqrt{5},\ -2)$

□ (3) $x^2+y^2=16$　$(-\sqrt{15},\ 1)$

□ (4) $x^2+y^2=1$　$(0,\ -1)$

151 次の円の接線の方程式を求めよ。

□ (1) 円 $x^2+y^2=9$ の接線で，傾きが2であるもの

□ (2) 円 $x^2+y^2=25$ の接線で，傾きが -1 であるもの

ガイド　求める接線の方程式を(1)では $y=2x+n$，(2)では $y=-x+n$ とおく。

例題研究》 2円 $(x-1)^2+(y-2)^2=6$，$(x-2)^2+(y+1)^2=8$ の2つの交点を通る直線の方程式と，この2円の2つの交点と原点を通る円の方程式を求めよ。

着眼　2円の交点は，連立方程式を解いて求めてもよいが，「2円の交点を通る円，直線」の公式を使えば簡単に求められる。

解き方　2円の2つの交点を通る円または直線の方程式は，k を定数とすると

$(x-1)^2+(y-2)^2-6+k\{(x-2)^2+(y+1)^2-8\}=0$　……①

（k：この値によって円になったり直線になったりする）

で与えられる。

直線の方程式は x，y の1次式であるから，①で $k=-1$ とすると2円の2つの交点を通る直線になる。

ゆえに　$\boldsymbol{x-3y+1=0}$　……答

次に，2円の2つの交点を通る円(①で $k\neq-1$)が原点を通るから，

$x=0$，$y=0$ を①に代入すると　$-1-3k=0$

ゆえに　$k=-\dfrac{1}{3}$　……②

②を①に代入して整理すると　$\boldsymbol{x^2+y^2-x-7y=0}$　……答

152 2円 $x^2+y^2-5x-y-6=0$, $x^2+y^2+x+y-2=0$ について，次の問いに答えよ。

□ (1) 2円の2つの交点を通る直線の方程式を求めよ。

□ (2) 2円の2つの交点と点 (1, 1) を通る円の方程式を求めよ。

□ **153** 円 $x^2+y^2-4kx-2ky+20k-25=0$ は定数 k の値にかかわらず，2つの定点を通ることを証明せよ。

ガイド k について整理して，円と直線の交点を通る円と考える。

□ **154** 円 $x^2+y^2=4$ と直線 $x+y=1$ との2つの交点と点 (1, 1) を通る円の方程式を求めよ。

応用問題

解答 ➡ 別冊 p. 38

□ **155** x 軸が，2点 (−1, 2), (1, 4) を通る円によって切り取られてできる線分の長さが6になるとき，円の方程式を求めよ。

ガイド 求める円の方程式を $x^2+y^2+ax+by+c=0$ とおく。x 軸が，円によって切り取られてできる線分の長さが6とは，$y=0$ とおいた x の2次方程式の2つの解の差が6になるということである。

□ **156** 方程式 $(x-x_1)(x-x_2)+(y-y_1)(y-y_2)=0$ は，2点 (x_1, y_1), (x_2, y_2) を直径の両端とする円の方程式であることを証明せよ。

ガイド 2点 A, B を直径の両端とする円の中心は線分 AB の中点，半径は線分 AB の長さの半分である。

□ **157** 直線 $y=x+a$ が，円 $x^2+y^2=1$ によって切り取られてできる弦の長さが1になるように，定数 a の値を定めよ。 **差がつく**

ガイド 円と直線の交点の x 座標を α, β とすると，切り取られてできる弦の長さは
$\sqrt{(\alpha-\beta)^2+\{(\alpha+a)-(\beta+a)\}^2}=\sqrt{2(\alpha-\beta)^2}$

例題研究》 点 $(2,\ -3)$ から円 $x^2+y^2=4$ に引いた2つの接線の方程式を求めよ。また，その接点の座標を求めよ。

着眼 点 $(2,\ -3)$ を通る直線の方程式を $y+3=m(x-2)$ とおいて，重解をもつ条件より求めてもよいが，$x=2$ を落としやすいので注意すること。ここでは，**円周上の点 $(x_0,\ y_0)$ における接線が与えられた点 $(2,\ -3)$ を通る**ようにする方法で求める。

解き方 円 $x^2+y^2=4$ の周上の点 $(x_0,\ y_0)$ における接線の方程式は

$x_0x+y_0y=4$ ……①

→ 接線の公式

この接線が点 $(2,\ -3)$ を通るとき

$2x_0-3y_0=4$ ……②

また，点 $(x_0,\ y_0)$ は円の周上にあるから

${x_0}^2+{y_0}^2=4$ ……③

②から　$y_0=\frac{1}{3}(2x_0-4)$

これを③に代入して　${x_0}^2+\frac{1}{9}(2x_0-4)^2=4$

$13{x_0}^2-16x_0-20=0$　　$(x_0-2)(13x_0+10)=0$

ゆえに　$x_0=2,\ -\frac{10}{13}$

$x_0=2$ のとき　$y_0=0$　　$x_0=-\frac{10}{13}$ のとき　$y_0=-\frac{24}{13}$

これらを①に代入すると，接線の方程式および接点の座標は

$x=2$，接点 $(2,\ 0)$；$5x+12y+26=0$，接点 $\left(-\frac{10}{13},\ -\frac{24}{13}\right)$ ……答

158 次の接線の方程式を求めよ。

□ (1) 点 $(-1,\ 3)$ から円 $x^2+y^2=1$ に引いた2つの接線

□ (2) 点 $(3,\ 4)$ から円 $x^2+y^2=5$ に引いた2つの接線

□ (3) 原点から円 $x^2+y^2+6x+2y+8=0$ に引いた2つの接線

ガイド (3) 求める接線の方程式を $y=mx$ とおく。

□ **159** 円外の点 $(x_0,\ y_0)$ から円 $(x-a)^2+(y-b)^2=r^2$ に引いた接線の長さは $\sqrt{(x_0-a)^2+(y_0-b)^2-r^2}$ であることを証明せよ。〈差がつく〉

16 軌跡

テストに出る重要ポイント

- **軌跡…与えられた条件を満たす点全体の集合**を，その条件を満たす点の軌跡という。
- **基本的な軌跡**
  ① 2 点 A，B から等距離にある点の軌跡：**AB の垂直二等分線**
  ② 定直線 l から一定の距離にある点の軌跡：**l から一定の距離にある 2 つの平行線**
  ③ 交わる 2 直線 l，m から等距離にある点の軌跡：**l，m のなす角の二等分線**
  ④ 定点からの距離が一定である点の軌跡：**円**
- **軌跡を求める方法(座標)**
  ① 適当に座標軸を定める。
  ② **動点 P の座標を $(x,\ y)$ とする。**
  ③ 条件を座標の間の関係式で表す。
  ④ 変形して x，y のみの関係式を導く。
  ⑤ 関係式から軌跡を判断する。
  ⑥ 軌跡上のすべての点が条件を満たすことを確認する。
- **媒介変数を用いたとき**…媒介変数を消去して，x，y の関係式を導く。

できたらチェック。 基本問題

解答 ➡ 別冊 p. 40

□ **160** 2 点 A$(-2,\ -1)$，B$(3,\ 5)$ から等距離にある点の軌跡の方程式を求めよ。

□ **161** 2 点 A$(0,\ 4)$，B$(3,\ -2)$ からの距離の平方の差が 17 である点の軌跡の方程式を求めよ。 テスト必出

□ **162** 2 点 A$(1,\ 0)$，B$(-1,\ 0)$ からの距離の平方の和が 10 である点の軌跡の方程式を求めよ。

□ **163** 2点A(0, 0), B(15, 0)からの距離の比が1：2である点Pの軌跡の方程式を求めよ。

□ **164** 2点A(−2, 0), B(3, 0)がある。AP：BP=2：3を満たす点Pの軌跡の方程式を求めよ。

□ **165** 点(1, 3)からの距離が2である点Pの軌跡の方程式を求めよ。

166 tがすべての実数値をとって変わるとき，次の式で表される点$(x,\ y)$の軌跡の方程式を求めよ。

□ (1)　$x=t-1,\ y=2t+3$　　□ (2)　$x=4,\ y=5t+3$

□ (3)　$x=t+1,\ y=t^2+2$　　□ (4)　$x=t-1,\ y=2t^2-3t$

例題研究》 中心が(2, 0)，半径が2の円周上の点Pと原点Oを結ぶ線分の中点Qの軌跡を求めよ。

着眼　まず，与えられた円の方程式を考え，この円周上の任意の点を$P(u,\ v)$とする。OPの中点を$Q(x,\ y)$として，$x,\ y,\ u,\ v$の関係式を求める。これより$\boldsymbol{u},\ \boldsymbol{v}$**を消去して，**$\boldsymbol{x},\ \boldsymbol{y}$**の関係式を求めればよい。**

解き方　中心が(2, 0)，半径が2の円の方程式は

$(x-2)^2+y^2=4$

この円周上の点を$P(u,\ v)$とすると

$(u-2)^2+v^2=4$　……①

OPの中点を$Q(x,\ y)$とすると

$x=\dfrac{u}{2},\ y=\dfrac{v}{2}$

ゆえに　$u=2x,\ v=2y$　……②

②を①に代入して　$(2x-2)^2+(2y)^2=4$

ゆえに　$\underline{(x-1)^2+y^2=1}$

→ これは円の方程式だ！

よって，求める軌跡は中心が(1, 0)，半径が1の円である。(ただし，原点を除く)

答　**中心が(1, 0)，半径が1の円(ただし，原点を除く)**

□ **167** 放物線$y=mx^2+2x+3$において，mの値を変えていくとき，頂点はどのような図形をえがくか。その軌跡の方程式を求めよ。テスト必出

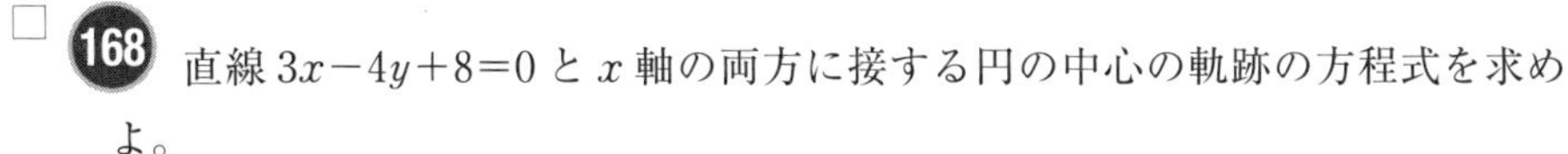

応用問題
解答 → 別冊 p. 41

□ **168** 直線 $3x-4y+8=0$ と x 軸の両方に接する円の中心の軌跡の方程式を求めよ。

□ **169** 2 直線 $2x-3y-1=0$, $3x+2y-5=0$ のなす角を 2 等分する直線の方程式を求めよ。

例題研究》 放物線 $y=x^2+x+3$ 上の点 P から点 A(1, 2) を通るように半直線をひき，その半直線上に点 Q を AQ=2PA となるようにとる。点 P がこの放物線上を動くときの点 Q の軌跡の方程式を求めよ。

着眼 P(u, v), Q(x, y) とし，点 A が線分 PQ を 1 : 2 に内分する点であることから，x, y を u, v で表す。これと $v=u^2+u+3$ から，x, y の関係式を導く。

解き方 P(u, v), Q(x, y) とすると，点 A は線分 PQ を 1 : 2 に内分する点であるから

└→ 内分，外分の公式は必ず覚えておく

$$\frac{2u+x}{1+2}=1,\quad \frac{2v+y}{1+2}=2$$

ゆえに　$u=\dfrac{3-x}{2}$, $v=\dfrac{6-y}{2}$　……①

点 P は放物線上にあるから　$v=u^2+u+3$　……②

①を②に代入すると　$\dfrac{6-y}{2}=\left(\dfrac{3-x}{2}\right)^2+\dfrac{3-x}{2}+3$

これを整理すると　$\boldsymbol{y=-\dfrac{1}{2}x^2+4x-\dfrac{15}{2}}$　……**答**

└→ Q の軌跡も放物線になる

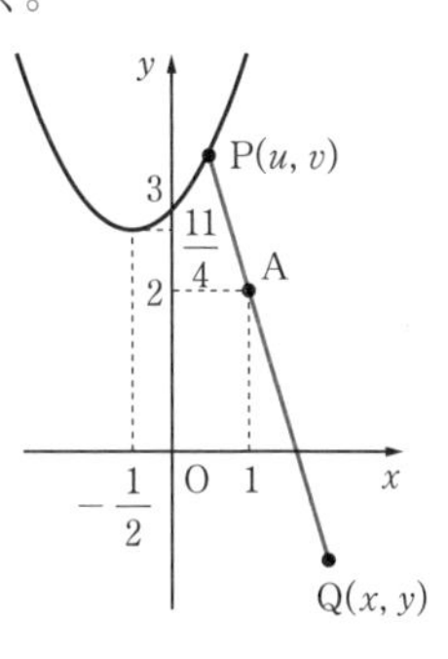

□ **170** 定円 $x^2+y^2=r^2$ と，この円の外にある定点 A(a, b) がある。このとき，定円上の点 P と点 A を結ぶ線分 AP の中点の軌跡の方程式を求めよ。

□ **171** 放物線 $y=x^2-4x+3$ 上の相異なる動点 P, Q を結ぶ直線が原点 O を通る。このとき，線分 PQ の中点の軌跡の方程式を求めよ。

□ **172** 点 P(u, v) が直線 $y=2x$ 上を動く。このとき，($u+v$, uv) を座標とする点は，どんな曲線をえがくか。その曲線の方程式を求めよ。**《差がつく**

17 領域

テストに出る重要ポイント

- **不等式の表す領域**
  ① $y>f(x)$ の表す領域は，曲線 $y=f(x)$ **の上方**
  ② $y<f(x)$ の表す領域は，曲線 $y=f(x)$ **の下方**
  ③ $x^2+y^2>r^2$ の表す領域は，円 $x^2+y^2=r^2$ **の外側**
  ④ $x^2+y^2<r^2$ の表す領域は，円 $x^2+y^2=r^2$ **の内側**
- **絶対値を含んだ不等式の表す領域**…絶対値の中身の符号で場合分けし，それぞれの領域の和集合を考える。
- **領域利用の最大，最小問題**
  ① 不等式の表す領域を図示する。
  ② **最大値，最小値を求める式を k** とおき，その式のグラフが①の領域と**共有点をもつときの k の最大値，最小値**を求める。

基本問題

解答 → 別冊 p. 42

できたらチェック。

173 次の不等式の表す領域を図示せよ。

□ (1) $x>1$　　□ (2) $y<-2$　　□ (3) $x\leqq 2$
□ (4) $-1\leqq y$　　□ (5) $y>x-1$　　□ (6) $3y\leqq 2x$
□ (7) $2x-3y+6>0$　　□ (8) $y\leqq x^2$　　□ (9) $y>1-x^2$
□ (10) $x^2+2x+y>0$　　□ (11) $x^2+y^2<2$　　□ (12) $4\leqq x^2+y^2$
□ (13) $x^2+2x+y^2\geqq 0$　　□ (14) $y>|x|$

174 次の不等式の表す領域を図示せよ。 テスト必出

□ (1) $\begin{cases} x-2y+9<0 \\ 2x+3y+6>0 \end{cases}$　　□ (2) $\begin{cases} y-x-1>0 \\ y-x^2+1<0 \end{cases}$

□ (3) $\begin{cases} x^2+y^2\leqq 9 \\ x-y-2>0 \end{cases}$　　□ (4) $\begin{cases} y-x^2-2x\geqq 0 \\ y-4+x^2<0 \end{cases}$

□ (5) $\begin{cases} y-x^2>0 \\ x^2+y^2-1<0 \end{cases}$　　□ (6) $\begin{cases} x^2+y^2-4x\geqq 0 \\ y-x^2\geqq 0 \end{cases}$

例題研究》 次の不等式の表す領域を図示せよ。

$$(x+y-1)(2x-y-2) \leqq 0$$

着眼 $\boldsymbol{AB \leqq 0}$ は，$\boldsymbol{A \geqq 0}$，$\boldsymbol{B \leqq 0}$，または $\boldsymbol{A \leqq 0}$，$\boldsymbol{B \geqq 0}$ と同値であるから，$A \geqq 0$，$B \leqq 0$ と $A \leqq 0$，$B \geqq 0$ の表す領域を図示し，その和集合を考えるとよい。

解き方 $(x+y-1)(2x-y-2) \leqq 0$ を満たす点 $(x,\ y)$ の集合は

$$x+y-1 \geqq 0,\ 2x-y-2 \leqq 0$$

を同時に満たす点 $(x,\ y)$ の集合 P，および

$$x+y-1 \leqq 0,\ 2x-y-2 \geqq 0$$

を同時に満たす点 $(x,\ y)$ の集合 Q との和集合 $P \cup Q$ である。

答 **右の図の色の部分(境界線を含む)**

(別解) $f(x,\ y)=(x+y-1)(2x-y-2)$ とする。

2 つの直線 $x+y-1=0$，$2x-y-2=0$ によって分けられる 4 つの部分のうち，原点を含む部分については

$f(0,\ 0)=(0+0-1)(0-0-2)=\underline{2>0}$ であるから，$f(x,\ y) \leqq 0$ の表す領域ではない。

└→ 原点のある側は正領域

したがって，原点を含む部分と隣りあった 2 つの部分が求める領域になる。

すなわち，**上の図の色の部分(境界線を含む)** ……**答**

175 次の不等式の表す領域を図示せよ。

□ (1) $(2x+y-4)(x-y-2)<0$　　□ (2) $x(y+1)<0$

□ (3) $x^2-y^2 \geqq 0$　　□ (4) $xy<0$

□ (5) $(x^2+y^2-1)(x^2+y)<0$　　□ (6) $(x-y)(x^2+y^2-1)>0$

176 次の不等式の表す領域を図示せよ。

□ (1) $|x|+|y| \leqq 1$　　□ (2) $|x-1|+|y-2| \leqq 1$

□ **177** $1 \leqq x \leqq 3$，$0 \leqq y \leqq 3$ であるとき，$2x+y$ の最大値，最小値を求めよ。

テスト必出

応用問題

解答 ⟹ 別冊 p. 44

178 次の不等式の表す領域を図示せよ。

□ (1) $\bigl||x|-|y|\bigr|<2$　　□ (2) $|x+y|+|2x-y|<2$

例題研究》 3つの不等式 $4x-y\leqq 6$，$x+2y\leqq 6$，$2x+y\geqq 0$ がある。

(1) これらをすべて満たす点 $(x,\ y)$ の存在する範囲を図示せよ。

(2) 点 $(x,\ y)$ が(1)の範囲を動くとき，$y-x$ の最大値，最小値を求めよ。

着眼 (2)では，$y-x=k$ とおくと，これは傾き 1，y 切片 k の直線を表す。そこで，$y-x$ の値の範囲を調べるには，(1)で示した領域を通る直線 $y=x+k$ のうち，**y 切片がとりうる値の最大値と最小値**を調べればよい。

解き方 (1) 3つの不等式を満たす領域は，3つの直線

$4x-y=6$，$x+2y=6$，$2x+y=0$

の2つずつの交点 A(2, 2)，B(−2, 4)，C(1, −2) を頂点とする △ABC の内部および周上である。

答 **右の図の色の部分。境界線を含む。**

(2) $y-x=k$ とおいて，直線 $y=x+k$ を考えると，これは傾きが 1，y 切片が k の直線である。したがって，△ABC の内部または周上の点を通り，k が最大になるのは，この直線が点 B(−2, 4) を通るときである。

→ 直線がもっとも上方にある

このとき，k の値は　$k=4-(-2)=6$

また，k が最小になるのは，この直線が点 C(1, −2) を通るときである。

→ 直線がもっとも下方にある

このとき，k の値は

$$k=-2-1=-3$$

よって，**最大値 6 ($x=-2$，$y=4$)，最小値 −3 ($x=1$，$y=-2$)** ……**答**

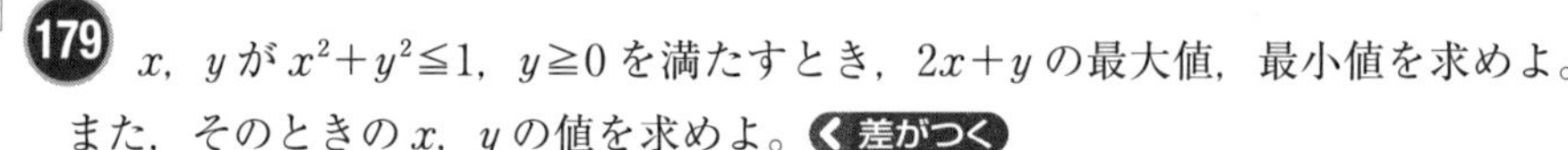

□ **179** x，y が $x^2+y^2\leqq 1$，$y\geqq 0$ を満たすとき，$2x+y$ の最大値，最小値を求めよ。また，そのときの x，y の値を求めよ。 **差がつく**

180 2種類の食品 A，B がある。その 1g あたりの熱量とたんぱく質は右の表の通りである。A を xg，B を yg として，次の問いに答えよ。

	熱量 (kcal)	たんぱく質 (g)
A	3	0.2
B	2	0.3

□ (1) 60kcal 以上の熱量と 6g 以上のたんぱく質をとるには，x と y の間にどんな関係がなければならないか。

□ (2) (1)の関係を満たす点 $(x,\ y)$ の存在する範囲を図示せよ。

□ (3) (1)の関係を満たす x，y について，x と y の和を最小にするような x，y の値を求めよ。

18 三角関数

テストに出る重要ポイント

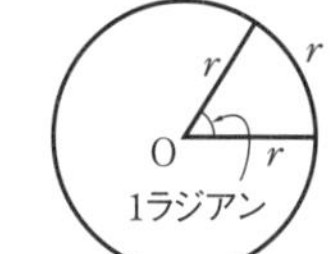

- **弧度法**…円において，その半径と等しい長さの弧に対する中心角の大きさを**1ラジアン**または**1弧度**という。
- **度数法と弧度法の関係**…180°＝π ラジアン
- **一般角**…動径 OP が始線となす角の１つを θ ラジアン (α) とすれば，この動径 OP の表す**一般角**は $\boldsymbol{\theta+2n\pi}$ $(\alpha+360°\times n)$ （n は整数，$0°\leqq\alpha<360°$）
- **扇形の弧の長さと面積**…半径 r，中心角 θ の扇形の弧の長さを l，面積を S とすると

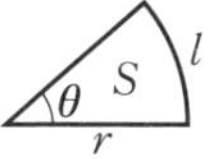

$$l=r\theta,\quad S=\frac{1}{2}r^2\theta=\frac{1}{2}lr$$

- **一般角の三角関数の定義**…原点 O を中心とする半径 r の円をかき，これと角 θ の動径との交点を P とする。P の座標を $(x,\ y)$ とすれば

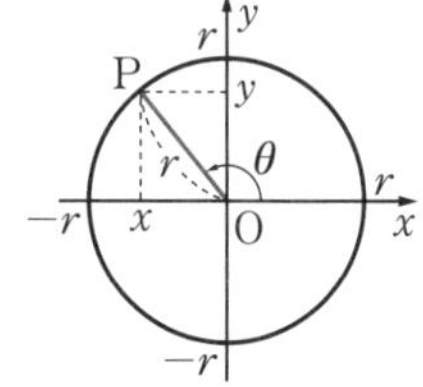

$$\sin\theta=\frac{y}{r},\quad \cos\theta=\frac{x}{r},\quad \tan\theta=\frac{y}{x}$$

基本問題

解答 → 別冊 p. 45

181 動径 OP が O を中心として次のように回転したとき，OP は始線からどちらの向きに何度回転したことになるか。また，それを図示せよ。 できたらチェック。

□ (1) 正の向きに 10°，次に負の向きに 220°

□ (2) 正の向きに 110°，次に正の向きに 50°

□ (3) 負の向きに 50°，次に正の向きに 80°

□ (4) 負の向きに 150°，次に負の向きに 40°

182 次の角の動径を図示せよ。また，$\alpha+360°\times n$（n は整数）の形で表せ。ただし，$0°\leqq\alpha<360°$ とする。

□ (1) 400°　□ (2) 580°　□ (3) 840°

□ (4) −480°　□ (5) −800°　□ (6) −2000°

183 次の角の動径の表す最小の正の角を求めよ。

□ (1) 370° □ (2) 730° □ (3) 1500°

□ (4) −350° □ (5) −700° □ (6) −980°

184 下の図で OX を始線として，動径 OP の表す一般角を答えよ。

□ (1) □ (2) □ (3)

185 次の角 θ を表す動径の存在する範囲を図示せよ。ただし，n は整数である。

□ (1) $-20° < \theta < 40°$

□ (2) $-30° + 180° \times n < \theta < 40° + 180° \times n$

□ (3) $20° + 360° \times n < \theta < 120° + 360° \times n$

186 次の弧度で表された角を度数に書き直せ。

□ (1) $\dfrac{\pi}{12}$ □ (2) $\dfrac{\pi}{2}$ □ (3) $-\dfrac{5}{6}\pi$ □ (4) $-\dfrac{7}{4}\pi$

□ **187** 半径 2cm，弧の長さ 6cm の扇形の中心角の大きさとその面積を求めよ。

テスト必出

188 θ が次の各値をとるとき，$\sin\theta$，$\cos\theta$，$\tan\theta$ の値をそれぞれ求めよ。

□ (1) $\dfrac{2}{3}\pi$ □ (2) $\dfrac{3}{4}\pi$ □ (3) $-\dfrac{5}{3}\pi$ □ (4) $-\dfrac{11}{6}\pi$

189 次の条件を満たす角 θ は第何象限の角か。

□ (1) $\sin\theta < 0$，$\cos\theta > 0$ □ (2) $\cos\theta > 0$，$\tan\theta > 0$

□ (3) $\sin\theta < 0$，$\cos\theta < 0$ □ (4) $\tan\theta < 0$，$\sin\theta < 0$

□ (5) $\tan\theta < 0$，$\cos\theta < 0$ □ (6) $\sin\theta > 0$，$\tan\theta < 0$

ガイド (1) $\sin\theta < 0$ を満たす角 θ は第 3，4 象限，$\cos\theta > 0$ を満たす角 θ は第 1，4 象限。

応用問題

解答 → 別冊 p. 46

例題研究》 θ が第 2 象限の角であるとき，$\dfrac{\theta}{3}$ の表す動径の存在する範囲を図示せよ。

着眼 θ が第 2 象限の角であるから，これを一般角で表すとどうなるか考える。$90° < \theta < 180°$ としない。あとは $\dfrac{\theta}{3}$ の角を一般角で表すことを考えればよい。

解き方 θ が第 2 象限の角であるから，n を整数として一般角で表すと

$$90° + 360° \times n < \theta < 180° + 360° \times n$$

各辺を 3 で割ると

$$30° + 120° \times n < \frac{\theta}{3} < 60° + 120° \times n \quad \cdots\cdots①$$

$n = 3k$（k は整数）のとき，①は

$$30° + 360° \times k < \frac{\theta}{3} < 60° + 360° \times k \quad \cdots\cdots②$$

$n = 3k+1$ のとき，①は　$150° + 360° \times k < \dfrac{\theta}{3} < 180° + 360° \times k$　……③

$n = 3k+2$ のとき，①は　$270° + 360° \times k < \dfrac{\theta}{3} < 300° + 360° \times k$　……④

②，③，④より $\dfrac{\theta}{3}$ の動径は**右上図の色部分に存在する。ただし，境界線は含まない。**

→ n の場合分けがポイント！

……

□ **190** θ が第 2 象限の角であるとき，$\dfrac{\theta}{2}$ の表す動径の存在する範囲を図示せよ。

191 動径 OP と始線 OX とのなす角 $\angle$XOP が次の角であるとき，動径 OP を図示せよ。ただし，n は整数である。

□ (1)　$60° + 360° \times n$　　□ (2)　$-30° + 360° \times n$

□ (3)　$60° + 180° \times n$　　□ (4)　$(-1)^n \times 30° + 180° \times n$

□ **192** $0°$ より大きく $180°$ より小さい正の角 θ がある。角 θ を 7 倍して得られる角の動径は，角 θ の動径と一致するという。角 θ を求めよ。〈差がつく〉

19 三角関数の性質

テストに出る重要ポイント

- **三角関数のとる値の範囲**

$-1\leqq\sin\theta\leqq1$, $-1\leqq\cos\theta\leqq1$, $\tan\theta$ はすべての実数値をとる。

- **三角関数の相互関係**

① $\tan\theta=\dfrac{\sin\theta}{\cos\theta}$

② $\sin^2\theta+\cos^2\theta=1$

③ $1+\tan^2\theta=\dfrac{1}{\cos^2\theta}$

- **三角関数の性質**

① $\sin(\theta+2n\pi)=\sin\theta$, $\cos(\theta+2n\pi)=\cos\theta$,
$\tan(\theta+2n\pi)=\tan\theta$ (n は整数)

② $\sin(-\theta)=-\sin\theta$, $\cos(-\theta)=\cos\theta$, $\tan(-\theta)=-\tan\theta$

③ $\sin(\pi+\theta)=-\sin\theta$, $\cos(\pi+\theta)=-\cos\theta$, $\tan(\pi+\theta)=\tan\theta$

④ $\sin(\pi-\theta)=\sin\theta$, $\cos(\pi-\theta)=-\cos\theta$, $\tan(\pi-\theta)=-\tan\theta$

⑤ $\sin\left(\dfrac{\pi}{2}+\theta\right)=\cos\theta$, $\cos\left(\dfrac{\pi}{2}+\theta\right)=-\sin\theta$, $\tan\left(\dfrac{\pi}{2}+\theta\right)=-\dfrac{1}{\tan\theta}$

⑥ $\sin\left(\dfrac{\pi}{2}-\theta\right)=\cos\theta$, $\cos\left(\dfrac{\pi}{2}-\theta\right)=\sin\theta$, $\tan\left(\dfrac{\pi}{2}-\theta\right)=\dfrac{1}{\tan\theta}$

基本問題

解答 → 別冊 p. 47

193 次の等式が成り立つことを証明せよ。

□ (1) $(\sin\theta+\cos\theta)^2=1+2\sin\theta\cos\theta$

□ (2) $\sin^4\theta-\cos^4\theta=\sin^2\theta-\cos^2\theta$

□ (3) $\tan^2\theta-\sin^2\theta=\tan^2\theta\sin^2\theta$

□ (4) $\dfrac{\sin\theta}{1-\cos\theta}=\dfrac{1+\cos\theta}{\sin\theta}$

□ (5) $\dfrac{1+\sin\theta}{\cos\theta}+\dfrac{\cos\theta}{1+\sin\theta}=\dfrac{2}{\cos\theta}$

例題研究》 次の等式が成り立つことを証明せよ。

$$\frac{\cos^2\theta-\sin^2\theta}{1+2\sin\theta\cos\theta}=\frac{1-\tan\theta}{1+\tan\theta}$$

着眼 左辺の分子は因数分解できるので，分母を因数分解することを考える。**1 を $\sin^2\theta+\cos^2\theta$ でおき換え**れば，分母は $(\sin\theta+\cos\theta)^2$ となるので，約分して右辺の式を導けばよい。

解き方 左辺の分母の 1 を $\sin^2\theta+\cos^2\theta$ と変形すれば

→ このテクニックを覚える！

$$左辺=\frac{\cos^2\theta-\sin^2\theta}{\sin^2\theta+\cos^2\theta+2\sin\theta\cos\theta}=\frac{(\cos\theta-\sin\theta)(\cos\theta+\sin\theta)}{(\sin\theta+\cos\theta)^2}$$

$$=\frac{\cos\theta-\sin\theta}{\cos\theta+\sin\theta}=\frac{1-\dfrac{\sin\theta}{\cos\theta}}{1+\dfrac{\sin\theta}{\cos\theta}}=\frac{1-\tan\theta}{1+\tan\theta}=右辺$$

〔証明終〕

194 次の式の値を求めよ。 テスト必出

□ (1) $\sin\theta+\cos(\pi+\theta)-\cos(\pi-\theta)+\sin(\pi+\theta)$

□ (2) $\cos\theta+\sin\left(\dfrac{\pi}{2}+\theta\right)+\cos(\pi+\theta)+\sin\left(\dfrac{3}{2}\pi+\theta\right)$

□ (3) $\sin(\pi+\theta)\cos\left(\dfrac{\pi}{2}+\theta\right)-\sin\left(\dfrac{\pi}{2}-\theta\right)\cos(\pi-\theta)$

□ (4) $\cos(\pi-\theta)\tan(\pi-\theta)-\tan(\pi+\theta)\sin\left(\dfrac{\pi}{2}+\theta\right)$

□ (5) $\cos^2(-\theta)+\cos^2\left(\dfrac{\pi}{2}+\theta\right)+\cos^2(\pi-\theta)+\cos^2\left(\dfrac{3}{2}\pi+\theta\right)$

195 次の三角関数の値を，0° から 90° までの角の三角関数で表し，三角関数表を用いて求めよ。

□ (1) $\sin 223°$　□ (2) $\cos 1234°$　□ (3) $\tan 382°$

□ (4) $\sin(-435°)$　□ (5) $\cos(-643°)$　□ (6) $\tan(-502°)$

196 △ABC において，次の等式が成り立つことを証明せよ。

□ (1) $\sin(B+C)=\sin A$　□ (2) $\cos(B+C)=-\cos A$

□ (3) $\tan(B+C)=-\tan A$　□ (4) $\sin A=-\sin(2A+B+C)$

例題研究》 $\sin\theta=-\dfrac{4}{5}$ のとき，$\cos\theta$，$\tan\theta$ の値を求めよ。

着眼 まず，θ が第何象限の角なのかを考えよう。$\cos\theta$ は，$\sin^2\theta+\cos^2\theta=1$ を用いれば求められるが，ここでは，図を用いて解く別解もあげておく。

解き方 $\sin\theta<0$ だから，θ は第3象限または第4象限の角である。

$\sin^2\theta+\cos^2\theta=1$ より　$\cos\theta=\pm\sqrt{1-\sin^2\theta}=\pm\sqrt{1-\dfrac{16}{25}}=\pm\dfrac{3}{5}$

θ が第3象限の角のとき　$\cos\theta<0$　ゆえに　$\cos\theta=-\dfrac{3}{5}$

$\tan\theta=\dfrac{\sin\theta}{\cos\theta}$ より　$\tan\theta=\dfrac{4}{3}$

次に，θ が第4象限の角のとき　$\cos\theta>0$

ゆえに　$\cos\theta=\dfrac{3}{5}$，$\tan\theta=-\dfrac{4}{3}$

答 $\begin{cases}\boldsymbol{\theta}\textbf{ が第3象限の角のとき}\quad \boldsymbol{\cos\theta=-\dfrac{3}{5},\ \tan\theta=\dfrac{4}{3}}\\ \boldsymbol{\theta}\textbf{ が第4象限の角のとき}\quad \boldsymbol{\cos\theta=\dfrac{3}{5},\ \tan\theta=-\dfrac{4}{3}}\end{cases}$

(別解) $\sin\theta<0$ だから，θ は第3象限または第4象限の角である。

半径5の円周上に y 座標が -4 の点をとると，その点の x 座標は ±3 である。

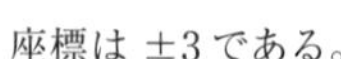

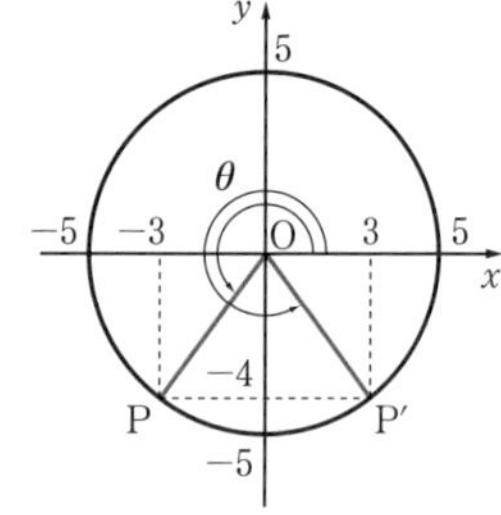

したがって，

答 $\begin{cases}\boldsymbol{\theta}\textbf{ が第3象限の角のとき}\\ \quad\boldsymbol{\cos\theta=-\dfrac{3}{5},\ \tan\theta=\dfrac{4}{3}}\\ \boldsymbol{\theta}\textbf{ が第4象限の角のとき}\\ \quad\boldsymbol{\cos\theta=\dfrac{3}{5},\ \tan\theta=-\dfrac{4}{3}}\end{cases}$

197 次の問いに答えよ。**テスト必出**

□ (1) θ が第2象限の角で，$\sin\theta=\dfrac{3}{5}$ のとき，$\cos\theta$，$\tan\theta$ の値を求めよ。

□ (2) $\sin\theta=\dfrac{4}{5}$ のとき，$\cos\theta$，$\tan\theta$ の値を求めよ。

ガイド (1) $\sin^2\theta+\cos^2\theta=1$ を用いる。θ は第2象限の角であるから，$\cos\theta<0$ である。
(2) $\sin\theta>0$ より，θ は第1象限または第2象限の角である。

応用問題

解答 ➡ 別冊 p. 47

例題研究》 $\sin\theta-\cos\theta=-\dfrac{1}{2}$ のとき，次の式の値を求めよ。

(1) $\sin^3\theta-\cos^3\theta$　　(2) $\dfrac{1}{\sin\theta}+\dfrac{1}{\cos\theta}$

着眼 まず，$\sin\theta-\cos\theta=-\dfrac{1}{2}$ の両辺を平方して $\sin\theta\cos\theta$ の値を求める。(1)は因数分解して $\boldsymbol{\sin^2\theta+\cos^2\theta=1}$ と $\sin\theta\cos\theta$ の値を代入。(2)は通分すると分子は $\sin\theta+\cos\theta$ となり，これは $(\sin\theta+\cos\theta)^2$ の値から求められる。

解き方 $\sin\theta-\cos\theta=-\dfrac{1}{2}$ の両辺を平方すると（→ 定石である）

$\sin^2\theta-2\sin\theta\cos\theta+\cos^2\theta=\dfrac{1}{4}$　　$1-2\sin\theta\cos\theta=\dfrac{1}{4}$

ゆえに　$\sin\theta\cos\theta=\dfrac{3}{8}$

(1) $\sin^3\theta-\cos^3\theta=(\sin\theta-\cos\theta)(\sin^2\theta+\sin\theta\cos\theta+\cos^2\theta)$

$=(\sin\theta-\cos\theta)(1+\sin\theta\cos\theta)=\left(-\dfrac{1}{2}\right)\times\left(1+\dfrac{3}{8}\right)=\boldsymbol{-\dfrac{11}{16}}$ ……答

(2) $(\sin\theta+\cos\theta)^2$

$=\sin^2\theta+2\sin\theta\cos\theta+\cos^2\theta=1+2\sin\theta\cos\theta$

$=1+2\times\dfrac{3}{8}=\dfrac{7}{4}$

ゆえに　$\sin\theta+\cos\theta=\pm\dfrac{\sqrt{7}}{2}$

$\dfrac{1}{\sin\theta}+\dfrac{1}{\cos\theta}=\dfrac{\sin\theta+\cos\theta}{\sin\theta\cos\theta}=\left(\pm\dfrac{\sqrt{7}}{2}\right)\times\dfrac{8}{3}=\boldsymbol{\pm\dfrac{4\sqrt{7}}{3}}$ ……答

198 $\sin\theta+\cos\theta=\dfrac{\sqrt{6}}{2}$ のとき，次の問いに答えよ。

□ (1) $\sin\theta\cos\theta$ の値を求めよ。　　□ (2) $\sin\theta$，$\cos\theta$ の値を求めよ。

□ **199** $\cos\theta=\sin^2\theta$ のとき，$\dfrac{1}{1-\sin\theta}+\dfrac{1}{1+\sin\theta}$ の値を求めよ。《差がつく

ガイド $\sin^2\theta+\cos^2\theta=1$ と $\cos\theta=\sin^2\theta$ の 2 式より $\cos\theta$ を求め，与式を $\cos^2\theta$ で表す。

20 三角関数のグラフ

✪ テストに出る重要ポイント

- **三角関数のグラフ**

① $y=\sin\theta$ のグラフ（正弦曲線）
周期 2π（360°）の周期関数
$-1 \leqq \sin\theta \leqq 1$
原点について対称（奇関数）

② $y=\cos\theta$ のグラフ（余弦曲線）
周期 2π（360°）の周期関数
$-1 \leqq \cos\theta \leqq 1$
y 軸について対称（偶関数）

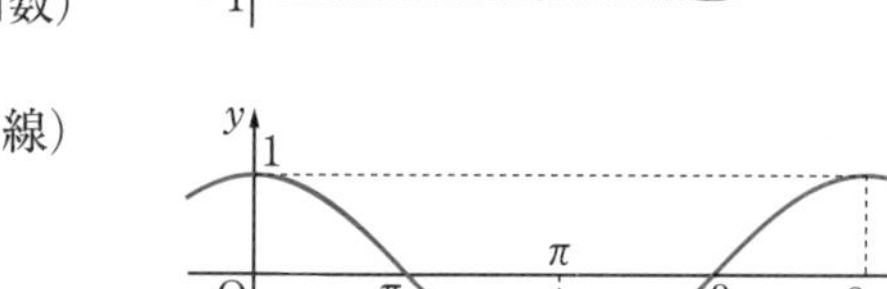

③ $y=\tan\theta$ のグラフ（正接曲線）
周期 π（180°）の周期関数
$\tan\theta$ はすべての実数値をとる。
原点について対称（奇関数）

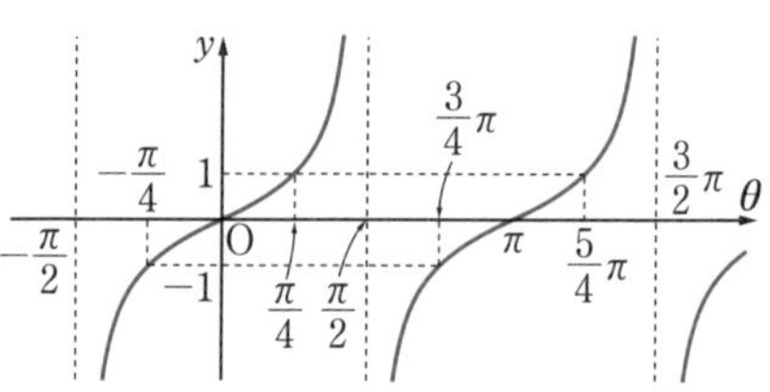

- **周期**…p が 0 でない定数であって，$f(x+p)=f(x)$ がすべての x について成り立つとき，関数 $f(x)$ は**周期関数**といい，p を $f(x)$ の**周期**という。
$\sin ax$，$\cos ax$ の周期は $\dfrac{2\pi}{|a|}$，$\tan ax$ の周期は $\dfrac{\pi}{|a|}$

基本問題 解答 ➡ 別冊 p. 48

200 次の関数のグラフをかけ。また，周期を求めよ。

□ (1) $y=\sin 2\theta$　□ (2) $y=\cos 3\theta$　□ (3) $y=\sin\dfrac{\theta}{2}$

□ (4) $y=\cos\dfrac{\theta}{3}$　□ (5) $y=\tan\dfrac{\theta}{2}$　□ (6) $y=2\sin\theta$

応用問題

解答 ➡ 別冊 p. 49

例題研究》 次の関数のグラフをかけ。また，周期を求めよ。

$$y=2\sin\left(\frac{\theta}{2}-\frac{\pi}{3}\right)$$

着眼 $y=\sin\theta$ のグラフを θ 軸方向，y 軸方向にどれだけ拡大，縮小し，また平行移動したものかを考える。このグラフは $y=2\sin\frac{\theta}{2}$ のグラフを θ 軸方向に $\frac{\pi}{3}$ だけ平行移動したものではないことに注意せよ。

解き方 $y=2\sin\frac{1}{2}\left(\theta-\frac{2}{3}\pi\right)$ であるから，$y=2\sin\frac{\theta}{2}$ のグラフを θ 軸方向に $\frac{2}{3}\pi$ だけ平行移動したものである。また，$y=2\sin\frac{\theta}{2}$ のグラフは，$y=\sin\theta$ のグラフを θ 軸方向，y 軸方向にそれぞれ2倍に拡大したものである。

（→ $-\frac{2}{3}\pi$ ではないので注意する）

答 右の図
周期 4π

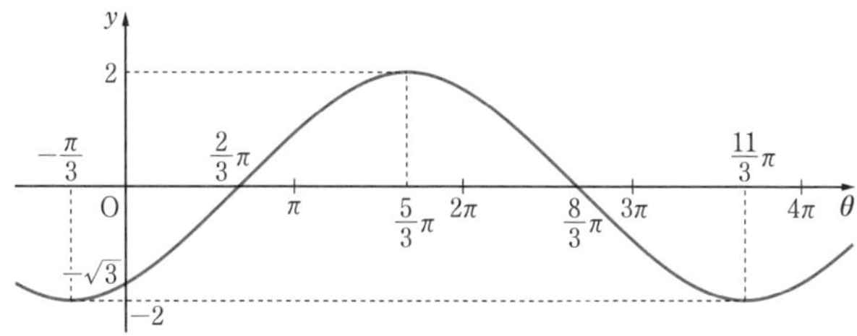

注：なお，$\sin\left(\frac{\theta}{2}-\frac{\pi}{3}\right)$ が最大値1，最小値 −1，および0などの値をとる場合を調べて，次のような表を作れば，グラフは容易にかける。

θ	$-\frac{4}{3}\pi$	…	$-\frac{\pi}{3}$	…	$\frac{2}{3}\pi$	…	$\frac{5}{3}\pi$	…	$\frac{8}{3}\pi$	…	$\frac{11}{3}\pi$	…	$\frac{14}{3}\pi$
$\frac{\theta}{2}-\frac{\pi}{3}$	$-\pi$	…	$-\frac{\pi}{2}$	…	0	…	$\frac{\pi}{2}$	…	π	…	$\frac{3}{2}\pi$	…	2π
y	0	↘	−2	↗	0	↗	2	↘	0	↘	−2	↗	0

201 次の関数のグラフをかけ。また，周期を求めよ。 差がつく

□ (1) $y=\frac{1}{2}\cos\left(3\theta-\frac{2}{3}\pi\right)$　□ (2) $y=\frac{1}{3}\tan\left(\frac{\theta}{2}-\frac{\pi}{4}\right)$

□ (3) $y=2\sin\left(2\theta-\frac{\pi}{3}\right)$　□ (4) $y=3\cos\left(\frac{\theta}{2}+\frac{\pi}{3}\right)$

21 三角関数の応用

テストに出る重要ポイント

- **三角方程式の一般解**…三角関数は周期関数であるから，三角方程式の**解は無数に存在する**。これらの無数の解をひとまとめにして示したものを一般解という。

  ① $\sin\theta=a$ $(|a|\leqq 1)$ の解の1つを α とすると
  $\boldsymbol{\theta=\alpha+2n\pi}$, $\boldsymbol{\theta=-\alpha+(2n+1)\pi}$ （n は整数）

  ② $\cos\theta=a$ $(|a|\leqq 1)$ の解の1つを α とすると
  $\boldsymbol{\theta=\pm\alpha+2n\pi}$ （n は整数）

  ③ $\tan\theta=a$ （a は任意の実数）の解の1つを α とすると
  $\boldsymbol{\theta=\alpha+n\pi}$ （n は整数）

- **三角不等式の解**

  ① $\sin\theta\geqq a$：$-1\leqq a\leqq 1$ のとき，$\sin\theta=a$ の解のうち $-\dfrac{\pi}{2}\leqq\theta\leqq\dfrac{\pi}{2}$ を満たすものを α とすると，
  $\boldsymbol{\alpha+2n\pi\leqq\theta\leqq-\alpha+(2n+1)\pi}$ （n は整数）

  ② $\cos\theta\geqq a$：$-1\leqq a\leqq 1$ のとき，$\cos\theta=a$ の解のうち $0\leqq\theta\leqq\pi$ を満たすものを α とすると，　$\boldsymbol{-\alpha+2n\pi\leqq\theta\leqq\alpha+2n\pi}$ （n は整数）

  ③ $\tan\theta\geqq a$：$\tan\theta=a$ の解のうち $-\dfrac{\pi}{2}<\theta<\dfrac{\pi}{2}$ を満たすものを α とすると，　$\boldsymbol{\alpha+n\pi\leqq\theta<\dfrac{\pi}{2}+n\pi}$ （n は整数）

基本問題

解答 ➡ 別冊 p. 49

できたらチェック。

202 $0\leqq\theta<2\pi$ のとき，次の方程式を解け。

□ (1) $2\sin\theta=-1$　□ (2) $2\cos\theta=-\sqrt{3}$　□ (3) $\tan\theta=-1$

□ (4) $2\sin\theta=-\sqrt{3}$　□ (5) $2\cos\theta=-1$　□ (6) $-\sqrt{3}\tan\theta=1$

203 $0\leqq\theta<2\pi$ のとき，次の不等式を解け。

□ (1) $2\sin\theta<\sqrt{2}$　□ (2) $2\cos\theta\geqq-1$　□ (3) $\tan\theta\leqq-1$

□ (4) $\tan\theta>\sqrt{3}$　□ (5) $2\cos\theta<-\sqrt{2}$　□ (6) $2\sin\theta\geqq-\sqrt{3}$

応用問題

解答 ⟹ 別冊 p. 50

例題研究》 $0 \leqq \theta < 2\pi$ のとき，次の方程式を解け。また，その一般解を求めよ。 $\sin\left(2\theta - \dfrac{\pi}{4}\right) = -\dfrac{1}{\sqrt{2}}$

着眼 $2\theta - \dfrac{\pi}{4} = t$ とおくと，基本の形 $\sin t = -\dfrac{1}{\sqrt{2}}$ となる。t の変域に注意してこれを解く。

解き方 $2\theta - \dfrac{\pi}{4} = t$ とおくと　$\sin t = -\dfrac{1}{\sqrt{2}}$　……①

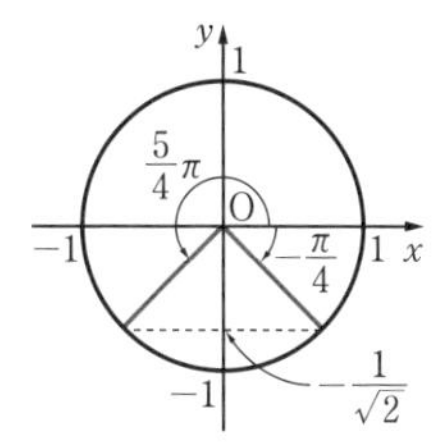

$0 \leqq \theta < 2\pi$ より　$-\dfrac{\pi}{4} \leqq t < \dfrac{15}{4}\pi$

この範囲で①を解くと

$t = -\dfrac{\pi}{4},\ \dfrac{5}{4}\pi,\ \dfrac{7}{4}\pi,\ \dfrac{13}{4}\pi$

→ これは答えでない。θ を求める

ゆえに　$\boldsymbol{\theta = 0,\ \dfrac{3}{4}\pi,\ \pi,\ \dfrac{7}{4}\pi}$　……答

一般解は $t = -\dfrac{\pi}{4} + 2n\pi,\ \dfrac{\pi}{4} + (2n+1)\pi$ (n は整数)

ゆえに　$\boldsymbol{\theta = n\pi,\ \dfrac{3}{4}\pi + n\pi}$ (**n は整数**)　……答

204 次の方程式を $0 \leqq \theta < 2\pi$ の範囲で解け。また，その一般解を求めよ。

差がつく

□ (1) $(\sin\theta - 1)(2\sin\theta + 1) = 0$

□ (2) $2\cos^2\theta - 3\sin\theta = 0$

□ (3) $2\cos\left(\theta - \dfrac{\pi}{6}\right) = 1$

□ (4) $\sin\left(2\theta + \dfrac{\pi}{3}\right) = -\dfrac{1}{2}$

ガイド (2) $\sin^2\theta + \cos^2\theta = 1$ を用いて左辺を $\sin\theta$ の式で表す。

(3) $\theta - \dfrac{\pi}{6} = t$ とおき $-\dfrac{\pi}{6} \leqq t < \dfrac{11}{6}\pi$ の範囲で t を求めてから，θ を求めればよい。

(4) $2\theta + \dfrac{\pi}{3} = t$ とおき $\dfrac{\pi}{3} \leqq t < \dfrac{13}{3}\pi$ の範囲で t を求めてから，θ を求めればよい。

例題研究》 $0 \leqq \theta < 2\pi$ のとき，次の不等式を解け。また，その一般解を求めよ。　$\cos\left(2\theta - \dfrac{\pi}{6}\right) < \dfrac{\sqrt{3}}{2}$

着眼 $2\theta - \dfrac{\pi}{6} = t$ とおくと，基本の形 $\cos t < \dfrac{\sqrt{3}}{2}$ となる。単位円またはグラフを利用して t の範囲を求めればよい。

解き方 $2\theta - \dfrac{\pi}{6} = t$ とおくと　$\cos t < \dfrac{\sqrt{3}}{2}$　……①

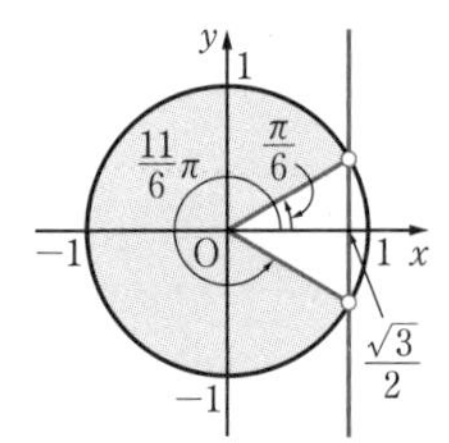

$0 \leqq \theta < 2\pi$ より　$-\dfrac{\pi}{6} \leqq t < \dfrac{23}{6}\pi$

この範囲で①を解くと

$\dfrac{\pi}{6} < t < \dfrac{11}{6}\pi$，$\dfrac{13}{6}\pi < t < \dfrac{23}{6}\pi$

ゆえに　$\boldsymbol{\dfrac{\pi}{6} < \theta < \pi}$，$\boldsymbol{\dfrac{7}{6}\pi < \theta < 2\pi}$　……答

一般解は $\dfrac{\pi}{6} + 2n\pi < t < \dfrac{11}{6}\pi + 2n\pi$（$n$ は整数）

ゆえに　$\boldsymbol{\dfrac{\pi}{6} + n\pi < \theta < (n+1)\pi}$ **（n は整数）**　……答

205 $0 \leqq \theta < 2\pi$ のとき，次の不等式を解け。また，その一般解を求めよ。

差がつく

□ (1)　$(2\sin\theta - \sqrt{3})(2\sin\theta - 1) < 0$

□ (2)　$2\sin^2\theta - 5\cos\theta - 4 < 0$

□ (3)　$\sin\left(\theta - \dfrac{\pi}{6}\right) < -\dfrac{1}{2}$

□ **206** $0 \leqq \theta < 2\pi$ のとき，次の不等式を解け。

$\sin\theta > |\cos\theta|$

ガイド　$\cos\theta > 0$，$\cos\theta < 0$，$\cos\theta = 0$ のときで場合分けする。$\cos\theta \neq 0$ のときは両辺を $\cos\theta$ で割って $\tan\theta$ で考える。

□ **207** $0 \leqq \theta < \pi$ のとき，次の不等式を解け。

$\sin 3\theta(2\cos\theta + 1) < 0$

ガイド　$\sin 3\theta > 0$，$2\cos\theta + 1 < 0$ と $\sin 3\theta < 0$，$2\cos\theta + 1 > 0$ の場合で分けて考える。

例題研究》 関数 $y=2\cos x-1$ $(0\leqq x<2\pi)$ の最大値，最小値を求めよ。また，そのときの x の値を求めよ。

着眼 一般に，三角関数を含む式の最大，最小を考えるときには，**$\sin x$ または $\cos x$ ただ 1 種類の三角関数だけを含む式**に直して，その三角関数を X とおけばよい。このとき，X のとりうる値の範囲に注意する。この問題では，はじめから $\cos x$ だけしか含まないので直接求めてもよい。

解き方 $0\leqq x<2\pi$ であるから　$-1\leqq\cos x\leqq 1$

これより $-2\leqq 2\cos x\leqq 2$

ゆえに　$-3\leqq 2\cos x-1\leqq 1$

答 $\begin{cases} x=0 \text{ のとき最大値 } 1 \\ x=\pi \text{ のとき最小値 } -3 \end{cases}$

(別解) グラフを利用して求めてもよい。

$y=2\cos x-1$ $(0\leqq x<2\pi)$ のグラフは右図のようになる。

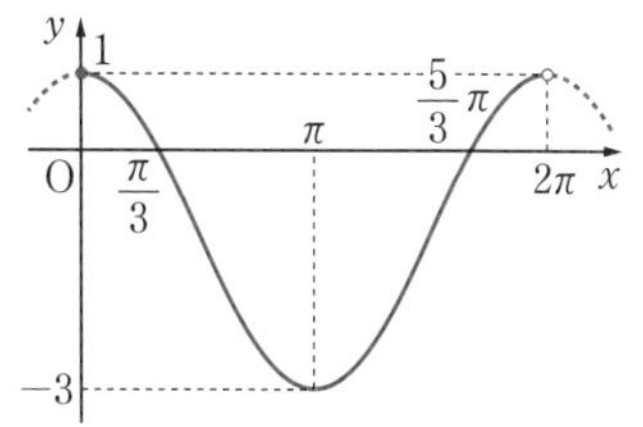

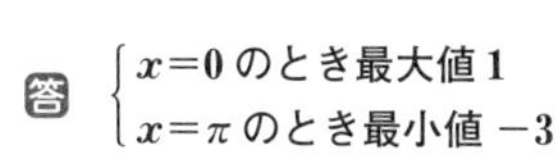

答 $\begin{cases} x=0 \text{ のとき最大値 } 1 \\ x=\pi \text{ のとき最小値 } -3 \end{cases}$

208 次の関数の最大値，最小値を求めよ。また，そのときの x の値を求めよ。

□ (1) $y=2\sin x-3$ $(0\leqq x<2\pi)$

□ (2) $y=\cos\left(x-\dfrac{\pi}{4}\right)$ $\left(0\leqq x\leqq\dfrac{5}{4}\pi\right)$

□ (3) $y=\tan\left(x-\dfrac{\pi}{6}\right)$ $\left(-\dfrac{\pi}{6}\leqq x\leqq\dfrac{\pi}{3}\right)$

□ (4) $y=2\sin\left(x+\dfrac{\pi}{2}\right)$ $(0\leqq x\leqq\pi)$

209 次の関数の最大値，最小値を求めよ。また，そのときの x の値を求めよ。

《差がつく

□ (1) $y=\sin^2 x+3\cos x+1$ $(0\leqq x<2\pi)$

□ (2) $y=\sin x+\cos^2 x+1$ $(0\leqq x<2\pi)$

ガイド (1) $\cos x$ だけで表して $\cos x=X$ とおき $-1\leqq X\leqq 1$ で考える。

22 加法定理

テストに出る重要ポイント

- **加法定理**

$\sin(\alpha+\beta)=\sin\alpha\cos\beta+\cos\alpha\sin\beta$

$\sin(\alpha-\beta)=\sin\alpha\cos\beta-\cos\alpha\sin\beta$

$\cos(\alpha+\beta)=\cos\alpha\cos\beta-\sin\alpha\sin\beta$

$\cos(\alpha-\beta)=\cos\alpha\cos\beta+\sin\alpha\sin\beta$

$\tan(\alpha+\beta)=\dfrac{\tan\alpha+\tan\beta}{1-\tan\alpha\tan\beta}$　　$\tan(\alpha-\beta)=\dfrac{\tan\alpha-\tan\beta}{1+\tan\alpha\tan\beta}$

- **2直線のなす角**…2直線 $y=mx+n$，$y=m'x+n'$ のなす角のうち，鋭角の方を θ とすると　$\tan\theta=\left|\dfrac{m'-m}{1+m'm}\right|$

（ただし，$m\neq m'$，$1+m'm\neq 0$ とする。）

基本問題

解答 → 別冊 p. 53

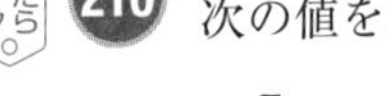

210 次の値を求めよ。

□ (1) $\cos\dfrac{\pi}{12}$　□ (2) $\tan\dfrac{5}{12}\pi$　□ (3) $\sin\dfrac{7}{12}\pi$

□ (4) $\cos\dfrac{11}{12}\pi$　□ (5) $\tan\dfrac{13}{12}\pi$　□ (6) $\sin\dfrac{5}{12}\pi$

211 次の式を簡単にせよ。〈テスト必出

□ (1) $\cos\left(\dfrac{\pi}{3}-\theta\right)-\cos\left(\dfrac{\pi}{3}+\theta\right)$　□ (2) $\tan\left(\dfrac{\pi}{4}+\theta\right)\tan\left(\dfrac{\pi}{4}-\theta\right)$

□ (3) $\sin\theta+\sin\left(\theta+\dfrac{2}{3}\pi\right)+\sin\left(\theta+\dfrac{4}{3}\pi\right)$

212 次の式の値を求めよ。

□ (1) $\cos32^\circ\cos58^\circ-\sin32^\circ\sin58^\circ$　□ (2) $\sin34^\circ\cos26^\circ+\cos34^\circ\sin26^\circ$

213 次の等式が成り立つことを証明せよ。

□ (1) $\sin(\alpha+\beta)\sin(\alpha-\beta)=\cos^2\beta-\cos^2\alpha$

□ (2) $\cos(\alpha+\beta)\cos(\alpha-\beta)=\cos^2\beta-\sin^2\alpha$

□ (3) $(\sin\alpha+\sin\beta)^2+(\cos\alpha-\cos\beta)^2=2-2\cos(\alpha+\beta)$

□ (4) $\tan\alpha+\tan\beta=\dfrac{\sin(\alpha+\beta)}{\cos\alpha\cos\beta}$

例題研究》 $\sin\alpha=\dfrac{1}{2}$, $\cos\beta=-\dfrac{1}{3}$ のとき, $\sin(\alpha+\beta)$, $\cos(\alpha+\beta)$ の値を求めよ。ただし, α, β は鈍角とする。

着眼 公式 $\sin^2\theta+\cos^2\theta=1$ を用いて, $\sin\alpha$ の値から $\cos\alpha$ の値, $\cos\beta$ の値から $\sin\beta$ の値を求める。このとき, **符号に注意**すること！ あとは, 加法定理を用いて求める。

解き方 α, β は鈍角であるから, $\cos\alpha<0$, $\sin\beta>0$

→ 大切だ！

$$\cos\alpha=-\sqrt{1-\sin^2\alpha}=-\sqrt{1-\left(\frac{1}{2}\right)^2}=-\frac{\sqrt{3}}{2}$$

$$\sin\beta=\sqrt{1-\cos^2\beta}=\sqrt{1-\left(-\frac{1}{3}\right)^2}=\frac{2\sqrt{2}}{3}$$

よって, 加法定理により,

$$\sin(\alpha+\beta)=\sin\alpha\cos\beta+\cos\alpha\sin\beta$$

$$=\frac{1}{2}\cdot\left(-\frac{1}{3}\right)+\left(-\frac{\sqrt{3}}{2}\right)\cdot\frac{2\sqrt{2}}{3}=-\boldsymbol{\frac{1+2\sqrt{6}}{6}}$$ ……答

$$\cos(\alpha+\beta)=\cos\alpha\cos\beta-\sin\alpha\sin\beta$$

$$=\left(-\frac{\sqrt{3}}{2}\right)\cdot\left(-\frac{1}{3}\right)-\frac{1}{2}\cdot\frac{2\sqrt{2}}{3}=\boldsymbol{\frac{\sqrt{3}-2\sqrt{2}}{6}}$$ ……答

□ **214** $\sin\alpha=\dfrac{1}{2}$, $\sin\beta=\dfrac{1}{3}$ のとき, $\sin(\alpha+\beta)$, $\cos(\alpha+\beta)$ の値を求めよ。ただし, α は鋭角, β は鈍角とする。〈テスト必出〉

□ **215** $\tan\alpha=2$, $\tan\beta=3$ のとき, $\tan(\alpha+\beta)$, $\cos(\alpha-\beta)$ の値を求めよ。ただし, α, β は鋭角とする。

ガイド α, β は鋭角だから符号に注意して, $\sin\alpha$, $\cos\alpha$, $\sin\beta$, $\cos\beta$ を求める。

216 次の2直線のなす角 θ を求めよ。

□ (1) $x-2y+2=0,\ 3x-y-2=0$　　□ (2) $x+2y-3=0,\ x-3y-1=0$

□ (3) $2x-\sqrt{3}y+1=0,\ 5x+\sqrt{3}y+6=0$

応用問題

解答 → 別冊 p. 54

例題研究》 $A+B+C=180^\circ$ のとき，次の等式が成り立つことを証明せよ。

$$\tan\frac{B}{2}\tan\frac{C}{2}+\tan\frac{C}{2}\tan\frac{A}{2}+\tan\frac{A}{2}\tan\frac{B}{2}=1$$

着眼 左辺より右辺を導く。文字が3つあるので，$A+B+C=180^\circ$ より $C=180^\circ-A-B$ として，文字を減らしてみよう。

解き方 左辺 $=\tan\frac{C}{2}\left(\tan\frac{B}{2}+\tan\frac{A}{2}\right)+\tan\frac{A}{2}\tan\frac{B}{2}$

→ 文字を減らしていくことを考える

$$=\tan\left\{90^\circ-\left(\frac{A}{2}+\frac{B}{2}\right)\right\}\left(\tan\frac{A}{2}+\tan\frac{B}{2}\right)+\tan\frac{A}{2}\tan\frac{B}{2}$$

$$=\frac{1}{\tan\left(\frac{A}{2}+\frac{B}{2}\right)}\left(\tan\frac{A}{2}+\tan\frac{B}{2}\right)+\tan\frac{A}{2}\tan\frac{B}{2}$$

$$=\frac{1-\tan\frac{A}{2}\tan\frac{B}{2}}{\tan\frac{A}{2}+\tan\frac{B}{2}}\left(\tan\frac{A}{2}+\tan\frac{B}{2}\right)+\tan\frac{A}{2}\tan\frac{B}{2}$$

$$=1-\tan\frac{A}{2}\tan\frac{B}{2}+\tan\frac{A}{2}\tan\frac{B}{2}=1$$

〔証明終〕

□ **217** $A+B+C=180^\circ$ のとき，次の等式が成り立つことを証明せよ。

$\tan A+\tan B+\tan C=\tan A\tan B\tan C$

□ **218** 方程式 $x^2-ax+b=0$ の2つの解を $\tan\alpha$，$\tan\beta$ とする。
このとき，$\tan(\alpha+\beta)$ を a，b で表せ。

□ **219** $\alpha+\beta=45^\circ$ のとき，$(1+\tan\alpha)(1+\tan\beta)$ の値を求めよ。**《差がつく》**

□ **220** 2直線 $x+2y+1=0$，$ax-y=0$ のなす角が 60° となるように，定数 a の値を定めよ。

23 加法定理の応用

✪ テストに出る重要ポイント

▶ 2 倍角，半角の公式

① $\sin 2\alpha = 2\sin\alpha\cos\alpha$

$\cos 2\alpha = \cos^2\alpha - \sin^2\alpha = 2\cos^2\alpha - 1 = 1 - 2\sin^2\alpha$

$\tan 2\alpha = \dfrac{2\tan\alpha}{1-\tan^2\alpha}$

② $\sin^2\dfrac{\alpha}{2} = \dfrac{1-\cos\alpha}{2}$　$\left(\sin^2\alpha = \dfrac{1-\cos 2\alpha}{2} \text{ とも書く}\right)$

$\cos^2\dfrac{\alpha}{2} = \dfrac{1+\cos\alpha}{2}$　$\left(\cos^2\alpha = \dfrac{1+\cos 2\alpha}{2} \text{ とも書く}\right)$

$\tan^2\dfrac{\alpha}{2} = \dfrac{1-\cos\alpha}{1+\cos\alpha}$　$\left(\tan^2\alpha = \dfrac{1-\cos 2\alpha}{1+\cos 2\alpha} \text{ とも書く}\right)$

▶ 三角関数の合成

$a\sin\theta + b\cos\theta = \sqrt{a^2+b^2}\sin(\theta+\alpha)$

$\left(\text{ただし，}\alpha\text{ は }\sin\alpha = \dfrac{b}{\sqrt{a^2+b^2}}，\cos\alpha = \dfrac{a}{\sqrt{a^2+b^2}}\text{ を満たす角}\right)$

基本問題

解答 ➡ 別冊 p. 55

221 次の値を求めよ。

□ (1) $\sin\dfrac{\pi}{8}$　□ (2) $\cos\dfrac{\pi}{8}$　□ (3) $\tan\dfrac{\pi}{8}$

□ **222** $\sin\alpha = \dfrac{1}{3}\left(0<\alpha<\dfrac{\pi}{2}\right)$ のとき，$\sin 2\alpha$，$\cos 2\alpha$，$\tan 2\alpha$ の値を求めよ。

□ **223** $\cos\alpha = \dfrac{1}{4}\left(\dfrac{3}{2}\pi<\alpha<2\pi\right)$ のとき，$\sin\dfrac{\alpha}{2}$，$\cos\dfrac{\alpha}{2}$，$\tan\dfrac{\alpha}{2}$ の値を求めよ。

テスト必出

□ **224** $\sin\alpha + \cos\alpha = \dfrac{1}{2}$ のとき，$\sin 2\alpha$ の値を求めよ。

例題研究》　$\tan\dfrac{\theta}{2}=t$ のとき，$\sin\theta$，$\cos\theta$，$\tan\theta$ を t で表せ。

着眼　2倍角の公式を利用する。この結果は公式として覚えておくとよい。応用範囲の広い公式である。
→ 大切だよ！

解き方　2倍角の公式より

$$\sin\theta=\sin\left(2\cdot\frac{\theta}{2}\right)=2\sin\frac{\theta}{2}\cos\frac{\theta}{2}=2\cdot\frac{\sin\frac{\theta}{2}}{\cos\frac{\theta}{2}}\cdot\cos^2\frac{\theta}{2}$$

$$=2\tan\frac{\theta}{2}\cdot\frac{1}{1+\tan^2\frac{\theta}{2}}=\frac{2t}{1+t^2}$$

$$\cos\theta=\cos\left(2\cdot\frac{\theta}{2}\right)=\cos^2\frac{\theta}{2}-\sin^2\frac{\theta}{2}=\cos^2\frac{\theta}{2}\left(1-\frac{\sin^2\frac{\theta}{2}}{\cos^2\frac{\theta}{2}}\right)$$

$$=\frac{1}{1+\tan^2\frac{\theta}{2}}\left(1-\tan^2\frac{\theta}{2}\right)=\frac{1-t^2}{1+t^2}$$

$$\tan\theta=\frac{\sin\theta}{\cos\theta}=\frac{\frac{2t}{1+t^2}}{\frac{1-t^2}{1+t^2}}=\frac{2t}{1-t^2}$$

答　$\boldsymbol{\sin\theta=\dfrac{2t}{1+t^2}}$，$\boldsymbol{\cos\theta=\dfrac{1-t^2}{1+t^2}}$，$\boldsymbol{\tan\theta=\dfrac{2t}{1-t^2}}$

□ **225**　$\tan\theta=1+\sqrt{2}$ のとき，$\sin2\theta$，$\cos2\theta$ の値を求めよ。

226　$\tan\dfrac{\theta}{2}=t$ のとき，次の式を t で表せ。〈テスト必出

□ (1)　$\sin\theta+\cos\theta$　　□ (2)　$\dfrac{\sin\theta-\cos\theta}{\sin\theta+\cos\theta}$

ガイド　例題研究の結果を利用する。

227　次の等式が成り立つことを証明せよ。

□ (1)　$\dfrac{1-\cos2\theta}{\sin2\theta}=\tan\theta$　　□ (2)　$\dfrac{2\tan\theta}{\sin2\theta}=1+\tan^2\theta$

□ (3)　$(\sin\theta-\cos\theta)^2=1-\sin2\theta$　　□ (4)　$\cos^4\theta-\sin^4\theta=\cos2\theta$

228 次の式を $r\sin(\theta+\alpha)$ の形に表せ。ただし，$r>0$，$-\pi<\alpha\leqq\pi$ とする。

□ (1) $\sqrt{3}\sin\theta+\cos\theta$

□ (2) $\sqrt{3}\sin\theta-\cos\theta$

□ (3) $\sin\theta+\cos\theta$

□ (4) $\sin\theta-\cos\theta$

□ (5) $2\sin\theta+3\cos\theta$

□ (6) $\sin\theta-2\cos\theta$

□ (7) $\sin\left(\theta+\dfrac{\pi}{2}\right)+\sin\theta$

□ (8) $\sin\left(\dfrac{\pi}{6}-\theta\right)-\cos\theta$

229 次の関数の最大値と最小値を求めよ。また，そのときの θ の値を求めよ。

□ (1) $y=\sin\theta-\sin\left(\theta-\dfrac{\pi}{3}\right)$ $(0\leqq\theta<2\pi)$

□ (2) $y=\cos\theta+\cos\left(\theta+\dfrac{\pi}{3}\right)$ $(0\leqq\theta<2\pi)$

ガイド 加法定理により $\sin\left(\theta-\dfrac{\pi}{3}\right)$，$\cos\left(\theta+\dfrac{\pi}{3}\right)$ を $\cos\theta$，$\sin\theta$ で表す。

応用問題

解答 ➡ 別冊 p. 57

230 2 倍角の公式と加法定理を使って，次の 3 倍角の公式を証明せよ。

□ (1) $\sin3\alpha=3\sin\alpha-4\sin^3\alpha$

□ (2) $\cos3\alpha=4\cos^3\alpha-3\cos\alpha$

□ (3) $\tan3\alpha=\dfrac{3\tan\alpha-\tan^3\alpha}{1-3\tan^2\alpha}$

ガイド 3 倍角の公式は 2 倍角の公式と加法定理から導くことができる。この結果は覚えておくとよい。

□ **231** $\dfrac{1+\sin\theta-\cos\theta}{1+\sin\theta+\cos\theta}=\tan\dfrac{\theta}{2}$ を証明せよ。

□ **232** 長さ 8 の線分 AB を直径とする円周上に点 P をとる。このとき，AP+BP の最大値を求めよ。また，そのときの AP，BP の長さを求めよ。 差がつく

ガイド 題意より図をかけば，∠APB は直径に対する円周角で，直角である。

24 累乗根

✪ テストに出る重要ポイント

- **累乗**…同じ数 a を n 個掛けたものを $\boldsymbol{a^n}$ で表し，これを **a の n 乗**といい，a^2，a^3 などをまとめて a の**累乗**という。また，a^n において，a を累乗の**底**，n を累乗の**指数**という。$0<a<b$ ならば $0<a^n<b^n$（n は自然数）
- **$y=x^n$ のグラフ**
  n が偶数のとき，y 軸に関して対称 （偶関数）
  n が奇数のとき，原点に関して対称（奇関数）
- **累乗根**…n を2以上の自然数とするとき，n 乗して a になる数を **a の n 乗根**といい，2乗根，3乗根などをまとめて a の**累乗根**という。
  ・**n が偶数**のとき，$a>0$ ならば，a の実数の **n 乗根は正負2つ**あって，その絶対値は等しい。正の方を $\sqrt[n]{\boldsymbol{a}}$，負の方を $-\sqrt[n]{\boldsymbol{a}}$ で表す。
  $a<0$ ならば，a の実数の n 乗根はない。また，**0 の n 乗根は 0** である。
  ・**n が奇数**のとき，実数 a の実数の **n 乗根はただ1つ**あって，a と同符号である。それを $\sqrt[n]{\boldsymbol{a}}$ で表す。
- **累乗根の性質**…$a>0$，$b>0$，m，n が正の整数のとき

① $\sqrt[n]{a}\sqrt[n]{b}=\sqrt[n]{ab}$　　② $\dfrac{\sqrt[n]{a}}{\sqrt[n]{b}}=\sqrt[n]{\dfrac{a}{b}}$

③ $(\sqrt[m]{a})^n=\sqrt[m]{a^n}$　　④ $\sqrt[m]{\sqrt[n]{a}}=\sqrt[n]{\sqrt[m]{a}}=\sqrt[mn]{a}$

基本問題

解答 ➡ 別冊 p. 58

できたらチェック。

233 次の関数のグラフをかき，奇関数，偶関数をそれぞれ選び出せ。

□ (1) $y=x$　　□ (2) $y=x-1$　　□ (3) $y=x^2$

□ (4) $y=x^2+1$　　□ (5) $y=x^3$　　□ (6) $y=x^3-1$

□ (7) $y=2x^3$　　□ (8) $y=x^4-1$　　□ (9) $y=|x|$

□ **234** 次の関数の中から奇関数，偶関数を選び出せ。

(1) $y=x^3-x$　　(2) $y=x^4+2x^2$　　(3) $y=-x^2+x$

例題研究》 次の累乗根のうち，実数のものを求めよ。

(1) 8 の 3 乗根　(2) -16 の 4 乗根　(3) 3 の 4 乗根

着眼 実数の累乗根を求めるときは，方程式の解のうち実数のものだけを答えにする。

(1) 3 乗して 8 になる数は 1 つで，その符号は 8 に合わせてプラスである。

(2) 4 乗して負になるものがあるかどうかを考える。

(3) この解は整数にならないので，根号を使って表す。

解き方 (1) 3 乗して 8 になる実数は **2** ……答

(2) 実数の範囲には，4 乗して -16 になる実数はない。 **なし** ……答

(3) 4 乗して 3 になる実数は $\pm\sqrt[4]{3}$ ……答

235 次の累乗根のうち，実数のものを求めよ。

□ (1) 16 の 2 乗根　□ (2) -64 の 3 乗根

□ (3) 81 の 4 乗根　□ (4) -81 の 4 乗根

例題研究》 次の値を求めよ。

(1) $\sqrt[3]{-27}$　(2) $\sqrt[4]{0.0001}$

着眼 (1) 3 乗根は，根号の中が負の数であっても，実数になる。

(2) $\sqrt[4]{0.0001}$ は 0.0001 の 4 乗根のうち，正の方である。解は 1 つ。

解き方 (1) $(-3)^3=-27$ だから $\sqrt[3]{-27}=\sqrt[3]{(-3)^3}=\mathbf{-3}$ ……答

(2) $0.1^4=0.0001$ だから $\sqrt[4]{0.0001}=\sqrt[4]{0.1^4}=\mathbf{0.1}$ ……答

236 次の値を求めよ。

□ (1) $\sqrt[3]{8}$　□ (2) $\sqrt{9}$　□ (3) $\sqrt[4]{16}$

□ (4) $\sqrt[3]{-8}$　□ (5) $\sqrt{0.01}$　□ (6) $\sqrt[4]{81}$

237 次の式を簡単にせよ。 **テスト必出**

□ (1) $\sqrt[3]{3}\sqrt[3]{9}$　□ (2) $\sqrt[4]{4}\sqrt[4]{4}$　□ (3) $\sqrt[3]{0.1}\sqrt[3]{0.01}$

□ (4) $\sqrt[4]{3}\sqrt[4]{27}$　□ (5) $\sqrt[3]{40}\div\sqrt[3]{5}$　□ (6) $\sqrt[4]{16^3}$

25 指数の拡張

✪ テストに出る重要ポイント

- **指数の拡張**…$a>0$, m が正の整数, n が整数のとき

  $\boldsymbol{a^0=1}$, $\boldsymbol{a^{\frac{n}{m}}=\sqrt[m]{a^n}}$, $\boldsymbol{a^{-m}=\frac{1}{a^m}}$

- **指数法則**…$a>0$, $b>0$, m, n が実数のとき

  ① $\boldsymbol{a^m\times a^n=a^{m+n}}$　② $\boldsymbol{a^m\div a^n=a^{m-n}}$　③ $\boldsymbol{(a^m)^n=a^{mn}}$

  ④ $\boldsymbol{(ab)^n=a^nb^n}$　⑤ $\boldsymbol{\left(\frac{a}{b}\right)^n=\frac{a^n}{b^n}}$

基本問題

解答 ➡ 別冊 p. 59

できたらチェック。

238 次の式を根号を用いて表せ。

□ (1) $2^{0.2}$　□ (2) $2^{\frac{2}{3}}$　□ (3) $2^{-\frac{3}{2}}$

239 次の式を 2^x の形に表せ。

□ (1) $\sqrt{2}$　□ (2) $\sqrt[4]{2^3}$　□ (3) $\frac{1}{\sqrt[3]{2^2}}$

240 次の値を求めよ。 テスト必出

□ (1) $27^{\frac{2}{3}}$　□ (2) $4^{-0.5}$　□ (3) $25^{\frac{1}{2}}$

□ (4) $16^{0.75}$　□ (5) $9^{-\frac{1}{2}}$　□ (6) $(8^{-3})^{\frac{1}{3}}$

例題研究》 次の式を a^x の形に表せ。ただし, $a>0$ とする。

(1) $\sqrt[3]{a}\sqrt[5]{a}$　(2) $\sqrt[4]{a^2}\sqrt[5]{a^2}$

着眼 $a>0$, m が正の整数, n が整数ならば, $a^{\frac{n}{m}}=\sqrt[m]{a^n}$ である。(1), (2)とも根号を指数の形で表す。

解き方 (1) 与式$=a^{\frac{1}{3}}\times a^{\frac{1}{5}}=a^{\frac{1}{3}+\frac{1}{5}}=\boldsymbol{a^{\frac{8}{15}}}$　……答

(2) 与式$=(a^2)^{\frac{1}{4}}\times(a^2)^{\frac{1}{5}}=a^{\frac{1}{2}}\times a^{\frac{2}{5}}=a^{\frac{1}{2}+\frac{2}{5}}=\boldsymbol{a^{\frac{9}{10}}}$　……答

241 次の式を a^x の形に表せ。ただし，$a>0$ とする。

□ (1) $\sqrt[4]{\sqrt[3]{\sqrt{a}}}$　　□ (2) $a\sqrt[3]{a}\div\sqrt[5]{\sqrt[4]{a^3}}$

□ (3) $a^{\frac{3}{2}}\times a^{\frac{1}{3}}\times a^{-\frac{1}{2}}$　　□ (4) $a^{\frac{5}{6}}\times a^{-\frac{1}{2}}\div a^{\frac{1}{3}}$

ガイド　根号は指数の形に表す。あとは指数法則を正しく用いる。

例題研究》 次の式を簡単にせよ。ただし，$a>0$ とする。

$$\sqrt[5]{a\sqrt[3]{a^2}\sqrt[4]{a^3}}\div\sqrt[3]{a\sqrt{a}}$$

着眼　まず，根号を**指数の形に表す**。そのうえで，指数法則を正しく用いる。結果は累乗根の形で表す。

解き方　与式 $=\{a(a^2)^{\frac{1}{3}}(a^3)^{\frac{1}{4}}\}^{\frac{1}{5}}\div\{a(a)^{\frac{1}{2}}\}^{\frac{1}{3}}$

$=(a\times a^{\frac{2}{3}}\times a^{\frac{3}{4}})^{\frac{1}{5}}\div(a\times a^{\frac{1}{2}})^{\frac{1}{3}}$

→ $a^{1\times\frac{2}{3}\times\frac{3}{4}}$ とする人が多い！

$=(a^{1+\frac{2}{3}+\frac{3}{4}})^{\frac{1}{5}}\div(a^{1+\frac{1}{2}})^{\frac{1}{3}}=(a^{\frac{29}{12}})^{\frac{1}{5}}\div(a^{\frac{3}{2}})^{\frac{1}{3}}$

$=a^{\frac{29}{60}}\div a^{\frac{1}{2}}=a^{\frac{29}{60}-\frac{1}{2}}=a^{-\frac{1}{60}}=\dfrac{1}{a^{\frac{1}{60}}}=\boldsymbol{\dfrac{1}{\sqrt[60]{a}}}$ ……答

242 次の式を簡単にせよ。ただし，$a>0$，$b>0$ とする。

□ (1) $(a^{\frac{1}{3}}+b^{\frac{1}{3}})(a^{\frac{2}{3}}-a^{\frac{1}{3}}b^{\frac{1}{3}}+b^{\frac{2}{3}})$

□ (2) $(a^{\frac{1}{3}}-b^{\frac{1}{3}})(a^{\frac{2}{3}}+a^{\frac{1}{3}}b^{\frac{1}{3}}+b^{\frac{2}{3}})$

□ (3) $(a^{\frac{1}{4}}-1)(a^{\frac{1}{4}}+1)(a^{\frac{1}{2}}+1)$

□ (4) $(a^{\frac{3}{2}}+b^{-\frac{3}{2}})(a^{\frac{3}{2}}-b^{-\frac{3}{2}})\div(a^2+ab^{-1}+b^{-2})$

□ (5) $(a+a^{\frac{1}{2}}b^{\frac{1}{2}}+b)\div(a^{\frac{1}{2}}-a^{\frac{1}{4}}b^{\frac{1}{4}}+b^{\frac{1}{2}})$

ガイド　因数分解の公式を思い出してみよう。

□ **243** 次の式を簡単にせよ。 テスト必出

$$(2^{\frac{1}{a-b}})^{\frac{1}{a-c}}(2^{\frac{1}{b-c}})^{\frac{1}{b-a}}(2^{\frac{1}{c-a}})^{\frac{1}{c-b}}$$

ガイド　まず，指数に着目して整理すればよい。

応用問題

解答 ➡ 別冊 p. 60

例題研究》 $a^{2x}=4$ のとき，$\dfrac{a^{3x}+a^{-3x}}{a^{x}+a^{-x}}$ の値を求めよ。

着眼　$a^{3x}+a^{-3x}=(a^x+a^{-x})\{(a^x)^2-a^x\cdot a^{-x}+(a^{-x})^2\}$ と変形して a^{2x} の値を代入すればよい。

解き方　与式$=\dfrac{(a^x+a^{-x})\{(a^x)^2-a^x\cdot a^{-x}+(a^{-x})^2\}}{a^x+a^{-x}}$

$=a^{2x}-1+a^{-2x}$

$=a^{2x}-1+\dfrac{1}{a^{2x}}=4-1+\dfrac{1}{4}=\mathbf{\dfrac{13}{4}}$　……答

244 $a^{\frac{1}{2}}+a^{-\frac{1}{2}}=3$ のとき，次の式の値を求めよ。

□ (1)　$a+a^{-1}$

□ (2)　$\dfrac{a^{\frac{3}{2}}+a^{-\frac{3}{2}}+2}{a^2+a^{-2}+3}$

ガイド　(1) 条件式の両辺を平方する。(2) 分子を $a^{\frac{1}{2}}+a^{-\frac{1}{2}}$，$a+a^{-1}$ の形で表す。

□ **245** $a^{2x}=5$ のとき，$\dfrac{a^{3x}-a^{-3x}}{a^x-a^{-x}}$ の値を求めよ。

ガイド　まず，与式の分子を因数分解してみる。

□ **246** $3^x=2$ のとき，$\dfrac{3^{3x-2}-3^{-3x+1}}{3^{x-1}-3^{-x}}$ の値を求めよ。

ガイド　3^{3x-2} は $3^{3x}\div3^2$，$3^{-3x+1}=3\div3^{3x}$ と変形できる。他も同様に変形する。

□ **247** $a^{\frac{1}{3}}+a^{-\frac{1}{3}}=6$ のとき，$a+a^{-1}$ の値を求めよ。

ガイド　条件式の両辺を3乗する。

□ **248** $a^{2x}=1+\sqrt{2}$ のとき，$\dfrac{a^{3x}+a^{-3x}}{a^x+a^{-x}}$ の値を求めよ。《差がつく

26 指数関数

✪ テストに出る重要ポイント

- **指数関数 $y=a^x$ の性質**…a が 1 でない正の実数のとき，x の任意の実数値に対応して a^x の値が定まる。このような関数を **a を底とする指数関数**という。
  ① 定義域は実数全体で，**値域は $y>0$**
  ② **$a>1$** のとき，**右上がりの曲線**，**$0<a<1$** のとき，**右下がりの曲線**
  ③ グラフは**点 (0，1) を通り**，x **軸を漸近線**とする曲線

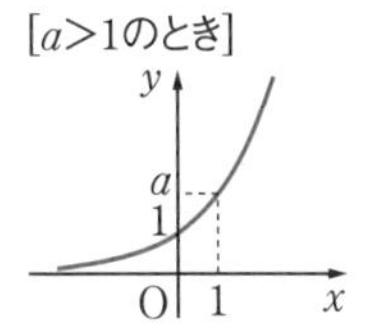

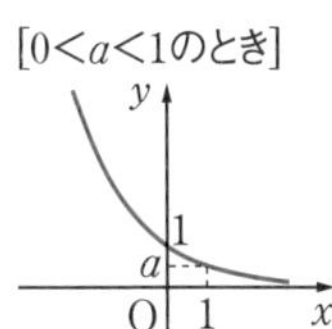

基本問題

解答 ➡ 別冊 p. 60

できたらチェック。

249 次の関数のグラフをかけ。

□ (1) $y=2\cdot2^x$　□ (2) $y=2^{-x}$　□ (3) $y=\left(\dfrac{1}{3}\right)^{-x}$

□ **250** $y=3^x$ のグラフを x 軸方向に 1，y 軸方向に -2 だけ平行移動したグラフの式を書け。

251 $y=2^x$ のグラフと次の関数のグラフとの位置関係を調べよ。

□ (1) $y=2^{x+1}$　□ (2) $y=-2^x$　□ (3) $y=2^{-x}$

□ (4) $y=-\left(\dfrac{1}{2}\right)^x$　□ (5) $y=\dfrac{1}{2}\cdot2^x$　□ (6) $y=-2^{-x+1}$

応用問題

解答 ➡ 別冊 p. 61

252 次の関数のグラフをかけ。〈差がつく〉

□ (1) $y=2^{|x|}$　□ (2) $y=\dfrac{2^x+2^{-x}}{2}$

27 指数関数の応用

テストに出る重要ポイント

- **指数方程式の解法**
  ① $a^m=a^n$ の形に変形して $m=n$ を導く。
  ② $a^m=b^n$ ならば**両辺の対数**をとる。($p.$ 82 以降を参照)
  ③ $a^x=X$ とおき，X の方程式を作る。
- **指数不等式の解法**…$a^m>a^n$ において
  ① **$a>1$ のとき　$m>n$**　② **$0<a<1$ のとき　$m<n$**
- **指数関数の最大，最小**
  ① 多項式の形に変形する。　② 変域に注意する。

基本問題

解答 ⟶ 別冊 $p.$ 61

例題研究》 次の数を大きい順に並べよ。

(1)　$2^{0.5}$，2^{-2}，2^0，$2^{\frac{1}{3}}$，$2^{-\frac{1}{2}}$　　(2)　$\sqrt[3]{0.2}$，$\sqrt[4]{0.2^2}$，1，$\sqrt{0.2^3}$，$\dfrac{1}{\sqrt{0.2}}$

着眼 指数関数 $f(x)=a^x$ は，$a>1$ のとき，$x_1<x_2$ ならば $f(x_1)<f(x_2)$，$0<a<1$ のとき，$x_1<x_2$ ならば $f(x_1)>f(x_2)$ である。したがって，底に注意して指数の大小を比較すればよい。

解き方 (1)　底が 2 で 1 より大きいから，$y=2^x$ は増加関数である。

したがって，指数の大きい方が大きいので，$0.5>\dfrac{1}{3}>0>-\dfrac{1}{2}>-2$ より

$\mathbf{2^{0.5}>2^{\frac{1}{3}}>2^0>2^{-\frac{1}{2}}>2^{-2}}$　……答

(2)　底が 0.2 で 1 より小さいから，$y=0.2^x$ は減少関数である。

$\sqrt[3]{0.2}=0.2^{\frac{1}{3}}$，$\sqrt[4]{0.2^2}=0.2^{\frac{1}{2}}$，$1=0.2^0$，$\sqrt{0.2^3}=0.2^{\frac{3}{2}}$，$\dfrac{1}{\sqrt{0.2}}=\dfrac{1}{0.2^{\frac{1}{2}}}=0.2^{-\frac{1}{2}}$

指数の小さい方が大きいので，指数を小さい順に並べると

$-\dfrac{1}{2}<0<\dfrac{1}{3}<\dfrac{1}{2}<\dfrac{3}{2}$

ゆえに　$\mathbf{\dfrac{1}{\sqrt{0.2}}>1>\sqrt[3]{0.2}>\sqrt[4]{0.2^2}>\sqrt{0.2^3}}$　……答

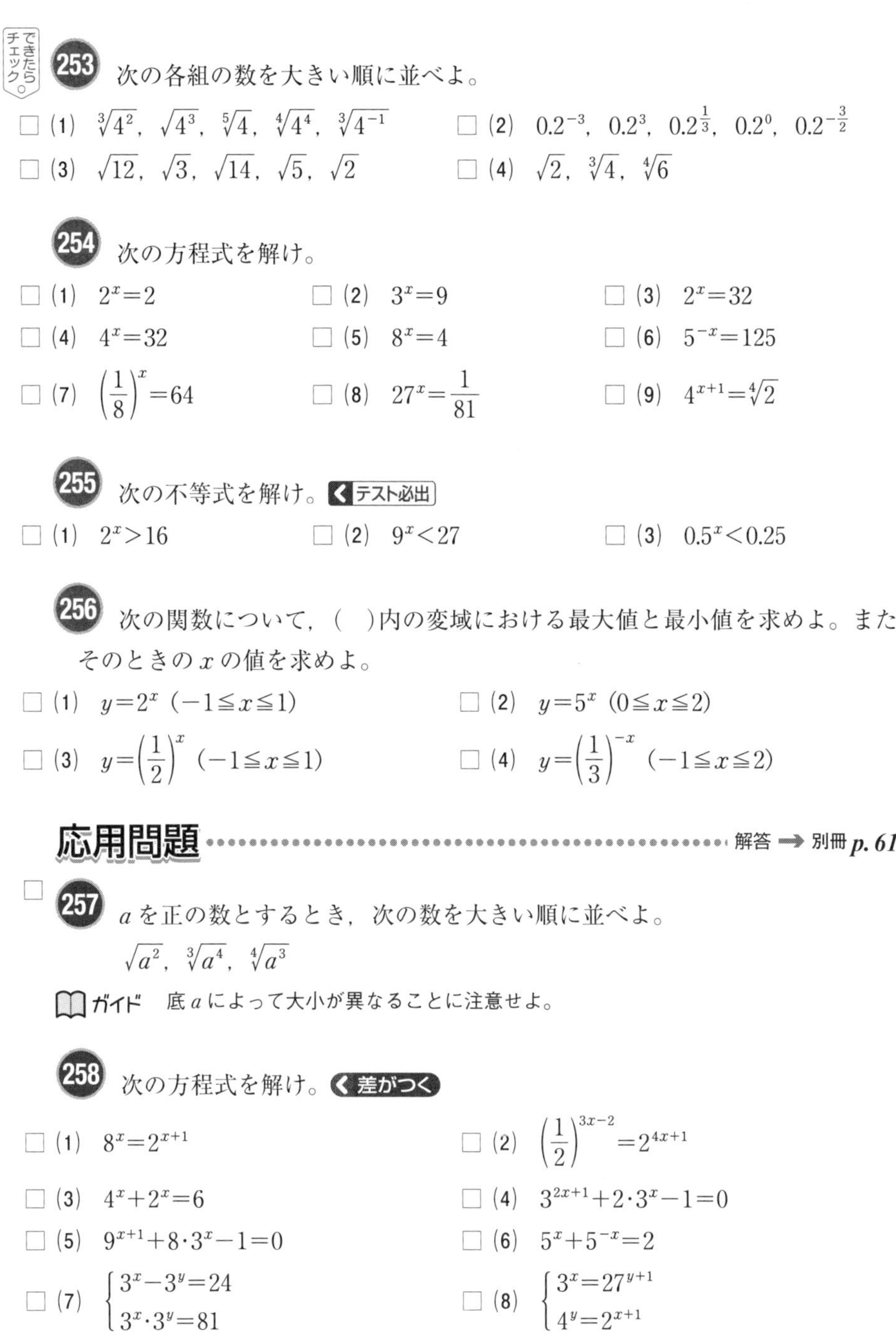

できたらチェック。

253 次の各組の数を大きい順に並べよ。

□ (1) $\sqrt[3]{4^2}$, $\sqrt{4^3}$, $\sqrt[5]{4}$, $\sqrt[4]{4^4}$, $\sqrt[3]{4^{-1}}$　□ (2) 0.2^{-3}, 0.2^3, $0.2^{\frac{1}{3}}$, 0.2^0, $0.2^{-\frac{3}{2}}$

□ (3) $\sqrt{12}$, $\sqrt{3}$, $\sqrt{14}$, $\sqrt{5}$, $\sqrt{2}$　□ (4) $\sqrt{2}$, $\sqrt[3]{4}$, $\sqrt[4]{6}$

254 次の方程式を解け。

□ (1) $2^x=2$　□ (2) $3^x=9$　□ (3) $2^x=32$

□ (4) $4^x=32$　□ (5) $8^x=4$　□ (6) $5^{-x}=125$

□ (7) $\left(\frac{1}{8}\right)^x=64$　□ (8) $27^x=\frac{1}{81}$　□ (9) $4^{x+1}=\sqrt[4]{2}$

255 次の不等式を解け。 テスト必出

□ (1) $2^x>16$　□ (2) $9^x<27$　□ (3) $0.5^x<0.25$

256 次の関数について，(　)内の変域における最大値と最小値を求めよ。また，そのときの x の値を求めよ。

□ (1) $y=2^x$ $(-1\leqq x\leqq 1)$　□ (2) $y=5^x$ $(0\leqq x\leqq 2)$

□ (3) $y=\left(\frac{1}{2}\right)^x$ $(-1\leqq x\leqq 1)$　□ (4) $y=\left(\frac{1}{3}\right)^{-x}$ $(-1\leqq x\leqq 2)$

応用問題

解答 ➡ 別冊 p. 61

□ **257** a を正の数とするとき，次の数を大きい順に並べよ。

$\sqrt{a^2}$, $\sqrt[3]{a^4}$, $\sqrt[4]{a^3}$

ガイド　底 a によって大小が異なることに注意せよ。

258 次の方程式を解け。 差がつく

□ (1) $8^x=2^{x+1}$　□ (2) $\left(\frac{1}{2}\right)^{3x-2}=2^{4x+1}$

□ (3) $4^x+2^x=6$　□ (4) $3^{2x+1}+2\cdot3^x-1=0$

□ (5) $9^{x+1}+8\cdot3^x-1=0$　□ (6) $5^x+5^{-x}=2$

□ (7) $\begin{cases} 3^x-3^y=24 \\ 3^x\cdot3^y=81 \end{cases}$　□ (8) $\begin{cases} 3^x=27^{y+1} \\ 4^y=2^{x+1} \end{cases}$

ガイド　(3) $2^x=X$ とおく。

例題研究》 次の不等式を解け。

$$2^{2x}-5\cdot 2^{x-1}+1<0$$

着眼　累乗の大小関係　**$a>1$ のとき　$m>n \Leftrightarrow a^m>a^n$** を利用する。
$2^x=X$ とおいて，X についての不等式を解く。$X>0$ に注意。

解き方　与式を変形して　$(2^x)^2-\dfrac{5}{2}\cdot 2^x+1<0$

両辺を2倍して，$2(2^x)^2-5\cdot 2^x+2<0$　　$2^x=X\ (X>0)$ とおくと

$2X^2-5X+2<0$　　$(2X-1)(X-2)<0$

ゆえに　$\dfrac{1}{2}<X<2$

これは，$X>0$ を満たしている。
→確認を忘れずに

したがって，$\dfrac{1}{2}<2^x<2$　すなわち　$2^{-1}<2^x<2^1$

底が2で1より大きいから　**$-1<x<1$**　……答
→この断わりを忘れないこと！

259 次の不等式を解け。〈差がつく〉

□ (1) $\left(\dfrac{1}{2}\right)^{2x}<64$　　□ (2) $\left(\dfrac{1}{8}\right)^{x-4}>4^{x+3}$　　□ (3) $\left(\dfrac{1}{2}\right)^{2x-6}<\dfrac{1}{16}$

□ (4) $4^x-5\cdot 2^x+4<0$　　□ (5) $3^{2x}-10\cdot 3^x+9<0$

例題研究》 x についての不等式 $a^{x^2-2x}>a^{x-2}\ (a>0,\ a\neq 1)$ を解け。

着眼　指数不等式を解くときには，底に注意する。つまり，**$0<a<1$ のときには，$a^m>a^n$ より $m<n$** となることに注意する。底が文字のときには場合分けをする。

解き方　底 a を $0<a<1$，$a>1$ の2つの場合に分けて考える。

$0<a<1$ のとき　$x^2-2x<x-2$　　$x^2-3x+2<0$
$(x-1)(x-2)<0$　　ゆえに　$1<x<2$

$a>1$ のとき　$x^2-2x>x-2$　　$x^2-3x+2>0$
$(x-1)(x-2)>0$　　ゆえに　$x<1$，$2<x$

答　**$0<a<1$ のとき　$1<x<2$，　$a>1$ のとき　$x<1$，$2<x$**

□ **260** x についての不等式 $a^{2x-1}-a^x+a^{x-1}-1>0\ (a>0,\ a\neq 1)$ を解け。

例題研究》 関数 $y=4^x-2^{x+2}$ の最大値と最小値を求めよ。また，そのときの x の値を求めよ。ただし，$x\leqq 3$ とする。

着眼 このままでは最大値，最小値は求めにくい。**変数をおきかえて 2 次関数にならないか**と考えてみる。底が異なるので，底を 2 にそろえて，$2^x=X$ とおくと，

$4^x=(2^2)^x=(2^x)^2=X^2$，$2^{x+2}=2^x\cdot 2^2=4X$

となるので，$y=X^2-4X$ の最大値，最小値を求める問題になる。このとき注意しなければならないのは X の変域である。$X=2^x$ のグラフは右図のようになるから，X の変域は $0<X\leqq 8$ となる。

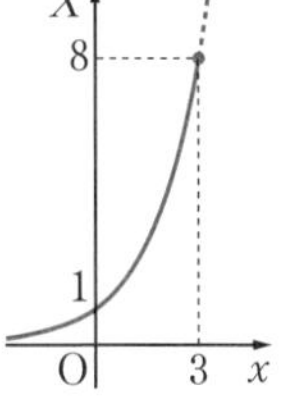

解き方 $y=4^x-2^{x+2}$

$=(2^2)^x-2^x\cdot 2^2$

$=(2^x)^2-4\cdot 2^x$

$2^x=X$ とおくと

$y=X^2-4X$

$=(X-2)^2-4$

ここで，$x\leqq 3$ より $0<X\leqq 8$ となるから，この範囲でグラフ（→ これが重要！）をかくと右図のようになる。

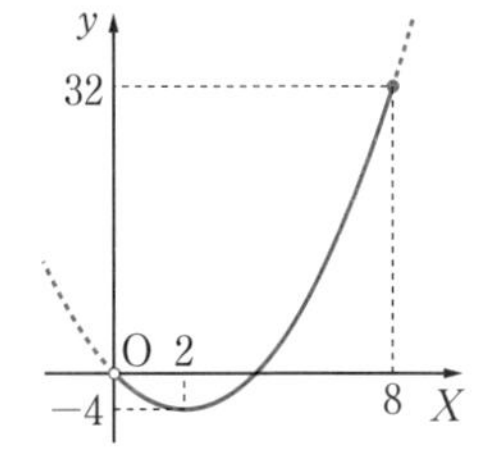

これより $X=8$ で最大値 32（このとき $2^x=8$ より $x=3$）

$X=2$ で最小値 -4（このとき $2^x=2$ より $x=1$）

ゆえに，**$x=3$ で最大値 32，$x=1$ で最小値 -4** ……答

□ **261** 関数 $y=2+2^{x+1}-4^x$ の最大値を求めよ。また，そのときの x の値を求めよ。

□ **262** 関数 $y=2\cdot 3^{2x}-4\cdot 3^{x+1}+5$ の最小値を求めよ。また，そのときの x の値を求めよ。

□ **263** $x+y-4=0$ のとき，2^x+2^y の最大値，最小値を求めよ。

264 $y=(4^x+4^{-x})-2(2^x+2^{-x})$ について，次の問いに答えよ。〈差がつく〉

□ (1) $2^x+2^{-x}=X$ とおき，y を X で表せ。また，X のとりうる値の範囲を求めよ。

□ (2) y の最大値，最小値を求めよ。

28 対数とその性質

テストに出る重要ポイント

- **対数の定義**…$y=a^x$ $(a>0,\ a\neq 1)$ において，x と y を入れかえると $x=a^y$ となる。x のどんな正の値に対しても y の値が1つ定まる。この y を **a を底とする x の対数**といい，$\boldsymbol{y=\log_a x}$ と表す。
  このとき，x を対数 y の**真数**という。**真数はつねに正**である。
  $$y=\log_a x \iff x=a^y\ (a>0,\ a\neq 1)$$
- **対数の性質**…$a>0$，$a\neq 1$，$M>0$，$N>0$ のとき
  ① $\boldsymbol{\log_a 1=0,\ \log_a a=1}$
  ② $\boldsymbol{\log_a MN=\log_a M+\log_a N}$
  ③ $\boldsymbol{\log_a \dfrac{M}{N}=\log_a M-\log_a N}$
  ④ $\boldsymbol{\log_a M^k=k\log_a M}$
  ⑤ $\boldsymbol{\log_a M=\dfrac{\log_b M}{\log_b a}}$ $(b>0,\ b\neq 1)$ （底の変換公式）
- **常用対数**…底が10の対数を**常用対数**という。
- **常用対数の応用**
  ① 正の数 N の整数部分が n 桁とすると
  $\boldsymbol{10^{n-1}\leqq N<10^n \iff n-1\leqq \log_{10} N<n}$
  ② 小数第 n 位に初めて0でない数が現れる小数 N は
  $\boldsymbol{10^{-n}\leqq N<10^{-n+1} \iff -n\leqq \log_{10} N<-n+1}$

基本問題

解答 ➡ 別冊 p. 63

265 次の(1)～(6)は $p=\log_a M$ の形に，(7)～(12)は $a^p=M$ の形で表せ。

□ (1) $2^3=8$　□ (2) $3^0=1$　□ (3) $10^{-3}=0.001$

□ (4) $2^{-6}=\dfrac{1}{64}$　□ (5) $4^{-\frac{1}{2}}=\dfrac{1}{2}$　□ (6) $125=5^3$

□ (7) $\log_2 16=4$　□ (8) $\log_{10} 100=2$　□ (9) $\log_{0.5} 2=-1$

□ (10) $0=\log_{10} 1$　□ (11) $\dfrac{3}{2}=\log_4 8$　□ (12) $\log_5 \dfrac{1}{\sqrt{5}}=-\dfrac{1}{2}$

266 次の値を求めよ。

□ (1) $\log_2 0.25$　□ (2) $\log_4 64$　□ (3) $\log_{\sqrt{3}} 3$

□ (4) $\log_5 0.2$　□ (5) $\log_{10} 10000$　□ (6) $\log_{27} 3$

□ (7) $\log_4 1$　□ (8) $\log_8 128$　□ (9) $\log_2 \sqrt{2}$

例題研究》 次の式を簡単にせよ。

(1) $5\log_3\sqrt{2}+\frac{1}{2}\log_3\frac{1}{12}-\frac{3}{2}\log_3 6$　(2) $\log_2 27\cdot\log_3 2\cdot\log_4 8$

着眼 (1)は底がそろっているから，真数を素因数の指数の形にし，対数の性質の公式を用いて変形する。
(2)はまず底をそろえなければならない。底の変換公式を使って底を 10 などにそろえる。

解き方 (1) $5\log_3\sqrt{2}=5\log_3 2^{\frac{1}{2}}=\log_3(2^{\frac{1}{2}})^5=\log_3 2^{\frac{5}{2}}$

$\frac{1}{2}\log_3\frac{1}{12}=\frac{1}{2}\log_3 12^{-1}=\log_3(12^{-1})^{\frac{1}{2}}=\log_3 12^{-\frac{1}{2}}=\log_3(2^2\cdot 3)^{-\frac{1}{2}}$

$-\frac{3}{2}\log_3 6=\log_3 6^{-\frac{3}{2}}=\log_3(2\cdot 3)^{-\frac{3}{2}}$

したがって　与式$=\log_3\{2^{\frac{5}{2}}\cdot(2^2\cdot 3)^{-\frac{1}{2}}\cdot(2\cdot 3)^{-\frac{3}{2}}\}$

$=\log_3(2^{\frac{5}{2}-1-\frac{3}{2}}\cdot 3^{-\frac{1}{2}-\frac{3}{2}})$

$=\log_3(2^0\cdot 3^{-2})=\log_3 3^{-2}$

└→ これは 1 だ。0 ではない！

$=-2\log_3 3=\mathbf{-2}$ ……答

(2) 与式$=\frac{\log_{10}27}{\log_{10}2}\cdot\frac{\log_{10}2}{\log_{10}3}\cdot\frac{\log_{10}8}{\log_{10}4}$

$=\frac{\log_{10}3^3}{\log_{10}2}\cdot\frac{\log_{10}2}{\log_{10}3}\cdot\frac{\log_{10}2^3}{\log_{10}2^2}$

$=\frac{3\log_{10}3\cdot\log_{10}2\cdot 3\log_{10}2}{\log_{10}2\cdot\log_{10}3\cdot 2\log_{10}2}=\mathbf{\frac{9}{2}}$ ……答

267 次の式を簡単にせよ。〈テスト必出〉

□ (1) $\left(\log_2 9+\log_4\frac{1}{9}\right)(\log_3 2+\log_9 0.5)$

□ (2) $4\log_{10}\sqrt{5}-\frac{1}{2}\log_{10}8-\frac{7}{2}\log_{10}0.5$

□ (3) $\frac{1}{2}\log_{10}\frac{5}{6}+\log_{10}\sqrt{7.5}-\log_{10}\frac{1}{4}$

268 次の式を簡単にせよ。

□ (1) $\log_2 3 \cdot \log_3 4 \cdot \log_4 2$　□ (2) $\log_3 2^2 \cdot \log_2 3^3$

□ (3) $(\log_4 3+\log_8 3)(\log_3 2+\log_9 2)$

269 $\log_{10}2=a$, $\log_{10}3=b$ とするとき，次の対数の値を a, b で表せ。

□ (1) $\log_{10}4$　□ (2) $\log_{10}6$　□ (3) $\log_{10}9$

□ (4) $\log_{10}12$　□ (5) $\log_{10}5$　□ (6) $\log_{10}\sqrt{6}$

□ **270** $\log_2 3=m$, $\log_3 5=n$ とするとき，$\log_{30}8$ の値を m, n の式で表せ。

応用問題

解答 ➡ 別冊 p. 64

□ **271** $21^x=2.1^y=0.01$ とするとき，$\dfrac{1}{x}-\dfrac{1}{y}$ の値を求めよ。

272 $2\log_{10}(a-b)=\log_{10}a+\log_{10}b$ とするとき，〈差がつく〉

□ (1) $a:b$ を求めよ。　□ (2) $\dfrac{a^2}{a^2+b^2}$ の値を求めよ。

例題研究》 2^{40} は何桁の整数か。ただし，$\log_{10}2=0.3010$ とする。

着眼 桁数に関する問題では，常用対数の応用の公式を使う。
「x が n 桁の数」$\Longleftrightarrow n-1\leqq\log_{10}x<n$

解き方 $x=2^{40}$ とおくと
$\log_{10}x=\log_{10}2^{40}=40\log_{10}2=40\times0.3010=12.04$ となるので
$12<\log_{10}x<13$　したがって　$10^{12}<x<10^{13}$
ゆえに，x は13桁の整数である。　答 **13桁の整数**

273 次の問いに答えよ。ただし，$\log_{10}3=0.4771$ とする。

□ (1) 3^{30} は何桁の整数か。

□ (2) 3^{-30} を小数で表すと，小数第何位に初めて0でない数が現れるか。

ガイド (2)「x が小数第 n 位に初めて0でない数が現れる数」
$\Longleftrightarrow -n\leqq\log_{10}x<-n+1$

29 対数関数

テストに出る重要ポイント

- **対数関数 $y=\log_a x$ の性質**
  - ① 定義域は $x>0$，値域は**実数全体**
  - ② $a>1$ のとき，**右上がりの曲線**，$0<a<1$ のとき，**右下がりの曲線**
  - ③ グラフは**点 $(1,\ 0)$ を通り**，y 軸を漸近線とする曲線

[$a>1$のとき]

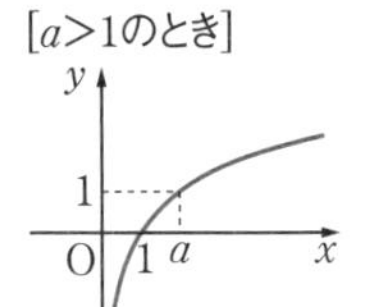

[$0<a<1$のとき]

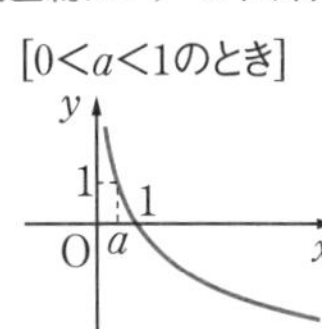

基本問題

解答 → 別冊 p. 65

チェックできたら。

274 次の関数のグラフをかけ。

□ (1) $y=\log_2 x$　□ (2) $y=\log_2(x-1)$　□ (3) $y=\log_2(x+2)$

□ (4) $y=\log_2(-x)$　□ (5) $y=\log_2\dfrac{1}{x}$　□ (6) $y=\log_2\dfrac{1}{x-1}$

□ (7) $y=\log_{\frac{1}{2}} x$　□ (8) $y=\log_{\frac{1}{2}}(x-1)$　□ (9) $y=\log_{\frac{1}{2}}(x+2)$

275 次の関数のグラフは，$y=\log_3 x$ のグラフとどんな位置関係にあるか。

□ (1) $y=3^x$　□ (2) $y=\log_3(-x)$　□ (3) $y=-\log_3(-x)$

□ (4) $y=\log_{\frac{1}{3}} x$　□ (5) $y=\log_3 3x$　□ (6) $y=\log_3\dfrac{1}{x}$

応用問題

解答 → 別冊 p. 66

276 次の関数のグラフをかけ。〈差がつく〉

□ (1) $y=\log_2|x|$　□ (2) $y=|\log_{\frac{1}{2}} x|$

ガイド (2) $0<x<1$，$x\geqq 1$ の場合に分けて考える。

30 対数関数の応用

テストに出る重要ポイント

- **対数方程式の解法**

  ① $\log_a f(x)=\log_a g(x)$ の形に変形して，$f(x)=g(x)$ を解く。
  $(f(x)>0,\ g(x)>0)$

  ② $\log_a x$ について1次でないときは，$\log_a x=X$ とおいて X の方程式を作る。

- **対数不等式の解法**…$\log_a f(x)>\log_a g(x)$ において

  ① **$a>1$ のとき　$f(x)>g(x)$**

  ② **$0<a<1$ のとき　$f(x)<g(x)$**

- **対数関数の最大，最小**

  ① $\log_a f(x)$ では $f(x)$ の最大，最小を求める。このとき，a と1との大小関係に注意。

  ② $f(\log_a x)$ では $\log_a x=X$ とおく。このとき X の変域に注意。

基本問題

解答 ➡ 別冊 p. 66

できたらチェック。

277 次の各組の数の大小を不等号を用いて表せ。 テスト必出

□ (1) $\log_3 2$，$\log_3 0.2$，$\log_3 20$　　□ (2) $\log_{0.3} 2$，$\log_{0.3} 0.2$，$\log_{0.3} 20$

□ (3) $\log_2 0.6$，$\log_3 5$，$\log_5 4$

278 次の方程式を解け。

□ (1) $\log_2 x=8$　　□ (2) $\log_3 x=-3$

□ (3) $\log_x 27=3$　　□ (4) $\log_x 16=4$

□ (5) $\log_{10} x^2=2$　　□ (6) $\log_2(x+3)=1$

□ (7) $\log_2(x-2)=\log_2(3x-12)$　　□ (8) $\log_2 x+\log_2 3=2$

□ (9) $\log_3(x+3)+\log_3(x-5)=2$　　□ (10) $\log_2(x-3)+\log_2(x-5)=3$

279 次の不等式を解け。 テスト必出

□ (1) $\log_2(x-2)<2$
□ (2) $\log_{0.5}2x>2$
□ (3) $\log_{10}(x+1)>\log_{10}(-2x+1)$
□ (4) $\log_{0.1}(x+1)<\log_{0.1}(2x-1)$
□ (5) $\log_2 x^2<3$
□ (6) $2\log_2 x>\log_2(2x+3)$
□ (7) $\log_{10}(2x+6)>\log_{10}(x^2-x+2)$

応用問題

解答 ➡ 別冊 p. 67

例題研究》 $1<a<x$ のとき，$(\log_a x)^2$ と $\log_a x$ の大小を比べよ。

着眼 大小を比べるには，まず差をとるのが定石である。次に，条件式 $1<a<x$ を使うが，これは a を底とする対数をとると $0<1<\log_a x$ となる。

解き方 $(\log_a x)^2-\log_a x=\log_a x(\log_a x-1)$
また，$1<a<x$ であるから a を底とする対数をとると
$\log_a 1<\log_a a<\log_a x$ ゆえに $0<1<\log_a x$
これより $(\log_a x)^2-\log_a x>0$
よって $\boldsymbol{(\log_a x)^2>\log_a x}$ ……答

280 次の各組の数の大小を不等号を用いて表せ。

□ (1) $\log_{0.3}0.2$，$\log_3 2$，$\log_{30}20$
□ (2) $1<a<x$ のとき，$(\log_a x)^2$，$\log_a x^2$

例題研究》 関数 $y=(\log_2 x)^2-\log_2 x^2+2$ の最大値，最小値を求めよ。

着眼 $\log_2 x=X$ とおくと，与式は $y=X^2-2X+2$ となる。このとき大切なことは **X の変域がどうなるか**ということである。X の変域内において最大値，最小値を求める。

解き方 まず，真数条件より $x>0$，$x^2>0$ だから $x>0$ ……①
①の条件のもとで与式を変形すると $y=(\log_2 x)^2-2\log_2 x+2$ ……②
$\log_2 x=X$ とおくと，②より $y=X^2-2X+2=(X-1)^2+1$
X はすべての実数値をとるので，$X=1$ のとき最小値 1，最大値はなし
→ これが大切！
また，$X=1$ のとき，$\log_2 x=1$ より $x=2$

答 **$x=2$ のとき最小値 1，最大値なし**

281 次の関数の最大値，最小値を求めよ。また，そのときの x の値を求めよ。

□ (1)　$y=\log_{10}x+\log_{10}(6-x)$

□ (2)　$y=\log_{\frac{1}{2}}(2-x)+\log_{\frac{1}{2}}x$

例題研究》　方程式 $\log_{\sqrt{3}}(3-x)+\log_3(x+1)=2$ を解け。

着眼　まず，**真数が正**である条件を求めておこう。次に，底が異なっている場合には底をそろえる。log をはずして得た方程式の解が，真数条件を満たしているかどうか調べておく。

解き方　真数条件より　$3-x>0,\ x+1>0$　　ゆえに　$-1<x<3$　……①

$\log_{\sqrt{3}}(3-x)=\dfrac{\log_3(3-x)}{\log_3\sqrt{3}}=2\log_3(3-x)=\log_3(3-x)^2$ だから，与式は

$\log_3(3-x)^2(x+1)=\log_3 3^2$　　ゆえに　$(3-x)^2(x+1)=3^2$

これを整理して　$x(x^2-5x+3)=0$

これを解いて　$x=0,\ \dfrac{5\pm\sqrt{13}}{2}$

①より，$x=\dfrac{5+\sqrt{13}}{2}$ は不適。　　答　$\boldsymbol{x=0,\ \dfrac{5-\sqrt{13}}{2}}$

282 次の方程式を解け。

□ (1)　$\log_2(x-1)=\log_4(x^2-3x+2)+1$

□ (2)　$\log_2 x+\log_x 16=4$

□ (3)　$(\log_3 x)^2=\log_9 x^2$

ガイド　(2) 真数，底の条件より $x>0,\ x\neq1$ で考える。そして $\log_x 16$ に底の変換公式を用いて解き，最後に真数，底の条件を満たしているか確認する。

283 次の連立方程式を解け。

□ (1)　$\begin{cases} x-7y=4 \\ \log_2(x+y)+\log_2(x-y)=3 \end{cases}$

□ (2)　$\begin{cases} \log_3 x+\log_2 y=4 \\ \log_2 x\cdot\log_3 y=3 \end{cases}$　(ただし，$x<y$)

284 次の不等式を解け。《差がつく》

□ (1)　$(\log_4 x)^2<\log_4 x^2+8$

□ (2)　$\log_2 x+2\log_x 2<3$

□ (3)　$2\log_4 x+\log_2(10-x)>4$

31 関数の極限

✪ テストに出る重要ポイント

- **極限値**…関数 $f(x)$ において，x が a と異なる値をとりながら a に限りなく近づくとき，$f(x)$ が一定の値 α に限りなく近づく場合，この α を，x が a に限りなく近づくときの関数 $f(x)$ の**極限値**といい，**$x\to a$ のとき $f(x)\to\alpha$ または $\lim_{x\to a}f(x)=\alpha$** と書く。
- **関数の極限値の性質**…$\lim_{x\to a}f(x)=\alpha$，$\lim_{x\to a}g(x)=\beta$ のとき
  ① $\lim_{x\to a}kf(x)=k\alpha$（ただし，$k$ は定数）
  ② $\lim_{x\to a}\{f(x)+g(x)\}=\alpha+\beta$　③ $\lim_{x\to a}\{f(x)-g(x)\}=\alpha-\beta$
  ④ $\lim_{x\to a}f(x)g(x)=\alpha\beta$　⑤ $\lim_{x\to a}\dfrac{f(x)}{g(x)}=\dfrac{\alpha}{\beta}$（ただし，$\beta\neq0$）
- **平均変化率**…関数 $y=f(x)$ において，x が a から $b=a+h$ まで変化するときの**平均変化率**は
  $$\frac{y\text{の増加量}}{x\text{の増加量}}=\frac{f(b)-f(a)}{b-a}=\frac{f(a+h)-f(a)}{h}$$
- **微分係数**…関数 $y=f(x)$ の $x=a$ における**微分係数（変化率）**は
  $$f'(a)=\lim_{h\to0}\frac{f(a+h)-f(a)}{h} \text{ または，} f'(a)=\lim_{x\to a}\frac{f(x)-f(a)}{x-a}$$

基本問題

解答 ➡ 別冊 p. 69

285 次の極限値を求めよ。

□ (1) $\lim_{x\to1}(2x-1)$　□ (2) $\lim_{x\to0}(3x+1)$

□ (3) $\lim_{x\to1}(x^2+2x)$　□ (4) $\lim_{x\to-1}(x^2+1)$

□ (5) $\lim_{x\to0}(x-1)(1-x)^2$　□ (6) $\lim_{x\to2}(x+3)(2x-1)^2$

□ (7) $\lim_{x\to3}\dfrac{12-x}{x^2+1}$　□ (8) $\lim_{x\to0}\dfrac{2x^2-3x+1}{x-2}$

□ (9) $\lim_{x\to2}\dfrac{x^2+2}{x+1}$　□ (10) $\lim_{x\to-2}\dfrac{3x^2-x-4}{(2x+5)^2}$

286 x の値が(　)内の範囲で変化するとき，次の関数の平均変化率を求めよ。

□ (1)　$f(x)=2x-3$（1 から 3 まで）

□ (2)　$f(x)=3x^2-4x+5$（-1 から 2 まで）

287 次の関数において，x の値が a から b まで変化するときの平均変化率を求めよ。

□ (1)　$f(x)=x^3-3x^2+5$　　□ (2)　$f(x)=-x^2+2x-4$

□ **288** 数直線上の動点Pの t 秒後の原点Oからの位置 x m が $x=t^2-3t$ で表されるとき，t の値が 1 から 5 まで変化するときの平均の速さを求めよ。

□ **289** 関数 $f(x)=ax^3+bx+c$ の x の値が 1 から 2 まで変化するときの平均変化率が 3 であり，x の値が 2 から 3 まで変化するときの平均変化率が -9 であるとき，定数 a，b の値を求めよ。**テスト必出**

例題研究》 2 次関数 $f(x)=ax^2+bx+c\ (a\neq 0)$ について，次の問いに答えよ。

(1)　x の値が 1 から 2 まで変化するときの平均変化率を求めよ。

(2)　$x=m$ における微分係数(変化率)を求めよ。

(3)　(1)の平均変化率と(2)の微分係数が等しいとき，定数 m の値を求めよ。

着眼 平均変化率とは図形的には 2 点を通る直線の傾きを表し，微分係数(変化率)とは図形的にはある点における接線の傾きを表す。この 2 つの区別をしっかりしておこう。

解き方 (1)　$f(x)=ax^2+bx+c\ (a\neq 0)$ より

$$\frac{f(2)-f(1)}{2-1}=\frac{(4a+2b+c)-(a+b+c)}{2-1}=3a+b \quad \cdots\cdots ①$$　**答** $\boldsymbol{3a+b}$

(2)　$$f'(m)=\lim_{x\to m}\frac{f(x)-f(m)}{x-m}=\lim_{x\to m}\frac{a(x^2-m^2)+b(x-m)}{x-m}$$

$$=\lim_{x\to m}\{a(x+m)+b\}=2am+b \quad \cdots\cdots ②$$　**答** $\boldsymbol{2am+b}$

(3)　①，②より　$3a+b=2am+b$　　ゆえに　$m=\dfrac{3}{2}$　**答** $\boldsymbol{m=\dfrac{3}{2}}$

290 次の関数において，(　)内の x の値における微分係数(変化率)を求めよ。

□ (1) $f(x)=2x+1$ $(x=2)$　　□ (2) $f(x)=x^2+1$ $(x=1)$

□ (3) $f(x)=ax+b$ $(x=m)$　　□ (4) $f(x)=x^3$ $(x=2)$

□ (5) $f(x)=ax^3+bx^2+cx+d$ $(x=0)$

291 次の関数において，$f'(-1)$，$f'(1)$ の値を求めよ。

□ (1) $f(x)=1$　　□ (2) $f(x)=3x$

□ (3) $f(x)=-2x+1$　　□ (4) $f(x)=x^2+2x$

□ (5) $f(x)=(x+2)(x+3)$　　□ (6) $f(x)=x^3-1$

□ **292** 微分係数の定義にしたがって，関数 $f(x)=(x+1)^3$ の $x=1$ における微分係数を求めよ。〈テスト必出

応用問題

解答 ⟹ 別冊 *p. 70*

例題研究》 微分係数の定義を利用して，次の極限値を $f'(a)$ で表せ。

$$\lim_{h\to 0}\frac{f(a-h)-f(a+2h)}{h}$$

着眼 微分係数の定義 $f'(a)=\lim_{h\to 0}\dfrac{f(a+h)-f(a)}{h}$ が使えるように式を変形する。

解き方 与式$=\lim_{h\to 0}\dfrac{f(a-h)-f(a)-f(a+2h)+f(a)}{h}$ ← $f(a)$ をひいて加えるのがコツ

$$=\lim_{h\to 0}\left\{\frac{f(a-h)-f(a)}{h}-\frac{f(a+2h)-f(a)}{h}\right\}$$

$$=\lim_{h\to 0}\left\{(-1)\times\frac{f(a-h)-f(a)}{-h}-2\times\frac{f(a+2h)-f(a)}{2h}\right\}$$

→ このように変形するのがポイント！

$=-f'(a)-2f'(a)=\boldsymbol{-3f'(a)}$ ……答

293 微分係数の定義を利用して，次の極限値を $f(a)$，$f'(a)$ で表せ。

□ (1) $\lim_{h\to 0}\dfrac{f(a+2h)-f(a-2h)}{h}$　　□ (2) $\lim_{h\to 0}\dfrac{f(a-2h)-f(a-h)}{h}$

□ (3) $\lim_{h\to 0}\dfrac{\{f(a+2h)\}^2-\{f(a-2h)\}^2}{8h}$

32 導関数

テストに出る重要ポイント

- **導関数の定義**

$f'(x)=\lim_{h\to 0}\frac{f(x+h)-f(x)}{h}$ （$f(x)$ の導関数を y'，$\frac{dy}{dx}$，$\frac{d}{dx}f(x)$ 等で表す）

- **導関数の公式**

① $y=x^n$ のとき　$y'=nx^{n-1}$（n は自然数）

② $y=c$ のとき　$y'=0$（c は定数）

③ $y=kf(x)$ のとき　$y'=kf'(x)$（k は定数）

④ $y=f(x)\pm g(x)$ のとき　$y'=f'(x)\pm g'(x)$（複号同順）

⑤ $y=f(x)g(x)$ のとき　$y'=f'(x)g(x)+f(x)g'(x)$

⑥ $y=\{f(x)\}^n$ のとき　$y'=n\{f(x)\}^{n-1}f'(x)$（n は自然数）

- **導関数と多項式の割り算**…多項式 $f(x)$ が $(x-a)^2$ で割り切れるための必要十分条件は　$f(a)=0$ かつ $f'(a)=0$

基本問題

解答 ⟹ 別冊 p. 71

例題研究》　導関数の定義にしたがって，$y=x^n$（n は自然数）を微分せよ。

着眼　「**導関数の定義にしたがって**」とあるから，必ず $f'(x)=\lim_{h\to 0}\frac{f(x+h)-f(x)}{h}$ で求めなければならない。

解き方　$f(x)=x^n$ とすると，二項定理より

$$f(x+h)-f(x)=(x+h)^n-x^n=({}_nC_0x^n+{}_nC_1x^{n-1}h+{}_nC_2x^{n-2}h^2+\cdots+{}_nC_nh^n)-x^n$$
$$=nx^{n-1}h+{}_nC_2x^{n-2}h^2+\cdots+{}_nC_nh^n$$

ゆえに　$f'(x)=\lim_{h\to 0}\frac{f(x+h)-f(x)}{h}=\lim_{h\to 0}(nx^{n-1}+\underbrace{{}_nC_2x^{n-2}h+\cdots+{}_nC_nh^{n-1}}_{0})=nx^{n-1}$ ……答

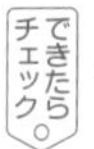

294　導関数の定義にしたがって，次の関数を微分せよ。《テスト必出

□ (1)　$y=2x+1$　　□ (2)　$y=3x^2$　　□ (3)　$y=-3x^2-4$

□ (4)　$y=x^2-2x$　　□ (5)　$y=x^3+2x$　　□ (6)　$y=2x^3-3x^2$

295 次の関数を微分せよ。テスト必出

□ (1) $y=\sqrt{2}x^3$

□ (2) $y=-2x^2$

□ (3) $y=2-3x^3$

□ (4) $y=3-4x+5x^2$

□ (5) $y=4x-1-3x^2+x^3$

□ (6) $y=3x^3-4x^2-x+9$

□ (7) $y=2x^4-2x^2-5$

296 次の関数の(　)内の x の値における微分係数を求めよ。

□ (1) $y=-x^2+2x-1$　　$(x=1)$

□ (2) $y=x^3-x+4$　　$(x=-1)$

□ (3) $y=x^2-2x+3$　　$(x=2)$

□ (4) $y=-2x^3+4$　　$(x=-2)$

ガイド　まず導関数を求めて，それを利用する。

297 次の関数を〔　〕内の変数について微分せよ。

□ (1) $S=\pi r^2$　　〔r〕

□ (2) $S=ar^2\theta$　　〔θ〕

□ (3) $V=a\pi r^2h$　　〔r〕

□ (4) $x=a(v^2+5vt+7t^2)$　　〔t〕

ガイド　〔　〕内の変数以外の文字は定数と考えて微分すればよい。

□ **298** x の 2 次関数 $f(x)=ax^2+bx+c$ において，条件 $f'(0)=-2$，$f'(1)=4$，$f(-1)=2$ をすべて満たすとき，定数 a，b，c の値を求めよ。

□ **299** x の 2 次関数 $g(x)=ax^2+bx+c$ において，条件 $g(0)=1$，$g'(1)=g(1)$，$g'(-1)=g(-1)$ をすべて満たすとき，定数 a，b，c の値を求めよ。テスト必出

応用問題

解答 ➡ 別冊 p. 71

例題研究》 $F(x)=f(x)g(x)$ のとき，$F'(x)=f'(x)g(x)+f(x)g'(x)$ であることを証明せよ。

着眼　導関数の定義 $F'(x)=\lim_{h\to 0}\dfrac{F(x+h)-F(x)}{h}$ を使って証明する。

解き方　$F(x+h)-F(x)=f(x+h)g(x+h)-f(x)g(x)$

$=f(x+h)g(x+h)\underline{-f(x)g(x+h)+f(x)g(x+h)}-f(x)g(x)$

→ この変形がポイント！

$=\{f(x+h)-f(x)\}g(x+h)+f(x)\{g(x+h)-g(x)\}$

導関数の定義より

$$F'(x)=\lim_{h\to 0}\frac{F(x+h)-F(x)}{h}$$
$$=\lim_{h\to 0}\frac{\{f(x+h)-f(x)\}g(x+h)+f(x)\{g(x+h)-g(x)\}}{h}$$
$$=\lim_{h\to 0}\left\{\frac{f(x+h)-f(x)}{h}g(x+h)+f(x)\frac{g(x+h)-g(x)}{h}\right\}$$
$$=f'(x)g(x)+f(x)g'(x)$$

〔証明終〕

300 次の関数を微分せよ。

□ (1)　$y=(x+1)(2x-1)$

□ (2)　$y=x^2(x-3)$

□ (3)　$y=(x-1)(2x^2+1)$

□ (4)　$y=x(2x^2-3x)$

□ (5)　$y=(3x^2-4x+1)(x-3)$

□ (6)　$y=(-2x^2+x)(1-x)$

□ (7)　$y=x(x+1)(x-2)$

□ (8)　$y=(x-1)(x+2)(x-3)$

ガイド　(7)(8) $f(x)g(x)h(x)=\underline{\{f(x)g(x)\}}h(x)=\underline{k(x)}h(x)$ とみて，公式を利用する。

301 次の関数の(　)内の x の値における微分係数を求めよ。

□ (1)　$y=(2x^2-x)(x+1)$　　$(x=2)$

□ (2)　$y=(x^2-1)(x+4)$　　$(x=-1)$

□ (3)　$y=(2x^2+x)(2x-1)$　　$(x=-1)$

例題研究》 2次以上の多項式 $f(x)$ を $(x-a)^2$ で割ったときの余りを，a, $f(a)$, $f'(a)$ を用いて表せ。

着眼 $f(x)$ を2次の多項式 $(x-a)^2$ で割ったときの余りは，**1次以下の式**になるはずである。そこで，$f(x)$ を $(x-a)^2$ で割ったときの商を $g(x)$，余りを $px+q$ とすると，$f(x)$ はどのように書けるか。

解き方 $f(x)$ を $(x-a)^2$ で割ったときの商を $g(x)$，余りを $px+q$ とすると

$f(x)=(x-a)^2g(x)+px+q$ ……①

①の両辺を x について微分すると（→ これがポイント！）

$f'(x)=2(x-a)g(x)+(x-a)^2g'(x)+p$ ……②

①，②に $x=a$ を代入して

$$\begin{cases} f(a)=ap+q & \cdots\cdots③ \\ f'(a)=p & \cdots\cdots④ \end{cases}$$

→ 文字が多いが，求めるのは p，q である

④を③に代入して　$q=f(a)-af'(a)$

ゆえに，求める余りは　$px+q=\boldsymbol{f'(a)x+f(a)-af'(a)}$ ……答

注：上の結果より，$f(a)=0$ かつ $f'(a)=0$ ならば，$p=q=0$ で余りが0となる。
すなわち，与式は $(x-a)^2$ で割り切れることになる。（証明は問題303の解答を参照）

多項式 $f(x)$ は $(x-a)^2$ で割り切れる ⟺ $f(a)=0$ かつ $f'(a)=0$

□ **302** x^3+2x^2-x を $(x-1)^2$ で割ったときの余りを求めよ。

□ **303** x の多項式 $f(x)$ が $(x-a)^2$ で割り切れるための必要十分条件は，$f(a)=0$ かつ $f'(a)=0$ であることを証明せよ。

ガイド　必要条件と十分条件を別に示すことを考えよう。

□ **304** x の多項式 $f(x)=ax^3+bx^2-x-3$ が $(x-1)^2$ で割り切れるように，定数 a, b の値を定めよ。《差がつく》

例題研究》 n が自然数のとき，$y=\{f(x)\}^n$ ならば，$y'=n\{f(x)\}^{n-1}f'(x)$ となることを，数学的帰納法によって証明せよ。

着眼 数学的帰納法は『数学B』の数列(***p.132***)で学習する。
n は自然数であるから，
Ⅰ．$n=1$ のとき成り立つことを示し，
Ⅱ．$n=k$ のとき成り立つことを仮定して，$n=k+1$ のときも成り立つことを示す。

解き方 Ⅰ．$n=1$ のとき，$y=f(x)$ だから

左辺 $=f'(x)$

右辺 $=1\cdot\{f(x)\}^0f'(x)=f'(x)$

よって，$n=1$ のとき成り立つ。

Ⅱ．$n=k$ のとき成り立つと仮定すると

$$[\{f(x)\}^k]'=k\{f(x)\}^{k-1}f'(x)$$

このとき

$$\begin{aligned}[\{f(x)\}^{k+1}]'&=[\{f(x)\}^k\cdot f(x)]'\\&=[\{f(x)\}^k]'f(x)+\{f(x)\}^kf'(x)\\&=k\{f(x)\}^{k-1}f'(x)f(x)+\{f(x)\}^kf'(x)\\&=k\{f(x)\}^kf'(x)+\{f(x)\}^kf'(x)\\&=(k+1)\{f(x)\}^kf'(x)\end{aligned}$$

よって，$n=k+1$ のときも成り立つ。

Ⅰ，Ⅱより，すべての自然数 n について成り立つ。　〔証明終〕

305 次の関数を微分せよ。

□ (1) $y=(3x-4)^3$

□ (2) $y=(x^2-4x-3)^3$

□ (3) $y=(-2x^3+4x)^2$

□ (4) $y=(x^3+2x^2-x+1)^3$

ガイド (1) 上の例題研究で $f(x)=ax+b\ (a\neq0)$ とすると，次の公式が得られる。

$\{(ax+b)^n\}'=n(ax+b)^{n-1}\cdot(ax+b)'=an(ax+b)^{n-1}$

33 接線

テストに出る重要ポイント

- **接線の方程式**…曲線 $y=f(x)$ 上の点 $(a,\ f(a))$ において
  ① **接線の傾き** $\tan\theta=f'(a)$（θ は接線が x 軸の正の向きとなす角）
  ② 接線の方程式 $y-f(a)=f'(a)(x-a)$

基本問題

解答 → 別冊 p. 72

できたらチェック。

306 次の曲線上の，与えられた点における接線の方程式を求めよ。

□ (1) $y=x^2-1$ $(1,\ 0)$
□ (2) $y=2x^3+3$ $(-1,\ 1)$
□ (3) $y=x^2+2x-3$ $(2,\ 5)$
□ (4) $y=3x^3-2x-1$ $(0,\ -1)$

307 次の曲線上の，x 座標が(　)内に与えられた点における接線の方程式を求めよ。〈テスト必出〉

□ (1) $y=x^2+4$ $(x=2)$
□ (2) $y=5-3x^2$ $(x=1)$
□ (3) $y=x^2-x^3$ $(x=2)$
□ (4) $y=2x^3+3x+2$ $(x=0)$

308 曲線 $y=x^3-3x^2+1$ 上の点について，次のものを求めよ。

□ (1) 接線の傾きが -3 であるときの接点の座標と接線の方程式
□ (2) 接線が x 軸に平行となるときの接点の座標と接線の方程式
□ (3) 接線の傾きが負となるときの接点の x 座標の範囲

309 次の曲線上の，x 座標が(　)内に与えられた点における接線と x 軸の正の向きとのなす角 θ $(0°\leqq\theta<180°)$ を求めよ。

□ (1) $y=-x^2+3$ $\left(x=-\dfrac{1}{2}\right)$
□ (2) $y=-x^3-\dfrac{1}{2}x^2+x$ $\left(x=\dfrac{1}{\sqrt{3}}\right)$

310 次の接線の方程式を求めよ。〈テスト必出〉

□ (1) 曲線 $y=(x+1)^2$ に接し，傾きが 4 の接線
□ (2) 曲線 $y=x^3+x^2+x-2$ に接し，傾きが 2 の接線
□ (3) 曲線 $y=x^3-2x^2-x+1$ に接し，直線 $2x+y-2=0$ に平行な接線

例題研究》 曲線 $y=x^2+3x$ の接線のうち，点 $(0,\ -4)$ を通る接線の方程式を求めよ。

着眼 接点 $(a,\ a^2+3a)$ における接線の方程式を求め，それが点 $(0,\ -4)$ を通るように a の値を定めればよい。a の値は **1つとは限らないことに注意**する。

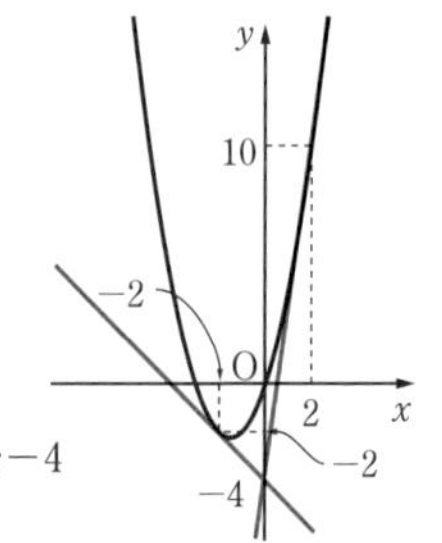

解き方 $y'=2x+3$

求める接線の接点を $(a,\ a^2+3a)$ とすると，接線の方程式は

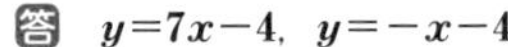
接線とくれば接点を考える

$$y-(a^2+3a)=(2a+3)(x-a)$$

ゆえに　$y=(2a+3)x-a^2$　……①

①は点 $(0,\ -4)$ を通るから　$-4=-a^2$　　ゆえに　$a=\pm2$

$a=2$ のとき　①より　$y=7x-4$　$a=-2$ のとき　①より　$y=-x-4$

答　$\boldsymbol{y=7x-4,\ y=-x-4}$

311 次の接線の方程式を求めよ。〈テスト必出〉

□ (1) 曲線 $y=-x^3+3x+2$ に接し，点 $(-2,\ 4)$ を通る接線

□ (2) 原点を通り，曲線 $y=-3x^2+2x$ に接する接線

□ (3) 点 $(1,\ 5)$ から曲線 $y=x^3$ に引いた接線

応用問題

解答 ➡ 別冊 p. 74

例題研究》 曲線 $y=x^3$ 上の点 $(2,\ 8)$ における接線が，再びこの曲線と交わる点の座標を求めよ。

着眼 まず，点 $(2,\ 8)$ における接線の方程式を求める。次に，この接線と $y=x^3$ との交点を求める。このとき，y を消去した方程式は **$x=2$ を重解としてもつことに注意**する。

解き方 点 $(2,\ 8)$ における接線の方程式は，$y'=3x^2$ より　$y-8=12(x-2)$

ゆえに　$y=12x-16$　……①

①と $y=x^3$ との交点の x 座標は $x^3=12x-16$ の解だから

$x^3-12x+16=0$　$(x-2)^2(x+4)=0$　　ゆえに　$x=2,\ -4$

$x=-4$ のとき，①より　$y=-64$

よって，求める点の座標は　$\boldsymbol{(-4,\ -64)}$　……答

□ **312** 2つの曲線 $y=x^3+ax+3$，$y=x^2+2$ は1点で接線を共有するという。定数 a の値と共通な接線の方程式を求めよ。〈差がつく〉

□ **313** 曲線 $y=ax^3+bx^2+cx+d$ が，点 A(0, 1) において直線 $y=x+1$ に接し，点 B(3, 4) において直線 $y=-2x+10$ に接するという。定数 a, b, c, d の値を求めよ。

□ **314** 曲線 $y=x^3-6x^2-x$ の接線の傾きが最小となるような曲線上の点の座標を求めよ。〈差がつく〉

例題研究》 曲線 $y=x^3$ 上の任意の点 P における接線が，この曲線と再び交わる点を Q とする。点 P がこの曲線上を動くとき，線分 PQ を 2：3 に内分する点 R はどんな曲線をえがくか。その方程式を求めよ。

着眼 点 P の座標を $(a,\ b)$ とおけば，Q, R の座標は a, b で表せる。また，点 P は $y=x^3$ 上にあるので，b は a で表せる。そこで，R$(X,\ Y)$ とすれば，X, Y は a で表せる。これより a を消去すれば，X, Y の関係式が求められる。$a=0$ (点 P が原点)のとき，点 Q は存在しないことに注意する。

解き方 P, Q, R の座標をそれぞれ $(a,\ b)$, $(c,\ d)$, $(X,\ Y)$ とする。点 P における接線の方程式は $y-b=3a^2(x-a)$ で，$b=a^3$ であるから　$y=3a^2x-2a^3$　……①

①と $y=x^3$ より，y を消去すると　$x^3-3a^2x+2a^3=0$

これは $x=a$ を重解としてもつので，$(x-a)^2$ を因数にもつ。

└→ このテクニックが大切！

ゆえに　$(x-a)^2(x+2a)=0$

題意より　$c=-2a$　……②　　$d=-8a^3$　……③

点 R は PQ を 2：3 に内分するので　$X=\dfrac{3a+2c}{5}$, $Y=\dfrac{3b+2d}{5}$

$b=a^3$ および②, ③より　$X=-\dfrac{a}{5}$, $Y=-\dfrac{13}{5}a^3$

a は 0 以外のすべての実数値をとるので，上の 2 つの式より a を消去すれば　$Y=325X^3$　　よって　$\boldsymbol{y=325x^3\ (x \neq 0)}$　……答

㊟原点を除くとしてもよい。

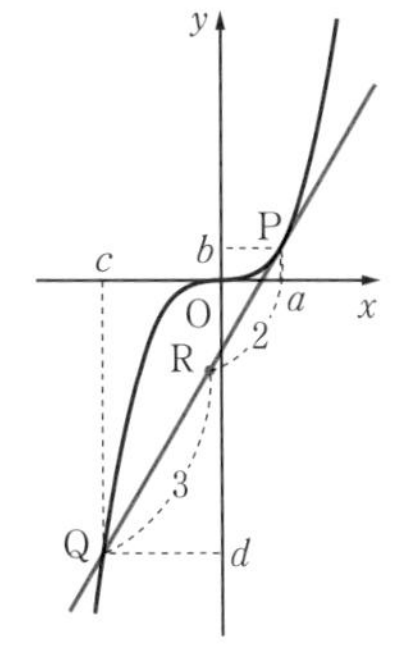

□ **315** 曲線 $y=x^3$ 上の点 A における接線が，この曲線と再び交わる点を B とするとき，線分 AB の中点 M の軌跡の方程式を求めよ。

316 曲線上の点 P を通り，その点における接線に直交する直線を法線という。次の曲線の与えられた点における法線の方程式を求めよ。

□ (1)　$y=2x-x^2$　　(1, 1)　　　□ (2)　$y=x^3-2x^2-3$　　(2, −3)

ガイド 法線は接線に直交する直線であるから，まず接線の傾きを求める。

34 関数の増減・極値とグラフ

✪ テストに出る重要ポイント

- **関数の増減**…関数 $y=f(x)$ は
  ① $\boldsymbol{f'(x)>0}$ となる x の値の範囲で**増加**する。
  ② $\boldsymbol{f'(x)<0}$ となる x の値の範囲で**減少**する。
- **関数の極大・極小**…x の値が増加するとき，$f'(a)=0$ となる $x=a$ の前後で
  ① $f'(x)$ の符号が**正から負**に変わるとき，$f(x)$ は $x=a$ で**極大**となり，**極大値は** $\boldsymbol{f(a)}$ である。
  ② $f'(x)$ の符号が**負から正**に変わるとき，$f(x)$ は $x=a$ で**極小**となり，**極小値は** $\boldsymbol{f(a)}$ である。
- **関数の最大・最小**…与えられた区間内での極大値・極小値と，区間の両端の値を求め，その大小を比較して最大値・最小値を求める。

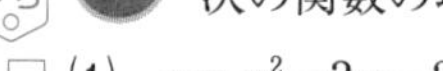

基本問題

解答 ➡ 別冊 p. 75

できたらチェック。

317 次の関数の増減を調べよ。

□ (1) $y=x^2-3x-2$　　□ (2) $y=x^3+3x$

□ (3) $y=x^3-3x+7$　　□ (4) $y=x^3+2x^2-8x$

□ (5) $y=x^3-6x^2+1$　　□ (6) $y=3x^2-4x^3+24x$

□ **318** 関数 $f(x)=x^3-3x^2-ax$ がすべての実数 x についてつねに増加するための定数 a の値の範囲を求めよ。

319 次の関数の極値を求めよ。〈テスト必出

□ (1) $y=x^2-4x+5$　　□ (2) $y=-x^2+2x-3$

□ (3) $y=x^3-3x^2+3$　　□ (4) $y=-x^3+3x^2+9x$

□ (5) $y=x^3-24x-1$　　□ (6) $y=-x^3+2x^2-2$

□ (7) $y=x^3-3x^2+3x+3$　　□ (8) $y=x^3-6x^2+9x$

□ (9) $y=2x^3-9x^2+12x-3$　　□ (10) $y=-4x^3+24x^2$

例題研究》 次の関数の増減，極値を調べて，そのグラフをかけ。

$$y=-3x^3+3x^2$$

着眼 関数 $y=f(x)$ のグラフをかくには，まず $f'(x)$ を計算し，$f'(x)=0$ の解を求める。そして，求めた解の前後での $f'(x)$ の符号を調べて増減表を作る。極値があれば，それを求める。また，x 軸，y 軸との交点なども求めておく。以上の結果よりグラフをかけばよい。

解き方 $f(x)=-3x^3+3x^2$ とおくと，$f'(x)=-9x^2+6x=-3x(3x-2)$

$f'(x)=0$ となる x を求めると，$x(3x-2)=0$ より　$x=0,\ \dfrac{2}{3}$

$f(x)$ の増減表は次のようになる。

x	$\cdots$	0	$\cdots$	$\dfrac{2}{3}$	$\cdots$
$f'(x)$	$-$	0	$+$	0	$-$
$f(x)$	↘	極小	↗	極大	↘

よって，$x\leqq 0,\ \dfrac{2}{3}\leqq x$ で減少　　$0\leqq x\leqq\dfrac{2}{3}$ で増加

極大値は $f\left(\dfrac{2}{3}\right)=\dfrac{4}{9}$，極小値は $f(0)=0$

x 軸との交点は，$y=0$ より　$x=0,\ 1$

以上より，グラフは**右の図**のようになる。

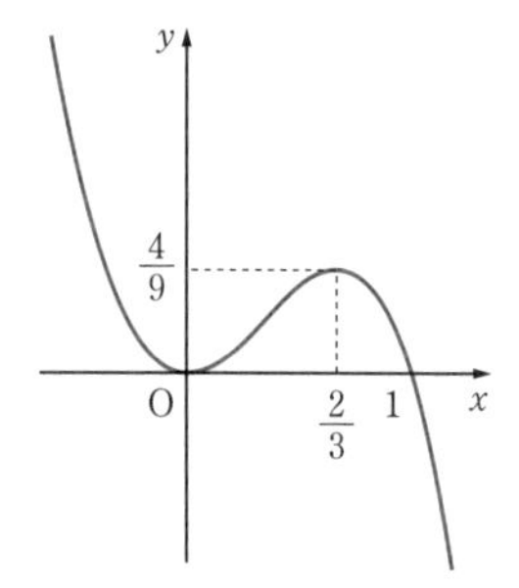

320 次の関数の増減，極値を調べて，そのグラフをかけ。

□ (1) $y=x^3-4x^2+4x$　　□ (2) $y=-x^3+3x^2-3$

□ (3) $y=x^3+3x^2+3x+1$　　□ (4) $y=x^4-2x^2-2$

321 次の関数について，(　)内の区間における最大値，最小値を求めよ。また，そのときの x の値を求めよ。

□ (1) $y=2x^2-6x-3\ (-1\leqq x\leqq 2)$　　□ (2) $y=x^3-9x\ (-3\leqq x\leqq 3)$

322 関数 $y=4x^3-3x^2-6x+2$ において，次の各変域における最大値，最小値を求めよ。**テスト必出**

□ (1) $-1\leqq x\leqq 2$　　□ (2) $-1<x<2$

ガイド (2) $x\neq 2$ だから，y の値はどうなるのかを考える。

応用問題

解答 ⟹ 別冊 p. 76

例題研究》 関数 $f(x)=x^3+ax^2+bx+c$ は，$x=-1$ のとき極大値4をとり，$x=3$ のとき極小値をとる。

(1) 定数 a，b，c の値を求めよ。　　(2) 極小値を求めよ。

着眼 $f(x)$ が x の多項式のとき，$f(x)$ が $x=\alpha$ で極値をもつ $\Longrightarrow f'(\alpha)=0$

$f'(\alpha)=0$ は，$f(x)$ が $x=\alpha$ で極値をもつための必要条件である。

解き方 (1) $f'(x)=3x^2+2ax+b$

$f(x)$ は $x=-1$ で極大値4をとるから

$f'(-1)=3-2a+b=0$ ……①　　$f(-1)=-1+a-b+c=4$ ……②

$f(x)$ は $x=3$ で極小値をとるから

$f'(3)=27+6a+b=0$ ……③

①，②，③を解くと　$a=-3$，$b=-9$，$c=-1$

このとき　$f'(x)=3x^2-6x-9=3(x+1)(x-3)$

増減表は右のようになり，$x=-1$ で極大，$x=3$ で極小となり条件を満たす。

→ 十分条件を忘れやすいので注意！

x	…	-1	…	3	…
$f'(x)$	+	0	−	0	+
$f(x)$	↗	極大	↘	極小	↗

ゆえに　$\boldsymbol{a=-3}$，$\boldsymbol{b=-9}$，$\boldsymbol{c=-1}$ ……答

(2) (1)から　$f(x)=x^3-3x^2-9x-1$

よって，極小値は　$f(3)=27-27-27-1=\boldsymbol{-28}$ ……答

□ **323** 3次関数 $y=x^3+ax+b$ について，$x=1$ および $x=-1$ で極値をもち，極大値が6となるように，定数 a，b の値を定めよ。また，そのときの極小値を求めよ。

□ **324** 3次関数 $y=x^3+ax^2+3x+1$ が極大値と極小値をもつとき，定数 a の値の範囲を求めよ。

□ **325** 関数 $y=x^3+ax^2+bx+c$ は $x=-1$ のとき極値をとり，そのグラフは直線 $y=x+1$ に点 $(0,\ 1)$ で接するという。このとき，定数 a，b，c の値を求めよ。また，この関数のグラフをかけ。〈差がつく

ガイド　$x=-1$ のとき $y'=0$，$x=0$ のとき $y'=1$，$x=0$ のとき $y=1$ であることより求める。

□ **326** 関数 $y=\dfrac{x}{a}-\dfrac{x^2}{a^2}\ (a>0)$ について，区間 $0\leqq x\leqq 1$ における y の最大値を求めよ。〈差がつく〉

ガイド　$0<a<2$，$a\geqq 2$ のときに場合分けをし，$0\leqq x\leqq 1$ における y の増減表を作る。

例題研究》 放物線 $y=4-x^2$ と x 軸との交点を A，B とする。線分 AB とこの放物線とで囲まれた部分に，右図のように AB∥CD である台形 ABDC を内接させるとき，台形 ABDC の面積の最大値を求めよ。

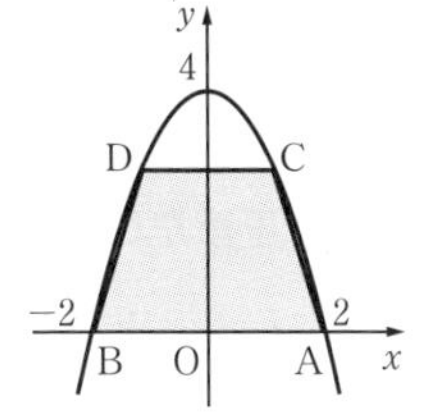

着眼　台形の面積を点Cの x 座標 x で表し，x の変域に注意して増減表を作る。

解き方　点Cの x 座標を x とすると　$0<x<2$
→ 最大・最小といえば変域を考える

点Cの y 座標は $4-x^2$ で，これは台形 ABDC の高さを表す。
また，台形は y 軸に関して対称であるから　$CD=2x$，$AB=4$

台形 ABDC の面積を S とすると　$S=\dfrac{1}{2}(2x+4)(4-x^2)=-x^3-2x^2+4x+8$

$$\frac{dS}{dx}=-3x^2-4x+4=-(3x-2)(x+2)$$

$0<x<2$ における S の増減表は次のようになる。

x	0	…	$\frac{2}{3}$	…	2
$\frac{dS}{dx}$		+	0	−	
S		↗	極大	↘	

よって，$x=\dfrac{2}{3}$ のとき S は最大となり，最大値は　$S=\dfrac{1}{2}\left(\dfrac{4}{3}+4\right)\left(4-\dfrac{4}{9}\right)=\mathbf{\dfrac{256}{27}}$　……答

□ **327** 半径 r の球に内接する直円柱のうち，体積が最も大きいものの高さと底面の直径の比を求めよ。

□ **328** 1辺が a の正方形の厚紙の四隅（すみ）から同じ大きさの正方形を切り取り，四方を折り曲げて作った箱の容積を最大にするには，切り取る正方形の1辺をどれだけにすればよいか。

ガイド　切り取る正方形の1辺の長さを x とおくと，$0<x<\dfrac{a}{2}$ であることをおさえる。

35 方程式・不等式への応用

✪ テストに出る重要ポイント

- **$f(x)=0$ の実数解の個数**…関数 $y=f(x)$ の増減，極値から，$y=f(x)$ のグラフと **x 軸との共有点の個数**を調べる。
- **不等式の証明**
  ① 不等式 $f(x)\geqq 0$ を証明するには，与えられた区間で **$f(x)$ の最小値が正または 0** であることを示せばよい。
  ② $f(x)>g(x)$ を証明するには，**関数 $y=f(x)-g(x)$ の増減**を調べ，$y>0$ を示せばよい。

基本問題

解答 ➡ 別冊 p. 78

できたらチェック。

329 次の方程式の異なる実数解の個数を求めよ。

□ (1) $x^3-2x^2+3x-1=0$　□ (2) $x^3+4=3x^2$

□ (3) $x^3-12x+5=0$　□ (4) $-4x^3+6x^2-5=0$

330 次の方程式の異なる実数解の個数を調べよ。ただし，a は定数とする。 テスト必出

□ (1) $x^3-3x^2+a+5=0$　□ (2) $x^3-3x^2-9x-a=0$

□ (3) $x^3-x+a=0$　□ (4) $-4x^3-2x^2+8x-2a=0$

□ **331** 3次方程式 $2x^3-9x^2+12x+a=0$ が異なる3つの実数解をもつとき，定数 a の値の範囲を求めよ。

ガイド　$f(x)=-2x^3+9x^2-12x$ のグラフが，直線 $y=a$ と3つの共有点をもてばよい。

□ **332** 3次方程式 $(x-1)(x-2)(x+3)=a$ が異なる3つの実数解をもつとき，定数 a の値の範囲を求めよ。 テスト必出

333 次の不等式を証明せよ。 テスト必出

□ (1) $x\geqq 0$ のとき，$x^3-3x^2+4\geqq 0$　□ (2) $x\geqq 1$ のとき，$x^3+2\geqq 3x$

応用問題

解答 → 別冊 p. 80

例題研究》 3 次方程式 $9x^3-9ax^2+9ax-a^2=0$ が異なる 3 つの実数解をもつような定数 a の値の範囲を求めよ。

着眼 3 次方程式 $f(x)=0$ が異なる 3 つの実数解をもつための条件は，極大値と極小値が異符号，すなわち **(極大値)×(極小値)<0** である。

解き方 $f(x)=9x^3-9ax^2+9ax-a^2$ とおくと

$f'(x)=27x^2-18ax+9a=9(3x^2-2ax+a)$

求める条件は，$f(x)$ が極大値および極小値をもち，それらが異符号であることである。

したがって，$f'(x)=0$ は異なる 2 つの実数解をもたなければならない。$3x^2-2ax+a=0$ の判別式を D とすると

→ これは必要条件

$$\frac{D}{4}=a^2-3a=a(a-3)>0$$

ゆえに　$a<0,\ 3<a$　……①

このとき，$f'(x)=0$ の解を $\alpha,\ \beta\ (\alpha<\beta)$ とすると　$f'(x)=27(x-\alpha)(x-\beta)$

これより，$f(x)$ の増減表は次のようになる。

x	…	α	…	β	…
$f'(x)$	+	0	−	0	+
$f(x)$	↗	極大	↘	極小	↗

よって，求める条件は，①かつ $f(\alpha)f(\beta)<0$ である。

$f(x)$ を $3x^2-2ax+a$ で割れば，

$9x^3-9ax^2+9ax-a^2=(3x^2-2ax+a)(3x-a)+(6a-2a^2)x$ である。

$3\alpha^2-2a\alpha+a=0,\ 3\beta^2-2a\beta+a=0$ より

$f(\alpha)f(\beta)=(6a-2a^2)\alpha\cdot(6a-2a^2)\beta=4a^2(3-a)^2\alpha\beta$

$\alpha,\ \beta$ は 2 次方程式 $3x^2-2ax+a=0$ の実数解であるから，解と係数の関係より　$\alpha\beta=\dfrac{a}{3}$

よって　$f(\alpha)f(\beta)=\dfrac{4}{3}a^3(3-a)^2<0$ より，$a^3<0$ から　$a<0$　……②

①，②より　$a<0$　　**答**　$\boldsymbol{a<0}$

□ **334** 3 次方程式 $2x^3-9x^2+12x\quad(a^2-3a)=0$ が異なる 3 つの実数解をもつような定数 a の値の範囲を求めよ。

□ **335** 関数 $f(x)=2x^3-ax^2-bx-6$ は $x=1$ で極大となり，$x=2$ で極小となる。このとき，方程式 $f(x)=0$ の異なる実数解の個数を求めよ。**《差がつく》**

336 次の問いに答えよ。

□ (1) 関数 $y=x^2|x-1|$ のグラフをかけ。

□ (2) 方程式 $x^2|x-1|=a$ が異なる4つの実数解をもつような定数 a の値の範囲を求めよ。

□ **337** 方程式 $8x^3-6x+\sqrt{2}=0$ について，この方程式は -1 と 1 の間に異なる3つの実数解をもつことを示せ。

338 関数 $f(x)=x^3-3ax^2+4a$ (a は正の定数)において，

□ (1) この関数の極値を求めよ。

□ (2) 方程式 $f(x)=0$ が異なる3つの実数解をもつような a の値の範囲を求めよ。

□ **339** 方程式 $x^3-(a^2+b^2+c^2)x+2abc=0$ は，3つの実数解(重解を含む)をもつことを示せ。ただし，a，b，c は実数とする。 差がつく

例題研究》 p は1より大きい整数で，$\dfrac{1}{p}+\dfrac{1}{q}=1$ を満たすとき，任意の正の数 x に対して，$\dfrac{1}{p}x^p+\dfrac{1}{q}\geqq x$ が成り立つことを証明せよ。

着眼 $f(x)=\dfrac{1}{p}x^p+\dfrac{1}{q}-x$ とおいて，$x>0$ における **$f(x)$ の最小値が 0 以上**であることを示せばよい。

解き方 $f(x)=\dfrac{1}{p}x^p+\dfrac{1}{q}-x$ $(p>1)$ とおくと $f'(x)=x^{p-1}-1$

よって，$x>0$ における $f(x)$ の増減表は次のようになる。

x	0	…	1	…
$f'(x)$		$-$	0	$+$
$f(x)$		↘	極小	↗

これより，$f(x)$ の最小値は $f(1)=\dfrac{1}{p}+\dfrac{1}{q}-1=0$

$x>0$ における $f(x)$ の最小値が0であるから $f(x)\geqq 0$

ゆえに $\dfrac{1}{p}x^p+\dfrac{1}{q}-x\geqq 0$ よって $\dfrac{1}{p}x^p+\dfrac{1}{q}\geqq x$ (等号が成り立つのは $x=1$ のとき)

→ 忘れないように

〔証明終〕

□ **340** $x \geqq 0$ のとき，$x^n - 1 \geqq n(x-1)$ が成り立つことを証明せよ。ただし，n は2以上の整数とする。

例題研究》 $f(x)=x^3-5x^2+3x+a$ $(x>0)$ とする。$x>0$ を満たすすべての x について，つねに $f(x)>0$ となるとき，定数 a の値の範囲を求めよ。

着眼 $x \geqq 0$ における増減表を作る。$x>0$ でつねに $f(x)>0$ であるための必要十分条件は，$f(0) \geqq 0$ かつ $x>0$ における $\boldsymbol{f(x)}$ **の最小値が正**となることである。

解き方 $f(x)=x^3-5x^2+3x+a$ より
$f'(x)=3x^2-10x+3=(3x-1)(x-3)$
$x \geqq 0$ における $f(x)$ の増減表は次のようになる。

x	0	…	$\frac{1}{3}$	…	3	…
$f'(x)$		+	0	−	0	+
$f(x)$	a	↗	極大	↘	極小	↗

これより，$x>0$ のとき $f(x)>0$ であるための必要十分条件は，$f(0) \geqq 0$ かつ $f(3)>0$ である。
ゆえに　$f(0)=a \geqq 0$，$f(3)=-9+a>0$　　よって　$\boldsymbol{a>9}$ ……答

□ **341** $x \geqq -\dfrac{3}{2}$ を満たすすべての x について，不等式 $x^3-ax+1 \geqq 0$ が成り立つ。このとき，定数 a の値の範囲を求めよ。

□ **342** $-1<x<2$ を満たすすべての x について，不等式 $4x^3-3x^2-6x-a+3>0$ が成り立つ。このとき，定数 a の値の範囲を求めよ。

ガイド $f(x)=4x^3-3x^2-6x+3$ とおいて，$f(x)$ の最小値より a の値が小さくなればよい。

□ **343** $x>0$ を満たすすべての x について，不等式 $x^3-12x+a>0$ が成り立つ。このとき，定数 a の値の範囲を求めよ。《差がつく

36 不定積分と定積分

テストに出る重要ポイント

- **不定積分の性質**…k は定数，n は正の整数または0とする。(C は積分定数)

① $\int k\,dx = kx + C$　　② $\int x^n dx = \frac{1}{n+1}x^{n+1} + C$

③ $\int kf(x)dx = k\int f(x)dx$

④ $\int \{f(x) \pm g(x)\}dx = \int f(x)dx \pm \int g(x)dx$ (複号同順)

⑤ $\int (ax+b)^n dx = \frac{1}{a(n+1)}(ax+b)^{n+1} + C$ $(a \neq 0)$

- **定積分の性質**

① $\int_a^b kf(x)dx = k\int_a^b f(x)dx$ (k は定数)

② $\int_a^b \{f(x) \pm g(x)\}dx = \int_a^b f(x)dx \pm \int_a^b g(x)dx$ (複号同順)

③ $\int_a^a f(x)dx = 0$　　④ $\int_a^b f(x)dx = -\int_b^a f(x)dx$

⑤ $\int_a^b f(x)dx = \int_a^c f(x)dx + \int_c^b f(x)dx$

⑥ $f(x)$ が奇関数のとき　$\int_{-a}^a f(x)dx = 0$

$f(x)$ が偶関数のとき　$\int_{-a}^a f(x)dx = 2\int_0^a f(x)dx$

- **定積分と微分の関係**

① $\frac{d}{dx}\int_a^b f(x)dx = 0$ $\left(\int_a^b f(x)dx \text{ は定数である}\right)$

② $\frac{d}{dx}\int_a^x f(t)dt = f(x)$

基本問題

解答 → 別冊 p. 83

344 次の関数の不定積分を求めよ。

□ (1) $4x^2$　　□ (2) x^2-1　　□ (3) $3x^2+2x+1$

□ (4) x^2+x　　□ (5) $2x^2-5x$　　□ (6) x^3-x-1

345 次の不定積分を求めよ。 テスト必出

□ (1) $\int x^2dx$　□ (2) $\int 3dx$　□ (3) $\int 2xdx$

□ (4) $\int(x^2-2x+3)dx$　□ (5) $\int(x+1)^2dx$

□ (6) $\int(-x^3+6x^2-1)dx$　□ (7) $\int(t^4-5t+2)dt$

□ (8) $\int(2x-1)(3x+1)dx$　□ (9) $\int(x-1)(x^2+x+1)dx$

□ (10) $\int(4y^2-y-1)dy$　□ (11) $\int(y+1)(y^2-y+1)dy$

例題研究 次の等式が成り立つことを証明せよ。ただし，$a\neq 0$，n は正の整数とする。 $\int(ax+b)^n dx=\frac{1}{a(n+1)}(ax+b)^{n+1}+C$ (C は積分定数)

着眼 不定積分の定義より，右辺の式を微分して $(ax+b)^n$ となることを示せばよい。この公式を覚えておくと便利である。

解き方 $\left\{\frac{1}{a(n+1)}(ax+b)^{n+1}+C\right\}'=\frac{1}{a(n+1)}(n+1)(ax+b)^n\cdot a=(ax+b)^n$

ゆえに $\int(ax+b)^n dx=\frac{1}{a(n+1)}(ax+b)^{n+1}+C$　〔証明終〕

346 次の不定積分を求めよ。

□ (1) $\int(2x-1)^2dx$　□ (2) $\int(-2x+1)^3dx$

□ (3) $\int(x-2)^4dx$　□ (4) $\int(4-3x)^3dx$

347 次の条件を満たす関数 $f(x)$ を求めよ。 テスト必出

□ (1) $f'(x)=2x-3$，$f(0)=1$　□ (2) $f'(x)=x^2-1$，$f(1)=2$

□ (3) $f'(x)=5x^2+3x$，$f(1)=1$　□ (4) $f'(x)=(2x-1)(x+1)$，$f(0)=2$

□ **348** 点 $(1,\ -1)$ を通る曲線で，その曲線上の点 $(x,\ y)$ における接線の傾きが $-x+1$ である曲線の方程式を求めよ。

349 次の定積分を求めよ。〈テスト必出〉

□ (1) $\int_{2}^{4}(2x-3)(x-1)dx$　　□ (2) $\int_{-1}^{2}(t-1)(t^2+1)dt$

□ (3) $\int_{-2}^{1}(x+1)^2dx$　　□ (4) $\int_{1}^{4}(x-2)(2x+1)dx$

350 次の定積分を求めよ。

□ (1) $\int_{-2}^{1}(4x-x^2)dx+\int_{-2}^{1}(4x^2-x)dx$　　□ (2) $\int_{-1}^{1}(x^3-x+x^2-3)dx$

□ (3) $\int_{-a}^{a}(2x^2-3+3x+x^3)dx$　　□ (4) $\int_{-2}^{2}(x-1)^2dx-\int_{-2}^{2}(x+1)^2dx$

例題研究》 次の定積分を求めよ。

(1) $\int_{-2}^{1}(x-1)^2(x+1)dx$　　(2) $\int_{0}^{3}|x^2-x-2|dx$

着眼 (1)は，公式 $\int(ax+b)^ndx=\frac{1}{a(n+1)}(ax+b)^{n+1}+C$ が使えないか考える。
それには，$\boldsymbol{(x-1)^2(x+1)=(x-1)^2\{(x-1)+2\}=(x-1)^3+2(x-1)^2}$ と変形すればよい。
(2)は，絶対値をはずすことを考える。$x\geqq0$ のとき $|x|=x$，$x<0$ のとき $|x|=-x$ である。

解き方 (1) 与式$=\int_{-2}^{1}(x-1)^2\{(x-1)+2\}dx=\int_{-2}^{1}(x-1)^3dx+2\int_{-2}^{1}(x-1)^2dx$

$$=\left[\frac{(x-1)^4}{4}\right]_{-2}^{1}+2\left[\frac{(x-1)^3}{3}\right]_{-2}^{1}=-\frac{81}{4}+18=\boldsymbol{-\frac{9}{4}}$$ ……答

(2) $0\leqq x\leqq2$ のとき　$|x^2-x-2|=-(x^2-x-2)=-x^2+x+2$
$2\leqq x\leqq3$ のとき　$|x^2-x-2|=x^2-x-2$
与式$=\int_{0}^{2}(-x^2+x+2)dx+\int_{2}^{3}(x^2-x-2)dx$

$$=\left[-\frac{x^3}{3}+\frac{x^2}{2}+2x\right]_{0}^{2}+\left[\frac{x^3}{3}-\frac{x^2}{2}-2x\right]_{2}^{3}=\boldsymbol{\frac{31}{6}}$$ ……答

351 次の定積分を，上の 例題研究》 の方法で求めよ。

□ (1) $\int_{-1}^{2}(x+1)(x-2)dx$　　□ (2) $\int_{2}^{4}(x-1)^2(x+2)dx$

□ (3) $\int_{-2}^{1}(2x-1)^2(2x+3)dx$　　□ (4) $\int_{0}^{2}(1-3x)(3x+1)dx$

352 次の定積分を求めよ。〈テスト必出〉

□ (1) $\int_{0}^{2}|x-1|dx$　　□ (2) $\int_{-3}^{-1}|x^2+2x|dx$

□ **353** 次の等式が成り立つことを証明せよ。

$$\int_a^b (x-a)(x-b)dx=-\frac{1}{6}(b-a)^3$$

354 次の定積分を求めよ。

□ (1) $\int_2^5 (x-2)(x-5)dx$　　□ (2) $\int_{-\frac{1}{2}}^1 (2x+1)(x-1)dx$

□ (3) $\int_{\frac{1}{2}}^2 (2x^2-5x+2)dx$　　□ (4) $\int_{1-\sqrt{3}}^{1+\sqrt{3}} (x^2-2x-2)dx$

応用問題

解答 ➡ 別冊 p. 85

355 次の関数を x の式で表せ。また，$\frac{dy}{dx}$ を求めよ。

□ (1) $y=\int_0^1 (x^3-2t)dt$　□ (2) $y=\int_{-2}^1 (3t^2+2xt)dt$　□ (3) $y=\int_1^x (4t-3t^2)dt$

例題研究》 等式 $f(x)=ax+\frac{x^2}{2}\int_0^1 f(t)dt$ を満たす関数 $f(x)$ を求めよ。

着眼 $\int_0^1 f(t)dt$ は定数だから，これを C とおくと，$f(x)=ax+\frac{C}{2}x^2$ となる。
これを $\int_0^1 f(t)dt=C$ に代入して，C を a で表せばよい。

解き方 $\int_0^1 f(t)dt$ は定数であるから，$\int_0^1 f(t)dt=C$ とおくと　$f(x)=ax+\frac{C}{2}x^2$
（→ これがポイント）

ゆえに　$\int_0^1 f(t)dt=\int_0^1\left(at+\frac{C}{2}t^2\right)dt=\left[\frac{a}{2}t^2+\frac{C}{6}t^3\right]_0^1=\frac{a}{2}+\frac{C}{6}=C$

これより　$C=\frac{3}{5}a$　　よって　$\boldsymbol{f(x)=ax+\frac{3}{10}ax^2}$　……答

□ **356** 次の等式を満たす関数 $f(x)$ と定数 a の値を求めよ。

$$\int_a^x f(t)dt=3x^2-5x+2$$

□ **357** 次の等式を満たす関数 $f(x)$ を求めよ。

$$f(x)=x^2-x\int_0^1 f(t)dt+\int_0^1 f(t)dt$$

□ **358** 次の等式を満たす関数 $f(x)$ を求めよ。《差がつく》

$$f(x)=x^2-x+\int_0^1 tf'(t)dt$$

37 定積分と面積

✪ テストに出る重要ポイント

- **曲線と x 軸との間の面積**…区間 $a \leqq x \leqq b$ でつねに $f(x) \geqq 0$ のとき，曲線 $y=f(x)$ と x 軸および2直線 $x=a$，$x=b$ とで囲まれた部分の面積 S は

$$S=\int_a^b f(x)dx$$

区間 $a \leqq x \leqq b$ でつねに $f(x) \leqq 0$ のときは　$S=-\int_a^b f(x)dx$

- **曲線と y 軸との間の面積**…区間 $a \leqq y \leqq b$ でつねに $g(y) \geqq 0$ のとき，曲線 $x=g(y)$ と y 軸および2直線 $y=a$，$y=b$ とで囲まれた部分の面積 S は

$$S=\int_a^b g(y)dy$$

- **2曲線の間の面積**…区間 $a \leqq x \leqq b$ でつねに $f(x) \geqq g(x)$ のとき，2曲線 $y=f(x)$，$y=g(x)$ と2直線 $x=a$，$x=b$ とで囲まれた部分の面積 S は

$$S=\int_a^b \{f(x)-g(x)\}dx$$

基本問題

解答 ➡ 別冊 p. 86

できたらチェック。

359 次の曲線と直線とで囲まれた部分の面積を求めよ。〈テスト必出

□ (1)　$y=x^2$，x 軸，$x=-3$，$x=2$

□ (2)　$y=x^2$，x 軸，$x=1$，$x=4$

□ (3)　$y=x(4-x)$，x 軸，$x=1$，$x=3$

360 次の曲線と x 軸とで囲まれた部分の面積を求めよ。

□ (1)　$y=x^2+x-2$

□ (2)　$y=(x-1)(x-3)$

□ (3)　$y=x+x^2$

□ (4)　$y=(x+1)(2-x)$

□ (5)　$y=x^3-x$

□ (6)　$y=x(x-2)(x-4)$

ガイド　(2) グラフは2点 $(1,\ 0)$，$(3,\ 0)$ を通る下に凸の放物線である。

例題研究》 曲線 $x=9-y^2$ と y 軸とで囲まれた部分の面積を求めよ。

着眼 まず，曲線のグラフをかいてみる。y 軸とで囲まれた部分の形がわかれば，求める面積は公式によって求められる。

解き方 $x=9-y^2$ のグラフは右の図のようになり，グラフと y 軸との交点は $(0,\ -3)$，$(0,\ 3)$ である。

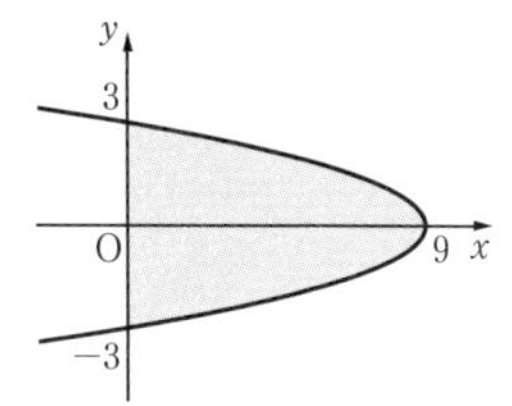

また，$-3\leqq y\leqq 3$ において　$x=9-y^2\geqq 0$

よって，求める面積を S とすると

$$S=\int_{-3}^{3}(9-y^2)dy$$

$$=2\int_{0}^{3}(9-y^2)dy$$

→ x 軸について対称（$9-y^2$ は偶関数）より

$$=2\left[9y-\frac{y^3}{3}\right]_0^3=\mathbf{36}$$ ……答

361 次の曲線と y 軸とで囲まれた部分の面積を求めよ。

□ (1)　$x=y^2+y-2$

□ (2)　$x=3-y^2$

□ (3)　$x=y^2-3y+2$

□ (4)　$x=3+2y-y^2$

□ **362** 曲線 $y^2=2x$ と y 軸および直線 $y=2$ とで囲まれた部分の面積を求めよ。

□ **363** 曲線 $y^2=x$ と y 軸および 2 直線 $y=1$，$y=3$ とで囲まれた部分の面積を求めよ。

例題研究》 放物線 $y=ax^2+bx+c\ (a>0)$ と直線 $y=mx+n$ の 2 つの交点 A，B の x 座標がそれぞれ α，$\beta\ (\alpha<\beta)$ であるとする。このとき，放物線と直線とで囲まれた部分の面積 S は，$S=\dfrac{a}{6}(\beta-\alpha)^3$ であることを証明せよ。

着眼 ふつうに定積分を行うと計算が煩雑になる。

353 公式 $\displaystyle\int_a^b(x-a)(x-b)dx=-\frac{1}{6}(b-a)^3$ を利用することを考える。

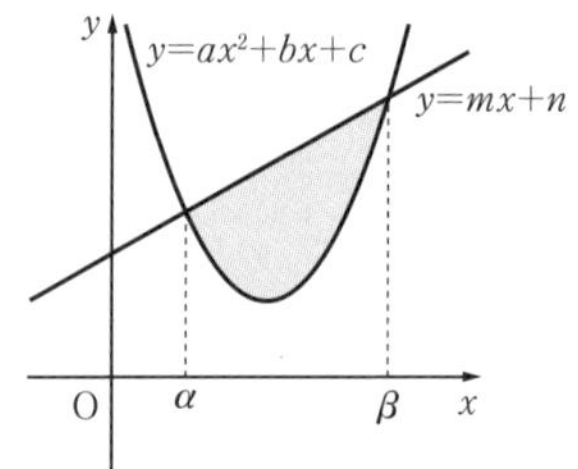

解き方　α，β は，$ax^2+bx+c=mx+n$，すなわち $ax^2+(b-m)x+c-n=0$ の2つの解であるから

$ax^2+(b-m)x+c-n=a(x-\alpha)(x-\beta)$

$a>0$ であるから，題意より，$\alpha \leqq x \leqq \beta$ において

$mx+n \geqq ax^2+bx+c$

よって，面積 S は

$$S=\int_\alpha^\beta\{(mx+n)-(ax^2+bx+c)\}dx$$

$$=\int_\alpha^\beta\{-a(x-\alpha)(x-\beta)\}dx=-a\int_\alpha^\beta(x-\alpha)\{(x-\alpha)-(\beta-\alpha)\}dx$$

→ このように変形するのがコツ

$$=-a\int_\alpha^\beta\{(x-\alpha)^2-(\beta-\alpha)(x-\alpha)\}dx=-a\left[\frac{1}{3}(x-\alpha)^3-\frac{\beta-\alpha}{2}(x-\alpha)^2\right]_\alpha^\beta$$

$$=-a\left\{\frac{1}{3}(\beta-\alpha)^3-\frac{1}{2}(\beta-\alpha)^3\right\}=\frac{a}{6}(\beta-\alpha)^3$$　〔証明終〕

364　公式 $\int_a^b(x-a)(x-b)dx=-\frac{1}{6}(b-a)^3$ を用いて，次の曲線と直線とで囲まれた部分の面積を求めよ。

□ (1)　$y=-x^2+4x$，$y=2x-3$　　□ (2)　$y=x^2-2x+2$，$y=3x+2$

365　次の曲線，直線で囲まれた部分の面積を求めよ。〈テスト必出〉

□ (1)　$y=x^2$，$y=x+2$

□ (2)　$y=x^2-3x+2$，$y=x+5$

□ (3)　$y=x^3-2x^2+x$，$y=x$

□ (4)　$y=-x^2+2x$，$y=2x^2+2x-3$

□ (5)　$y=x^2-6x+3$，$y=-x^2+4x-5$

□ **366**　放物線 $y=-x^2$ 上に2点 $\mathrm{P}(\alpha,\ -\alpha^2)$，$\mathrm{Q}(\beta,\ -\beta^2)$ $(\alpha<\beta)$ をとるとき，この放物線と線分PQとで囲まれた部分の面積を求めよ。

□ **367**　連立不等式 $x^2+y^2\leqq 1$，$y\leqq\frac{1}{4}(x^2-1)$ の表す領域の面積を求めよ。

応用問題

解答 ➡ 別冊 p. 88

例題研究》 次の2つの関数のグラフで囲まれた部分の面積を求めよ。

$$y=x^2-x+1,\ y=|2x-1|$$

着眼 まず，2つの関数のグラフをかく。**直線 $x=\dfrac{1}{2}$ に関して，グラフが対称である**ことに注意する。

解き方 $y=x^2-x+1$，$y=|2x-1|$ のグラフは，右の図のようになり，交点の座標は

$(-1,\ 3)$，$(0,\ 1)$，$(1,\ 1)$，$(2,\ 3)$

また，このグラフは，直線 $x=\dfrac{1}{2}$ に関して対称である。

→ 面積を求めるときに利用する

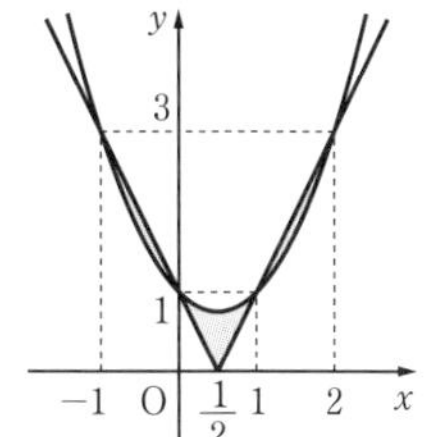

したがって，求める面積は

$$S=2\left[\int_{\frac{1}{2}}^{1}\{(x^2-x+1)-(2x-1)\}dx+\int_{1}^{2}\{(2x-1)-(x^2-x+1)\}dx\right]$$

$$=2\left\{\int_{\frac{1}{2}}^{1}(x^2-3x+2)dx+\int_{1}^{2}(-x^2+3x-2)dx\right\}$$

$$=2\left(\left[\frac{1}{3}x^3-\frac{3}{2}x^2+2x\right]_{\frac{1}{2}}^{1}+\left[-\frac{1}{3}x^3+\frac{3}{2}x^2-2x\right]_{1}^{2}\right)=\frac{2}{3}$$ ……答

□ **368** 不等式 $|x^2-2x|\leqq y\leqq 1$ の表す領域の面積を求めよ。

ガイド $x\leqq 0$，$2\leqq x$ と $0<x<2$ で場合分けする。グラフの対称性にも注意する。

369 次の問いに答えよ。〈差がつく〉

□ (1) $y=x|1-x|$ のグラフをかけ。

□ (2) (1)のグラフと x 軸とで囲まれた部分の面積 S を求めよ。

□ (3) $\displaystyle\int_1^k x|1-x|dx=S$ となる k の値を求めよ。ただし，$k>1$ とする。

ガイド (1) $x<1$ と $x\geqq 1$ で場合分けする。

例題研究》 放物線 $y=ax^2\ (a>0)$ が，放物線 $y=-x^2+x$ と x 軸とで囲まれた部分の面積を2等分するように，定数 a の値を定めよ。

着眼 まず，2つの放物線 $y=ax^2$ と $y=-x^2+x$ とで囲まれた部分の面積を a で表す。次に，放物線 $y=-x^2+x$ と x 軸とで囲まれた部分の面積を求めて，面積の関係から a の方程式を導く。

解き方 $y=ax^2$ ……①　　$y=-x^2+x$ ……②

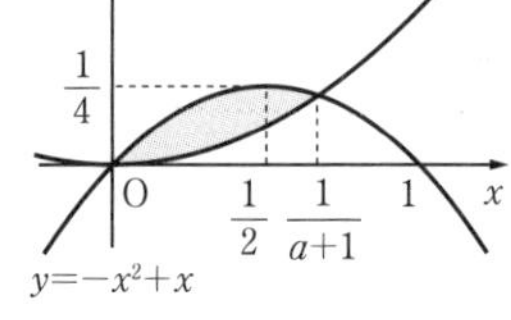

放物線②と x 軸との交点の x 座標は

$-x^2+x=0$　　ゆえに　$x=0,\ 1$

①と②の交点の x 座標は，$ax^2=-x^2+x$ より

$x\{(a+1)x-1\}=0$　　ゆえに　$x=0,\ \dfrac{1}{a+1}$

また，$a>0$ であるから，$0<\dfrac{1}{a+1}<1$ である。

したがって，①と②とで囲まれた部分の面積を S_1 とすると

$$S_1=\int_0^{\frac{1}{a+1}}\{(-x^2+x)-ax^2\}dx=\left[-\frac{x^3}{3}+\frac{x^2}{2}-\frac{ax^3}{3}\right]_0^{\frac{1}{a+1}}=\frac{1}{6(a+1)^2}$$

また，②と x 軸とで囲まれた部分の面積を S_2 とすると

$$S_2=\int_0^1(-x^2+x)dx=\left[-\frac{x^3}{3}+\frac{x^2}{2}\right]_0^1=\frac{1}{6}$$

題意より，$S_1=\dfrac{1}{2}S_2$ であるから　$\dfrac{1}{6(a+1)^2}=\dfrac{1}{12}$　　ゆえに　$(a+1)^2=2$

$a+1>0$ より　$a+1=\sqrt{2}$　　よって　$\boldsymbol{a=\sqrt{2}-1}$ ……答

□ **370** 曲線 $y=-x^2+2$ と x 軸とで囲まれた部分の面積が，この曲線と曲線 $y=ax^2\ (a>0)$ とで囲まれた図形の面積の2倍になるとき，定数 a の値を求めよ。

□ **371** 放物線 $y=-x^2+3x$ と x 軸とで囲まれた部分の面積を直線 $y=ax$ が2等分するように，定数 a の値を定めよ。〈差がつく〉

□ **372** 放物線 $y=x^2+ax+b$ と曲線 $y=x^3$ が，点 $(1,\ 1)$ で同じ直線に接している。このとき，定数 $a,\ b$ の値を求めよ。また，この2つの曲線で囲まれた部分の面積 S を求めよ。

ガイド 2つの曲線 $y=f(x)$ と $y=g(x)$ が，点 $(1,\ 1)$ で同じ直線に接するための条件は，$f(1)=g(1)=1,\ f'(1)=g'(1)$ である。

38 等差数列

✪ テストに出る重要ポイント

- **数列**…ある規則にしたがっている数を１列に並べたものを**数列**という。数列の各数を**項**，最初の項を第１項または**初項**，n 番目の項を**第 n 項**という。数列を一般的に表すには，１つの文字に項の番号を添えて a_1，a_2，…，a_n，…のように表し，$\{a_n\}$ と略記することもある。a_n を数列 $\{a_n\}$ の**一般項**という。
- **等差数列**…初項 a，**公差 d**，末項 l の等差数列 $\{a_n\}$ の初項から第 n 項までの和を S_n とすると
  ① 定義：$a_{n+1}-a_n=d$（一定）　② 一般項：$a_n=a+(n-1)d$
  ③ 和：$S_n=\dfrac{n(a+l)}{2}=\dfrac{n\{2a+(n-1)d\}}{2}$
  ④ ３つの数 a，b，c がこの順に等差数列をなすための必要十分条件は，$2b=a+c$ である。この b を a と c の**等差中項**という。
- **数列の和と一般項**…数列 $\{a_n\}$ の初項から第 n 項までの和を S_n とすると
  $a_1=S_1$，$a_n=S_n-S_{n-1}$ $(n\geqq 2)$

基本問題

解答 ⟶ 別冊 *p.* 90

できたらチェック。

373 次の数列の規則を考え，□にあてはまる数を求めよ。

□ (1) 1，4，□，10，13，□，19

□ (2) 12，9，□，3，0，□

□ (3) 4，□，16，−32，□，−128

□ (4) 1，−3，9，−27，□，□

374 次の数列の初項から第５項までを求めよ。

□ (1) $\{a_n\}=-2+3n$　□ (2) $\{a_n\}=2\times 3^{n-1}$　□ (3) $\{a_n\}=2-(-1)^n$

□ (4) $\{a_n\}=\dfrac{3-2n}{n+1}$　□ (5) $\{a_n\}=\cos n\pi$　□ (6) $\{a_n\}=\sin\dfrac{n\pi}{2}$

375 次の数列の初項から第５項までを求めよ。〈テスト必出〉

□ (1) $a_1=1$，$a_{n+1}=a_n+2$ $(n=1,\ 2,\ 3,\ \cdots)$

□ (2) $a_1=2$，$a_{n+1}=a_n-5$ $(n=1,\ 2,\ 3,\ \cdots)$

376 次の数列 $\{a_n\}$ は等差数列である。□にあてはまる数を求めよ。また，一般項 a_n を求めよ。

□ (1) 1，□，11，□，…　　□ (2) □，−2，□，−6，…

□ (3) □，30，37，□，…　　□ (4) 3，□，□，15，…

377 次の等差数列 $\{a_n\}$ の一般項を求めよ。また，第10項を求めよ。〈テスト必出〉

□ (1) 初項が3，公差が2　　□ (2) 公差が5，第8項が20

□ (3) 初項が100，第7項が58　　□ (4) 第3項が8，第6項が18

378 次の等差数列の初項から第 n 項までの和を求めよ。

□ (1) 2，5，8，11，…　　□ (2) 8，6，4，2，…

□ (3) 8，2，−4，−10，…　　□ (4) −2，−5，−8，−11，…

379 次の等差数列の和を求めよ。〈テスト必出〉

□ (1) 初項が3，末項が21，項数が8

□ (2) 第59項が70，第66項が84，項数が100

□ (3) 項数が10で，$a_n=2n+3$ $(n=1,\ 2,\ \cdots,\ 10)$ を満たす。

例題研究》 ある等差数列の第 m 項が p，第 n 項が q のとき，第 $(m+n)$ 項を求めよ。ただし，$m \neq n$ とする。

着眼　文字が多いので，既知なものと未知なものとの区別をしっかりさせておく。そのうえで，初項 a と公差 d を求めればよい。

解き方　初項を a，公差を d とすると

$a+(m-1)d=p$ ……①　　$a+(n-1)d=q$ ……②

①−②より　$(m-n)d=p-q$　　$m \neq n$ だから　$d=\dfrac{p-q}{m-n}$

これを①に代入して　$a=p-\dfrac{(m-1)(p-q)}{m-n}=\dfrac{q(m-1)-p(n-1)}{m-n}$

よって，第 $(m+n)$ 項 a_{m+n} は

$$a_{m+n}=a+(m+n-1)d=\frac{q(m-1)-p(n-1)}{m-n}+(m+n-1)\times\frac{p-q}{m-n}$$

$$=\boldsymbol{\frac{mp-nq}{m-n}}$$ ……答

□ **380** 2つの数 a，b の間に n 個の数 a_1，a_2，…，a_n を入れて，a，a_1，a_2，…，a_n，b が等差数列になるようにしたい。このときの公差を a，b，n で表せ。

□ **381** 第5項が22で，初項から第5項までの和が70である等差数列の初項と公差を求めよ。

□ **382** 300と400の間に9の倍数は何個あるか。また，その和を求めよ。

□ **383** 等差数列100，96，92，…の第何項が初めて負の数となるか。

応用問題

解答 ➡ 別冊 *p. 91*

384 1から100までの正の整数のうち，次のものの和を求めよ。〈差がつく〉

□ (1) 3でも5でも割り切れる数　　□ (2) 3または5で割り切れる数

385 3桁の正の整数のうち，次のものの和を求めよ。

□ (1) 3でも7でも割り切れる数　　□ (2) 3または7で割り切れる数

例題研究〉 ある数列の初項から第n項までの和S_nが$S_n=3n^2-2n$で表されるとき，この数列はどんな数列か。

着眼 初項は$a_1=S_1$，$n\geqq2$のとき，$a_n=S_n-S_{n-1}$である。このように，$n=1$のときと$n\geqq2$のときに分けなければならない。

解き方 この数列の第n項をa_nとすると，初項から第n項までの和が$S_n=3n^2-2n$であるから，

$n\geqq2$のとき　$a_n=S_n-S_{n-1}$

$\qquad=(3n^2-2n)-\{3(n-1)^2-2(n-1)\}$

ゆえに　$a_n=6n-5=1+(n-1)\cdot6$　……①

$n=1$のとき　$a_1=S_1=3-2=1$

これは，①で$n=1$の場合に等しい。したがって，①は$n\geqq1$で成り立つ。

よって，この数列は，**初項1，公差6の等差数列**である。……答

注：$n\geqq2$のとき，$S_{n-1}=a_1+a_2+\cdots+a_{n-1}$であるから，この式で$n=1$とすることはできない。また，問題によっては，①で$n=1$としたものと$a_1$が一致しないこともある。

386 初項から第n項までの和S_nが次の式で与えられる数列$\{a_n\}$の一般項を求めよ。

□ (1) $S_n=-2n^2+3n$　　□ (2) $S_n=n^3$　　□ (3) $S_n=2n^2+3n+1$

□ (4) $S_n=n^3-n-1$　　□ (5) $S_n=an^2+bn$（a，bは定数）

39 等比数列

テストに出る重要ポイント

- **等比数列**…初項 a，**公比 r** の等比数列 $\{a_n\}$ の初項から第 n 項までの和を S_n とすると
  ① 定義：$a_{n+1}=ra_n$（r は定数）
  ② 一般項：$\boldsymbol{a_n=ar^{n-1}}$
  ③ 和：$\boldsymbol{S_n=\dfrac{a(1-r^n)}{1-r}=\dfrac{a(r^n-1)}{r-1}}$（$\boldsymbol{r \neq 1}$ のとき），　$\boldsymbol{S_n=na}$（$\boldsymbol{r=1}$ のとき）
  ④ 0でない3つの数 a，b，c がこの順に等比数列をなすための必要十分条件は，$\boldsymbol{b^2=ac}$ である。この b を a と c の**等比中項**という。

基本問題

解答 ➡ 別冊 *p. 93*

387 次の数列 $\{a_n\}$ は等比数列である。□にあてはまる数を求めよ。また，一般項を求めよ。 できたらチェック。

□ (1)　2，8，□，□，512，…　　□ (2)　1，3，9，□，□，…
□ (3)　$3\sqrt{3}$，□，$\sqrt{3}$，1，□，…　　□ (4)　64，□，16，-8，□，…

388 次の等比数列 $\{a_n\}$ の一般項を求めよ。また，第5項を求めよ。 テスト必出

□ (1)　初項が1，公比が2　　□ (2)　初項が -3，公比が2
□ (3)　公比が3，第3項が12　　□ (4)　初項が16，第3項が4
□ (5)　第2項が5，第3項が1

389 次の等比数列の初項から第 n 項までの和を求めよ。

□ (1)　2，-4，8，-16，…　　□ (2)　4，$4\sqrt{3}$，12，$12\sqrt{3}$，…
□ (3)　18，6，2，…　　□ (4)　-1，-3，-9，…
□ (5)　$\dfrac{16}{27}$，$-\dfrac{4}{9}$，$\dfrac{1}{3}$，$-\dfrac{1}{4}$，…　　□ (6)　$1\dfrac{1}{2}$，$4\dfrac{1}{2}$，$13\dfrac{1}{2}$，$40\dfrac{1}{2}$，…

ガイド　各数列の初項，公比を求めて，和の公式を使えばよい。

390 次の等比数列の和を求めよ。〈テスト必出〉

□ (1) 初項が5，末項が640，公比が2

□ (2) 第5項が -48，第8項が384，項数が10

□ (3) 項数が10で，$a_n=3\cdot2^{n-1}$ $(n=1, 2, \cdots, 10)$ を満たす。

□ (4) 第3項が18，第4項が -54，項数が10

例題研究》 初項 a，公比 r の等比数列がある。初項から第 n 項までの和は93で，初項から第 n 項までの項の中で最大のものは48である。また，初項から第 $2n$ 項までの和は3069である。この数列の初項 a と公比 r を求めよ。ただし，$a>0$，$r>0$ とする。

着眼 等比数列の和を考えるときには，**$r\neq1$ と $r=1$ の場合**に分けて考えなければならない。未知数は a，r，n の3つで，条件も3つあるので解けるはずである。

解き方 初項から第 $2n$ 項までの和が，初項から第 n 項までの和の2倍でないことから，$r\neq1$ である。

条件より $\dfrac{a(r^n-1)}{r-1}=93$ ……① $\dfrac{a(r^{2n}-1)}{r-1}=3069$ ……②

②÷① より $r^n+1=33$ ゆえに $r^n=32$ ……③

→ 辺々割り算をする

③を①に代入して $31a=93(r-1)$ ゆえに $a=3(r-1)$ ……④

ところで，$a>0$ と④より，$r>1$ であるから，最大の項は第 n 項である。

ゆえに $ar^{n-1}=48$ ……⑤

③÷⑤より $2a=3r$ ……⑥

④，⑥より $a=3$，$r=2$ 　　答 $\boldsymbol{a=3}$，$\boldsymbol{r=2}$

□ **391** 等比数列をなす3つの正の実数の和が14，積が64であるという。このとき，その3つの数のうちの最小の数と最大の数を求めよ。

392 次の2つの数の間に，与えられた個数の実数を入れて，それらが等比数列をなすようにしたい。間に入れる数をそれぞれ求めよ。〈テスト必出〉

□ (1) -9 と -4 の間に2個

□ (2) 2と162の間に3個

□ **393** a，b，c がこの順に等比数列をなすとき，$(a+b+c)(a-b+c)=a^2+b^2+c^2$ が成り立つことを証明せよ。

応用問題

解答 ➡ 別冊 p. 94

□ **394** 0でない3つの数 a, b, c が，この順に，同時に等差数列と等比数列をなすための必要十分条件を求めよ。

□ **395** 三角形の3辺の長さ a, b, c が等比数列をなすとする。このとき，公比 r のとりうる値の範囲を求めよ。

396 次の問いに答えよ。

□ (1) 2187の正の約数の総和を求めよ。ただし，1と2187も含めるものとする。

□ (2) $2^5\cdot5^3$ の正の約数の総和を求めよ。ただし，1と $2^5\cdot5^3$ も含めるものとする。

□ **397** ある年のはじめに A 円を借り，その年の末から始めて毎年末に一定額ずつ支払って，n 年間で全部返済したい。いくらずつ支払えばよいか。ただし，年利率を r とし，1年ごとの複利計算とする。

例題研究》 等差数列 $\{a_n\}$ と等比数列 $\{b_n\}$ がある。$c_n=a_n+b_n$ $(n=1, 2, 3, \cdots)$ とするとき，$c_1=2$, $c_2=5$, $c_3=17$ であるとする。数列 $\{c_n\}$ の一般項 c_n を n の式で表せ。ただし，$\{b_n\}$ の初項，公比はともに整数で，公比は0でないとする。

着眼 未知数が4つ出てくるが，式は3つしかない。何かほかに条件はないか。等比数列の初項と公比が整数で，公比が0でないという条件をうまく使うこと。

解き方 等差数列 $\{a_n\}$ の初項を a, 公差を d, 等比数列 $\{b_n\}$ の初項を b, 公比を r とすると

$a_n=a+(n-1)d$, $b_n=br^{n-1}$ ゆえに $c_n=a+(n-1)d+br^{n-1}$

題意より $a+b=2$ ……①, $a+d+br=5$ ……②, $a+2d+br^2=17$ ……③

①+③−②×2より $b(r^2-2r+1)=9$ ゆえに $b(r-1)^2=9$

b, r は整数で，$(r-1)^2$ は9の約数となる平方数であるから

$(r-1)^2=1$, $b=9$ ……④ または $(r-1)^2=9$, $b=1$ ……⑤

$r\neq0$ と①，②，④より $r=2$, $a=-7$, $d=-6$

同様に，①，②，⑤より $r=4$, $a=1$, $d=0$ または $r=-2$, $a=1$, $d=6$

よって $\boldsymbol{c_n=9\cdot2^{n-1}-6n-1}$ または $\boldsymbol{c_n=4^{n-1}+1}$

または $\boldsymbol{c_n=(-2)^{n-1}+6n-5}$ ……答

□ **398** 数列3, 6, …, 1500は等差数列か等比数列のどちらであるかを調べよ。また，この数列の和を求めよ。

40 いろいろな数列

テストに出る重要ポイント

- **和の記号 Σ の性質**…数列の和 $a_1+a_2+\cdots+a_n$ は，記号 Σ を使って $\sum_{k=1}^{n}a_k$ と書く。

① $\sum_{k=1}^{n}(a_k+b_k)=\sum_{k=1}^{n}a_k+\sum_{k=1}^{n}b_k$

② $\sum_{k=1}^{n}ca_k=c\sum_{k=1}^{n}a_k$（$c$ は k に無関係な定数）

③ $\sum_{k=1}^{n}c=nc$（c は k に無関係な定数）

④ $\sum_{k=1}^{n}(pa_k+qb_k)=p\sum_{k=1}^{n}a_k+q\sum_{k=1}^{n}b_k$（$p$，$q$ は k に無関係な定数）

- **自然数の和の公式**

① $\sum_{k=1}^{n}k=1+2+3+\cdots+n=\dfrac{n(n+1)}{2}$

② $\sum_{k=1}^{n}k^2=1^2+2^2+\cdots+n^2=\dfrac{n(n+1)(2n+1)}{6}$

③ $\sum_{k=1}^{n}k^3=1^3+2^3+\cdots+n^3=\left\{\dfrac{n(n+1)}{2}\right\}^2$

- **階差数列**…数列 $\{a_n\}$ の階差数列を $\{b_n\}$ とすると

① $a_{n+1}-a_n=b_n$ （階差数列の定義）　② $a_n=a_1+\sum_{k=1}^{n-1}b_k\ (n\geqq 2)$

- **その他の数列の和の求め方**

① $a_n=\dfrac{1}{n(n+a)}$ のとき $\dfrac{1}{a}\left(\dfrac{1}{n}-\dfrac{1}{n+a}\right)$ と変形する。

② $S_n=\sum_{k=1}^{n}a_kx^{k-1}$ のとき S_n-xS_n を作る。

基本問題

解答 → 別冊 p. 95

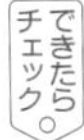

399 次の数列の和を記号 Σ を用いて表せ。また，その和を求めよ。

□ (1) $2+4+6+\cdots+2n$　□ (2) $1+2+3+\cdots+n$

□ (3) $1+5+9+\cdots+(4n-3)$　□ (4) $1+4+7+\cdots+298$

□ (5) $1^2+2^2+3^2+\cdots+10^2$　□ (6) $1^3+2^3+3^3+\cdots+10^3$

400 次の和を求めよ。

□ (1) $\sum_{k=1}^{10}(2k+1)$　□ (2) $\sum_{k=1}^{10}(1-3k)$　□ (3) $\sum_{k=1}^{10}(2k-1)^2$

□ (4) $\sum_{k=1}^{n}k(k+3)$　□ (5) $\sum_{k=1}^{n}k(k+1)(k-2)$　□ (6) $\sum_{k=1}^{10}(-2)^{k-1}$

□ (7) $\sum_{k=0}^{10}(k+2)$　□ (8) $\sum_{k=5}^{10}(3-4k)$　□ (9) $\sum_{k=1}^{n+1}(k+1)(k-1)$

ガイド (7) 与式$=\sum_{k=0}^{10}k+\sum_{k=0}^{10}2=\sum_{k=1}^{10}k+2\times 11$, (8) 与式$=\sum_{k=1}^{10}(3-4k)-\sum_{k=1}^{4}(3-4k)$ と変形する。

401 次の数列の初項から第 n 項までの和を Σ を用いて表せ。また，その和を求めよ。

□ (1) $1\cdot 3+2\cdot 4+3\cdot 5+\cdots$　□ (2) $2^2+4^2+6^2+\cdots$

□ (3) $1^2\cdot 2+2^2\cdot 3+3^2\cdot 4+\cdots$　□ (4) $(1^2+1)+(2^2+2)+(3^2+3)+\cdots$

例題研究》 次の計算をせよ。

(1) $\sum_{m=1}^{n}\left(\sum_{k=1}^{m}k\right)$　(2) $\sum_{m=1}^{n}\left\{\sum_{k=1}^{m}(k^2-1)\right\}$

着眼 数列の和の公式を活用すればよい。まず(　)内から計算していく。$\sum_{k=1}^{m}1=m$ であるが，これをよく 1 とまちがえるので注意すること。

解き方 (1)
$$\sum_{m=1}^{n}\left(\sum_{k=1}^{m}k\right)=\sum_{m=1}^{n}\frac{m(m+1)}{2}=\frac{1}{2}\left(\sum_{m=1}^{n}m^2+\sum_{m=1}^{n}m\right)$$
$$=\frac{1}{2}\left\{\frac{n(n+1)(2n+1)}{6}+\frac{n(n+1)}{2}\right\}=\boldsymbol{\frac{n(n+1)(n+2)}{6}}$$ ……答

(2)
$$\sum_{m=1}^{n}\left\{\sum_{k=1}^{m}(k^2-1)\right\}=\sum_{m=1}^{n}\left(\sum_{k=1}^{m}k^2-\sum_{k=1}^{m}1\right)=\sum_{m=1}^{n}\left\{\frac{m(m+1)(2m+1)}{6}-m\right\}$$
$$=\sum_{m=1}^{n}\frac{2m^3+3m^2-5m}{6}=\frac{1}{6}\left(2\sum_{m=1}^{n}m^3+3\sum_{m=1}^{n}m^2-5\sum_{m=1}^{n}m\right)$$
$$=\frac{1}{6}\left[2\times\left\{\frac{n(n+1)}{2}\right\}^2+3\times\frac{n(n+1)(2n+1)}{6}-5\times\frac{n(n+1)}{2}\right]$$
$$=\boldsymbol{\frac{n(n+1)(n-1)(n+4)}{12}}$$ ……答

402 次の数列の初項から第 n 項までの和を求めよ。 テスト必出

□ (1) 1, $1+2$, $1+2+2^2$, …　□ (2) 1, $1+2$, $1+2+3$, …

□ (3) $1\cdot n$, $2\cdot(n-1)$, $3\cdot(n-2)$, …

ガイド (1) 第 n 項 $1+2+2^2+\cdots+2^{n-1}$ は，初項 1，公比 2，項数 n の等比数列の和である。

例題研究》 数列 2, 6, 7, 5, 0, −8, −19, …の一般項 a_n を求めよ。また，初項から第 n 項までの和 S_n を求めよ。

着眼 まず，階差数列を作ってみよう。$n=1$ のときと $n\geqq 2$ のときに分けて求める。一般項 a_n が求められれば，和の公式によって計算すればよい。

解き方 与えられた数列を $\{a_n\}$，その階差数列を $\{b_n\}$ とすると

$\{a_n\}$：2, 6, 7, 5, 0, −8, −19, …

$\{b_n\}$：4, 1, −2, −5, −8, −11, …

よって，$\{b_n\}$ は初項 4，公差 −3 の等差数列となるから，一般項は

$$b_n=4+(n-1)\cdot(-3)=7-3n$$

$n\geqq 2$ のとき $a_n=a_1+\sum_{k=1}^{n-1}b_k=2+\sum_{k=1}^{n-1}(7-3k)=2+7\sum_{k=1}^{n-1}1-3\sum_{k=1}^{n-1}k$

$$=2+7\underline{(n-1)}-3\cdot\frac{1}{2}(n-1)\{(n-1)+1\}=-\frac{3}{2}n^2+\frac{17}{2}n-5 \quad \cdots\cdots①$$

（$(n-1)$ → これを 1 としてはダメ）

①において，$n=1$ とすると 2 となり，これは a_1 に一致する。

ゆえに $a_n=-\frac{3}{2}n^2+\frac{17}{2}n-5$

次に，初項から第 n 項までの和 S_n は

$$S_n=\sum_{k=1}^{n}a_k=\sum_{k=1}^{n}\left(-\frac{3}{2}k^2+\frac{17}{2}k-5\right)$$

$$=-\frac{3}{2}\cdot\frac{1}{6}n(n+1)(2n+1)+\frac{17}{2}\cdot\frac{1}{2}n(n+1)-5n$$

$$=-\frac{1}{4}n\{(n+1)(2n+1)-17(n+1)+20\}=-\frac{1}{2}n(n^2-7n+2)$$

答 $\boldsymbol{a_n=-\frac{3}{2}n^2+\frac{17}{2}n-5}$，$\boldsymbol{S_n=-\frac{1}{2}n(n^2-7n+2)}$

403 次の数列 $\{a_n\}$ の一般項を求めよ。また，初項から第 n 項までの和 S_n を求めよ。

□ (1) 3, 6, 10, 15, 21, …　　□ (2) 1, 2, 6, 15, 31, 56, …

□ (3) 1, 3, 8, 16, 27, 41, …　　□ (4) 1, 7, 19, 37, 61, …

404 次の数列の初項から第 n 項までの和を求めよ。 テスト必出

□ (1) $\frac{1}{1\cdot 3}$, $\frac{1}{3\cdot 5}$, $\frac{1}{5\cdot 7}$, $\frac{1}{7\cdot 9}$, …

□ (2) $\frac{1}{1\cdot 3}$, $\frac{1}{2\cdot 4}$, $\frac{1}{3\cdot 5}$, $\frac{1}{4\cdot 6}$, …

応用問題

解答 ➡ 別冊 p. 98

□ **405** 数列 1, 2, 3, 4, …, n において, この中から異なる2つの数を選んで積をつくる。このときにできるすべての積の総和 S を求めよ。

406 次の数列 $\{a_n\}$ の一般項を求めよ。また, 初項から第 n 項までの和 S_n を求めよ。

□ (1) 1, 4, 13, 40, 121, …　　□ (2) 2, 5, 10, 19, 34, 57, 90, …

例題研究》 (1) 次の k についての恒等式が成り立つように, 定数 A, B の値を定めよ。

$$\frac{1}{k(k+1)(k+2)}=\frac{A}{k(k+1)}+\frac{B}{(k+1)(k+2)}$$

(2) $S_n=\sum_{k=1}^{n}\frac{1}{k(k+1)(k+2)}$ を求めよ。

着眼 (1)のように, 左辺の分数式を右辺のような差の形に表すことを**部分分数に分解する**という。(1)の A, B の値は係数比較法で求めればよい。(2)は, (1)の結果を用いて, 具体的に k に 1, 2, 3, …を代入してみる。

解き方 (1) 与式において両辺の分母を払うと

$1=A(k+2)+Bk$　　$(A+B)k+2A-1=0$

これが k についての恒等式だから　$A+B=0$, $2A-1=0$

よって　$\boldsymbol{A=\frac{1}{2}}$, $\boldsymbol{B=-\frac{1}{2}}$　……答

(2) $S_n=\sum_{k=1}^{n}\frac{1}{k(k+1)(k+2)}=\frac{1}{2}\sum_{k=1}^{n}\left\{\frac{1}{k(k+1)}-\frac{1}{(k+1)(k+2)}\right\}$

→ (1)より部分分数に分解する

$$=\frac{1}{2}\left[\left(\frac{1}{1\cdot2}-\frac{1}{2\cdot3}\right)+\left(\frac{1}{2\cdot3}-\frac{1}{3\cdot4}\right)+\cdots+\left\{\frac{1}{n(n+1)}-\frac{1}{(n+1)(n+2)}\right\}\right]$$

$$=\frac{1}{2}\left\{\frac{1}{1\cdot2}-\frac{1}{(n+1)(n+2)}\right\}=\boldsymbol{\frac{n(n+3)}{4(n+1)(n+2)}}$$　……答

407 次の数列の初項から第 n 項までの和 S_n を求めよ。《差がつく》

□ (1) $\frac{1}{1\cdot3\cdot5}$, $\frac{1}{3\cdot5\cdot7}$, $\frac{1}{5\cdot7\cdot9}$, …

□ (2) $\frac{1}{2^2-1}$, $\frac{1}{4^2-1}$, $\frac{1}{6^2-1}$, $\frac{1}{8^2-1}$, …

例題研究》 次の数列の初項から第 n 項までの和 S_n を求めよ。

$$1,\ 2x,\ 3x^2,\ \cdots,\ nx^{n-1}$$

着眼 (等差数列)×(等比数列) 型の数列は公比を x として，S_n-xS_n の形を作る。**$x \neq 1$ と $x=1$ の場合に分けて考えること。**

解き方 $S_n=1+2x+3x^2+\cdots+nx^{n-1}$ ……①

①の両辺に x を掛けて

$xS_n=\quad x+2x^2+\cdots+(n-1)x^{n-1}+nx^n$ ……②

①−② より $(1-x)S_n=\underline{1+x+x^2+\cdots+x^{n-1}}-nx^n$

→ この部分が等比数列の和になる

$x \neq 1$ のとき $(1-x)S_n=\dfrac{1-x^n}{1-x}-nx^n=\dfrac{1-(n+1)x^n+nx^{n+1}}{1-x}$

ゆえに $S_n=\dfrac{1-(n+1)x^n+nx^{n+1}}{(1-x)^2}$

$x=1$ のとき $S_n=1+2+3+\cdots+n=\dfrac{1}{2}n(n+1)$

答 $\begin{cases} x \neq 1 \text{ のとき } S_n=\dfrac{1-(n+1)x^n+nx^{n+1}}{(1-x)^2} \\ x=1 \text{ のとき } S_n=\dfrac{1}{2}n(n+1) \end{cases}$

408 次の和 S_n を求めよ。

□ (1) $S_n=1+3x+5x^2+7x^3+\cdots+(2n-1)x^{n-1}$

□ (2) $S_n=1-2x+3x^2-4x^3+\cdots+(-1)^{n-1}nx^{n-1}$

□ **409** 数列 $\dfrac{7}{3}$, 1, $\dfrac{11}{27}$, $\dfrac{13}{81}$, …について，一般項を求めよ。また，初項から第 n 項までの和を求めよ。

410 自然数の列を，次のように第 n 群が n 個の数を含むように分ける。

$1|2,\ 3|4,\ 5,\ 6|7,\ 8,\ 9,\ 10|11,\ 12,\ \cdots|\cdots$ 〈差がつく〉

□ (1) 第 n 群の最初の数を求めよ。

□ (2) 第 n 群に含まれる数の総和を求めよ。

ガイド 区切りをとった自然数の列 1, 2, 3, …の k 番目の数は k である。

41 漸化式

テストに出る重要ポイント

- **隣接2項間の漸化式**…隣り合う2つの項 a_n と a_{n+1} の関係を表す式を**隣接2項間**の漸化式という。

・$a_1=a$，$a_{n+1}=pa_n+q$ の形

① $p=1$ のとき　$a_{n+1}-a_n=q$ → 初項 a，公差 q の等差数列。

② $q=0$ のとき　$a_{n+1}=pa_n$ → 初項 a，公比 p の等比数列。

③ $p\neq1$，$q\neq0$ のとき

(1) $\alpha=p\alpha+q$ を満たす α を漸化式の両辺から引くと，
$\boldsymbol{a_{n+1}-\alpha=p(a_n-\alpha)}$ となるので，**数列 $\{a_n-\alpha\}$ は等比数列**となる。

(2) $\boldsymbol{a_{n+2}-a_{n+1}=p(a_{n+1}-a_n)}$ より，階差数列 $b_n=a_{n+1}-a_n$ が等比数列となるので，$\boldsymbol{a_n=a_1+\sum_{k=1}^{n-1}b_k}$ $(n\geqq2)$ として求める。

㊟③は(1)の方法が最も使われる。ここで登場する方程式 $\boldsymbol{\alpha=p\alpha+q}$ を，もとの漸化式の**特性方程式**という。与えられた漸化式が $a_{n+1}-\alpha=p(a_n-\alpha)$ の形になるには，$a_{n+1}=pa_n+\alpha(1-p)=pa_n+q$ となればよいから，$\alpha(1-p)=q$ すなわち $\alpha=p\alpha+q$ を満たす α を求めればよい。また，今後は特に断りがなければ，漸化式は $n=1$，2，3，… で成り立つものとする。

・$a_1=a$，$a_{n+1}=a_n+f(n)$ の形

$\boldsymbol{b_n=a_{n+1}-a_n}=f(n)$ とすると，$\boldsymbol{a_n=a_1+\sum_{k=1}^{n-1}b_k}$ $(n\geqq2)$ となる。

・$a_{n+1}=\dfrac{ra_n}{pa_n+q}$ の形

両辺の**逆数**は，$\dfrac{1}{a_{n+1}}=\dfrac{q}{r}\cdot\dfrac{1}{a_n}+\dfrac{p}{r}$ となり，$b_n=\dfrac{1}{a_n}$ とおけばよい。

基本問題

解答 ➡ 別冊 p. 100

411 次のように定義される数列 $\{a_n\}$ の第5項を求めよ。

□ (1) $a_1=1$，$a_{n+1}=a_n+6$　　□ (2) $a_1=2$，$a_{n+1}=a_n-3$

□ (3) $a_1=2$，$a_{n+1}=2a_n$　　□ (4) $a_1=1$，$a_{n+1}=-3a_n$

例題研究》 次のように定義される数列 $\{a_n\}$ の一般項を求めよ。

$$a_1=1,\quad a_{n+1}=2a_n+1$$

着眼 *p.128* 隣接 2 項間の漸化式のどの方法でもできるようにしておかなければならない。

解き方 *p.128* 隣接 2 項間漸化式③の(1)による解法

$a_{n+1}=2a_n+1$ は特性方程式 $\alpha=2\alpha+1$ を満たす解 $\alpha=-1$ を用いて，$a_{n+1}+1=2(a_n+1)$ と変形できる。

数列 $\{a_n+1\}$ は初項 $a_1+1=1+1=2$，公比 2 の等比数列だから　$a_n+1=2\cdot2^{n-1}$

ゆえに　$\boldsymbol{a_n=2^n-1}$　……答

(別解)　*p.128* 隣接 2 項間漸化式③の(2)による解法

$a_{n+1}=2a_n+1$　……①

①で n の代わりに $n+1$ とおくと

$a_{n+2}=2a_{n+1}+1$　……②

②−① より　$a_{n+2}-a_{n+1}=2(a_{n+1}-a_n)$

数列 $\{a_n\}$ の階差数列を $\{b_n\}$ とすると，$b_n=a_{n+1}-a_n$ であるから　$b_{n+1}=2b_n$

また　$b_1=a_2-a_1=(2a_1+1)-a_1=a_1+1=1+1=2$

よって，数列 $\{b_n\}$ は初項 2，公比 2 の等比数列だから　$b_n=2\cdot2^{n-1}=2^n$

ゆえに，$n\geqq2$ のとき

$$a_n=a_1+\sum_{k=1}^{n-1}2^k=1+\frac{2(2^{n-1}-1)}{2-1}=2^n-1$$

この式で $n=1$ とすると 1 となり，a_1 と一致する。

ゆえに　$\boldsymbol{a_n=2^n-1}$　……答

412 次のように定義される数列 $\{a_n\}$ の一般項を求めよ。

□ (1)　$a_1=1,\ a_{n+1}=a_n+4$

□ (2)　$a_1=1,\ a_{n+1}=2a_n$

□ (3)　$a_1=1,\ a_{n+1}=a_n-3$

□ (4)　$a_1=1,\ a_{n+1}=-2a_n$

413 次のように定義される数列 $\{a_n\}$ の一般項を求めよ。 テスト必出

□ (1)　$a_1=1,\ a_{n+1}=3a_n+1$

□ (2)　$a_1=2,\ a_{n+1}=-3a_n+4$

□ (3)　$a_1=2,\ a_{n+1}=\dfrac{1}{2}a_n+1$

□ (4)　$a_1=3,\ a_{n+1}=\dfrac{1}{2}a_n+3$

□ **414** $a_1=1$，$a_{n+1}=a_n+3n-1$ で定義される数列 $\{a_n\}$ の一般項を求めよ。

応用問題

解答 ➡ 別冊 p. 101

例題研究》 $a_1=1$，$a_{n+1}=2a_n+n$ で定義される数列 $\{a_n\}$ の一般項を求めよ。

着眼　$a_{n+1}=pa_n+q$ の形でも，$a_{n+1}=a_n+f(n)$ の形でもない。しかし，n を消去すれば，階差数列 $\{b_n\}$ が $b_{n+1}=pb_n+q$ の形になる。

解き方　$a_{n+1}=2a_n+n$ ……① で，n の代わりに $n+1$ とおくと

$a_{n+2}=2a_{n+1}+n+1$ ……②

②－①より，$a_{n+2}-a_{n+1}=2(a_{n+1}-a_n)+1$

数列 $\{a_n\}$ の階差数列を $\{b_n\}$ とすると，$b_n=a_{n+1}-a_n$ であるから

$b_{n+1}=2b_n+1$ ……③

このとき，特性方程式 $\alpha=2\alpha+1$ より　$\alpha=-1$

ゆえに，③は $b_{n+1}+1=2(b_n+1)$ と表せる。

これは，数列 $\{b_n+1\}$ が，初項 b_1+1，公比 2 の等比数列であることを示す。

ここで　$b_1=a_2-a_1=\underline{(2a_1+1)}-a_1=a_1+1=2$

（→ ①より）

よって，$b_n+1=(b_1+1)\cdot 2^{n-1}=3\cdot 2^{n-1}$ より　$b_n=3\cdot 2^{n-1}-1$

したがって，$n\geqq 2$ のとき

$$\underline{a_n=a_1+\sum_{k=1}^{n-1}b_k}=1+\sum_{k=1}^{n-1}(3\cdot 2^{k-1}-1)$$

（→ 階差数列の公式）

$$=1+3\sum_{k=1}^{n-1}2^{k-1}-\sum_{k=1}^{n-1}1$$

$$=1+3\cdot\frac{2^{n-1}-1}{2-1}-(n-1)$$

$$=3\cdot 2^{n-1}-n-1$$

この式に $\underline{n=1\text{ を代入すると }1\text{ となり，}a_1\text{ に一致する。}}$

（→ 忘れないように）

したがって，求める一般項は　$\boldsymbol{a_n=3\cdot 2^{n-1}-n-1}$ ……答

□ **415** $a_1=5$，$a_{n+1}=3a_n-2n$ で定義される数列 $\{a_n\}$ の一般項を求めよ。

例題研究》 次のように定義される数列 $\{a_n\}$ の一般項を求めよ。

$$a_1=\frac{1}{2},\quad a_{n+1}=a_n+\frac{1}{(2n)^2-1}$$

着眼 階差数列 $\{a_{n+1}-a_n\}$ によって定められる数列はどんな数列か。これがわかれば，階差数列の公式より a_n が求められる。

解き方 $a_{n+1}-a_n=\dfrac{1}{(2n)^2-1}=\dfrac{1}{(2n-1)(2n+1)}=\dfrac{1}{2}\left(\dfrac{1}{2n-1}-\dfrac{1}{2n+1}\right)$

$n\geqq2$ のとき

$$a_n=a_1+\sum_{k=1}^{n-1}(a_{k+1}-a_k)=\frac{1}{2}+\sum_{k=1}^{n-1}\frac{1}{2}\left(\frac{1}{2k-1}-\frac{1}{2k+1}\right)$$

$$=\frac{1}{2}+\frac{1}{2}\left(1-\frac{1}{2n-1}\right)=\frac{1}{2}+\frac{1}{2}\cdot\frac{2n-2}{2n-1}=\frac{4n-3}{2(2n-1)}\quad\cdots\cdots①$$

①で $n=1$ とすると $\dfrac{1}{2}$ となり，a_1 に一致する。

よって　$\boldsymbol{a_n=\dfrac{4n-3}{2(2n-1)}}$　……答

416 $a_1=1$，$a_{n+1}=\sum_{k=1}^{n}a_k+(n+1)$ で定義される数列 $\{a_n\}$ について，次の問いに答えよ。

□ (1) a_{n+1} を a_n の式で表せ。

□ (2) a_n を n の式で表せ。また，$\sum_{k=1}^{n}a_k$ を n の式で表せ。

417 $a_1=1$，$a_{n+1}=\dfrac{2a_n}{6a_n+1}$ で定義される数列 $\{a_n\}$ について，次の問いに答えよ。

差がつく

□ (1) $\dfrac{1}{a_n}=b_n$ とおいて，b_n と b_{n+1} の関係式を求めよ。

□ (2) a_n を n の式で表せ。

418 $a_1=\dfrac{1}{2}$，$a_{n+1}=\dfrac{2}{3-a_n}$ で定義される数列 $\{a_n\}$ について，次の問いに答えよ。

□ (1) $\dfrac{1}{1-a_n}=b_n$ とおいて，b_n と b_{n+1} の関係式を求めよ。

□ (2) a_n を n の式で表せ。

42 数学的帰納法

テストに出る重要ポイント

- **数学的帰納法**…自然数 n に関する命題 $P(n)$ が，すべての自然数 n に対して成り立つことを証明する次のような方法を**数学的帰納法**という。
  自然数 n に関する命題 $P(n)$ が，すべての自然数 n に対して成り立つことを証明するには，次の2つのことを示せばよい。
  (I) $P(n)$ は $n=1$ のとき成り立つ。
  (II) $P(n)$ が $n=k$ のとき成り立つと仮定すれば，$P(n)$ は $n=k+1$ のときも成り立つ。
  ㊟ $n=1$，2のとき成り立つことを示して，$n=k-1$，k のとき成り立つと仮定すれば，$n=k+1$ のときも成り立つことを示してもよい。

基本問題

解答 ➡ 別冊 p. 103

例題研究》 n が自然数のとき，次の等式が成り立つことを証明せよ。

$$1\cdot2+2\cdot3+3\cdot4+\cdots+n(n+1)=\frac{1}{3}n(n+1)(n+2) \quad \cdots\cdots①$$

着眼 $\sum_{k=1}^{n}k(k+1)$ を計算すれば直接に証明できるが，ここでは，自然数 n に関する命題だから，数学的帰納法を適用して証明しよう。

解き方 (I) $n=1$ のとき　左辺 $=1\cdot2=2$　右辺 $=\frac{1}{3}\cdot1\cdot2\cdot3=2$

したがって，$n=1$ のとき①は成り立つ。

(II) $n=k$ のとき，①が成り立つと仮定する。すなわち

$$1\cdot2+2\cdot3+3\cdot4+\cdots+k(k+1)=\frac{1}{3}k(k+1)(k+2) \quad \cdots\cdots②$$

が成り立つとする。このとき，②の両辺に $(k+1)(k+2)$ を加えると

$$1\cdot2+2\cdot3+3\cdot4+\cdots+k(k+1)+(k+1)(k+2)$$
$$=\frac{1}{3}k(k+1)(k+2)+(k+1)(k+2)=\frac{1}{3}(k+1)(k+2)(k+3)$$

よって，$n=k+1$ のときも①は成り立つ。

(I)，(II)より，すべての自然数 n について等式①は成り立つ。　〔証明終〕

できたらチェック。

419 n が自然数のとき，数学的帰納法によって，次の等式が成り立つことを証明せよ。 テスト必出

□ (1) $1+2+3+\cdots+n=\dfrac{1}{2}n(n+1)$

□ (2) $1^2+2^2+3^2+\cdots+n^2=\dfrac{1}{6}n(n+1)(2n+1)$

□ (3) $1^2+3^2+5^2+\cdots+(2n-1)^2=\dfrac{1}{3}n(2n-1)(2n+1)$

□ (4) $1+2+2^2+\cdots+2^{n-1}=2^n-1$

応用問題

解答 ➡ 別冊 p. 103

例題研究》 $n\geqq2$ のすべての自然数 n について，次の不等式が成り立つことを数学的帰納法を用いて証明せよ。

$$1+\frac{1}{2^2}+\frac{1}{3^2}+\cdots+\frac{1}{n^2}<2-\frac{1}{n} \quad \cdots\cdots①$$

着眼 第1段階は $n=2$ のときについて考えればよい。第2段階については，何を仮定し，何を証明すればよいかを明らかにしておくことが大切である。

解き方 (I) $n=2$ のとき，

左辺 $=1+\dfrac{1}{2^2}=\dfrac{5}{4}$　　右辺 $=2-\dfrac{1}{2}=\dfrac{3}{2}$　　よって，左辺＜右辺

したがって，$n=2$ のとき①は成り立つ。

(II) $n=k\ (k\geqq2)$ のとき，①が成り立つと仮定する。すなわち

$$1+\frac{1}{2^2}+\frac{1}{3^2}+\cdots+\frac{1}{k^2}<2-\frac{1}{k} \quad \cdots\cdots②$$

が成り立つとする。このとき，②の両辺に $\dfrac{1}{(k+1)^2}$ を加えると

$$1+\frac{1}{2^2}+\frac{1}{3^2}+\cdots+\frac{1}{k^2}+\frac{1}{(k+1)^2}<2-\frac{1}{k}+\frac{1}{(k+1)^2} \quad \cdots\cdots③$$

ここで $2-\dfrac{1}{k+1}-\left\{2-\dfrac{1}{k}+\dfrac{1}{(k+1)^2}\right\}=\dfrac{1}{k}-\dfrac{1}{k+1}-\dfrac{1}{(k+1)^2}=\dfrac{1}{k(k+1)^2}>0$

→ $k\geqq2$ より正

よって $2-\dfrac{1}{k}+\dfrac{1}{(k+1)^2}<2-\dfrac{1}{k+1} \quad \cdots\cdots④$

③，④より，$1+\dfrac{1}{2^2}+\dfrac{1}{3^2}+\cdots+\dfrac{1}{k^2}+\dfrac{1}{(k+1)^2}<2-\dfrac{1}{k+1}$

よって，$n=k+1$ のときも①は成り立つ。

(I)，(II)より，$n\geqq2$ のすべての自然数 n について不等式①は成り立つ。〔証明終〕

420 n が自然数のとき，数学的帰納法によって，次の等式が成り立つことを証明せよ。〈差がつく〉

□ (1) $1\cdot3\cdot5\cdot\cdots\cdot(2n-1)\cdot2^n=(n+1)(n+2)(n+3)\cdot\cdots\cdot(2n)$

□ (2) $1-\frac{1}{2}+\frac{1}{3}-\frac{1}{4}+\cdots+\frac{1}{2n-1}-\frac{1}{2n}=\frac{1}{n+1}+\frac{1}{n+2}+\frac{1}{n+3}+\cdots+\frac{1}{2n}$

421 数学的帰納法によって，次の不等式が成り立つことを証明せよ。

□ (1) $(1+x)^n>1+nx$（n は2以上の自然数，$x>0$）

□ (2) $1+\frac{1}{2}+\frac{1}{3}+\cdots+\frac{1}{n}>\frac{2n}{n+1}$（$n$ は2以上の自然数）

例題研究》 $a_1=1$，$a_{n+1}=-a_n{}^2+2na_n+2$ で定義される数列 $\{a_n\}$ について，次の問いに答えよ。

(1) a_2，a_3，a_4 を求め，一般項を表す n の式を推測せよ。

(2) (1)で推測した一般項の式が正しいことを数学的帰納法によって証明せよ。

着眼 (1) 実際に a_2，a_3，a_4 を漸化式から求め，その規則性から a_n を推測する。

解き方 (1) $a_1=1$ より

$a_2=-a_1{}^2+2\cdot1\cdot a_1+2=\mathbf{3}$ ……答

$a_3=-a_2{}^2+2\cdot2\cdot a_2+2=\mathbf{5}$ ……答

$a_4=-a_3{}^2+2\cdot3\cdot a_3+2=\mathbf{7}$ ……答

よって，一般項は $\boldsymbol{a_n=2n-1}$ ……①　と推測できる。……答

(2) (Ⅰ) $n=1$ のとき

$a_1=2\cdot1-1=1$

よって　$n=1$ のとき①は成り立つ。

(Ⅱ) $n=k$ のとき①が成り立つと仮定すると

$a_k=2k-1$

$n=k+1$ のとき漸化式より

$a_{k+1}=-a_k{}^2+2ka_k+2$

$=-(2k-1)^2+2k(2k-1)+2$

$=2k+1=2(k+1)-1$

したがって，$n=k+1$ のときも①は成り立つ。

(Ⅰ)，(Ⅱ)より，すべての自然数 n について①は成り立つ。〔証明終〕

43 確率分布・平均と分散

✪ テストに出る重要ポイント

- **確率変数，確率分布**…試行の結果に応じて値が定まる変数を**確率変数**という。確率変数 X のとる値と，その値をとる確率との対応を示したものを，X の**確率分布**という。
- **平均(期待値)**…確率変数 X のとる値が x_1，x_2，…，x_n で，それぞれの値をとる確率が p_1，p_2，…，p_n $(p_1+p_2+\cdots+p_n=1)$ のとき，$\boldsymbol{x_1p_1+x_2p_2+\cdots+x_np_n}$ を，確率変数 X の**平均**または**期待値**といい，$\boldsymbol{E(X)}$ または $\boldsymbol{m}$ で表す。
- **分散，標準偏差**

  ① 分散 $\boldsymbol{V(X)=E((X-m)^2)=\sum_{k=1}^{n}(x_k-m)^2p_k=E(X^2)-\{E(X)\}^2}$

  ② 標準偏差 $\boldsymbol{\sigma(X)=\sqrt{V(X)}}$

基本問題

解答 ➡ 別冊 p. 104

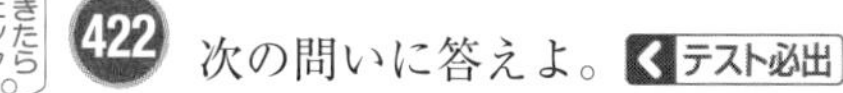

できたらチェック。

422 次の問いに答えよ。 テスト必出

□ (1) 2 枚の硬貨を同時に投げるとき，表の出る枚数 X の確率分布を求めよ。

□ (2) 3 枚の硬貨を同時に投げるとき，表の出る枚数 X の確率分布を求めよ。

□ (3) 4 枚の硬貨を同時に投げるとき，表の出る枚数 X の確率分布を求めよ。また，$X\leqq 2$ となる確率 $P(X\leqq 2)$ を求めよ。

□ **423** 2 個のさいころを同時に投げるとき，出る目の数の和を X とする。このとき，X の確率分布を求めよ。また，確率 $P(3\leqq X\leqq 6)$ を求めよ。 テスト必出

□ **424** 3 本の当たりくじの入っている 10 本のくじがある。この中から 3 本のくじを同時に引くとき，当たりくじの本数を X とする。このとき X の確率分布を求めよ。 テスト必出

□ **425** 白球 3 個と赤球 4 個が入っている袋がある。この中から，同時に 3 個の球を取り出すとき，出る白球の個数 X の平均，分散，標準偏差を求めよ。

44 確率変数の和と積

テストに出る重要ポイント

- **確率変数の変換**…X を確率変数，a，b を定数とし，$\boldsymbol{Y=aX+b}$ とするとき
  ① $E(Y)=E(aX+b)=\boldsymbol{aE(X)+b}$
  ② $V(Y)=V(aX+b)=\boldsymbol{a^2V(X)}$
  ③ $\sigma(Y)=\sigma(aX+b)=\boldsymbol{|a|\sigma(X)}$
- **確率変数の独立**
  2つの確率変数 X，Y があって，X のとる任意の値 a と，Y のとる任意の値 b について
  $\boldsymbol{P(X=a,\ Y=b)=P(X=a)\cdot P(Y=b)}$
  が成り立つとき，確率変数 X，Y は**独立**であるという。
- **確率変数の和と積**
  ① 2つの確率変数 X，Y について　$\boldsymbol{E(X+Y)=E(X)+E(Y)}$
  ② 2つの確率変数 X，Y が**独立**であるとき
  $\boldsymbol{E(XY)=E(X)E(Y)}$，$\boldsymbol{V(X+Y)=V(X)+V(Y)}$

できたらチェック。

基本問題

解答 ➡ 別冊 p. 106

□ **426** 確率変数 X の平均が2で，分散が5であるとする。確率変数 Y が $Y=4X+6$ で与えられているとき，Y の平均と分散を求めよ。

□ **427** 赤球2個と白球3個が入っている袋から，同時に3個の球を取り出すとき，取り出した白球1個につき100円もらえるゲームがある。このゲームの参加費は100円で，このゲームでもらえる金額を X 円とするとき，X の平均，分散を求めよ。〈テスト必出

□ **428** 確率変数 X の平均は1，標準偏差は4であり，$Y=aX+b\ (a>0)$ で定まる確率変数 Y の平均は3，標準偏差は8である。このとき，定数 a，b の値を求めよ。

例題研究》 大小2個のさいころを同時に投げるとき，出る目の数をそれぞれX, Yとする。このとき，平均$E(X+Y)$, $E(XY)$と分散$V(X+Y)$を求めよ。

着眼 一般に，$E(X+Y)=E(X)+E(Y)$で，X, Yが独立な確率変数のときは，$E(XY)=E(X)E(Y)$, $V(X+Y)=V(X)+V(Y)$である。
また，XとYの確率分布は等しいので，$E(X)=E(Y)$, $V(X)=V(Y)$である。

解き方 $E(X)=(1+2+3+4+5+6)\times\frac{1}{6}=\frac{7}{2}$

$E(X^2)=(1^2+2^2+3^2+4^2+5^2+6^2)\times\frac{1}{6}=\frac{91}{6}$

よって　$V(X)=E(X^2)-\{E(X)\}^2=\frac{91}{6}-\left(\frac{7}{2}\right)^2=\frac{35}{12}$

XとYの確率分布は等しいので　$E(X)=E(Y)$, $V(X)=V(Y)$
したがって　$E(X+Y)=E(X)+E(Y)=2E(X)=\mathbf{7}$　……答
また，X, Yは独立であるから

$E(XY)=E(X)E(Y)=\{E(X)\}^2=\mathbf{\frac{49}{4}}$　……答

$V(X+Y)=V(X)+V(Y)=2V(X)=\mathbf{\frac{35}{6}}$　……答

□ **429** 確率変数Xの平均は10，分散は5，確率変数Yの平均は20，分散は6である。X, Yが独立なとき，$3X-2Y$の平均と分散を求めよ。

□ **430** 100円硬貨1枚と50円硬貨3枚を投げ，それぞれの硬貨で表の出た金額の和を調べる。100円硬貨の金額の和をX円，50円硬貨の金額の和をY円とするとき，$X+Y$の平均と分散を求めよ。〈テスト必出

応用問題

解答 ➡ 別冊 p. 107

□ **431** 袋Aには赤球3個，白球2個，袋Bには赤球4個，白球1個が入っている。それぞれの袋から同時に2個の球を取り出すとき，取り出した4個の中の赤球の個数をZとする。このとき，Zの平均，分散，標準偏差を求めよ。

432 数直線上を動く点Pがある。1枚の硬貨を投げて，表が出たら点Pは正の向きに2だけ進み，裏が出たら点Pは負の向きに3だけ進む。最初に点Pは原点の位置にあり，硬貨を3回投げたとき，表が出た回数をX，点Pの座標をYとする。このとき，次の問いに答えよ。

□ (1) YをXで表せ。　□ (2) Yの平均，分散を求めよ。

45 二項分布

テストに出る重要ポイント

二項分布

1回の試行で事象 A の起こる確率を p とする。この試行を n 回行う反復試行において，A がちょうど r 回起こる確率は

${}_n\mathrm{C}_r p^r q^{n-r}$（ただし，$q=1-p$）

事象 A の起こる回数を X とすると，X は確率変数となる。この確率分布を**二項分布**といい，$\boldsymbol{B(n,\ p)}$ で表す。

二項分布の平均，分散，標準偏差

確率変数 X が二項分布 $B(n,\ p)$ に従うとき

$\boldsymbol{E(X)=np},\ \boldsymbol{V(X)=npq},\ \boldsymbol{\sigma(X)=\sqrt{npq}}$（ただし，$q=1-p$）

基本問題

解答 → 別冊 p. 108

できたらチェック。

433 次の二項分布の平均，分散，標準偏差を求めよ。

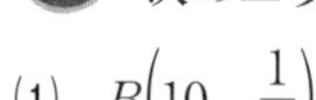

□ (1) $B\left(10,\ \dfrac{1}{2}\right)$　□ (2) $B\left(15,\ \dfrac{2}{3}\right)$　□ (3) $B\left(6,\ \dfrac{3}{4}\right)$

434 次の確率変数 X が二項分布に従うとき，X の平均，分散，標準偏差を求めよ。

□ (1) 1枚の硬貨を500回投げるとき，表が出る回数を X とする。

□ (2) 1個のさいころを100回投げるとき，3の倍数の目が出る回数を X とする。

□ **435** 数直線上を動く点Pがある。1個のさいころを投げて4以上の目が出たら点Pは正の向きに3だけ進み，3以下の目が出たら点Pは負の向きに1だけ進む。最初に点Pは原点の位置にあり，さいころを400回投げたとき，点Pの座標を X とする。このとき，X の平均，分散を求めよ。

436 確率変数 X が二項分布 $B\left(5,\ \dfrac{2}{3}\right)$ に従うとき，次の確率変数 Y の平均，分散を求めよ。

□ (1) $Y=3X+2$　□ (2) $Y=-6X$

46 正規分布

✪ テストに出る重要ポイント

▶ 正規分布

m を実数，σ を正の実数として，$f(x)=\dfrac{1}{\sqrt{2\pi}\,\sigma}e^{-\frac{(x-m)^2}{2\sigma^2}}$ とおくとき，$f(x)$ は連続型確率変数 X の確率密度関数になることが知られている。このとき，X は**正規分布 $N(m,\ \sigma^2)$** に従うといい，曲線 $y=f(x)$ を**正規分布曲線**という。ただし，e は無理数で，$e=2.718281828\cdots$ である。

▶ 正規分布の平均，標準偏差

確率変数 X が正規分布 $N(m,\ \sigma^2)$ に従うとき　$\boldsymbol{E(X)=m,\ \sigma(X)=\sigma}$

▶ 標準正規分布

正規分布 $\boldsymbol{N(0,\ 1)}$ を**標準正規分布**という。確率変数 X が正規分布 $N(m,\ \sigma^2)$ に従うとき，$Z=\dfrac{X-m}{\sigma}$ とおくと，Z は標準正規分布 $N(0,\ 1)$ に従う。

（注意）　今後，必要に応じて ***p. 144*** の**正規分布表**を用いるものとする。

基本問題

解答 ➡ 別冊 *p. 109*

437 確率変数 Z が標準正規分布 $N(0,\ 1)$ に従うとき，次の確率を求めよ。

□ (1)　$P(0\leqq Z\leqq 0.5)$　　□ (2)　$P(-1.5\leqq Z\leqq 0)$　　□ (3)　$P(1\leqq Z\leqq 1.6)$

438 確率変数 X が正規分布 $N(3,\ 4^2)$ に従うとき，次の確率を求めよ。

□ (1)　$P(X\geqq 1.4)$　　□ (2)　$P(2\leqq X\leqq 6)$　　□ (3)　$P(X\leqq 8)$

439 ある高校の 2 年生男子 500 人の身長は，平均 169.5 cm，標準偏差 10.0 cm の正規分布に従うとする。このとき，次の問いに答えよ。

□ (1)　身長が 176 cm 以上 181 cm 以下の生徒はおよそ何人いるか。

□ (2)　身長が高いほうから 150 人の中に入るのは，およそ何 cm 以上の生徒か。

47 母集団と標本

テストに出る重要ポイント

母集団と標本

標本調査を行うとき，調査の対象全体を**母集団**，母集団から抜き出された要素の集合を**標本**という。母集団から標本を抜き出すことを，標本の**抽出**という。また，母集団，標本の要素の個数を，それぞれ**母集団の大きさ**，**標本の大きさ**という。

母集団分布

大きさ N の母集団において，変量 X の値が x_1，x_2，…，x_n で，それぞれの値をとる要素の個数を f_1，f_2，…，f_n とする。この母集団から1個の要素を無作為に抽出するとき，$X=x_k$ となる確率 p_k は，$p_k=\dfrac{f_k}{N}$ $(k=1,\ 2,\ \cdots,\ n)$ であり，X の確率分布は右上の表のようになる。この確率分布を**母集団分布**という。母集団分布の平均，分散，標準偏差をそれぞれ**母平均**，**母分散**，**母標準偏差**といい，m，σ^2，σ で表す。

X	x_1	x_2	$\cdots$	x_n	計
P	$\dfrac{f_1}{N}$	$\dfrac{f_2}{N}$	$\cdots$	$\dfrac{f_n}{N}$	1

基本問題

解答 ⟹ 別冊 p. 110

□ **440** 母集団の変量 X の母集団分布が右の表のように与えられているとき，母平均，母分散，母標準偏差を求めよ。

X	1	2	3	4	計
P	$\dfrac{2}{10}$	$\dfrac{3}{10}$	$\dfrac{4}{10}$	$\dfrac{1}{10}$	1

441 1，2，3，4，5の数字を記入した球が，それぞれ1個，2個，3個，4個，5個ある。これを母集団とし，球に書かれた数字 X をこの母集団の変量とする。このとき，次の問いに答えよ。

□ (1) 母集団分布を求めよ。

□ (2) 母平均，母分散，母標準偏差を求めよ。

48 標本平均

✪ テストに出る重要ポイント

- **標本平均**
  母集団から大きさ n の無作為標本を抽出し，それらの変量 x の値を X_1，X_2，…，X_n とするとき，$\overline{X}=\dfrac{X_1+X_2+\cdots+X_n}{n}$ を**標本平均**という。
- **標本平均の平均と標準偏差**
  母平均 m，母標準偏差 σ の母集団から大きさ n の無作為標本を抽出するとき，その標本平均 $\overline{X}$ の平均と標準偏差は　$E(\overline{X})=m$，$\sigma(\overline{X})=\dfrac{\sigma}{\sqrt{n}}$
- **標本平均の分布**…母平均 m，母標準偏差 σ の母集団から抽出された大きさ n の無作為標本の標本平均 $\overline{X}$ は，n が大きいとき，**近似的に正規分布 $N\left(m,\ \dfrac{\sigma^2}{n}\right)$ に従う**とみなすことができる。

できたらチェック。 基本問題

解答 ➡ 別冊 p. 111

□ **442** 母平均が 30，母標準偏差が 8 である母集団から大きさ 25 の標本を無作為抽出するとき，その標本平均 $\overline{X}$ の平均と標準偏差を求めよ。

□ **443** 母集団の変量 X の母集団分布が右の表のように与えられている。この母集団から大きさ 72 の標本を無作為抽出するとき，その標本平均 $\overline{X}$ の平均と標準偏差を求めよ。

X	1	2	3	計
P	$\frac{4}{7}$	$\frac{2}{7}$	$\frac{1}{7}$	1

□ **444** 母平均が 48，母標準偏差が 16 である母集団から大きさ 400 の標本を無作為抽出するとき，その標本平均を $\overline{X}$ とする。確率 $P(\overline{X}\geqq 49)$ を求めよ。

□ **445** ある地区における高校 2 年生男子の 100 m 走のタイムは平均 14.6 秒，標準偏差 2.4 秒の正規分布に従うとする。この中から 2 年生男子 16 人を無作為に選んで 100 m 走のタイムを測定し，そのタイムの平均を $\overline{X}$ とするとき，確率 $P(15.5\leqq\overline{X}\leqq 15.8)$ を求めよ。

49 推定

テストに出る重要ポイント

母平均の推定

母平均 m，母標準偏差 σ の母集団から抽出された大きさ n の無作為標本の標本平均 $\overline{X}$ は，n が大きいとき近似的に正規分布 $N\left(m,\ \dfrac{\sigma^2}{n}\right)$ に従うから，確率変数 $Z=\dfrac{\overline{X}-m}{\dfrac{\sigma}{\sqrt{n}}}$ は，近似的に標準正規分布 $N(0,\ 1)$ に従う。

***p.*144** の正規分布表により，$P(|Z|\leqq 1.96)\fallingdotseq 0.95$ であるから，

$P\left(\overline{X}-1.96\cdot\dfrac{\sigma}{\sqrt{n}}\leqq m\leqq\overline{X}+1.96\cdot\dfrac{\sigma}{\sqrt{n}}\right)\fallingdotseq 0.95$

このとき，区間 $\left[\overline{X}-1.96\cdot\dfrac{\sigma}{\sqrt{n}},\ \overline{X}+1.96\cdot\dfrac{\sigma}{\sqrt{n}}\right]$ を母平均 m に対する**信頼度 95% の信頼区間**という。

母比率の推定

母集団の中で，ある特性 A をもつものの割合を，特性 A の**母比率**という。
また，抽出された標本の中で，特性 A をもつものの割合を**標本比率**という。
標本の大きさ n が大きいとき，標本比率を R とすると，母比率 p に対する**信頼度 95% の信頼区間**は $\left[R-1.96\sqrt{\dfrac{R(1-R)}{n}},\ R+1.96\sqrt{\dfrac{R(1-R)}{n}}\right]$

できたらチェック。

基本問題

解答 → 別冊 *p.* 111

□ **446** ある農家で収穫されたみかん 100 個を無作為抽出して重さを測ったところ，平均値が 86 g であった。母標準偏差を 2.5 g として，みかん 1 個の重さの平均値 m に対する信頼度 95 % の信頼区間を求めよ。

□ **447** ある選挙区で，無作為に選んだ有権者 400 人を調べたところ，政党 A の支持者は 144 人であった。この選挙区における政党 A の支持率 p に対する信頼度 95 % の信頼区間を，小数第 3 位まで求めよ。

50 仮説検定

テストに出る重要ポイント

仮説検定

例 ある1個のさいころを500回投げたところ，1の目が30回出た。この結果から，このさいころの1の目が出る確率は $\frac{1}{6}$ でないと判断してよいか。

上の 例 の仮説が正しいかどうかの判断は次の手順で行う。

① 帰無仮説と対立仮説を立てる。

帰無仮説…1の目が出る確率を p としたとき，「$p \neq \frac{1}{6}$」と判断できるかを考えるために，立てる仮説「$p=\frac{1}{6}$」。

対立仮説…帰無仮説に対して，統計的に検証したい仮説「$p \neq \frac{1}{6}$」。

② ①で立てた帰無仮説のもとでは実現しにくい確率変数の値の範囲の確率を求める。

③ 有意水準を定めて，②で求めた確率と比較し，帰無仮説が棄却できるかどうか判断する。

有意水準…めったに起こらないと判断する基準となる確率。有意水準には5％や1％が用いられることが多い。

特に，帰無仮説が正しくないと判断することを，帰無仮説を**棄却**するという。

できたらチェック。

基本問題

解答 → 別冊 p. 112

□ **448** ある1枚の硬貨を100回投げたところ，表が56回出た。この結果から，この硬貨は表が出る確率は $\frac{1}{2}$ でないと判断してよいか。有意水準5％で仮説検定せよ。

□ **449** ある県で高校2年生に数学の模擬試験を実施したところ，平均点は60.0点で，標準偏差は18.0点であった。この県のA高校の2年生の中から無作為に144人を選んで平均点を調べたところ，63.6点となった。A高校の2年生のテストの平均点は，この県の平均点と異なると判断してよいか。有意水準5％で仮説検定せよ。

付録　正規分布表

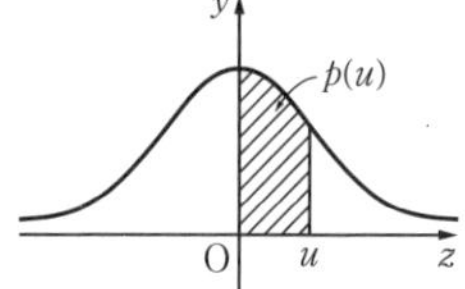

u	.00	.01	.02	.03	.04	.05	.06	.07	.08	.09
0.0	0.00000	0.00399	0.00798	0.01197	0.01595	0.01994	0.02392	0.02790	0.03188	0.03586
0.1	0.03983	0.04380	0.04776	0.05172	0.05567	0.05962	0.06356	0.06749	0.07142	0.07535
0.2	0.07926	0.08317	0.08706	0.09095	0.09483	0.09871	0.10257	0.10642	0.11026	0.11409
0.3	0.11791	0.12172	0.12552	0.12930	0.13307	0.13683	0.14058	0.14431	0.14803	0.15173
0.4	0.15542	0.15910	0.16276	0.16640	0.17003	0.17364	0.17724	0.18082	0.18439	0.18793
0.5	0.19146	0.19497	0.19847	0.20194	0.20540	0.20884	0.21226	0.21566	0.21904	0.22240
0.6	0.22575	0.22907	0.23237	0.23565	0.23891	0.24215	0.24537	0.24857	0.25175	0.25490
0.7	0.25804	0.26115	0.26424	0.26730	0.27035	0.27337	0.27637	0.27935	0.28230	0.28524
0.8	0.28814	0.29103	0.29389	0.29673	0.29955	0.30234	0.30511	0.30785	0.31057	0.31327
0.9	0.31594	0.31859	0.32121	0.32381	0.32639	0.32894	0.33147	0.33398	0.33646	0.33891
1.0	0.34134	0.34375	0.34614	0.34849	0.35083	0.35314	0.35543	0.35769	0.35993	0.36214
1.1	0.36433	0.36650	0.36864	0.37076	0.37286	0.37493	0.37698	0.37900	0.38100	0.38298
1.2	0.38493	0.38686	0.38877	0.39065	0.39251	0.39435	0.39617	0.39796	0.39973	0.40147
1.3	0.40320	0.40490	0.40658	0.40824	0.40988	0.41149	0.41309	0.41466	0.41621	0.41774
1.4	0.41924	0.42073	0.42220	0.42364	0.42507	0.42647	0.42785	0.42922	0.43056	0.43189
1.5	0.43319	0.43448	0.43574	0.43699	0.43822	0.43943	0.44062	0.44179	0.44295	0.44408
1.6	0.44520	0.44630	0.44738	0.44845	0.44950	0.45053	0.45154	0.45254	0.45352	0.45449
1.7	0.45543	0.45637	0.45728	0.45818	0.45907	0.45994	0.46080	0.46164	0.46246	0.46327
1.8	0.46407	0.46485	0.46562	0.46638	0.46712	0.46784	0.46856	0.46926	0.46995	0.47062
1.9	0.47128	0.47193	0.47257	0.47320	0.47381	0.47441	0.47500	0.47558	0.47615	0.47670
2.0	0.47725	0.47778	0.47831	0.47882	0.47932	0.47982	0.48030	0.48077	0.48124	0.48169
2.1	0.48214	0.48257	0.48300	0.48341	0.48382	0.48422	0.48461	0.48500	0.48537	0.48574
2.2	0.48610	0.48645	0.48679	0.48713	0.48745	0.48778	0.48809	0.48840	0.48870	0.48899
2.3	0.48928	0.48956	0.48983	0.49010	0.49036	0.49061	0.49086	0.49111	0.49134	0.49158
2.4	0.49180	0.49202	0.49224	0.49245	0.49266	0.49286	0.49305	0.49324	0.49343	0.49361
2.5	0.49379	0.49396	0.49413	0.49430	0.49446	0.49461	0.49477	0.49492	0.49506	0.49520
2.6	0.49534	0.49547	0.49560	0.49573	0.49585	0.49598	0.49609	0.49621	0.49632	0.49643
2.7	0.49653	0.49664	0.49674	0.49683	0.49693	0.49702	0.49711	0.49720	0.49728	0.49736
2.8	0.49744	0.49752	0.49760	0.49767	0.49774	0.49781	0.49788	0.49795	0.49801	0.49807
2.9	0.49813	0.49819	0.49825	0.49831	0.49836	0.49841	0.49846	0.49851	0.49856	0.49861
3.0	0.49865	0.49869	0.49874	0.49878	0.49882	0.49886	0.49889	0.49893	0.49896	0.49900

□ 執筆協力　㈱アポロ企画
□ 編集協力　㈱アポロ企画　髙濱良匡　踊堂憲道
□ 図版作成　㈲デザインスタジオエキス.

シグマベスト
シグマ基本問題集
数学Ⅱ＋B

編　者　文英堂編集部
発行者　益井英郎
印刷所　中村印刷株式会社
発行所　株式会社文英堂
〒601-8121　京都市南区上鳥羽大物町28
〒162-0832　東京都新宿区岩戸町17
(代表)03-3269-4231

●落丁・乱丁はおとりかえします。

ΣBEST シグマベスト

シグマ基本問題集

数学Ⅱ+B

正解答集

◎『検討』で問題の解き方が完璧にわかる

◎『テスト対策』で定期テスト対策も万全

文英堂

1　3次の乗法公式

基本問題　本冊 *p. 4*

1

答　(1) $\boldsymbol{x^3+9x^2+27x+27}$
(2) $\boldsymbol{x^3-12x^2+48x-64}$
(3) $\boldsymbol{x^3+125}$　(4) $\boldsymbol{x^3-216y^3}$

検討　(1) 与式$=x^3+3\cdot x^2\cdot 3+3\cdot x\cdot 3^2+3^3$
$=x^3+9x^2+27x+27$
(2) 与式$=x^3-3\cdot x^2\cdot 4+3\cdot x\cdot 4^2-4^3$
$=x^3-12x^2+48x-64$
(3) 与式$=(x+5)(x^2-x\cdot 5+5^2)$
$=x^3+5^3=x^3+125$
(4) 与式$=(x-6y)\{x^2+x\cdot 6y+(6y)^2\}$
$=x^3-(6y)^3$
$=x^3-216y^3$

2

答　(1) $\boldsymbol{(x+2)(x^2-2x+4)}$
(2) $\boldsymbol{(3x-4y)(9x^2+12xy+16y^2)}$
(3) $\boldsymbol{(x+5)^3}$　(4) $\boldsymbol{(2x-y)^3}$

検討　(1) 与式$=x^3+2^3=(x+2)(x^2-2x+4)$
(2) 与式$=(3x)^3-(4y)^3$
$=(3x-4y)(9x^2+12xy+16y^2)$
(3) 与式$=x^3+3\cdot x^2\cdot 5+3\cdot x\cdot 5^2+5^3$
$=(x+5)^3$
(4) 与式$=(2x)^3-3\cdot(2x)^2\cdot y+3\cdot 2x\cdot y^2-y^3$
$=(2x-y)^3$

応用問題　本冊 *p. 4*

3

答　(1) $\boldsymbol{(a+b+c)(a^2+b^2+c^2-ab-bc-ca)}$
(2) $\boldsymbol{(3x-2y+1)(9x^2+4y^2+6xy-3x+2y+1)}$

検討　(1) 与式$=(a+b)^3-3ab(a+b)+c^3-3abc$
$=(a+b)^3+c^3-3ab(a+b+c)$
$=(a+b+c)\{(a+b)^2-(a+b)c+c^2\}$
$-3ab(a+b+c)$
$=(a+b+c)(a^2+2ab+b^2-ac-bc+c^2-3ab)$
$=(a+b+c)(a^2+b^2+c^2-ab-bc-ca)$

(2) (1)の結果の式で，$a=3x$，$b=-2y$，$c=1$ とおくと，
与式$=(3x)^3+(-2y)^3+1^3-3\cdot 3x\cdot(-2y)\cdot 1$
$=(3x-2y+1)(9x^2+4y^2+1+6xy+2y-3x)$
$=(3x-2y+1)(9x^2+4y^2+6xy-3x+2y+1)$
(注意) (1)の結果の式
$a^3+b^3+c^3-3abc$
$=(a+b+c)(a^2+b^2+c^2-ab-bc-ca)$
は覚えておくとよい。

4

答　(1) $\boldsymbol{\sqrt{6}}$　(2) $\boldsymbol{3\sqrt{6}}$　(3) **52**

検討　(1) $\alpha+\beta=\dfrac{2}{\sqrt{6}+\sqrt{2}}+\dfrac{2}{\sqrt{6}-\sqrt{2}}$
$=\dfrac{2(\sqrt{6}-\sqrt{2})+2(\sqrt{6}+\sqrt{2})}{(\sqrt{6}+\sqrt{2})(\sqrt{6}-\sqrt{2})}$
$=\dfrac{4\sqrt{6}}{6-2}=\sqrt{6}$
(2) $\alpha\beta=\dfrac{2}{\sqrt{6}+\sqrt{2}}\cdot\dfrac{2}{\sqrt{6}-\sqrt{2}}=\dfrac{4}{6-2}=1$ と(1)より
$\alpha^3+\beta^3=(\alpha+\beta)^3-3\alpha\beta(\alpha+\beta)$
$=(\sqrt{6})^3-3\cdot 1\cdot\sqrt{6}=3\sqrt{6}$
(3) $\alpha\beta=1$ と(2)より
$\alpha^6+\beta^6=(\alpha^3+\beta^3)^2-2(\alpha\beta)^3$
$=(3\sqrt{6})^2-2\cdot 1^3=52$

2　二項定理

基本問題　本冊 *p. 5*

5

答　(1) $\boldsymbol{x^8-8x^7y+28x^6y^2-56x^5y^3+70x^4y^4}$
$\boldsymbol{-56x^3y^5+28x^2y^6-8xy^7+y^8}$
(2) $\boldsymbol{a^4+8a^3b+24a^2b^2+32ab^3+16b^4}$
(3) $\boldsymbol{x^5-10x^4y+40x^3y^2-80x^2y^3+80xy^4-32y^5}$
(4) $\boldsymbol{64a^6+192a^5b+240a^4b^2+160a^3b^3+60a^2b^4}$
$\boldsymbol{+12ab^5+b^6}$
(5) $\boldsymbol{32x^5-240x^4y+720x^3y^2-1080x^2y^3}$
$\boldsymbol{+810xy^4-243y^5}$
(6) $\boldsymbol{243a^5+810a^4b+1080a^3b^2+720a^2b^3}$
$\boldsymbol{+240ab^4+32b^5}$

検討 (1) 与式$={}_8C_0x^8+{}_8C_1x^7\cdot(-y)$
$+{}_8C_2x^6(-y)^2+{}_8C_3x^5(-y)^3+{}_8C_4x^4(-y)^4$
$+{}_8C_5x^3(-y)^5+{}_8C_6x^2(-y)^6+{}_8C_7x\cdot(-y)^7$
$+{}_8C_8(-y)^8$
$=x^8-8x^7y+28x^6y^2-56x^5y^3+70x^4y^4$
$-56x^3y^5+28x^2y^6-8xy^7+y^8$

(2) 与式$={}_4C_0a^4+{}_4C_1a^3\cdot 2b+{}_4C_2a^2\cdot(2b)^2$
$+{}_4C_3a\cdot(2b)^3+{}_4C_4(2b)^4$
$=a^4+8a^3b+24a^2b^2+32ab^3+16b^4$

(3) 与式$={}_5C_0x^5+{}_5C_1x^4\cdot(-2y)+{}_5C_2x^3(-2y)^2$
$+{}_5C_3x^2(-2y)^3+{}_5C_4x\cdot(-2y)^4+{}_5C_5(-2y)^5$
$=x^5-10x^4y+40x^3y^2-80x^2y^3+80xy^4-32y^5$

(4) 与式$={}_6C_0(2a)^6+{}_6C_1(2a)^5\cdot b+{}_6C_2(2a)^4\cdot b^2$
$+{}_6C_3(2a)^3\cdot b^3+{}_6C_4(2a)^2b^4+{}_6C_5 2a\cdot b^5$
$+{}_6C_6b^6$
$=64a^6+192a^5b+240a^4b^2+160a^3b^3+60a^2b^4$
$+12ab^5+b^6$

(5) 与式$={}_5C_0(2x)^5+{}_5C_1(2x)^4\cdot(-3y)$
$+{}_5C_2(2x)^3\cdot(-3y)^2+{}_5C_3(2x)^2\cdot(-3y)^3$
$+{}_5C_4 2x\cdot(-3y)^4+{}_5C_5(-3y)^5$
$=32x^5-240x^4y+720x^3y^2-1080x^2y^3$
$+810xy^4-243y^5$

(6) 与式$={}_5C_0(3a)^5+{}_5C_1(3a)^4\cdot 2b$
$+{}_5C_2(3a)^3\cdot(2b)^2+{}_5C_3(3a)^2\cdot(2b)^3$
$+{}_5C_4 3a\cdot(2b)^4+{}_5C_5(2b)^5$
$=243a^5+810a^4b+1080a^3b^2+720a^2b^3$
$+240ab^4+32b^5$

6

答 (1) $\boldsymbol{x^5-\frac{5}{2}x^4+\frac{5}{2}x^3-\frac{5}{4}x^2+\frac{5}{16}x-\frac{1}{32}}$

(2) $\boldsymbol{\frac{1}{81}a^4+\frac{8}{27}a^3b+\frac{8}{3}a^2b^2+\frac{32}{3}ab^3+16b^4}$

(3) $\boldsymbol{64x^6+192x^4+240x^2+160+\frac{60}{x^2}+\frac{12}{x^4}+\frac{1}{x^6}}$

(4) $\boldsymbol{x^{12}+6x^9+15x^6+20x^3+15+\frac{6}{x^3}+\frac{1}{x^6}}$

(5) $\boldsymbol{x^{10}-15x^7+90x^4-270x+\frac{405}{x^2}-\frac{243}{x^5}}$

(6) $\boldsymbol{x^{10}+10x^7+40x^4+80x+\frac{80}{x^2}+\frac{32}{x^5}}$

検討 (1) 与式$={}_5C_0x^5+{}_5C_1x^4\cdot\left(-\frac{1}{2}\right)$
$+{}_5C_2x^3\cdot\left(-\frac{1}{2}\right)^2+{}_5C_3x^2\cdot\left(-\frac{1}{2}\right)^3$
$+{}_5C_4x\cdot\left(-\frac{1}{2}\right)^4+{}_5C_5\left(-\frac{1}{2}\right)^5$
$=x^5-\frac{5}{2}x^4+\frac{5}{2}x^3-\frac{5}{4}x^2+\frac{5}{16}x-\frac{1}{32}$

(2) 与式$={}_4C_0\left(\frac{1}{3}a\right)^4+{}_4C_1\left(\frac{1}{3}a\right)^3\cdot 2b$
$+{}_4C_2\left(\frac{1}{3}a\right)^2\cdot(2b)^2+{}_4C_3\frac{1}{3}a\cdot(2b)^3+{}_4C_4(2b)^4$
$=\frac{1}{81}a^4+\frac{8}{27}a^3b+\frac{8}{3}a^2b^2+\frac{32}{3}ab^3+16b^4$

(3) 与式$={}_6C_0(2x)^6+{}_6C_1(2x)^5\cdot\frac{1}{x}$
$+{}_6C_2(2x)^4\cdot\left(\frac{1}{x}\right)^2+{}_6C_3(2x)^3\cdot\left(\frac{1}{x}\right)^3$
$+{}_6C_4(2x)^2\cdot\left(\frac{1}{x}\right)^4+{}_6C_5 2x\cdot\left(\frac{1}{x}\right)^5+{}_6C_6\left(\frac{1}{x}\right)^6$
$=64x^6+192x^4+240x^2+160+\frac{60}{x^2}+\frac{12}{x^4}+\frac{1}{x^6}$

(4) 与式$={}_6C_0(x^2)^6+{}_6C_1(x^2)^5\cdot\frac{1}{x}$
$+{}_6C_2(x^2)^4\cdot\left(\frac{1}{x}\right)^2+{}_6C_3(x^2)^3\cdot\left(\frac{1}{x}\right)^3$
$+{}_6C_4(x^2)^2\cdot\left(\frac{1}{x}\right)^4+{}_6C_5x^2\cdot\left(\frac{1}{x}\right)^5+{}_6C_6\left(\frac{1}{x}\right)^6$
$=x^{12}+6x^9+15x^6+20x^3+15+\frac{6}{x^3}+\frac{1}{x^6}$

(5) 与式$={}_5C_0(x^2)^5+{}_5C_1(x^2)^4\cdot\left(-\frac{3}{x}\right)$
$+{}_5C_2(x^2)^3\cdot\left(-\frac{3}{x}\right)^2+{}_5C_3(x^2)^2\cdot\left(-\frac{3}{x}\right)^3$
$+{}_5C_4x^2\cdot\left(-\frac{3}{x}\right)^4+{}_5C_5\left(-\frac{3}{x}\right)^5$
$=x^{10}-15x^7+90x^4-270x+\frac{405}{x^2}-\frac{243}{x^5}$

(6) 与式$={}_5C_0(x^2)^5+{}_5C_1(x^2)^4\cdot\frac{2}{x}+{}_5C_2(x^2)^3\cdot\left(\frac{2}{x}\right)^2$
$+{}_5C_3(x^2)^2\cdot\left(\frac{2}{x}\right)^3+{}_5C_4x^2\cdot\left(\frac{2}{x}\right)^4+{}_5C_5\left(\frac{2}{x}\right)^5$
$=x^{10}+10x^7+40x^4+80x+\frac{80}{x^2}+\frac{32}{x^5}$

7

答 (1) **16128**　(2) **15000**　(3) **−1792**
(4) **672**

検討 (1) $(2x-3)^8$ の展開式の一般項は

$${}_8C_r(2x)^{8-r}(-3)^r={}_8C_r2^{8-r}\cdot(-3)^rx^{8-r}$$

x^6 の項は $r=2$ のときで，その係数は

$${}_8C_22^6\cdot(-3)^2=28\cdot64\cdot9=16128$$

(2) $(x+5)^{10}$ の展開式の一般項は

$${}_{10}C_rx^{10-r}\cdot5^r={}_{10}C_r5^rx^{10-r}$$

x^7 の項は $r=3$ のときで，その係数は

$${}_{10}C_35^3=120\cdot125=15000$$

(3) $\left(x-\dfrac{2}{x}\right)^8$ の展開式の一般項は

$${}_8C_rx^{8-r}\left(-\frac{2}{x}\right)^r={}_8C_r(-2)^rx^{8-r}\cdot\frac{1}{x^r}$$

$x^{8-r}\cdot\dfrac{1}{x^r}=\dfrac{1}{x^2}$ から　$\dfrac{1}{x^{r-(8-r)}}=\dfrac{1}{x^2}$

$2r-8=2$ から　$r=5$

したがって，$\dfrac{1}{x^2}$ の項の係数は

$${}_8C_5(-2)^5=56\cdot(-32)=-1792$$

(4) $\left(x^2+\dfrac{2}{x}\right)^7$ の展開式の一般項は

$${}_7C_r(x^2)^{7-r}\left(\frac{2}{x}\right)^r={}_7C_r2^r\cdot x^{14-2r}\cdot\frac{1}{x^r}$$

$x^{14-2r}\cdot\dfrac{1}{x^r}=\dfrac{1}{x}$ から　$\dfrac{1}{x^{r-(14-2r)}}=\dfrac{1}{x}$

$3r-14=1$ から　$r=5$

したがって，$\dfrac{1}{x}$ の項の係数は

$${}_7C_5\cdot2^5=21\cdot32=672$$

8

答 **120**

検討 $(x-y-2z)^6$ の展開式の一般項は

$$\frac{6!}{p!q!r!}x^p(-y)^q(-2z)^r$$
$$=\frac{6!}{p!q!r!}(-1)^q\cdot(-2)^rx^py^qz^r\ (p+q+r=6)$$

よって，x^2y^3z の項の係数は $p=2$，$q=3$，$r=1$ として

$$\frac{6!}{2!3!1!}\times(-1)^3\cdot(-2)=60\cdot(-1)\cdot(-2)$$
$$=120$$

9

答 **−720**

検討 $(x+2y-3z)^6$ の展開式の一般項は

$$\frac{6!}{p!q!r!}x^p(2y)^q(-3z)^r$$
$$=\frac{6!}{p!q!r!}2^q\cdot(-3)^rx^py^qz^r\ (p+q+r=6)$$

よって，x^3y^2z の項の係数は $p=3$，$q=2$，$r=1$ として

$$\frac{6!}{3!2!1!}\times2^2\cdot(-3)=60\cdot4\cdot(-3)=-720$$

応用問題 本冊 p. 6

10

答 **19152**

検討 $(1+x)^7$ の展開式の一般項は

$${}_7C_p\cdot1^{7-p}\cdot x^p={}_7C_px^p$$

$(2+x)^7$ の展開式の一般項は　${}_7C_q2^{7-q}x^q$

よって，$(1+x)^7(2+x)^7$ の展開式の一般項は

$${}_7C_px^p\times{}_7C_q2^{7-q}x^q={}_7C_p\times{}_7C_q2^{7-q}x^{p+q}$$

x^3 の項は $p+q=3$ のときで，$p\geqq0$，$q\geqq0$ より

$(p,\ q)=(0,\ 3)$，$(1,\ 2)$，$(2,\ 1)$，$(3,\ 0)$

したがって，x^3 の項の係数は

$${}_7C_0\times{}_7C_32^4+{}_7C_1\times{}_7C_22^5+{}_7C_2\times{}_7C_12^6$$
$$+{}_7C_3\times{}_7C_02^7$$
$$=560+4704+9408+4480=19152$$

11

答 **330**

検討 $(1+x^2)^n$ $(n=1,\ 2,\ 3,\ \cdots,\ 10)$ の展開式の一般項は　${}_nC_r\cdot1^{n-r}\cdot(x^2)^r={}_nC_rx^{2r}$

x^6 の項は $r=3$ のときで，$n\geqq3$ より

$n=3,\ 4,\ \cdots,\ 10$

よって，求める係数は

$${}_3C_3+{}_4C_3+{}_5C_3+{}_6C_3+{}_7C_3+{}_8C_3+{}_9C_3+{}_{10}C_3$$
$$=1+4+10+20+35+56+84+120=330$$

12

答 **百の位の数 9，十の位の数 3**

検討 $11^{13}=(1+10)^{13}$

$$={}_{13}C_0+{}_{13}C_110+{}_{13}C_210^2+{}_{13}C_310^3+{}_{13}C_410^4$$
$$+\cdots+{}_{13}C_{13}10^{13}$$

$=1+{}_{13}C_1 10+{}_{13}C_2 10^2$
$+10^3({}_{13}C_3+{}_{13}C_4 10+\cdots+{}_{13}C_{13}10^{10})$
ここで，$a={}_{13}C_3+{}_{13}C_4 10+\cdots+{}_{13}C_{13}10^{10}$ とおくと，a は自然数で
$11^{13}=1+130+7800+10^3a=7931+10^3a$
10^3a の下 3 桁は 0 である。
したがって，11^{13} の百の位の数は 9，十の位の数は 3

⑬

答　**104**

検討　$(x^2+2x+3)^4$ の展開式の一般項は

$$\frac{4!}{p!q!r!}(x^2)^p(2x)^q\cdot 3^r=\frac{4!}{p!q!r!}2^q\cdot 3^r x^{2p+q}$$

p，q，r は整数で，
$p\geqq 0$，$q\geqq 0$，$r\geqq 0$，$p+q+r=4$　……①
x^5 の項は $2p+q=5$ のときで，
$q=5-2p$　……②
$5-2p\geqq 0$，$p\geqq 0$ より，$p=0$，1，2
$p=0$ のとき，②より $q=5$ となり，①を満たさないから，不適。
ゆえに，$p=1$，2
よって，①，②より，
$(p,\ q,\ r)=(1,\ 3,\ 0)$，$(2,\ 1,\ 1)$
したがって，x^5 の項の係数は

$$\frac{4!}{1!3!0!}2^3+\frac{4!}{2!1!1!}2\cdot 3=32+72=104$$

⑭

答　**−10**

検討　$\left(x^2+x-\dfrac{1}{x}\right)^5$ の展開式の一般項は

$$\frac{5!}{p!q!r!}(x^2)^p\cdot x^q\cdot\left(-\frac{1}{x}\right)^r$$
$$=\frac{5!}{p!q!r!}(-1)^r x^{2p+q-r}$$

p，q，r は整数で，
$p\geqq 0$，$q\geqq 0$，$r\geqq 0$，$p+q+r=5$　……①
x^4 の項は $2p+q-r=4$ のときで，
$r=2p+q-4$
これを①に代入して
$3p+2q-4=5$　　$2q=9-3p$　……②
$9-3p\geqq 0$，$p\geqq 0$ から　$p=0$，1，2，3
②より，q が整数となるのは $p=1$，3 のとき。
よって，①，②より，
$(p,\ q,\ r)=(1,\ 3,\ 1)$，$(3,\ 0,\ 2)$
したがって，x^4 の項の係数は

$$\frac{5!}{1!3!1!}\cdot(-1)+\frac{5!}{3!0!2!}\cdot(-1)^2=-20+10$$
$$=-10$$

3　多項式の除法

基本問題　本冊 p. 7

⑮

答　(1) $\boldsymbol{x^2}$　(2) $\boldsymbol{-2xy}$　(3) $\boldsymbol{xy^2}$
(4) $\boldsymbol{3x-4y^2}$　(5) $\boldsymbol{3x-4y}$

検討　(1) 与式$=x^{4-2}=x^2$
(2) 与式$=(-2)x^{3-2}y^{2-1}=-2xy$
(3) 与式$=x^{2-1}y^{3-1}=xy^2$
(4) 与式$=\dfrac{3x^2y-4xy^3}{xy}=\dfrac{3x^2y}{xy}-\dfrac{4xy^3}{xy}$
$=3x-4y^2$
(5) 与式$=\dfrac{6x^2y-8xy^2}{2xy}=\dfrac{6x^2y}{2xy}-\dfrac{8xy^2}{2xy}$
$=3x-4y$

⑯

答　(1) 商 $\boldsymbol{2x-\dfrac{3}{2}}$，余り $\boldsymbol{\dfrac{7}{2}}$
(2) 商 $\boldsymbol{2x^2+5x-1}$，余り **1**
(3) 商 $\boldsymbol{-2x^2-x+4}$，余り **0**
(4) 商 $\boldsymbol{-x^2+\dfrac{1}{3}x+\dfrac{22}{9}}$，余り $\boldsymbol{\dfrac{67}{9}}$
(5) 商 $\boldsymbol{x+5}$，余り $\boldsymbol{17x-6}$
(6) 商 $\boldsymbol{-2x+7}$，余り $\boldsymbol{-16x+2}$

検討　(1)

$$\begin{array}{r@{}l} & 2x-\frac{3}{2} \\ 2x+3\,\big) & 4x^2+3x-1 \\ & 4x^2+6x \\ \hline & -3x-1 \\ & -3x-\frac{9}{2} \\ \hline & \frac{7}{2} \end{array}$$

(2)
$$
\begin{array}{rr}
 & 2x^2+5x-1 \\
x-1 & \overline{)\,2x^3+3x^2-6x+2} \\
 & \underline{2x^3-2x^2} \\
 & 5x^2-6x \\
 & \underline{5x^2-5x} \\
 & -x+2 \\
 & \underline{-x+1} \\
 & 1
\end{array}
$$

(3)
$$
\begin{array}{rr}
 & -2x^2-x+4 \\
x-1 & \overline{)\,-2x^3+\ x^2+5x-4} \\
 & \underline{-2x^3+2x^2} \\
 & -x^2+5x \\
 & \underline{-x^2+\ x} \\
 & 4x-4 \\
 & \underline{4x-4} \\
 & 0
\end{array}
$$

(4)
$$
\begin{array}{rr}
 & -x^2+\frac{1}{3}x+\frac{22}{9} \\
3x-1 & \overline{)\,-3x^3+2x^2+7x+5} \\
 & \underline{-3x^3+\ x^2} \\
 & x^2+7x \\
 & \underline{x^2-\frac{1}{3}x} \\
 & \frac{22}{3}x+5 \\
 & \underline{\frac{22}{3}x-\frac{22}{9}} \\
 & \frac{67}{9}
\end{array}
$$

(5)
$$
\begin{array}{rr}
 & x+5 \\
x^2-2x+1 & \overline{)\,x^3+3x^2+\ 8x-1} \\
 & \underline{x^3-2x^2+\quad x} \\
 & 5x^2+\ 7x-1 \\
 & \underline{5x^2-10x+5} \\
 & 17x-6
\end{array}
$$

(6)
$$
\begin{array}{rr}
 & -2x+7 \\
x^2+2x-1 & \overline{)\,-2x^3+3x^2\qquad\ -5} \\
 & \underline{-2x^3-4x^2+\ 2x} \\
 & 7x^2-\ 2x-5 \\
 & \underline{7x^2+14x-7} \\
 & -16x+2
\end{array}
$$

答　$\boldsymbol{2x^6-x^5+3x^4-2x^3+3x^2-3x+1}$

検討　$A=(2x^2-x+3)(x^4-x+1)+x-2$

$=\{2x^2-(x-3)\}\{x^4-(x-1)\}+x-2$

$=2x^6-2x^2(x-1)-x^4(x-3)+(x-3)(x-1)$
$\quad +x-2$

$=2x^6-2x^3+2x^2-x^5+3x^4+x^2-4x+3+x-2$

$=2x^6-x^5+3x^4-2x^3+3x^2-3x+1$

テスト対策

多項式 A を多項式 B で割ったときの商を Q，余りを R とすると

$\boldsymbol{A=BQ+R}$

応用問題

本冊 p. 8

答　$\boldsymbol{P=x^3-\frac{1}{8}}$ または $\boldsymbol{P=x^2+\frac{1}{2}x+\frac{1}{4}}$

検討　多項式 $8x^3+3x-6$ を多項式 P で割ったときの商を Q とすると

$8x^3+3x-6=PQ+3x-5$

$PQ=8x^3+3x-6-(3x-5)=8x^3-1$

$\quad =(2x)^3-1^3=(2x-1)\{(2x)^2+2x\cdot1+1^2\}$

$\quad =(2x-1)(4x^2+2x+1)$

ここで，$8x^3-1=8\left(x^3-\frac{1}{8}\right)$

$(2x-1)(4x^2+2x+1)$

$=(8x-4)\left(x^2+\frac{1}{2}x+\frac{1}{4}\right)$

P の次数は余り $3x-5$ の次数より高いから 2 次以上である。また，P の最高次の係数が 1 だから，$P=x^3-\frac{1}{8}$，$Q=8$ または

$P=x^2+\frac{1}{2}x+\frac{1}{4}$，$Q=8x-4$

答　$\boldsymbol{x^2-2x+3}$

検討　$x^3=A(x+2)+x-6$ より

$A=(x^3-x+6)\div(x+2)=x^2-2x+3$

$$
\begin{array}{r|l}
 & x^2-2x+3 \\
\hline
x+2 & x^3 \qquad - x+6 \\
 & x^3+2x^2 \\
\hline
 & -2x^2-\ x \\
 & -2x^2-4x \\
\hline
 & 3x+6 \\
 & 3x+6 \\
\hline
 & 0
\end{array}
$$

20

答　(1) 商 $\boldsymbol{x-3y+2}$，余り $\boldsymbol{-1}$

(2) 商 $\boldsymbol{2x^2+3xy+y^2}$，余り $\boldsymbol{7y^3}$

検討　それぞれ x について降べきの順に整理してから割り算をする。

(1)

$$
\begin{array}{r|l}
 & x+(-3y+2) \\
\hline
x+(2y-1) & x^2-(y-1)x-6y^2+7y-3 \\
 & x^2+(2y-1)x \\
\hline
 & (-3y+2)x-6y^2+7y-3 \\
 & (-3y+2)x+(-3y+2)(2y-1) \\
\hline
 & -1
\end{array}
$$

(2)

$$
\begin{array}{r|l}
 & 2x^2+3xy+y^2 \\
\hline
2x-3y & 4x^3 \qquad -7xy^2+4y^3 \\
 & 4x^3-6x^2y \\
\hline
 & 6x^2y-7xy^2 \\
 & 6x^2y-9xy^2 \\
\hline
 & 2xy^2+4y^3 \\
 & 2xy^2-3y^3 \\
\hline
 & 7y^3
\end{array}
$$

21

答　$\boldsymbol{a=1,\ -2}$

検討

$$
\begin{array}{r|l}
 & x^2-ax+a^2+a-1 \\
\hline
x^2+ax+1 & x^4 \qquad +ax^2 \qquad\qquad +1 \\
 & x^4+ax^3+\ x^2 \\
\hline
 & -ax^3+(a-1)x^2 \\
 & -ax^3-a^2x^2 \qquad -ax \\
\hline
 & (a^2+a-1)x^2+ax \qquad +1 \\
 & (a^2+a-1)x^2+(a^3+a^2-a)x\ +a^2+a-1 \\
\hline
 & (-a^3-a^2+2a)x-a^2-a+2
\end{array}
$$

x^4+ax^2+1 を x^2+ax+1 で割ったときの余りは

$(-a^3-a^2+2a)x-a^2-a+2$

$a(-a^2-a+2)x-a^2-a+2$

$(-a^2-a+2)(ax+1)$

割り切れるとき余りが0だから

$-a^2-a+2=0$

$a^2+a-2=0$

$(a+2)(a-1)=0$

よって，$a=1,\ -2$

22

答　$\boldsymbol{2(x+1)^3-11(x+1)^2+9(x+1)+3}$

検討　$x+1=y$ とおき，$x=y-1$ を与えられた多項式に代入すると

$2(y-1)^3-5(y-1)^2-7(y-1)+3$

$=2(y^3-3y^2+3y-1)-5(y^2-2y+1)-7y+7$
$\quad+3$

$=2y^3-11y^2+9y+3$

$=2(x+1)^3-11(x+1)^2+9(x+1)+3$

4 分数式の計算

基本問題

本冊 p. 9

23

答　(1) $\boldsymbol{\dfrac{9ab}{5x^2y}}$　(2) $\boldsymbol{\dfrac{3x-2}{2x+3}}$　(3) $\boldsymbol{\dfrac{x+1}{x-2}}$

検討　まず，分母，分子を因数分解してみる。

(1) 与式 $=\dfrac{3a^2bxy\cdot 9ab}{3a^2bxy\cdot 5x^2y}=\dfrac{9ab}{5x^2y}$

(2) 与式 $=\dfrac{(3x-2)(x-1)}{(2x+3)(x-1)}=\dfrac{3x-2}{2x+3}$

(3) 与式 $=\dfrac{x(x^2+3x+2)}{x(x^2-4)}$

$=\dfrac{x(x+2)(x+1)}{x(x+2)(x-2)}=\dfrac{x+1}{x-2}$

24

答　$\boldsymbol{A=\dfrac{(x-4)(x+2)}{(x-3)(x-1)(x+2)}}$

$\boldsymbol{B=\dfrac{(x+3)(x-3)}{(x-3)(x-1)(x+2)}}$

検討　$x^2-4x+3=(x-3)(x-1)$

$x^2+x-2=(x+2)(x-1)$

よって，分母の最小公倍数
$(x-3)(x-1)(x+2)$ を共通の分母とする分数に通分すると

$$A=\frac{x-4}{(x-3)(x-1)}\times\frac{x+2}{x+2}$$
$$=\frac{(x-4)(x+2)}{(x-3)(x-1)(x+2)}$$
$$B=\frac{x+3}{(x+2)(x-1)}\times\frac{x-3}{x-3}$$
$$=\frac{(x+3)(x-3)}{(x-3)(x-1)(x+2)}$$

25

答　(1) $-\dfrac{2x}{x-y}$　(2) $\dfrac{1}{x+2}$　(3) $\dfrac{2}{x+1}$

検討　(2), (3)では，まず，分母を因数分解しておく。

(1) $与式=\dfrac{2x}{x-y}+\dfrac{-4x}{x-y}=\dfrac{2x-4x}{x-y}=-\dfrac{2x}{x-y}$

(2) $与式=\dfrac{2x}{(x-2)(x+2)}-\dfrac{1}{x-2}=\dfrac{2x-(x+2)}{(x-2)(x+2)}$
$$=\frac{x-2}{(x-2)(x+2)}=\frac{1}{x+2}$$

(3) $与式=\dfrac{1}{x+1}-\dfrac{1}{x-1}+\dfrac{2x}{(x+1)(x-1)}$
$$=\frac{(x-1)-(x+1)+2x}{(x+1)(x-1)}$$
$$=\frac{2x-2}{(x+1)(x-1)}=\frac{2(x-1)}{(x+1)(x-1)}=\frac{2}{x+1}$$

26

答　(1) $\dfrac{(x+2)(x-2)}{(x+1)(x-1)}$

(2) $\dfrac{(x-3)(x^2+x+1)}{(x+1)(2x-1)}$　(3) 1　(4) $\dfrac{2x+1}{3x-2}$

検討　(2) $与式=\dfrac{(x-3)(x+2)}{(x-1)(x+1)}$
$$\times\frac{(x-1)(x^2+x+1)}{(2x-1)(x+2)}=\frac{(x-3)(x^2+x+1)}{(x+1)(2x-1)}$$

(3) $与式=\dfrac{(x-3)(x-1)}{(x-3)(x-2)}\times\dfrac{(x-2)(x+1)}{(x-1)(x+1)}=1$

(4) $与式=\dfrac{x(2x+1)}{(3x-2)(x-3)}\times\dfrac{(x-5)(x-3)}{x(x-5)}$
$$=\frac{2x+1}{3x-2}$$

応用問題　本冊 p. 10

27

答　(1) -1　(2) $\dfrac{x+1}{x-1}$　(3) $\dfrac{x+y}{x-y}$

検討　(1) $分母=(x-y)(y-z)(z-x)$

$$分子=x^2(y-z)+y^2(z-x)+z^2(x-y)$$
$$=(y-z)x^2-(y^2-z^2)x+yz(y-z)$$
$$=(y-z)\{x^2-(y+z)x+yz\}$$
$$=(y-z)(x-y)(x-z)$$
$$=-(x-y)(y-z)(z-x)$$

よって

$$与式=\frac{-(x-y)(y-z)(z-x)}{(x-y)(y-z)(z-x)}=-1$$

(2) $分母=\dfrac{x^2-1}{x}=\dfrac{(x-1)(x+1)}{x}$

$$分子=\frac{x^2+2x+1}{x}=\frac{(x+1)^2}{x}$$

よって

$$与式=\frac{(x+1)^2}{x}\div\frac{(x-1)(x+1)}{x}$$
$$=\frac{(x+1)^2}{x}\times\frac{x}{(x-1)(x+1)}=\frac{x+1}{x-1}$$

または，分母，分子に x を掛けて

$$与式=\frac{x^2+2x+1}{x^2-1}=\frac{(x+1)^2}{(x+1)(x-1)}=\frac{x+1}{x-1}$$

と計算してもよい。

(3) $分母=\dfrac{x-(x+y)}{x(x+y)}=\dfrac{-y}{x(x+y)}$

$$分子=\frac{(x-y)-x}{x(x-y)}=\frac{-y}{x(x-y)}$$

$$与式=\frac{-y}{x(x-y)}\div\frac{-y}{x(x+y)}$$
$$=\frac{-y}{x(x-y)}\times\frac{x(x+y)}{-y}=\frac{x+y}{x-y}$$

または，分母，分子に $x(x+y)(x-y)$ を掛けて

$$与式=\frac{(x+y)(x-y)-x(x+y)}{x(x-y)-(x+y)(x-y)}$$
$$=\frac{(x+y)(x-y-x)}{(x-y)\{x-(x+y)\}}=\frac{-y(x+y)}{-y(x-y)}$$
$$=\frac{x+y}{x-y}$$

と計算してもよい。

5 恒等式

基本問題　本冊 p. 11

28

答　(1), (3)

検討　左辺または右辺を展開して，左辺と右辺が等しいかどうかを調べればよい。

(1) 右辺$=x^2-4x+2$であり，左辺と等しいから恒等式である。

(2) 左辺$=2x^2-2x$であり，右辺と等しくないから恒等式でない。

(3) 右辺を通分すると，

右辺$=\dfrac{(x+3)-(x-3)}{(x-3)(x+3)}=\dfrac{6}{x^2-9}$であり，左辺と等しいから，恒等式である。

(4) 右辺を通分すると，

右辺$=\dfrac{(x+2)-(x+1)}{(x+1)(x+2)}=\dfrac{1}{(x+1)(x+2)}$であり，左辺と等しくないから，恒等式でない。

29

答　(1) $\boldsymbol{a=-2,\ b=1}$

(2) $\boldsymbol{a=\dfrac{2}{3},\ b=\dfrac{1}{3},\ c=0}$

(3) $\boldsymbol{a=2,\ b=-3,\ c=1}$

(4) $\boldsymbol{a=-1,\ b=1,\ c=1}$

(5) $\boldsymbol{a=-3,\ b=7,\ c=6}$　(6) $\boldsymbol{a=3,\ b=3,\ c=1}$

検討　(1) 右辺$=x^2-(2+b)x+2b$より

$x^2-3x-a=x^2-(2+b)x+2b$

両辺の同じ次数の項の係数を比較して

$-3=-(2+b)$　……①，$-a=2b$　……②

①より　$b=1$

これと②より　$a=-2$

(2) 右辺$=a(x^2-1)+b(x^2-3x+2)$

$=ax^2-a+bx^2-3bx+2b$

$=(a+b)x^2-3bx-a+2b$より

$x^2-x+c=(a+b)x^2-3bx-a+2b$

両辺の同じ次数の項の係数を比較して

$$\begin{cases}1=a+b & \cdots\cdots① \\ -1=-3b & \cdots\cdots② \\ c=-a+2b & \cdots\cdots③\end{cases}$$

②より　$b=\dfrac{1}{3}$

これと①より　$a=\dfrac{2}{3}$

これらと③より　$c=0$

(3) 右辺$=(x^2-x-2)+c(x^2-2x+1)$

$=x^2-x-2+cx^2-2cx+c$

$=(1+c)x^2-(1+2c)x-2+c$より

$ax^2+bx-1=(1+c)x^2-(1+2c)x-2+c$

両辺の同じ次数の項の係数を比較して

$$\begin{cases}a=1+c & \cdots\cdots① \\ b=-(1+2c) & \cdots\cdots② \\ -1=-2+c & \cdots\cdots③\end{cases}$$

③より　$c=1$

これと①，②より　$a=2,\ b=-3$

(4) 右辺$=xy-x-cy+c$より

$xy+ax-y+b=xy-x-cy+c$

両辺の同じ次数の項の係数を比較して

$$\begin{cases}a=-1 & \cdots\cdots① \\ -1=-c & \cdots\cdots② \\ b=c & \cdots\cdots③\end{cases}$$

②より　$c=1$

これと③より　$b=1$

(5) 右辺$=x^3-2x^2-x-ax^2+2ax+a+bx+c$

$=x^3-(2+a)x^2-(1-2a-b)x+a+c$

より

x^3+x^2+3

$=x^3-(2+a)x^2-(1-2a-b)x+a+c$

両辺の同じ次数の項の係数を比較して

$$\begin{cases}1=-(2+a) & \cdots\cdots① \\ 0=-(1-2a-b) & \cdots\cdots② \\ 3=a+c & \cdots\cdots③\end{cases}$$

①より　$a=-3$

これと②より　$b=7$

$a=-3$と③より　$c=6$

(6) 右辺$=x^3-3x^2+3x-1+a(x^2-2x+1)$

$+b(x-1)+c$

$=x^3-3x^2+3x-1+ax^2-2ax+a+bx$

$-b+c$

$=x^3-(3-a)x^2+(3-2a+b)x$

$-1+a-b+c$

より

$x^3=x^3-(3-a)x^2+(3-2a+b)x-1+a-b+c$

両辺の同じ次数の項の係数を比較して

$$\begin{cases} 0=-(3-a) & \cdots\cdots① \\ 0=3-2a+b & \cdots\cdots② \\ 0=-1+a-b+c & \cdots\cdots③ \end{cases}$$

①より　$a=3$

これと②より　$b=3$

これらと③より　$c=1$

(別解) 与式に $x=0,\ x=1,\ x=-1$ をそれぞれ代入して

$$\begin{cases} 0=-1+a-b+c \\ 1=c \\ -1=-8+4a-2b+c \end{cases}$$

これらを解くと　$a=3,\ b=3,\ c=1$

逆に，このとき与式の右辺は

$(x-1)^3+3(x-1)^2+3(x-1)+1$

$=(x^3-3x^2+3x-1)+3(x^2-2x+1)$
$\quad+3(x-1)+1$

$=x^3$

となり，与式は恒等式となっている。

テスト対策

(i) $\boldsymbol{ax^2+bx+c=0}$ が x についての恒等式
$\iff \boldsymbol{a=b=c=0}$

(ii) $\boldsymbol{ax^2+bx+c=a'x^2+b'x+c'}$ が x についての恒等式 $\iff \boldsymbol{a=a',\ b=b',\ c=c'}$
(もっと次数の高い恒等式でも成り立つ)

答 (1) $\boldsymbol{a=-2,\ b=1}$

(2) $\boldsymbol{a=\frac{1}{3},\ b=-\frac{1}{3},\ c=-\frac{2}{3}}$

検討 (1) 両辺に $x^2-1=(x+1)(x-1)$ を掛けて

$a=b(x-1)-(x+1)$ より

$a=(b-1)x-b-1$

両辺の同じ次数の項の係数を比較して

$$\begin{cases} 0=b-1 & \cdots\cdots① \\ a=-b-1 & \cdots\cdots② \end{cases}$$

①より　$b=1$

これと②より　$a=-2$

(2) 両辺に $x^3-1=(x-1)(x^2+x+1)$ を掛けて

$1=a(x^2+x+1)+(bx+c)(x-1)$

$1=ax^2+ax+a+bx^2-bx+cx-c$

$1=(a+b)x^2+(a-b+c)x+a-c$

両辺の同じ次数の項の係数を比較して

$$\begin{cases} 0=a+b & \cdots\cdots① \\ 0=a-b+c & \cdots\cdots② \\ 1=a-c & \cdots\cdots③ \end{cases}$$

①＋②より　$0=2a+c$　$\cdots\cdots④$

③，④を解くと　$a=\frac{1}{3},\ c=-\frac{2}{3}$

$a=\frac{1}{3}$ と①より　$b=-\frac{1}{3}$

応用問題 本冊 p. 12

答 $\boldsymbol{a=2,\ b=2}$

検討

$$\begin{array}{r} ax+(4-a) \\ x^2+x-2\overline{)\ ax^3 \quad +4x^2 \qquad\quad -bx+7} \\ \underline{ax^3 \quad +ax^2 \qquad -2ax\qquad\quad} \\ (4-a)x^2\ -(b-2a)x+7 \\ \underline{(4-a)x^2\ \ +(4-a)x-2(4-a)} \\ (3a-b-4)x+(-2a+15) \end{array}$$

ax^3+4x^2-bx+7 を x^2+x-2 で割ったときの余りは

$(3a-b-4)x+(-2a+15)$

これが 11 になるとき

$(3a-b-4)x+(-2a+15)=11$

これが x についての恒等式となるから

$$\begin{cases} 3a-b-4=0 & \cdots\cdots① \\ -2a+15=11 & \cdots\cdots② \end{cases}$$

②より　$a=2$

これと①より　$b=2$

32

答 $\boldsymbol{a=3,\ b=-3,\ c=1,\ d=-3}$

検討 右辺を展開して整理すると

右辺$=2x^2+xy+cx-4xy-2y^2-2cy-2dx$
$\qquad-dy-cd$
$\quad=2x^2-3xy-2y^2+(c-2d)x$
$\qquad+(-2c-d)y-cd$

よって

$2x^2-axy-2y^2+7x+y-b$

$=2x^2-3xy-2y^2+(c-2d)x+(-2c-d)y-cd$

これが $x,\ y$ についての恒等式だから，両辺の同じ次数の項の係数を比較して

$-a=-3,\ 7=c-2d,\ 1=-2c-d,\ -b=-cd$

これらを解いて
$a=3,\ b=-3,\ c=1,\ d=-3$

33

答 $\boldsymbol{x=3,\ y=-4}$

検討 与式を k について整理すると
$(2x+y-2)k+x-y-7=0$
これが k のどのような値に対しても成り立つから，k についての恒等式である。
よって，$2x+y-2=0,\ x-y-7=0$
これを解いて　$x=3,\ y=-4$

34

答 $\boldsymbol{m=-7,\ n=6,\ f(x)=x+3}$

検討 与式に $x=1,\ 2$ をそれぞれ代入すると
$m+n+1=0$
$2m+n+8=0$
これを解いて　$m=-7,\ n=6$
よって　$(x-1)(x-2)f(x)=x^3-7x+6$
$f(x)=(x^3-7x+6)\div(x-1)(x-2)$
$\quad=(x^3-7x+6)\div(x^2-3x+2)=x+3$

$$\begin{array}{r|l} & x+3 \\ \hline x^2-3x+2 & x^3\qquad -7x+6 \\ & x^3-3x^2+2x \\ \hline & \quad 3x^2-9x+6 \\ & \quad 3x^2-9x+6 \\ \hline & \qquad\qquad 0 \end{array}$$

35

答 $\boldsymbol{f(x)=x^3-3x}$

検討 $f(x)$ は3次式で，$f(x)-2$ は $(x+1)^2$ で割り切れるから，
$f(x)-2=(x+1)^2(ax+b)$
$f(x)=(x+1)^2(ax+b)+2$ （$a,\ b$ は定数）
$f(x)+2$ は $(x-1)^2$ で割り切れるから，同様にして
$f(x)+2=(x-1)^2(ax+c)$
$f(x)=(x-1)^2(ax+c)-2$ （$a,\ c$ は定数）
とおける。よって
$(x+1)^2(ax+b)+2$
$=(x-1)^2(ax+c)-2$ ……①
①に $x=-1,\ 1,\ 0$ をそれぞれ代入して

$$\begin{cases} 2=4(-a+c)-2 \\ 4(a+b)+2=-2 \\ b+2=c-2 \end{cases}$$

すなわち

$$\begin{cases} -a+c=1 & \cdots\cdots① \\ a+b=-1 & \cdots\cdots② \\ b-c=-4 & \cdots\cdots③ \end{cases}$$

①，②，③を解いて　$a=1,\ b=-2,\ c=2$
よって　$f(x)=(x-1)^2(x+2)-2=x^3-3x$

6 等式の証明

基本問題 本冊 p. 13

36

答 (1) 左辺$=\boldsymbol{a^2-2ab+b^2+a^2+2ab+b^2}$
$=\boldsymbol{2(a^2+b^2)}=$右辺
よって　$\boldsymbol{(a-b)^2+(a+b)^2=2(a^2+b^2)}$

(2) 左辺$=\boldsymbol{a^2x^2+a^2y^2+b^2x^2+b^2y^2}$
右辺$=\boldsymbol{a^2x^2-2abxy+b^2y^2+a^2y^2+2abxy+b^2x^2}$
$=\boldsymbol{a^2x^2+a^2y^2+b^2x^2+b^2y^2}$
よって　$\boldsymbol{(a^2+b^2)(x^2+y^2)}$
$\boldsymbol{=(ax-by)^2+(ay+bx)^2}$

(3) 右辺$=\boldsymbol{\dfrac{1}{2}\{(a^2-2ab+b^2)+(b^2-2bc+c^2)+(c^2-2ca+a^2)\}}$
$=\boldsymbol{a^2+b^2+c^2-ab-bc-ca}=$左辺
よって　$\boldsymbol{a^2+b^2+c^2-ab-bc-ca}$
$\boldsymbol{=\dfrac{1}{2}\{(a-b)^2+(b-c)^2+(c-a)^2\}}$

37

答 $\boldsymbol{a+b+c=0}$ から　$\boldsymbol{c=-(a+b)}$
これを証明すべき等式に代入する。
(1) 左辺－右辺
$=\boldsymbol{2a^2+bc-(a-b)(a-c)}$
$=\boldsymbol{2a^2+b\cdot\{-(a+b)\}-(a-b)\cdot\{a+(a+b)\}}$
$=\boldsymbol{2a^2-b(a+b)-(a-b)(2a+b)}$
$=\boldsymbol{2a^2-ab-b^2-(2a^2-ab-b^2)}$
$=\boldsymbol{2a^2-ab-b^2-2a^2+ab+b^2}$
$=\boldsymbol{0}$
よって　$\boldsymbol{2a^2+bc=(a-b)(a-c)}$

(2) 左辺

$$=\frac{b^2-c^2}{a}+\frac{c^2-a^2}{b}+\frac{a^2-b^2}{c}$$

$$=\frac{b^2-(a+b)^2}{a}+\frac{(a+b)^2-a^2}{b}-\frac{a^2-b^2}{a+b}$$

$$=\frac{b^2-(a^2+2ab+b^2)}{a}+\frac{a^2+2ab+b^2-a^2}{b}-\frac{(a+b)(a-b)}{a+b}$$

$$=\frac{-a^2-2ab}{a}+\frac{2ab+b^2}{b}-(a-b)$$

$$=-a-2b+2a+b-a+b$$

$$=0$$

よって　$\frac{b^2-c^2}{a}+\frac{c^2-a^2}{b}+\frac{a^2-b^2}{c}=0$

検討　等式の証明方法は，ほかにもいろいろある。

たとえば，(1)では $b+c=-a$ を代入して

$$\begin{aligned}左辺-右辺&=2a^2+bc-(a-b)(a-c)\\&=2a^2+bc-(a^2-ac-ab+bc)\\&=2a^2+bc-a^2+ac+ab-bc\\&=a^2+ac+ab=a^2+a(b+c)\\&=a^2+a\cdot(-a)=a^2-a^2\\&=0\end{aligned}$$

(2)では，$b+c=-a$，$c+a=-b$，$a+b=-c$ を代入して

$$左辺=\frac{(b+c)(b-c)}{a}+\frac{(c+a)(c-a)}{b}+\frac{(a+b)(a-b)}{c}$$

$$=\frac{-a(b-c)}{a}+\frac{-b(c-a)}{b}+\frac{-c(a-b)}{c}$$

$$=-(b-c)-(c-a)-(a-b)$$

$$=-b+c-c+a-a+b$$

$$=0$$

のように証明してもよい。

38

答　(1) $\begin{aligned}左辺-右辺&=a^2+b-(a+b^2)\\&=a^2+b-a-b^2\\&=a^2-b^2-(a-b)\\&=(a-b)(a+b-1)\\&=0\end{aligned}$

よって　$a^2+b=a+b^2$

(2) $\begin{aligned}左辺-右辺&=a^2+b^2+1-2(a+b-ab)\\&=a^2+b^2+1+2ab-2b-2a\\&=(a+b-1)^2\\&=0\end{aligned}$

よって　$a^2+b^2+1=2(a+b-ab)$

検討　$b=1-a$ を証明すべき等式に代入して

(1)では，

左辺－右辺

$$=a^2+b-a-b^2$$

$$=a^2+(1-a)-a-(1-a)^2$$

$$=a^2+1-2a-(1-2a+a^2)$$

$$=a^2+1-2a-1+2a-a^2$$

$$=0$$

(2)では，

左辺－右辺

$$=a^2+b^2+1-2a-2b+2ab$$

$$=a^2+(1-a)^2+1-2a-2(1-a)+2a(1-a)$$

$$=a^2+1-2a+a^2+1-2a-2+2a+2a-2a^2$$

$$=0$$

のように証明してもよい。

39

答　$\frac{a}{b}=\frac{c}{d}=k$ とおくと，$a=bk$，$c=dk$

(1) 左辺$=\frac{bk-b}{b}=\frac{b(k-1)}{b}=k-1$

右辺$=\frac{dk-d}{d}=\frac{d(k-1)}{d}=k-1$

よって　$\frac{a-b}{b}=\frac{c-d}{d}$

(2) 左辺$=\frac{bk+2b}{b}=\frac{b(k+2)}{b}=k+2$

右辺$=\frac{dk+2d}{d}=\frac{d(k+2)}{d}=k+2$

よって　$\frac{a+2b}{b}=\frac{c+2d}{d}$

(3) $\begin{aligned}左辺&=\{(bk)^2+(dk)^2\}(b^2+d^2)\\&=(b^2k^2+d^2k^2)(b^2+d^2)\\&=k^2(b^2+d^2)(b^2+d^2)\\&=k^2(b^2+d^2)^2\end{aligned}$

$\begin{aligned}右辺&=(bk\cdot b+dk\cdot d)^2=(b^2k+d^2k)^2\\&=\{k(b^2+d^2)\}^2=k^2(b^2+d^2)^2\end{aligned}$

よって　$(a^2+c^2)(b^2+d^2)=(ab+cd)^2$

テスト対策

条件式が比例式 $\dfrac{a}{b}=\dfrac{c}{d}$ のときは，

$\dfrac{a}{b}=\dfrac{c}{d}=k$ とおいて，$a=bk$，$c=dk$ を問題の式に代入する。

応用問題 本冊 p. 14

40

答　条件式より　$\dfrac{yz+zx+xy}{xyz}=\dfrac{1}{x+y+z}$

両辺に $xyz(x+y+z)$ を掛けて

$(x+y+z)(yz+zx+xy)=xyz$

$\{x+(y+z)\}\{(y+z)x+yz\}=xyz$

$(y+z)x^2+\{yz+(y+z)^2\}x+yz(y+z)-xyz=0$

$(y+z)x^2+(y+z)^2x+yz(y+z)=0$

$(y+z)\{x^2+(y+z)x+yz\}=0$

$(y+z)(x+y)(x+z)=0$

したがって，$y+z$，$z+x$，$x+y$ のうち，少なくとも 1 つは 0 である。

7　不等式の証明

基本問題 本冊 p. 15

41

答　(1) 左辺－右辺$=ab+1-(a+b)$

$=ab+1-a-b=a(b-1)-(b-1)$

$=(a-1)(b-1)$

$a>1$，$b>1$ より $a-1>0$，$b-1>0$

よって　$(a-1)(b-1)>0$

したがって　$ab+1>a+b$

(2) 左辺－右辺$=a^2-b^2=(a+b)(a-b)$

$a>b>0$ より $a+b>0$，$a-b>0$

よって　$(a+b)(a-b)>0$

したがって　$a^2>b^2$

(3) 左辺－右辺$=a^3-b^3=(a-b)(a^2+ab+b^2)$

$=(a-b)\left\{\left(a+\dfrac{b}{2}\right)^2+\dfrac{3}{4}b^2\right\}$

$a\geqq b$ より $a-b\geqq 0$

また，$\left(a+\dfrac{b}{2}\right)^2\geqq 0$，$\dfrac{3}{4}b^2\geqq 0$ であるから

$(a-b)\left\{\left(a+\dfrac{b}{2}\right)^2+\dfrac{3}{4}b^2\right\}\geqq 0$

したがって　$a^3\geqq b^3$

等号が成り立つのは $a=b$ のときである。

42

答　(1) 左辺－右辺

$=x^2+y^2-2(x+y-1)$

$=x^2+y^2-2x-2y+2$

$=(x^2-2x+1)+(y^2-2y+1)$

$=(x-1)^2+(y-1)^2\geqq 0$

よって　$x^2+y^2\geqq 2(x+y-1)$

等号が成り立つのは $x=y=1$ のときである。

(2) 左辺－右辺

$=x^2+y^2-\{x(y+1)+y-1\}$

$=x^2+y^2-x(y+1)-y+1$

$=x^2-(y+1)x+y^2-y+1$

$=\left(x-\dfrac{y+1}{2}\right)^2-\dfrac{1}{4}(y+1)^2+y^2-y+1$

$=\left(x-\dfrac{y+1}{2}\right)^2-\dfrac{1}{4}(y^2+2y+1)+y^2-y+1$

$=\left(x-\dfrac{y+1}{2}\right)^2+\dfrac{3}{4}y^2-\dfrac{3}{2}y+\dfrac{3}{4}$

$=\left(x-\dfrac{y+1}{2}\right)^2+\dfrac{3}{4}(y^2-2y+1)$

$=\left(x-\dfrac{y+1}{2}\right)^2+\dfrac{3}{4}(y-1)^2\geqq 0$

等号が成り立つのは $x=\dfrac{y+1}{2}$ かつ $y=1$，

すなわち $x=y=1$ のときである。

テスト対策

(i) **不等式の証明では差をとることが基本。**

(ii) 不等式の証明では，**(実数)$^2\geqq 0$** はよく使う性質である。

43

答　(1) (左辺)^2－(右辺)^2

$=\{\sqrt{2(a+b)}\}^2-(\sqrt{a}+\sqrt{b})^2$

$=2(a+b)-(a+2\sqrt{a}\sqrt{b}+b)$

$=2a+2b-a-2\sqrt{a}\sqrt{b}-b$

$=a-2\sqrt{a}\sqrt{b}+b=(\sqrt{a}-\sqrt{b})^2\geqq 0$

よって　$\{\sqrt{2(a+b)}\}^2\geqq(\sqrt{a}+\sqrt{b})^2$

$\sqrt{2(a+b)}>0$，$\sqrt{a}+\sqrt{b}>0$ であるから

$\sqrt{2(a+b)}\geqq\sqrt{a}+\sqrt{b}$

等号が成り立つのは $\sqrt{a}=\sqrt{b}$，すなわち $a=b$ のときである。

(2) $(\text{左辺})^2-(\text{右辺})^2=\left(\sqrt{\dfrac{a^2+b^2}{2}}\right)^2-\left(\dfrac{a+b}{2}\right)^2$

$=\dfrac{a^2+b^2}{2}-\dfrac{a^2+2ab+b^2}{4}$

$=\dfrac{2(a^2+b^2)-(a^2+2ab+b^2)}{4}$

$=\dfrac{a^2-2ab+b^2}{4}=\dfrac{(a-b)^2}{4}\geqq 0$

よって　$\left(\sqrt{\dfrac{a^2+b^2}{2}}\right)^2\geqq\left(\dfrac{a+b}{2}\right)^2$

$\sqrt{\dfrac{a^2+b^2}{2}}>0$，$\dfrac{a+b}{2}>0$ であるから

$\sqrt{\dfrac{a^2+b^2}{2}}\geqq\dfrac{a+b}{2}$

等号が成り立つのは $a=b$ のときである。

検討 両辺ともに正であるときには，平方してから差をとってもよい。

44

答 (1) $a>0$，$\dfrac{4}{a}>0$ であるから，相加平均と相乗平均の関係により

$a+\dfrac{4}{a}\geqq 2\sqrt{a\cdot\dfrac{4}{a}}=2\cdot 2=4$

等号が成り立つのは $a=\dfrac{4}{a}$，すなわち $a=2$ のときである。

(2) $\dfrac{b}{a}>0$，$\dfrac{a}{b}>0$ であるから，相加平均と相乗平均の関係により

$\dfrac{b}{a}+\dfrac{a}{b}\geqq 2\sqrt{\dfrac{b}{a}\cdot\dfrac{a}{b}}=2$

等号が成り立つのは $\dfrac{b}{a}=\dfrac{a}{b}$，すなわち $a=b$ のときである。

(3) 左辺$=1+\dfrac{ad}{bc}+\dfrac{bc}{ad}+1=\dfrac{ad}{bc}+\dfrac{bc}{ad}+2$

$\dfrac{ad}{bc}>0$，$\dfrac{bc}{ad}>0$ であるから，相加平均と相乗平均の関係により

$\dfrac{ad}{bc}+\dfrac{bc}{ad}\geqq 2\sqrt{\dfrac{ad}{bc}\cdot\dfrac{bc}{ad}}=2$

よって

$\left(\dfrac{a}{b}+\dfrac{c}{d}\right)\left(\dfrac{b}{a}+\dfrac{d}{c}\right)=\dfrac{ad}{bc}+\dfrac{bc}{ad}+2\geqq 2+2=4$

等号が成り立つのは $\dfrac{ad}{bc}=\dfrac{bc}{ad}$，すなわち $(ad)^2=(bc)^2$ が成り立つときであるが，$ad>0$，$bc>0$ より，$ad=bc$ のときである。

(4) $a>0$，$b>0$，$c>0$ であるから，相加平均と相乗平均の関係により

$a+b\geqq 2\sqrt{ab}$，$b+c\geqq 2\sqrt{bc}$，$c+a\geqq 2\sqrt{ca}$

これら3つの不等式を辺々掛けあわせれば

$(a+b)(b+c)(c+a)\geqq 8abc$

等号が成り立つのは $a=b$ かつ $b=c$ かつ $c=a$，すなわち $a=b=c$ のときである。

テスト対策

〔相加平均と相乗平均の関係〕

$a\geqq 0$，$b\geqq 0$ のとき，

$\dfrac{a+b}{2}\geqq\sqrt{ab}$

（等号が成り立つのは $a=b$ のとき）

応用問題 本冊 p. 16

45

答 $(|a|+|b|)^2-|a+b|^2$

$=(|a|^2+2|a||b|+|b|^2)-(a+b)^2$

$=a^2+2|ab|+b^2-(a^2+2ab+b^2)$

$=2(|ab|-ab)\geqq 0$

よって　$|a+b|^2\leqq(|a|+|b|)^2$

$|a+b|\geqq 0$，$|a|+|b|\geqq 0$ であるから

$|a+b|\leqq|a|+|b|$　……(∗)

(1) (∗)で b を $-b$ におきかえて

$|a-b|\leqq|a|+|-b|$

すなわち　$|a-b|\leqq|a|+|b|$

(2) (∗)で a を $a-b$ におきかえて

$|(a-b)+b|\leqq|a-b|+|b|$

$|a|\leqq|a-b|+|b|$

すなわち　$|\boldsymbol{a}|-|\boldsymbol{b}|\leqq|\boldsymbol{a}-\boldsymbol{b}|$

検討 $-|a|\leqq a\leqq|a|$，$-|b|\leqq b\leqq|b|$ の辺々を加えて

$-(|a|+|b|)\leqq a+b\leqq|a|+|b|$

$|a|+|b|\geqq 0$ であるから

$|a+b|\leqq|a|+|b|$

のように証明してもよい。

46

答 $\boldsymbol{a+b=1}$ より，$\boldsymbol{1-a=b}$，$\boldsymbol{1-b=a}$

このとき

左辺－右辺

$=ax^2+by^2-(a^2x^2+2abxy+b^2y^2)$

$=ax^2+by^2-a^2x^2-2abxy-b^2y^2$

$=a(1-a)x^2-2abxy+b(1-b)y^2$

$=abx^2-2abxy+aby^2=ab(x-y)^2\geqq 0$

よって　$ax^2+by^2\geqq(ax+by)^2$

等号が成り立つのは $x=y$ のときである。

8 複素数

基本問題

本冊 p. 17

47

答 (1) $\sqrt{5}i$　(2) $2\sqrt{3}i$　(3) $4i$

(4) $\dfrac{1}{2}i$　(5) $\dfrac{\sqrt{5}}{4}i$　(6) $\dfrac{3\sqrt{5}}{5}i$

検討 (2) $\sqrt{-12}=\sqrt{12}i=2\sqrt{3}i$

(3) $\sqrt{-16}=\sqrt{16}i=4i$

(4) $\sqrt{-\dfrac{1}{4}}=\sqrt{\dfrac{1}{4}}i=\dfrac{1}{2}i$

(5) $\sqrt{-\dfrac{5}{16}}=\sqrt{\dfrac{5}{16}}i=\dfrac{\sqrt{5}}{4}i$

(6) $\sqrt{-\dfrac{9}{5}}=\sqrt{\dfrac{9}{5}}i=\dfrac{3}{\sqrt{5}}i=\dfrac{3\sqrt{5}}{5}i$

48

答 (1) $7i$　(2) $-19i$　(3) $15i$　(4) -6

(5) $-\sqrt{35}$　(6) $5\sqrt{15}i$　(7) $\sqrt{6}$　(8) $3\sqrt{6}i$

検討 (1) 与式$=\sqrt{9}i+\sqrt{16}i=3i+4i=7i$

(2) 与式$=3\sqrt{4}i-5\sqrt{25}i=3\cdot 2i-5\cdot 5i$

$=6i-25i=-19i$

(3) 与式$=\sqrt{64}i+\sqrt{49}i=8i+7i=15i$

(4) $\sqrt{-6}=\sqrt{6}i$ だから，与式$=(\sqrt{6}i)^2=6i^2=-6$

(5) 与式$=\sqrt{5}i\times\sqrt{7}i=\sqrt{35}i^2=-\sqrt{35}$

(6) 与式$=\sqrt{5}\times\sqrt{75}i=\sqrt{5}\times 5\sqrt{3}i=5\sqrt{15}i$

(7) 与式$=\dfrac{\sqrt{30}i}{\sqrt{5}i}=\sqrt{\dfrac{30}{5}}=\sqrt{6}$

(8) $3\sqrt{-12}=3\sqrt{12}i=3\cdot 2\sqrt{3}i=6\sqrt{3}i$,

$\sqrt{-4}=\sqrt{4}i=2i$，$\sqrt{-8}=\sqrt{8}i=2\sqrt{2}i$

だから，与式$=\dfrac{6\sqrt{3}i\times 2i}{2\sqrt{2}i}=\dfrac{12\sqrt{3}i}{2\sqrt{2}}=3\sqrt{6}i$

テスト対策

根号内が負のときは，必ず i を使って表すこと。$\boldsymbol{i^2}$ **が現れたら $\boldsymbol{-1}$ におきかえる。**

49

答 (1) -1　(2) 1　(3) -4　(4) -1

(5) i　(6) 1

検討 (2) 与式$=-(-1)=1$

(3) 与式 $=4i^2=-4$　(4) 与式$=i^2=-1$

(5) 与式$=-i^3=-i\cdot i^2=-i\cdot(-1)=i$

(6) 与式$=(i^2)^2=(-1)^2=1$

50

答 (1) $7-4i$　(2) $2+9i$　(3) $7+5i$

(4) $1-i$　(5) $9+3i$　(6) $1-i$

検討 (1) 与式$=(4+3)+(2-6)i=7-4i$

(2) 与式$=(-1+3)+(3+6)i=2+9i$

(3) 与式$=(2+5)+(3+2)i=7+5i$

(4) 与式$=(3-2)+(-2+1)i=1-i$

(5) 与式$=(3+6)+(5-2)i=9+3i$

(6) 与式$=(4-3)+(-8+7)i=1-i$

51

答 (1) $-1+i$　(2) $2-6i$　(3) $-13+11i$

(4) $12-i$　(5) 2　(6) 4　(7) $2i$　(8) $3-4i$

検討 (1) 与式$=i+i^2=i-1=-1+i$

(2) 与式$=-6i-2i^2=-6i+2=2-6i$

(3) 与式$=2\cdot 1+2\cdot 3i+5\cdot 1\cdot i+5\cdot 3\cdot i^2$

$=2+6i+5i+15\cdot(-1)=-13+11i$

(4) 与式$=1\cdot 2+1\cdot(-5)i+2\cdot 2i-2\cdot 5i^2$

$=2-5i+4i+10=12-i$

(5) 与式$=1-i^2=1-(-1)=2$

(6) 与式$=3-i^2=3-(-1)=4$

(7) 与式$=1+2i+i^2=1+2i-1=2i$

(8) 与式$=4-4i+i^2=4-4i-1=3-4i$

52

答 (1) $\boldsymbol{\dfrac{1+i}{2}}$ (2) $\boldsymbol{\dfrac{1+2i}{5}}$ (3) $\boldsymbol{\dfrac{5+i}{13}}$

(4) $\boldsymbol{\dfrac{1+5i}{13}}$ (5) $\boldsymbol{\dfrac{2-\sqrt{2}i}{3}}$ (6) $\boldsymbol{\dfrac{1+2\sqrt{6}i}{5}}$

検討 (1) 与式$=\dfrac{1+i}{(1-i)(1+i)}=\dfrac{1+i}{1-i^2}=\dfrac{1+i}{2}$

(2) 与式$=\dfrac{i(2-i)}{(2+i)(2-i)}=\dfrac{2i-i^2}{4-i^2}=\dfrac{2i+1}{5}$

$=\dfrac{1+2i}{5}$

(3) 与式$=\dfrac{(1+i)(3-2i)}{(3+2i)(3-2i)}=\dfrac{3-2i+3i-2i^2}{9-4i^2}$

$=\dfrac{5+i}{13}$

(4) 与式$=\dfrac{(1+i)(3+2i)}{(3-2i)(3+2i)}=\dfrac{3+2i+3i+2i^2}{9-4i^2}$

$=\dfrac{1+5i}{13}$

(5) 与式$=\dfrac{\sqrt{2}(\sqrt{2}-i)}{(\sqrt{2}+i)(\sqrt{2}-i)}=\dfrac{2-\sqrt{2}i}{2-i^2}=\dfrac{2-\sqrt{2}i}{3}$

(6) 与式$=\dfrac{(\sqrt{3}+\sqrt{2}i)^2}{(\sqrt{3}-\sqrt{2}i)(\sqrt{3}+\sqrt{2}i)}$

$=\dfrac{3+2\sqrt{6}i+2i^2}{3-2i^2}=\dfrac{1+2\sqrt{6}i}{5}$

53

答 (1) $\boldsymbol{x=0,\ y=0}$ (2) $\boldsymbol{x=0,\ y=-1}$

(3) $\boldsymbol{x=1,\ y=0}$

検討 (1) x, y が実数のとき,

$x+yi=0 \Longleftrightarrow x=0$ かつ $y=0$

(2) x, y が実数のとき,

$x-yi=i \Longleftrightarrow x-(y+1)i=0 \Longleftrightarrow x=0$ かつ $y=-1$

(3) x, y が実数のとき,

$x+yi=1 \Longleftrightarrow (x-1)+yi=0 \Longleftrightarrow x=1$ かつ $y=0$

54

答 (1) $\boldsymbol{x=\dfrac{17}{12},\ y=\dfrac{1}{12}}$ (2) $\boldsymbol{x=\dfrac{10}{3},\ y=30}$

検討 (1) x, y が実数であるから, $2x+2y-3$, $5x-y-7$ は実数である。よって,

$2x+2y-3=0$, $5x-y-7=0$

これを解いて $x=\dfrac{17}{12}$, $y=\dfrac{1}{12}$

(2) 与式を整理して $3x-yi=10-30i$

x, y が実数であるから, $3x$, $-y$ は実数である。よって, $3x=10$, $-y=-30$

これを解いて $x=\dfrac{10}{3}$, $y=30$

テスト対策

〔複素数の相等〕

a, b, c, d が実数のとき,

$\boldsymbol{a+bi=c+di \Longleftrightarrow a=c,\ b=d}$

応用問題

本冊 p. 19

55

答 (1) $\boldsymbol{-2i}$ (2) $\boldsymbol{10}$ (3) $\boldsymbol{4}$ (4) $\boldsymbol{0}$

(5) $\boldsymbol{0}$ (6) $\boldsymbol{-\dfrac{5+\sqrt{2}i}{27}}$

検討 (1) 与式$=(1-i)^2=1-2i+i^2=-2i$

(2) 与式$=(1-i)(1+i)(2-i)(2+i)$

$=(1-i^2)(4-i^2)=2\cdot5=10$

(3) 与式$=(8+12i+6i^2+i^3)+(8-12i+6i^2-i^3)$

$=16+12i^2=16-12=4$

(4) 与式$=(i^2)^6+(i^2)^5\cdot i+(i^2)^5+(i^2)^4\cdot i$

$=(-1)^6+(-1)^5i+(-1)^5+(-1)^4i$

$=1-i-1+i=0$

(5) 与式$=\dfrac{(1-i)^2+(1+i)^2}{(1+i)(1-i)}$

$=\dfrac{(1-2i+i^2)+(1+2i+i^2)}{1-i^2}=\dfrac{2+2i^2}{2}=0$

(6) 与式$=\dfrac{(1-\sqrt{2}i)^3}{(1+\sqrt{2}i)^3(1-\sqrt{2}i)^3}$

$=\dfrac{(1-\sqrt{2}i)^3}{\{(1+\sqrt{2}i)(1-\sqrt{2}i)\}^3}$

$=\dfrac{1-3\sqrt{2}i+3\cdot2i^2-2\sqrt{2}i^3}{(1-2i^2)^3}$

$=\dfrac{1-3\sqrt{2}i-6-2\sqrt{2}\cdot(-1)i}{27}$

$=\dfrac{-5-\sqrt{2}i}{27}=-\dfrac{5+\sqrt{2}i}{27}$

56

答 (1) $\boldsymbol{\alpha=2+i+4i+2i^2=5i}$,
$\boldsymbol{\beta=2-i-4i+2i^2=-5i}$ であるから $\boldsymbol{\alpha}$, $\boldsymbol{\beta}$ は互いに共役な複素数である。
(2) $\boldsymbol{\alpha+\beta=0}$, $\boldsymbol{\alpha\beta=25}$

検討 (1)は $\overline{\alpha}=\overline{(1+2i)(2+i)}=\overline{(1+2i)}\,\overline{(2+i)}$
$=(1-2i)(2-i)=\beta$ としてもよい。
(2) $\alpha+\beta=5i-5i=0$
$\alpha\beta=5i\cdot(-5i)=-25i^2=25$

9 2次方程式

基本問題 本冊 p.20

57

答 (1) $\boldsymbol{x=\pm\sqrt{2}i}$ (2) $\boldsymbol{x=\dfrac{-3\pm\sqrt{7}i}{2}}$
(3) $\boldsymbol{x=\dfrac{-5\pm\sqrt{11}i}{6}}$ (4) $\boldsymbol{x=\dfrac{2\pm\sqrt{14}i}{6}}$

検討 (1) $x^2=-2$ より, x は -2 の平方根である。よって, $x=\pm\sqrt{-2}=\pm\sqrt{2}i$
(2) $x=\dfrac{-3\pm\sqrt{3^2-4\cdot1\cdot4}}{2\cdot1}=\dfrac{-3\pm\sqrt{-7}}{2}$
$=\dfrac{-3\pm\sqrt{7}i}{2}$
(3) $x=\dfrac{-5\pm\sqrt{5^2-4\cdot3\cdot3}}{2\cdot3}=\dfrac{-5\pm\sqrt{-11}}{6}$
$=\dfrac{-5\pm\sqrt{11}i}{6}$
(4) $x=\dfrac{-(-2)\pm\sqrt{(-2)^2-6\cdot3}}{6}=\dfrac{2\pm\sqrt{-14}}{6}$
$=\dfrac{2\pm\sqrt{14}i}{6}$

58

答 (1) 異なる **2** つの虚数解
(2) 異なる **2** つの実数解
(3) 異なる **2** つの虚数解
(4) 重解

検討 2次方程式の判別式を D とする。
(1) $D=1^2-4\cdot1\cdot1=-3<0$
よって, 異なる2つの虚数解をもつ。
(2) $\dfrac{D}{4}=\{-(\sqrt{6}-1)\}^2-1\cdot2=(\sqrt{6}-1)^2-2$
$=6-2\sqrt{6}+1-2=5-2\sqrt{6}$
$=\sqrt{25}-\sqrt{24}>0$
よって, 異なる2つの実数解をもつ。
(3) $\dfrac{D}{4}=1^2-(-3)\cdot(-2)=-5<0$
よって, 異なる2つの虚数解をもつ。
(4) $\dfrac{D}{4}=(-1)^2-(\sqrt{3}-\sqrt{2})(\sqrt{3}+\sqrt{2})$
$=1-(3-2)=0$
よって, 重解をもつ。

59

答 (1) $\boldsymbol{a=0}$ のとき重解, $\boldsymbol{a\neq0}$ のとき異なる **2** つの虚数解
(2) $\boldsymbol{b=0}$ のとき重解, $\boldsymbol{b\neq0}$ のとき異なる **2** つの実数解
(3) $\boldsymbol{a=1}$ のとき重解, $\boldsymbol{a\neq1}$ のとき異なる **2** つの虚数解
(4) $\boldsymbol{a>4}$ のとき異なる **2** つの実数解, $\boldsymbol{a=4}$ のとき重解, $\boldsymbol{a<4}$ のとき異なる **2** つの虚数解

検討 2次方程式の判別式を D とする。
(1) $D=(-a)^2-4a^2=-3a^2$
$D=0$ すなわち $a=0$ のとき, 重解
$D<0$ すなわち $a\neq0$ のとき, 異なる2つの虚数解
(2) $\dfrac{D}{4}=(-ab)^2-a^2\cdot(-2b^2)=a^2b^2+2a^2b^2$
$=3a^2b^2\quad(a\neq0)$
$D>0$ すなわち $b\neq0$ のとき, 異なる2つの実数解
$D=0$ すなわち $b=0$ のとき, 重解
(3) $\dfrac{D}{4}=\{-(a+1)\}^2-2(a^2+1)$
$=(a+1)^2-2(a^2+1)$
$=a^2+2a+1-2a^2-2=-a^2+2a-1$
$=-(a^2-2a+1)=-(a-1)^2$
$D=0$ すなわち $a=1$ のとき, 重解
$D<0$ すなわち $a\neq1$ のとき, 異なる2つの虚数解
(4) $\dfrac{D}{4}=1^2-(-a+5)=a-4$
$D>0$ すなわち $a>4$ のとき, 異なる2つ

の実数解
$D=0$　すなわち　$a=4$ のとき，重解
$D<0$　すなわち　$a<4$ のとき，2 つの虚数解

60

答　$\boldsymbol{a<\frac{2}{3}}$

検討　2 次方程式であるから　$a \fallingdotseq 1$
2 次方程式の判別式を D とすると
$\frac{D}{4}=1^2-(a-1)\cdot(-3)=3a-2$
異なる 2 つの虚数解をもつための条件は
$D<0$
すなわち　$3a-2<0$
よって　$a<\frac{2}{3}$

61

答　実数解：$\boldsymbol{a \leqq 2-2\sqrt{3},\ 2+2\sqrt{3} \leqq a}$
虚数解：$\boldsymbol{2-2\sqrt{3}<a<2+2\sqrt{3}}$

検討　2 次方程式の判別式を D とすると
$\frac{D}{4}=(-a)^2-(4a+8)=a^2-4a-8$
$a^2-4a-8=0$ を解くと
$a=\frac{-(-2)\pm\sqrt{(-2)^2-1\cdot(-8)}}{1}=2\pm2\sqrt{3}$
実数解をもつための条件は $D \geqq 0$
すなわち，$a^2-4a-8 \geqq 0$
よって　$a \leqq 2-2\sqrt{3},\ 2+2\sqrt{3} \leqq a$
虚数解をもつための条件は $D<0$
すなわち　$a^2-4a-8<0$
よって　$2-2\sqrt{3}<a<2+2\sqrt{3}$

テスト対策
実数係数の 2 次方程式が**実数解**をもつための条件は，判別式 $\boldsymbol{D \geqq 0}$ である。

応用問題

本冊 p. 21

62

答　(1) $\boldsymbol{x=-2,\ 1,\ \frac{-1\pm\sqrt{23}i}{2}}$
(2) $\boldsymbol{x=0,\ 5,\ \frac{5\pm\sqrt{15}i}{2}}$

検討　(1) $x^2+x=X$ とおくと，
$X^2+4X-12=0$　$(X+6)(X-2)=0$
よって　$X=-6,\ 2$
すなわち　$x^2+x=-6,\ x^2+x=2$
$x^2+x=-6$ のとき，$x^2+x+6=0$
よって
$x=\frac{-1\pm\sqrt{1^2-4\cdot1\cdot6}}{2}=\frac{-1\pm\sqrt{23}i}{2}$
$x^2+x=2$ のとき，
$x^2+x-2=0$　　$(x+2)(x-1)=0$
よって，$x=-2,\ 1$
(2) $\{(x-1)(x-4)\}\times\{(x-2)(x-3)\}-24=0$
$(x^2-5x+4)(x^2-5x+6)-24=0$
$x^2-5x=X$ とおくと
$(X+4)(X+6)-24=0$
$X^2+10X+24-24=0$
$X^2+10X=0$　　$X(X+10)=0$
よって，$X=0,\ -10$
すなわち　$x^2-5x=0,\ x^2-5x=-10$
$x^2-5x=0$ のとき　$x(x-5)=0$
よって，$x=0,\ 5$
$x^2-5x=-10$ のとき　$x^2-5x+10=0$
よって，
$x=\frac{-(-5)\pm\sqrt{(-5)^2-4\cdot1\cdot10}}{2}=\frac{5\pm\sqrt{15}i}{2}$

10 2次方程式の解と係数の関係

基本問題

本冊 p. 22

63

答　それぞれの和，積の順に
(1) $\boldsymbol{\frac{3}{2},\ 2}$　(2) $\boldsymbol{0,\ \frac{4}{3}}$　(3) $\boldsymbol{-(a+2),\ a-3}$
(4) $\boldsymbol{\frac{4a}{a^2+1},\ -\frac{a+1}{a^2+1}}$

検討　2 次方程式の 2 つの解を $\alpha,\ \beta$ とすると，解と係数の関係より
(1) $\alpha+\beta=\frac{-(-3)}{2}=\frac{3}{2},\ \alpha\beta=\frac{4}{2}=2$

(2) $\alpha+\beta=\frac{-0}{3}=0,\ \alpha\beta=\frac{4}{3}$

(3) $\alpha+\beta=\frac{-(a+2)}{1}=-(a+2),$

$\alpha\beta=\frac{a-3}{1}=a-3$

(4) $\alpha+\beta=\frac{-(-4a)}{a^2+1}=\frac{4a}{a^2+1},$

$\alpha\beta=\frac{-a-1}{a^2+1}=-\frac{a+1}{a^2+1}$

64

答　(1) $\boldsymbol{-\frac{5}{2}}$　(2) $\boldsymbol{\frac{25}{4}}$　(3) **3**　(4) $\boldsymbol{\frac{41}{4}}$

(5) $\boldsymbol{\frac{5}{2}}$　(6) $\boldsymbol{-\frac{99}{8}}$　(7) $\boldsymbol{\frac{3}{4}}$　(8) $\boldsymbol{-\frac{1}{5}}$

検討　解と係数の関係より

$\alpha+\beta=\frac{-3}{2}=-\frac{3}{2},\ \alpha\beta=\frac{-4}{2}=-2$

(1) 与式$=\alpha\beta+\alpha+\beta+1=-2-\frac{3}{2}+1=-\frac{5}{2}$

(2) 与式$=(\alpha+\beta)^2-2\alpha\beta=\left(-\frac{3}{2}\right)^2-2\cdot(-2)$

$=\frac{9}{4}+4=\frac{25}{4}$

(3) 与式$=\alpha\beta(\alpha+\beta)=(-2)\cdot\left(-\frac{3}{2}\right)=3$

(4) 与式$=\alpha^2-2\alpha\beta+\beta^2=(\alpha^2+2\alpha\beta+\beta^2)-4\alpha\beta$

$=(\alpha+\beta)^2-4\alpha\beta=\left(-\frac{3}{2}\right)^2-4\cdot(-2)$

$=\frac{9}{4}+8=\frac{41}{4}$

(5) 与式$=2\alpha^2+5\alpha\beta+2\beta^2=2(\alpha^2+2\alpha\beta+\beta^2)+\alpha\beta$

$=2(\alpha+\beta)^2+\alpha\beta=2\cdot\left(-\frac{3}{2}\right)^2-2=\frac{9}{2}-2=\frac{5}{2}$

(6) 与式$=(\alpha+\beta)^3-3\alpha\beta(\alpha+\beta)$

$=\left(-\frac{3}{2}\right)^3-3\cdot(-2)\cdot\left(-\frac{3}{2}\right)=-\frac{27}{8}-9=-\frac{99}{8}$

(別解) 与式$=(\alpha+\beta)(\alpha^2-\alpha\beta+\beta^2)$

$=-\frac{3}{2}\cdot\left(\frac{25}{4}+2\right)=-\frac{3}{2}\cdot\frac{33}{4}=-\frac{99}{8}$

(7) 与式$=\frac{\alpha+\beta}{\alpha\beta}=\frac{-\frac{3}{2}}{-2}=\frac{3}{4}$

(8) 与式$=\frac{\beta+1+\alpha+1}{(\alpha+1)(\beta+1)}=\frac{\alpha+\beta+2}{\alpha\beta+\alpha+\beta+1}$

$=\frac{-\frac{3}{2}+2}{-2-\frac{3}{2}+1}=\frac{\frac{1}{2}}{-\frac{5}{2}}=-\frac{1}{5}$

テスト対策

〔α, βについての対称式〕

(i) $(\alpha+1)(\beta+1)=(\alpha+\beta)+\alpha\beta+1$

(ii) $\alpha^2+\beta^2=(\alpha+\beta)^2-2\alpha\beta$

(iii) $\alpha^3+\beta^3=(\alpha+\beta)^3-3\alpha\beta(\alpha+\beta)$

(iv) $\frac{1}{\alpha}+\frac{1}{\beta}=\frac{\alpha+\beta}{\alpha\beta}$

65

答　(1) $\boldsymbol{a=\pm2}$　(2) $\boldsymbol{a=\pm1}$

検討　解と係数の関係より

$\alpha+\beta=-a,\ \alpha\beta=-1$

(1) 与式より　$(\alpha+\beta)^2-2\alpha\beta=6$

よって　$(-a)^2-2\cdot(-1)=6$

$a^2+2=6$　　$a^2=4$　　$a=\pm2$

(2) 与式より　$\frac{\alpha^2+\beta^2}{\alpha\beta}=-3$

$\frac{(\alpha+\beta)^2-2\alpha\beta}{\alpha\beta}=-3$　$\frac{(-a)^2-2\cdot(-1)}{-1}=-3$

$\frac{a^2+2}{-1}=-3$　　$a^2+2=3$　　$a^2=1$

よって　$a=\pm1$

66

答　(1) $\boldsymbol{a=9,\ x=\frac{5}{2}}$　(2) $\boldsymbol{a=4,\ x=-\frac{2}{3}}$

(3) $\boldsymbol{a=1,\ x=-3}$

検討　他の解を α とする。

(1) 2次方程式に $x=2$ を代入して

$2\cdot2^2-a\cdot2+10=0$　　$8-2a+10=0$

よって　$a=9$

解と係数の関係より　$2+\alpha=\frac{-(-a)}{2}$

よって　$\alpha=\frac{a}{2}-2=\frac{9}{2}-2=\frac{5}{2}$

(2) 2次方程式に $x=2$ を代入して

$3\cdot2^2-4\cdot2-a=0$　　$12-8-a=0$

よって　$a=4$

解と係数の関係より　$2+\alpha=\dfrac{-(-4)}{3}$

よって　$\alpha=\dfrac{4}{3}-2=-\dfrac{2}{3}$

(3) 2 次方程式に $x=2$ を代入して

$a\cdot2^2+2-6=0$　　$4a+2-6=0$

よって　$a=1$

解と係数の関係より　$2+\alpha=\dfrac{-1}{a}$

よって　$\alpha=-\dfrac{1}{a}-2=-\dfrac{1}{1}-2=-3$

答　$\boldsymbol{a=-7}$ **のとき，2 つの解は** $\boldsymbol{x=-\dfrac{5}{2},\ -1}$

$\boldsymbol{a=-\dfrac{14}{5}}$ **のとき，2 つの解は** $\boldsymbol{x=-1,\ -\dfrac{2}{5}}$

検討　2 つの解の比が 5：2 であるから，2 つの解は 5α，2α とおける。解と係数の関係より

$5\alpha+2\alpha=\dfrac{a}{2}$　……①

$5\alpha\cdot2\alpha=-\dfrac{a+2}{2}$　……②

①より　$7\alpha=\dfrac{a}{2}$　　$\alpha=\dfrac{a}{14}$　……①′

①′を②に代入して

$10\cdot\left(\dfrac{a}{14}\right)^2=-\dfrac{a+2}{2}$　　$\dfrac{5}{98}a^2=-\dfrac{a+2}{2}$

$5a^2=-49(a+2)$　　$5a^2+49a+98=0$

$(a+7)(5a+14)=0$

よって　$a=-7,\ -\dfrac{14}{5}$

$a=-7$ のとき，①′より　$\alpha=-\dfrac{1}{2}$

よって，2 つの解は　$5\times\left(-\dfrac{1}{2}\right)$，$2\times\left(-\dfrac{1}{2}\right)$

すなわち　$-\dfrac{5}{2}$，-1

$a=-\dfrac{14}{5}$ のとき，①′より　$\alpha=-\dfrac{1}{5}$

よって，2 つの解は　$5\times\left(-\dfrac{1}{5}\right)$，$2\times\left(-\dfrac{1}{5}\right)$

すなわち　-1，$-\dfrac{2}{5}$

答　$\boldsymbol{a=-\dfrac{63}{4}}$**，2 つの解は** $\boldsymbol{x=-\dfrac{9}{2},\ -\dfrac{7}{2}}$

検討　2 つの解の差が 1 であるから，2 つの解は α，$\alpha+1$ とおける。

解と係数の関係より

$\alpha+(\alpha+1)=-8$　……①

$\alpha(\alpha+1)=-a$　……②

①より，$\alpha=-\dfrac{9}{2}$

これを②に代入して

$-a=\left(-\dfrac{9}{2}\right)\cdot\left(-\dfrac{9}{2}+1\right)$

$-a=\dfrac{63}{4}$　　$a=-\dfrac{63}{4}$

また，2 つの解は　$-\dfrac{9}{2}$，$-\dfrac{7}{2}$

69

答　(1) $\boldsymbol{\left(x+\dfrac{5-\sqrt{77}}{2}\right)\left(x+\dfrac{5+\sqrt{77}}{2}\right)}$

(2) $\boldsymbol{7\left(x-\dfrac{11+\sqrt{65}}{14}\right)\left(x-\dfrac{11-\sqrt{65}}{14}\right)}$

(3) $\boldsymbol{2\left(x-\dfrac{2+\sqrt{6}}{2}\right)\left(x-\dfrac{2-\sqrt{6}}{2}\right)}$

(4) $\boldsymbol{(3x-1)(x+1)}$

検討　(1) 2 次方程式 $x^2+5x-13=0$ を解くと

$x=\dfrac{-5\pm\sqrt{5^2-4\cdot1\cdot(-13)}}{2}=\dfrac{-5\pm\sqrt{77}}{2}$

よって

$x^2+5x-13=\left(x-\dfrac{-5+\sqrt{77}}{2}\right)\left(x-\dfrac{-5-\sqrt{77}}{2}\right)$

$=\left(x+\dfrac{5-\sqrt{77}}{2}\right)\left(x+\dfrac{5+\sqrt{77}}{2}\right)$

(2) 2 次方程式 $7x^2-11x+2=0$ を解くと

$x=\dfrac{-(-11)\pm\sqrt{(-11)^2-4\cdot7\cdot2}}{2\cdot7}=\dfrac{11\pm\sqrt{65}}{14}$

よって

$7x^2-11x+2=7\left(x-\dfrac{11+\sqrt{65}}{14}\right)\left(x-\dfrac{11-\sqrt{65}}{14}\right)$

(3) 2 次方程式 $2x^2-4x-1=0$ を解くと

$x=\dfrac{-(-2)\pm\sqrt{(-2)^2-2\cdot(-1)}}{2}=\dfrac{2\pm\sqrt{6}}{2}$

よって

$2x^2-4x-1=2\left(x-\dfrac{2+\sqrt{6}}{2}\right)\left(x-\dfrac{2-\sqrt{6}}{2}\right)$

(4) 2次方程式 $3x^2+2x-1=0$ を解くと

$x=\dfrac{-1\pm\sqrt{1^2-3\cdot(-1)}}{3}=\dfrac{-1\pm2}{3}$

すなわち　$x=\dfrac{1}{3},\ -1$

よって

$3x^2+2x-1=3\left(x-\dfrac{1}{3}\right)(x+1)=(3x-1)(x+1)$

テスト対策

2次方程式の解を利用すると，**どんな2次式でも1次式の積に因数分解できる。**

70

答　(1) $\boldsymbol{x^2+x-2=0}$　(2) $\boldsymbol{x^2+4x+1=0}$
(3) $\boldsymbol{4x^2-8x+7=0}$　(4) $\boldsymbol{9x^2-30x+19=0}$

検討　(1) 2数の和は　$1+(-2)=-1$

2数の積は　$1\cdot(-2)=-2$

よって　$x^2+x-2=0$

(2) 2数の和は　$(-2+\sqrt{3})+(-2-\sqrt{3})=-4$

2数の積は　$(-2+\sqrt{3})(-2-\sqrt{3})=4-3=1$

よって　$x^2+4x+1=0$

(3) 2数の和は　$\dfrac{2+\sqrt{3}i}{2}+\dfrac{2-\sqrt{3}i}{2}=2$

2数の積は　$\dfrac{2+\sqrt{3}i}{2}\cdot\dfrac{2-\sqrt{3}i}{2}=\dfrac{4-3i^2}{4}=\dfrac{7}{4}$

よって　$x^2-2x+\dfrac{7}{4}=0$

すなわち　$4x^2-8x+7=0$

(4) 2数の和は　$\dfrac{5+\sqrt{6}}{3}+\dfrac{5-\sqrt{6}}{3}=\dfrac{10}{3}$

2数の積は　$\dfrac{5+\sqrt{6}}{3}\cdot\dfrac{5-\sqrt{6}}{3}=\dfrac{25-6}{9}=\dfrac{19}{9}$

よって　$x^2-\dfrac{10}{3}x+\dfrac{19}{9}=0$

すなわち　$9x^2-30x+19=0$

71

答　(1) $\boldsymbol{x^2+5x+2=0}$　(2) $\boldsymbol{2x^2-3x-1=0}$

検討　$-x^2-3x+2=0$ より　$x^2+3x-2=0$

解と係数の関係より　$\alpha+\beta=-3,\ \alpha\beta=-2$

(1) $(\alpha-1)+(\beta-1)=\alpha+\beta-2=-3-2=-5$

$(\alpha-1)(\beta-1)=\alpha\beta-(\alpha+\beta)+1$
$\qquad=-2-(-3)+1=2$

よって，求める2次方程式の1つは

$x^2-(-5)x+2=0$

すなわち　$x^2+5x+2=0$

(2) $\dfrac{1}{\alpha}+\dfrac{1}{\beta}=\dfrac{\alpha+\beta}{\alpha\beta}=\dfrac{-3}{-2}=\dfrac{3}{2}$

$\dfrac{1}{\alpha}\cdot\dfrac{1}{\beta}=\dfrac{1}{\alpha\beta}=\dfrac{1}{-2}=-\dfrac{1}{2}$

よって，求める2次方程式の1つは

$x^2-\dfrac{3}{2}x+\left(-\dfrac{1}{2}\right)=0$

すなわち　$2x^2-3x-1=0$

テスト対策

2数を解とする2次方程式は，2数の和と積を求めて，$\boldsymbol{x^2-}$**(和)**$\boldsymbol{x+}$**(積)**$\boldsymbol{=0}$ とすればよい。

72

答　(1) $\boldsymbol{x^2-11x-26=0}$
(2) $\boldsymbol{4x^2+17x+4=0}$

検討　解と係数の関係より

$\alpha+\beta=3,\ \alpha\beta=-4$

(1) $(3\alpha+1)+(3\beta+1)=3(\alpha+\beta)+2=3\cdot3+2=11$

$(3\alpha+1)(3\beta+1)=9\alpha\beta+3(\alpha+\beta)+1$
$\qquad=9\cdot(-4)+3\cdot3+1=-26$

よって，求める2次方程式の1つは

$x^2-11x+(-26)=0$

すなわち　$x^2-11x-26=0$

(2) $\dfrac{\beta}{\alpha}+\dfrac{\alpha}{\beta}=\dfrac{\alpha^2+\beta^2}{\alpha\beta}=\dfrac{(\alpha+\beta)^2-2\alpha\beta}{\alpha\beta}$
$\qquad=\dfrac{3^2-2\cdot(-4)}{-4}=-\dfrac{17}{4}$

$\dfrac{\beta}{\alpha}\cdot\dfrac{\alpha}{\beta}=1$

よって，求める2次方程式の1つは

$x^2-\left(-\dfrac{17}{4}\right)x+1=0$

すなわち　$4x^2+17x+4=0$

応用問題 ……………… 本冊 p. 24

73

答 $\boldsymbol{a=-32}$

検討 解と係数の関係より

$\alpha+\beta=-4$ ……①

$\alpha\beta=a$ ……②

条件より $\alpha^2=16\beta$ ……③

①より $\beta=-4-\alpha$ ……①′

①′を③に代入して $\alpha^2=16(-4-\alpha)$

$\alpha^2+16\alpha+64=0$ $(\alpha+8)^2=0$

よって $\alpha=-8$

①′に代入して $\beta=-4-(-8)=4$

②より $a=-8\cdot4=-32$

74

答 (1) $\boldsymbol{(x+y-7)(x+y+5)}$

(2) $\boldsymbol{(x-5y+1)(2x-y+3)}$

検討 (1) $x^2+2(y-1)x+y^2-2y-35=0$ を x の2次方程式とみて解くと

$x=-(y-1)\pm\sqrt{(y-1)^2-1\cdot(y^2-2y-35)}$

$=-y+1\pm\sqrt{36}=-y+1\pm6$

$x=-y+7,\ -y-5$

よって 与式$=\{x-(-y+7)\}\{x-(-y-5)\}$

$=(x+y-7)(x+y+5)$

(2) $2x^2+(5-11y)x+5y^2-16y+3=0$ を x の2次方程式とみて解くと

$$x=\frac{-(5-11y)\pm\sqrt{(5-11y)^2-4\cdot2(5y^2-16y+3)}}{2\cdot2}$$

$$=\frac{-5+11y\pm\sqrt{81y^2+18y+1}}{4}$$

$$=\frac{-5+11y\pm\sqrt{(9y+1)^2}}{4}$$

$$=\frac{-5+11y\pm(9y+1)}{4}$$

$x=5y-1,\ \dfrac{y-3}{2}$

よって 与式$=2\{x-(5y-1)\}\left(x-\dfrac{y-3}{2}\right)$

$=(x-5y+1)(2x-y+3)$

75

答 $\boldsymbol{a=6\pm2\sqrt{3},\ b=9\pm3\sqrt{3}}$ (複号同順)

検討 2次方程式 $8x^2-2ax+a=0$ の2つの解を $\alpha,\ \beta$ とすると，解と係数の関係より

$\alpha+\beta=\dfrac{a}{4},\ \alpha\beta=\dfrac{a}{8}$

このとき

$(\alpha+\beta)+\alpha\beta=\dfrac{a}{4}+\dfrac{a}{8}=\dfrac{3}{8}a$ ……①

$\alpha\beta(\alpha+\beta)=\dfrac{a}{8}\cdot\dfrac{a}{4}=\dfrac{a^2}{32}$ ……②

よって，①，②より，$\alpha+\beta$ と $\alpha\beta$ を解とする2次方程式は $x^2-\dfrac{3}{8}ax+\dfrac{a^2}{32}=0$

すなわち $4x^2-\dfrac{3}{2}ax+\dfrac{a^2}{8}=0$

これが2次方程式 $4x^2-bx+b-3=0$ と一致するから

$-b=-\dfrac{3}{2}a,\ b-3=\dfrac{a^2}{8}$

この2式より b を消去すると

$\dfrac{3}{2}a-3=\dfrac{a^2}{8}$ $a^2-12a+24=0$

よって

$a=-(-6)\pm\sqrt{(-6)^2-1\cdot24}=6\pm2\sqrt{3}$

$b=\dfrac{3}{2}(6\pm2\sqrt{3})=9\pm3\sqrt{3}$ (複号同順)

76

答 $\boldsymbol{x=-2,\ 6}$

検討 求める2次方程式を $x^2+ax+b=0$ とする。

Aが間違えた2次方程式は，解と係数の関係より

$x^2-\{(2+3i)+(2-3i)\}x+(2+3i)(2-3i)=0$

すなわち $x^2-4x+13=0$

定数項を書き間違えたので，x の係数は正しく $a=-4$

Bが間違えた2次方程式は，解と係数の関係より

$x^2-\{3+(-4)\}x+3\cdot(-4)=0$

すなわち $x^2+x-12=0$

x の係数を書き間違えたので，定数項は正しく $b=-12$

よって，$x^2-4x-12=0$ $(x+2)(x-6)=0$

よって，正しい解は $x=-2,\ 6$

11 因数定理

基本問題 本冊 *p.* 25

77

答 (1) **−2** (2) **−1** (3) **−47**

検討 $P(1)$ は，$x=1$ のときの $P(x)$ の値である。

(1) $P(1)=1^3-2\cdot1^2+3\cdot1-4=-2$

(2) $Q(-2)=(-2)^2-5=-1$

(3) $P(-3)=(-3)^3-2\cdot(-3)^2+3\cdot(-3)-4$
$=-58$

$Q(4)=4^2-5=11$

より　$P(-3)+Q(4)=-58+11=-47$

78

答 (1) **8** (2) **4** (3) **10**

検討 (1) 求める余りは，

$P(-1)=(-1)^3+2\cdot(-1)^2-3\cdot(-1)+4=8$

(2) 求める余りは，

$P(1)=1^3+2\cdot1^2-3\cdot1+4=4$

(3) 求める余りは，

$P(-2)=(-2)^3+2\cdot(-2)^2-3\cdot(-2)+4=10$

79

答 **多項式 $P(x)$ を 1 次式 $ax+b$ で割ったときの商を $Q(x)$ とすると**
$P(x)=(ax+b)Q(x)+R$ が成り立つ。
この両辺に $x=-\frac{b}{a}$ を代入すれば

$$P\left(-\frac{b}{a}\right)=\left\{a\left(-\frac{b}{a}\right)+b\right\}Q\left(-\frac{b}{a}\right)+R$$
$$=(-b+b)Q\left(-\frac{b}{a}\right)+R$$
$$=0+R=R$$

80

答 (1) $\frac{1}{4}$ (2) $\frac{9}{4}$ (3) $-\frac{79}{4}$

検討 (1) 求める余りは，

$$P\left(-\frac{1}{2}\right)=4\cdot\left(-\frac{1}{2}\right)^3-3\cdot\left(-\frac{1}{2}\right)^2+\left(-\frac{1}{2}\right)+2$$
$$=\frac{1}{4}$$

(2) 求める余りは，

$$P\left(\frac{1}{2}\right)=4\cdot\left(\frac{1}{2}\right)^3-3\cdot\left(\frac{1}{2}\right)^2+\frac{1}{2}+2=\frac{9}{4}$$

(3) 求める余りは，

$$P\left(-\frac{3}{2}\right)=4\cdot\left(-\frac{3}{2}\right)^3-3\cdot\left(-\frac{3}{2}\right)^2+\left(-\frac{3}{2}\right)+2$$
$$=-\frac{79}{4}$$

81

答 $\boldsymbol{a=-7}$

検討 $P(x)$ を $x+1$ で割ったときの余りが 2 となるための条件は

$P(-1)=2$

すなわち　$2\cdot(-1)^3+3\cdot(-1)-a=2$

よって　$a=-7$

82

答 (1) $\boldsymbol{a=\frac{19}{6},\ b=\frac{17}{6}}$

(2) $\boldsymbol{a=\frac{58}{3},\ b=-\frac{13}{3}}$

検討 (1) $P(x)$ を $x-1$ で割ったときの余りが 3 となるための条件は

$P(1)=3$

すなわち　$1^3+a\cdot1^2+b\cdot1-4=3$

$a+b=6$　……①

$P(x)$ を $x+2$ で割ったときの余りが -5 となるための条件は

$P(-2)=-5$

$(-2)^3+a\cdot(-2)^2+b\cdot(-2)-4=-5$

$4a-2b=7$　……②

①，②を解いて　$a=\frac{19}{6}$，$b=\frac{17}{6}$

(2) $P(x)$ が $2x-1$ で割り切れるための条件は

$$P\left(\frac{1}{2}\right)=0$$

すなわち　$8\cdot\left(\frac{1}{2}\right)^3+a\cdot\left(\frac{1}{2}\right)^2-3\cdot\frac{1}{2}+b=0$

$\frac{a}{4}+b=\frac{1}{2}$　……①

$P(x)$ を $x+1$ で割ったときの余りが 10 となるための条件は

$P(-1)=10$

すなわち　$8\cdot(-1)^3+a\cdot(-1)^2-3\cdot(-1)+b$
$=10$

$a+b=15$　……②

①，②を解いて　$a=\dfrac{58}{3}$，$b=-\dfrac{13}{3}$

答　$\boldsymbol{x-1}$

検討　$P(x)=-2x^3+49x^2-78x+31$ とおく。

$P(1)=-2\cdot1^3+49\cdot1^2-78\cdot1+31=0$

$P(-1)=-2\cdot(-1)^3+49\cdot(-1)^2-78\cdot(-1)+31$
$=160\neq0$

$P(2)=-2\cdot2^3+49\cdot2^2-78\cdot2+31=55\neq0$

$P(-2)=-2\cdot(-2)^3+49\cdot(-2)^2-78\cdot(-2)$
$+31$
$=399\neq0$

$P(3)=-2\cdot3^3+49\cdot3^2-78\cdot3+31=184\neq0$

よって，因数であるのは $x-1$

84

答　$\boldsymbol{a=-9}$

検討　$P(x)=x^3-3x^2+ax-5$ とおく。

$P(x)$ が $x+1$ で割り切れるための条件は

$P(-1)=0$

すなわち　$(-1)^3-3\cdot(-1)^2+a\cdot(-1)-5=0$

よって　$a=-9$

85

答　(1) $\boldsymbol{(x-1)(x^2+2x+2)}$

(2) $\boldsymbol{(x-1)(x-2)(x-3)}$

(3) $\boldsymbol{(x+3)(2x+1)(2x-1)}$

検討　(1) $P(x)=x^3+x^2-2$ とおく。

$P(1)=1^3+1^2-2=0$

よって，$P(x)$ は $x-1$ を因数にもつ。

$$\begin{array}{r}
x^2+2x\quad+2 \\
x-1\,\big)\,\overline{x^3+x^2\qquad-2} \\
\underline{x^3-x^2\qquad\quad} \\
2x^2\qquad\quad \\
\underline{2x^2-2x\quad} \\
2x-2 \\
\underline{2x-2} \\
0
\end{array}$$

上の割り算より　与式$=(x-1)(x^2+2x+2)$

(2) $P(x)=x^3-6x^2+11x-6$ とおく。

$P(1)=1^3-6\cdot1^2+11\cdot1-6=0$

よって，$P(x)$ は $x-1$ を因数にもつ。

$$\begin{array}{r}
x^2-5x+6 \\
x-1\,\big)\,\overline{x^3-6x^2+11x-6} \\
\underline{x^3-\ x^2\qquad\qquad\quad} \\
-5x^2+11x\quad \\
\underline{-5x^2+\ 5x\quad} \\
6x-6 \\
\underline{6x-6} \\
0
\end{array}$$

上の割り算より　与式$=(x-1)(x^2-5x+6)$
$=(x-1)(x-2)(x-3)$

(3) $P(x)=4x^3+12x^2-x-3$ とおく。

$P(-3)=4\cdot(-3)^3+12\cdot(-3)^2-(-3)-3=0$

よって，$P(x)$ は $x+3$ を因数にもつ。

$$\begin{array}{r}
4x^2-1\qquad\qquad \\
x+3\,\big)\,\overline{4x^3+12x^2-x-3} \\
\underline{4x^3+12x^2\qquad\quad} \\
-x-3 \\
\underline{-x-3} \\
0
\end{array}$$

上の割り算より

与式$=(x+3)(4x^2-1)$
$=(x+3)(2x+1)(2x-1)$

テスト対策

高次式 $P(x)$ を因数分解するときは，
$P(\alpha)=0$ となる α を

$$\pm\frac{\text{定数項の約数}}{\text{最高次の係数の約数}}$$

の中から見つけて，$P(x)$ を $x-\alpha$ で割る。

応用問題 ……………… 本冊 p. 27

86

答　$\boldsymbol{a=\dfrac{1}{4}}$，$\boldsymbol{b=-1}$，$\boldsymbol{c=\dfrac{15}{4}}$

検討　$P(x)=ax^2+bx+c\ (a\neq0)$ とおくと

$P(x)$ を $x-1$ で割ったときの余りが 3 であるから

$P(1)=3$

すなわち　$a+b+c=3$　……①

$P(x)$ を $x+1$ で割ったときの余りが 5 であるから
$P(-1)=5$
すなわち　$a-b+c=5$　……②
$P(x)$ を $x+3$ で割ったときの余りが 9 であるから
$P(-3)=9$
すなわち　$9a-3b+c=9$　……③
①，②，③を解くと
$a=\frac{1}{4}$，$b=-1$，$c=\frac{15}{4}$

87

答　$\boldsymbol{a=2,\ b=-2}$

検討　$P(x)=2x^3-ax^2+bx+2$ とおくと，$P(x)$ は $x^2-1=(x-1)(x+1)$ で割り切れるから
$P(1)=0$，$P(-1)=0$
よって　$2-a+b+2=0$　　$a-b=4$　……①
$-2-a-b+2=0$　　$a+b=0$　……②
①，②より　$a=2$，$b=-2$

88

答　$\boldsymbol{\frac{3}{4}(x+2)^2}$

検討　$P(x)$ を $(x+2)^2(x+4)$ で割ったときの商を $Q(x)$，余りは 2 次以下の多項式であるから，それを ax^2+bx+c とおくと
$P(x)=(x+2)^2(x+4)Q(x)+ax^2+bx+c$
……①
と表せる。
$P(x)$ は $(x+2)^2$ で割り切れるから，①より，
$ax^2+bx+c=a(x+2)^2$
よって　$P(x)=(x+2)^2\{(x+4)Q(x)+a\}$
……②
$P(x)$ を $x+4$ で割ったときの余りは 3 であるから　$P(-4)=3$　　②より　$4a=3$
よって　$a=\frac{3}{4}$
したがって，求める余りは　$\frac{3}{4}(x+2)^2$

12 高次方程式

基本問題

本冊 p. 28

89

答　(1) $\boldsymbol{x=1,\ \frac{-1\pm\sqrt{3}i}{2}}$
(2) $\boldsymbol{x=-1,\ \frac{1\pm\sqrt{3}i}{2}}$　(3) $\boldsymbol{x=2,\ -1\pm\sqrt{3}i}$

検討　(1) $x^3-1=0$ より，$(x-1)(x^2+x+1)=0$
よって　$x-1=0$ または $x^2+x+1=0$
したがって　$x=1$，$\frac{-1\pm\sqrt{3}i}{2}$
(2) $x^3+1=0$，$(x+1)(x^2-x+1)=0$
よって　$x+1=0$ または $x^2-x+1=0$
したがって　$x=-1$，$\frac{1\pm\sqrt{3}i}{2}$
(3) $x^3-8=0$，$(x-2)(x^2+2x+4)=0$
よって　$x-2=0$ または $x^2+2x+4=0$
したがって　$x=2$，$-1\pm\sqrt{3}i$

90

答　(1) $\boldsymbol{x=-1,\ -2,\ 3}$　(2) $\boldsymbol{x=-1,\ 2}$
(3) $\boldsymbol{x=-1,\ \frac{-1\pm2\sqrt{2}i}{3}}$

検討　(1) $P(x)=x^3-7x-6$ とおくと
$P(-1)=(-1)^3-7\cdot(-1)-6=0$
よって，$P(x)$ は $x+1$ を因数にもつから，
$P(x)$ を因数分解すると
$P(x)=(x+1)(x^2-x-6)$
$P(x)=0$ より
$(x+1)(x^2-x-6)=(x+1)(x+2)(x-3)=0$
$x+1=0$ または $x+2=0$ または $x-3=0$
よって　$x=-1$，-2，3

$$
\begin{array}{r|l}
 & x^2-x-6 \\
\hline
x+1 & x^3 \qquad -7x-6 \\
 & x^3+x^2 \\
\hline
 & -x^2-7x \\
 & -x^2-\ x \\
\hline
 & -6x-6 \\
 & -6x-6 \\
\hline
 & 0
\end{array}
$$

(2) $P(x)=x^3-3x-2$ とおくと
$P(-1)=(-1)^3-3\cdot(-1)-2=0$
よって，$P(x)$ は $x+1$ を因数にもつから，
$P(x)$ を因数分解すると
$P(x)=(x+1)(x^2-x-2)$
$P(x)=0$ より
$(x+1)(x^2-x-2)=(x+1)^2(x-2)=0$
$x+1=0$ または $x-2=0$
よって　$x=-1,\ 2$

$$\begin{array}{r|l} & x^2-x-2 \\ \hline x+1 & x^3 \qquad -3x-2 \\ & x^3+x^2 \\ \hline & -x^2-3x \\ & -x^2-\ x \\ \hline & -2x-2 \\ & -2x-2 \\ \hline & 0 \end{array}$$

(3) $P(x)=3x^3+5x^2+5x+3$ とおくと
$P(-1)=3\cdot(-1)^3+5\cdot(-1)^2+5\cdot(-1)+3=0$
よって，$P(x)$ は $x+1$ を因数にもつから，
$P(x)$ を因数分解すると
$P(x)=(x+1)(3x^2+2x+3)$
$P(x)=0$ より　$(x+1)(3x^2+2x+3)=0$
$x+1=0$ または $3x^2+2x+3=0$
よって　$x=-1,\ \dfrac{-1\pm2\sqrt{2}i}{3}$

$$\begin{array}{r|l} & 3x^2+2x+3 \\ \hline x+1 & 3x^3+5x^2+5x+3 \\ & 3x^3+3x^2 \\ \hline & 2x^2+5x \\ & 2x^2+2x \\ \hline & 3x+3 \\ & 3x+3 \\ \hline & 0 \end{array}$$

91

答　(1) $\boldsymbol{x=\pm\sqrt{5},\ \pm i}$
(2) $\boldsymbol{x=\dfrac{-1\pm\sqrt{3}i}{2},\ \dfrac{1\pm\sqrt{3}i}{2}}$
(3) $\boldsymbol{x=\pm\sqrt{5},\ \pm\sqrt{2}i}$
(4) $\boldsymbol{x=\dfrac{-\sqrt{2}\pm\sqrt{10}}{2},\ \dfrac{\sqrt{2}\pm\sqrt{10}}{2}}$

検討 (1) $x^4-4x^2-5=(x^2-5)(x^2+1)=0$
よって　$x^2-5=0$ または $x^2+1=0$
したがって　$x=\pm\sqrt{5},\ \pm i$
(2) $x^4+x^2+1=(x^4+2x^2+1)-x^2$
$=(x^2+1)^2-x^2=(x^2+1+x)(x^2+1-x)$
$=(x^2+x+1)(x^2-x+1)=0$
よって　$x^2+x+1=0$ または $x^2-x+1=0$
したがって　$x=\dfrac{-1\pm\sqrt{3}i}{2},\ \dfrac{1\pm\sqrt{3}i}{2}$
(3) $x^4-3x^2-10=(x^2-5)(x^2+2)=0$
よって　$x^2-5=0$ または $x^2+2=0$
したがって　$x=\pm\sqrt{5},\ \pm\sqrt{2}i$
(4) $x^4-6x^2+4=(x^4-4x^2+4)-2x^2$
$=(x^2-2)^2-(\sqrt{2}x)^2$
$=(x^2-2+\sqrt{2}x)(x^2-2-\sqrt{2}x)$
$=(x^2+\sqrt{2}x-2)(x^2-\sqrt{2}x-2)=0$
よって
$x^2+\sqrt{2}x-2=0$ または $x^2-\sqrt{2}x-2=0$
したがって　$x=\dfrac{-\sqrt{2}\pm\sqrt{10}}{2},\ \dfrac{\sqrt{2}\pm\sqrt{10}}{2}$

92

答　(1) $\boldsymbol{a=4,\ b=6}$　(2) $\boldsymbol{x=-3,\ 1+i}$

検討 (1) $x=1-i$ がこの方程式の解であるから
$(1-i)^3+(1-i)^2-a(1-i)+b=0$
$(1-3i+3i^2-i^3)+(1-2i+i^2)-a(1-i)+b=0$
$(1-3i-3+i)+(1-2i-1)-a(1-i)+b=0$
$(-2-2i)-2i-a+ai+b=0$
$(-a+b-2)+(a-4)i=0$
$a,\ b$ が実数より，$-a+b-2,\ a-4$ は実数であるから
$-a+b-2=0,\ a-4=0$
これを解いて　$a=4,\ b=6$
(2) $P(x)=x^3+x^2-4x+6$ とおくと
$P(-3)=(-3)^3+(-3)^2-4\cdot(-3)+6=0$
よって，$P(x)$ は $x+3$ を因数にもつから，
$P(x)$ を因数分解すると
$P(x)=(x+3)(x^2-2x+2)$
$P(x)=0$ より　$(x+3)(x^2-2x+2)=0$
$x+3=0$ または $x^2-2x+2=0$
よって　$x=-3,\ 1\pm i$
したがって，他の2つの解は　$x=-3,\ 1+i$

$$\begin{array}{r}
x^2-2x+2 \\
x+3\,\overline{)\,x^3+\ x^2-4x+6} \\
\underline{x^3+3x^2} \\
-2x^2-4x \\
\underline{-2x^2-6x} \\
2x+6 \\
\underline{2x+6} \\
0
\end{array}$$

(別解) (1) $x=1-i$ がこの方程式の解であるから，$x=1+i$ もこの方程式の解である。
よって x^3+x^2-ax+b は
$\{x-(1-i)\}\{x-(1+i)\}$
すなわち x^2-2x+2 で割り切れる。
x^3+x^2-ax+b を x^2-2x+2 で割ると
商は $x+3$，余りは $(-a+4)x+b-6$ となる。
余りが0であるから　$-a+4=0$，$b-6=0$
これを解いて　$a=4$，$b=6$

$$\begin{array}{r}
x+3 \\
x^2-2x+2\,\overline{)\,x^3+\ x^2-ax+b} \\
\underline{x^3-2x^2+2x} \\
3x^2+(-a-2)x+b \\
\underline{3x^2-6x+6} \\
(-a+4)x+b-6
\end{array}$$

(2) (1)より，他の解は　$x=-3$，$1+i$

応用問題

本冊 *p. 29*

答　$\boldsymbol{x=1}$，$\boldsymbol{\dfrac{-7\pm\sqrt{11}i}{2}}$

検討　$P(x)=x(x+2)(x+4)-15$
$\qquad=x^3+6x^2+8x-15$
とおくと
$P(1)=1\cdot(1+2)\cdot(1+4)-1\cdot3\cdot5=0$
よって，$P(x)$ は $x-1$ を因数にもつから，
$P(x)$ を因数分解すると
$P(x)=(x-1)(x^2+7x+15)$
$P(x)=0$ より　$(x-1)(x^2+7x+15)=0$
よって　$x-1=0$ または $x^2+7x+15=0$
したがって　$x=1$，$\dfrac{-7\pm\sqrt{11}i}{2}$

$$\begin{array}{r}
x^2+7x+15 \\
x-1\,\overline{)\,x^3+6x^2+8x-15} \\
\underline{x^3-x^2} \\
7x^2+8x \\
\underline{7x^2-7x} \\
15x-15 \\
\underline{15x-15} \\
0
\end{array}$$

94

答　$\boldsymbol{\alpha=a+bi}$ **が与えられた方程式の解だから**　$\boldsymbol{(a+bi)^3+p(a+bi)^2+q(a+bi)+r=0}$
$\boldsymbol{(a^3+3a^2bi-3ab^2-b^3i)}$
$\quad\boldsymbol{+p(a^2+2abi-b^2)+q(a+bi)+r=0}$
これを $\boldsymbol{i}$ **について整理すると**
$\boldsymbol{a^3-3ab^2+pa^2-pb^2+qa+r}$
$\quad\boldsymbol{+(3a^2b-b^3+2pab+qb)i=0}$
$\boldsymbol{a^3-3ab^2+pa^2-pb^2+qa+r}$，
$\boldsymbol{3a^2b-b^3+2pab+qb}$ **は実数であるから**
$\quad\boldsymbol{a^3-3ab^2+pa^2-pb^2+qa+r=0}$　……①
$\quad\boldsymbol{3a^2b-b^3+2pab+qb=0}$　……②
$\boldsymbol{\overline{\alpha}=a-bi}$ **を** $\boldsymbol{x^3+px^2+qx+r}$ **に代入すると**
$\boldsymbol{(a-bi)^3+p(a-bi)^2+q(a-bi)+r}$
$\boldsymbol{=(a^3-3a^2bi-3ab^2+b^3i)}$
$\quad\boldsymbol{+p(a^2-2abi-b^2)+q(a-bi)+r}$
$\boldsymbol{=a^3-3ab^2+pa^2-pb^2+qa+r}$
$\quad\boldsymbol{-(3a^2b-b^3+2pab+qb)i}$
$\boldsymbol{=0}$　**(①，②より)**
よって，$\boldsymbol{\overline{\alpha}=a-bi}$ **もこの方程式の解である。**

95

答　**(1) 3　(2) 0　(3)** $\boldsymbol{n}$ **が 3 の倍数のとき 3，**
$\boldsymbol{n}$ **が 3 の倍数でないとき 0**

検討　ω は1の3乗根だから，
$\omega^3=1$，$\omega^2+\omega+1=0$
(1) 与式$=(\omega^3)^2+\omega^3+1=1^2+1+1=3$
(2) 与式$=(\omega^3)^2\cdot\omega^2+\omega^3\cdot\omega+1$
$\qquad=1^2\cdot\omega^2+1\cdot\omega+1=\omega^2+\omega+1=0$
(3) $n=3k$ ($k=1$，2，…) のとき
与式$=\omega^{6k}+\omega^{3k}+1=(\omega^3)^{2k}+(\omega^3)^k+1$
$\qquad=1+1+1=3$
$n=3k-1$ ($k=1$，2，…) のとき

与式$=\omega^{6k-2}+\omega^{3k-1}+1$

$=(\omega^3)^{2k-1}\cdot\omega+(\omega^3)^{k-1}\cdot\omega^2+1$

$=\omega+\omega^2+1=0$

$n=3k-2\ (k=1,\ 2,\ \cdots)$ のとき

与式$=\omega^{6k-4}+\omega^{3k-2}+1$

$=(\omega^3)^{2k-2}\cdot\omega^2+(\omega^3)^{k-1}\cdot\omega+1$

$=\omega^2+\omega+1=0$

テスト対策

方程式 $x^3=1$ の虚数解の 1 つを ω とすると，(ω は $x^2+x+1=0$ の解)

$\boldsymbol{\omega^3=1,\ \omega^2+\omega+1=0}$

96

答　$\boldsymbol{a=-5,\ 4}$

検討　$P(x)=x^3+3x^2+(a-4)x-a$ とおくと

$P(1)=1^3+3\cdot1^2+(a-4)\cdot1-a=0$

よって，$P(x)$ は $x-1$ を因数にもつから，

$P(x)$ を因数分解すると

$P(x)=(x-1)(x^2+4x+a)$

$$
\begin{array}{r|l}
 & x^2+4x+a \\
\hline
x-1 & x^3+3x^2+(a-4)x-a \\
 & x^3-\ x^2 \\
\hline
 & \quad 4x^2+(a-4)x \\
 & \quad 4x^2-4x \\
\hline
 & \qquad\qquad ax-a \\
 & \qquad\qquad ax-a \\
\hline
 & \qquad\qquad\quad 0
\end{array}
$$

$P(x)=0$ より　$(x-1)(x^2+4x+a)=0$

与えられた 3 次方程式が 2 重解をもつのは，次の(i)または(ii)のときである。

(i) 2 次方程式 $x^2+4x+a=0$ の 1 つの解が 1，他の解が 1 ではない。

$1^2+4\cdot1+a=0$　よって　$a=-5$

このとき　$x^2+4x-5=0$

$(x+5)(x-1)=0$　　$x=-5,\ 1$

他の解が 1 でないから適する。

(ii) 2 次方程式 $x^2+4x+a=0$ が 1 以外の重解をもつ。

$x^2+4x+a=0$ の判別式 D とすると，

$D=0$ かつ $1^2+4\cdot1+a\neq0$

すなわち，$D=0$ かつ $a\neq-5$

$\dfrac{D}{4}=2^2-1\cdot a=0$

よって　$a=4$　(これは $a\neq-5$ を満たす)

(i)，(ii)より，$a=-5,\ 4$

97

答　$\boldsymbol{a<-2,\ -2<a<\dfrac{1}{4}}$

検討　$P(x)=x^3+(a-1)x-a$ とおくと

$P(1)=1^3+(a-1)\cdot1-a=0$

よって，$P(x)$ は $x-1$ を因数にもつから

$P(x)$ を因数分解すると

$P(x)=(x-1)(x^2+x+a)$

$$
\begin{array}{r|l}
 & x^2+x+a \\
\hline
x-1 & x^3 \qquad +(a-1)x-a \\
 & x^3-x^2 \\
\hline
 & \quad x^2+(a-1)x \\
 & \quad x^2-x \\
\hline
 & \qquad\qquad ax-a \\
 & \qquad\qquad ax-a \\
\hline
 & \qquad\qquad\quad 0
\end{array}
$$

$P(x)=0$ より　$(x-1)(x^2+x+a)=0$

与えられた 3 次方程式が異なる 3 つの実数解をもつのは，2 次方程式 $x^2+x+a=0$ が 1 以外の異なる 2 つの実数解をもつ場合である。

$x^2+x+a=0$ の判別式を D とすると

$D>0$ かつ $1^2+1+a\neq0$

すなわち，$D>0$ かつ $a\neq-2$

$D=1^2-4a>0$　よって　$a<\dfrac{1}{4}$

したがって　$a<-2,\ -2<a<\dfrac{1}{4}$

13 点の座標

基本問題 本冊 p. 31

98

答　(1) **6**　(2) **9**　(3) **3**

検討　A(x_1)，B(x_2) のとき　AB$=|x_2-x_1|$

(1) AB$=2-(-4)=6$

(2) AC$=5-(-4)=9$

(3) BC$=5-2=3$

答　(1) $\mathbf{2\sqrt{5}}$　(2) $\mathbf{5\sqrt{2}}$　(3) $\sqrt{\mathbf{10}}$
(4) $\sqrt{\mathbf{2}(\boldsymbol{a}^2+\boldsymbol{b}^2)}$

検討　距離の公式を使えばよい。

(1) $\mathrm{AB}=\sqrt{(5-3)^2+(8-4)^2}$
$=2\sqrt{5}$

(4) $\mathrm{AB}=\sqrt{(b-a)^2+(-a-b)^2}$
$=\sqrt{b^2-2ab+a^2+a^2+2ab+b^2}$
$=\sqrt{2(a^2+b^2)}$

答　(1) $(\mathbf{1},\ \mathbf{-2})$　(2) $(\mathbf{-1},\ \mathbf{2})$
(3) $(\mathbf{-1},\ \mathbf{-2})$

検討　点を座標平面上にとって考える。

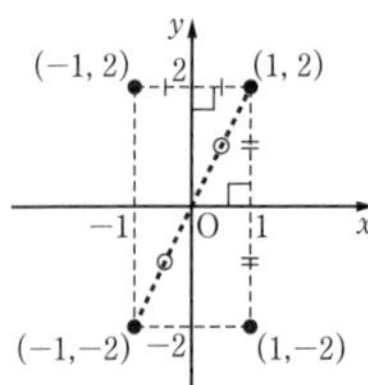

101

答　(1) $\angle\mathbf{A}=\mathbf{90}^\circ$ の直角二等辺三角形
(2) 正三角形

検討　どんな三角形かを答える問題では，特殊な三角形になることがほとんどである。まず，3辺の長さを調べてみることが重要である。

(1) $\mathrm{AB}^2=(4-0)^2+(2+1)^2=25$
$\mathrm{BC}^2=(-3-4)^2+(3-2)^2=50$
$\mathrm{CA}^2=(0+3)^2+(-1-3)^2=25$
よって　$\mathrm{AB}=\mathrm{CA}$，$\mathrm{BC}^2=\mathrm{AB}^2+\mathrm{CA}^2$
ゆえに，△ABC は $\angle\mathrm{A}=90^\circ$ の直角二等辺三角形である。

答　$\left(\mathbf{0},\ \dfrac{\mathbf{3}}{\mathbf{2}}\right)$

検討　y 軸上の点だから $\mathrm{P}(0,\ y)$ とおける。
$\mathrm{AP}=\mathrm{BP}$ すなわち $\mathrm{AP}^2=\mathrm{BP}^2$ より
$(0-1)^2+(y+3)^2=(0-3)^2+(y-5)^2$
$16y=24$　　よって　$y=\dfrac{3}{2}$
ゆえに，求める y 軸上の点の座標は　$\left(0,\ \dfrac{3}{2}\right)$

テスト対策
$\boldsymbol{x}$ **軸上の点の座標は** $(\boldsymbol{x},\ \mathbf{0})$，$\boldsymbol{y}$ **軸上の点の座標は** $(\mathbf{0},\ \boldsymbol{y})$ とおける。

103

答　(1) $\mathbf{D}\left(\dfrac{\mathbf{19}}{\mathbf{5}},\ \mathbf{0}\right)$，$\mathbf{E}(\mathbf{11},\ \mathbf{0})$　(2) $\left(\dfrac{\mathbf{11}}{\mathbf{2}},\ \mathbf{0}\right)$

検討　(1) 内分する点 D の x 座標は
$\dfrac{2\times2+3\times5}{3+2}=\dfrac{19}{5}$
外分する点 E の x 座標は
$\dfrac{-2\times2+3\times5}{3-2}=11$

(2) $\dfrac{2+9}{2}=\dfrac{11}{2}$

104

答　(1) $\mathbf{C}\left(\dfrac{\mathbf{14}}{\mathbf{3}},\ \dfrac{\mathbf{26}}{\mathbf{3}}\right)$，$\mathbf{D}(\mathbf{-2},\ \mathbf{-2})$
(2) $\mathbf{M}\left(\dfrac{\mathbf{11}}{\mathbf{2}},\ \mathbf{10}\right)$

検討　(1) $\dfrac{2\times3+1\times8}{1+2}=\dfrac{14}{3}$，
$\dfrac{2\times6+1\times14}{1+2}=\dfrac{26}{3}$
よって　$\mathrm{C}\left(\dfrac{14}{3},\ \dfrac{26}{3}\right)$
$\dfrac{-2\times3+1\times8}{1-2}=-2$，　$\dfrac{-2\times6+1\times14}{1-2}=-2$
よって　$\mathrm{D}(-2,\ -2)$

(2) $\dfrac{3+8}{2}=\dfrac{11}{2}$，　$\dfrac{6+14}{2}=10$
よって　$\mathrm{M}\left(\dfrac{11}{2},\ 10\right)$

105

答　(1) $\mathbf{C}\left(\mathbf{1},\ \dfrac{\mathbf{1}}{\mathbf{3}}\right)$，$\mathbf{D}(\mathbf{5},\ \mathbf{11})$
(2) $\left(\mathbf{0},\ -\dfrac{\mathbf{7}}{\mathbf{3}}\right)$，$\left(\mathbf{1},\ \dfrac{\mathbf{1}}{\mathbf{3}}\right)$

検討 (2) 線分 AB を 3 等分する点は，線分 AB を 1：2 に内分する点と，2：1 に内分する点((1)で求めた点 C)である。
線分 AB を 1：2 に内分する点は
$\dfrac{2\times(-1)+1\times2}{1+2}=0$，$\dfrac{2\times(-5)+1\times3}{1+2}=-\dfrac{7}{3}$
より $\left(0,\ -\dfrac{7}{3}\right)$

106

答 (1) $\left(\boldsymbol{2,\ -\dfrac{3}{2}}\right)$ (2) **D(3，1)**

検討 (1) 対角線の交点は線分 AC の中点であるから
$\left(\dfrac{-3+7}{2},\ \dfrac{5-8}{2}\right)$ すなわち $\left(2,\ -\dfrac{3}{2}\right)$
(2) BD の中点が(1)で求めた対角線の交点となる。D$(a,\ b)$ とすると
$\dfrac{1+a}{2}=2$，$\dfrac{-4+b}{2}=-\dfrac{3}{2}$
よって $a=3$，$b=1$
ゆえに D(3，1)

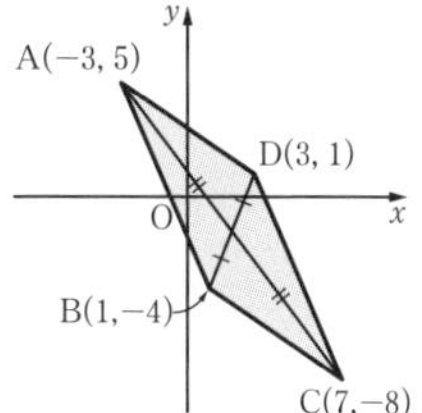

107

答 (1) **(−1，0)** (2) **(6，6)**
(3) $(\boldsymbol{2-a,\ 6-b})$

検討 (1) 求める点を $(x,\ y)$ とする。
点 (1，3) が，2 点 (3，6)，$(x,\ y)$ を結ぶ線分の中点となるから
$\dfrac{3+x}{2}=1$，$\dfrac{6+y}{2}=3$
よって $x=-1$，$y=0$
ゆえに $(-1,\ 0)$

108

答 **(5，13)**

検討 C$(a,\ b)$ とすると
$\dfrac{1+6+a}{3}=4$，$\dfrac{3+8+b}{3}=8$
よって $a=12-7=5$，$b=24-11=13$
ゆえに C(5，13)

109

答 **A(−4，−5)，B(10，1)，C(0，7)**

検討 3 点を A$(a,\ b)$，B$(c,\ d)$，C$(e,\ f)$ とすると，題意より
$\dfrac{a+c}{2}=3$ ……①，$\dfrac{c+e}{2}=5$ ……②，
$\dfrac{a+e}{2}=-2$ ……③
①～③を解くと $a=-4$，$c=10$，$e=0$
$\dfrac{b+d}{2}=-2$ ……④，$\dfrac{d+f}{2}=4$ ……⑤，
$\dfrac{b+f}{2}=1$ ……⑥
④～⑥を解くと $b=-5$，$d=1$，$f=7$
ゆえに A(−4，−5)，B(10，1)，C(0，7)

応用問題 ・・・・・・・・・・・・・・・・・・ 本冊 p. 33

110

答 $\left(\boldsymbol{\dfrac{9}{2},\ \dfrac{11}{2}}\right)$

検討 点 P は直線 $y=x+1$ 上の点だから，
P$(a,\ a+1)$ とおける。
AP=BP すなわち $AP^2=BP^2$ より
$(a-3)^2+(a+1)^2=a^2+(a-1)^2$
$2a^2-4a+10=2a^2-2a+1$ よって $a=\dfrac{9}{2}$
ゆえに $P\left(\dfrac{9}{2},\ \dfrac{11}{2}\right)$

111

答 **BC を $\boldsymbol{x}$ 軸，M を原点にとり，A$(\boldsymbol{a,\ c})$，B$(\boldsymbol{-b,\ 0})$，C$(\boldsymbol{b,\ 0})$ とする。**
$\boldsymbol{AB^2+AC^2}$
$\boldsymbol{=(a+b)^2+c^2+(a-b)^2+c^2=2(a^2+b^2+c^2)}$
$\boldsymbol{2(AM^2+BM^2)=2(a^2+b^2+c^2)}$
よって $\boldsymbol{AB^2+AC^2=2(AM^2+BM^2)}$

112

答 $\mathbf{A}(a_1,\ a_2), \mathbf{B}(b_1,\ b_2), \mathbf{C}(c_1,\ c_2)$ とすると，

$\mathbf{D}\left(\frac{b_1+c_1}{2},\ \frac{b_2+c_2}{2}\right)$, $\mathbf{E}\left(\frac{c_1+a_1}{2},\ \frac{c_2+a_2}{2}\right)$,

$\mathbf{F}\left(\frac{a_1+b_1}{2},\ \frac{a_2+b_2}{2}\right)$

△DEF の重心の x 座標，y 座標はそれぞれ

$$\frac{1}{3}\left(\frac{b_1+c_1}{2}+\frac{c_1+a_1}{2}+\frac{a_1+b_1}{2}\right)=\frac{a_1+b_1+c_1}{3}$$

$$\frac{1}{3}\left(\frac{b_2+c_2}{2}+\frac{c_2+a_2}{2}+\frac{a_2+b_2}{2}\right)=\frac{a_2+b_2+c_2}{3}$$

よって，△ABC の重心と一致する。

113

答 $\mathbf{P}\left(\frac{43}{8},\ \frac{35}{8}\right)$，半径 $\frac{5\sqrt{34}}{8}$

検討 $\mathrm{P}(a,\ b)$ とすると

$\mathrm{AP}=\mathrm{BP}$ すなわち $\mathrm{AP}^2=\mathrm{BP}^2$ より

$(a-2)^2+(b-3)^2=(a-5)^2+(b-8)^2$

$\mathrm{AP}=\mathrm{CP}$ すなわち $\mathrm{AP}^2=\mathrm{CP}^2$ より

$(a-2)^2+(b-3)^2=(a-4)^2+(b-1)^2$

よって　$3a+5b-38=0$，$a-b-1=0$

これより　$a=\frac{43}{8}$，$b=\frac{35}{8}$

よって　$\mathrm{P}\left(\frac{43}{8},\ \frac{35}{8}\right)$

外接円の半径は

$$\sqrt{\left(\frac{43}{8}-2\right)^2+\left(\frac{35}{8}-3\right)^2}=\sqrt{\frac{850}{8^2}}=\frac{5\sqrt{34}}{8}$$

14 直線の方程式

基本問題

本冊 p. 34

114

答 (1) $\boldsymbol{y=-4}$　(2) $\boldsymbol{x=1}$　(3) $\boldsymbol{y=2x-4}$

(4) $\boldsymbol{y=-2x+2}$

検討 (4) $y+4=-2(x-3)$

すなわち　$y=-2x+2$

115

答 (1) $\boldsymbol{y=2x}$　(2) $\boldsymbol{y=-\frac{1}{2}x+4}$

(3) $\boldsymbol{x=3}$　(4) $\boldsymbol{y=3}$　(5) $\boldsymbol{y=-\frac{3}{2}x-3}$

(6) $\boldsymbol{y=x-2}$

検討 (2) $y-3=\frac{6-3}{-4-2}(x-2)$

すなわち　$y=-\frac{1}{2}x+4$

(3) x 座標がともに 3 であるから　$x=3$

(6) $\frac{x}{2}+\frac{y}{-2}=1$　すなわち　$y=x-2$

116

答 $\boldsymbol{\ell : y=-x+4}$　$\boldsymbol{m : y=\frac{1}{2}x+2}$

検討 ℓ…傾きが $\frac{-4}{4}=-1$，y 切片が 4 だから

$y=-x+4$

m…傾きが $\frac{2}{4}=\frac{1}{2}$，y 切片が 2 だから

$y=\frac{1}{2}x+2$

117

答 (1) 同一直線上にはない。

(2) $\boldsymbol{a=-1,\ 2}$

検討 (1) 2 点 $(-1,\ 0)$，$(2,\ 3)$ を通る直線の方程式は　$y-0=\frac{3-0}{2+1}(x+1)$，すなわち

$y=x+1$

点 $(6,\ 8)$ をこの式に代入しても，この式は成り立たない。

したがって，この 3 点は同一直線上にない。

(2) 2 点 $\mathrm{A}(3,\ -2)$，$\mathrm{B}(1,\ a)$ を通る直線の方程式は　$y+2=\frac{a+2}{1-3}(x-3)$，すなわち

$y=-\frac{a+2}{2}(x-3)-2$　……①

3 点が同一直線上にあるためには，点 C が直線①上にあればよい。

$0=-\frac{a+2}{2}(a-3)-2$　　$(a+2)(a-3)=-4$

$a^2-a-2=0$　　$(a+1)(a-2)=0$

よって　$a=-1,\ 2$

テスト対策

3点 A，B，C が同一直線上にあるための条件を求めるには，**点 C が直線 AB 上**にあるための条件を求めればよい。

118

答　$\boldsymbol{7x-3y-11=0}$

検討　2直線の交点は，連立方程式

$\begin{cases} x+y-3=0 \\ 3x-y-5=0 \end{cases}$ を解いて，(2，1) となる。

したがって，2点 (2，1)，(5，8) を通る直線の方程式を求めればよい。

$y-1=\dfrac{8-1}{5-2}(x-2)$

よって　$7x-3y-11=0$

119

答　(1) 第**2**象限，第**3**象限，第**4**象限

(2) 第**1**象限，第**2**象限，第**3**象限

(3) 第**1**象限，第**2**象限

(4) 第**1**象限，第**4**象限

(5) 第**1**象限，第**3**象限

検討　(1) $y=-\dfrac{a}{b}x-\dfrac{c}{b}$ で，　$ab>0$，　$bc>0$ だから，a，b と b，c はともに同符号となり，傾きが負で y 切片が負である。

(2) $ab<0$，$bc<0$ より，a，b と b，c はともに異符号となり傾きが正で y 切片が正である。

(3) $a=0$ より　$y=-\dfrac{c}{b}$

これは x 軸に平行な直線を表す。

$bc<0$ より，b，c は異符号となり　$-\dfrac{c}{b}>0$

よって，y 軸の正の部分と交わる。

(4) $b=0$ より　$x=-\dfrac{c}{a}$

これは y 軸に平行な直線を表す。

$ac<0$ より，a，c は異符号となり　$-\dfrac{c}{a}>0$

よって，x 軸の正の部分と交わる。

(5) $c=0$ より　$y=-\dfrac{a}{b}x$

これは原点を通る直線で，

$ab<0$ より，a，b は異符号となり傾きは

$-\dfrac{a}{b}>0$ である。

120

答　$\boldsymbol{x}$ 切片が $\boldsymbol{a}$，$\boldsymbol{y}$ 切片が $\boldsymbol{b}$ の直線の方程式は　$\boldsymbol{\dfrac{x}{a}+\dfrac{y}{b}=1}$

これが点 (**3**，**2**) を通るので　$\boldsymbol{\dfrac{3}{a}+\dfrac{2}{b}=1}$

両辺に $\boldsymbol{ab}$ を掛けると　$\boldsymbol{2a+3b=ab}$

121

答　$\boldsymbol{a=\dfrac{8}{7}}$

検討　2直線 $x+y-3=0$，$2x-3y+1=0$ の交点は，連立方程式 $\begin{cases} x+y-3=0 \\ 2x-3y+1=0 \end{cases}$ を解いて

$\left(\dfrac{8}{5},\ \dfrac{7}{5}\right)$ となる。3直線が1点で交わるということは，上で求めた交点が第3の直線上にあるということである。

ゆえに　$\dfrac{8}{5}-\dfrac{7}{5}a=0$　　　よって　$a=\dfrac{8}{7}$

122

答　互いに平行なもの：(2)と(3)

互いに垂直なもの：(1)と(4)

検討　$y=mx+n$ の形にすると次のようになる。

(1) $y=-3x+2$　(2) $y=3x+2$　(3) $y=3x+1$

(4) $y=\dfrac{1}{3}x+\dfrac{2}{3}$

123

答　平行な直線：$\boldsymbol{x+2y-7=0}$

垂直な直線：$\boldsymbol{2x-y+1=0}$

検討　与えられた直線の方程式は

$y=-\dfrac{1}{2}x-\dfrac{3}{2}$　……①と変形できる。

①と平行な直線の方程式を $y=-\dfrac{1}{2}x+c$ とおいて，これが点 (1，3) を通ることから

$3=-\dfrac{1}{2}+c$　　$c=\dfrac{7}{2}$

よって　$x+2y-7=0$

①と垂直な直線の方程式は傾きが2となるので，$y=2x+d$ とおいて，これが点 $(1,\ 3)$ を通ることから　$3=2+d$　　$d=1$

よって　$2x-y+1=0$

124

答　平行な直線：$\boldsymbol{y=-x-5}$
垂直な直線：$\boldsymbol{y=x-1}$

検討　2点 $(1,\ 6)$，$(4,\ 3)$ を通る直線の傾きは

$\dfrac{3-6}{4-1}=-1$

求める平行な直線の方程式を $y=-x+c$ とおいて，これが点 $(-2,\ -3)$ を通ることから

$-3=2+c$　　$c=-5$

よって　$y=-x-5$

求める垂直な直線の方程式を $y=x+d$ とおいて，これが点 $(-2,\ -3)$ を通ることから

$-3=-2+d$　　$d=-1$

よって　$y=x-1$

125

答　$\boldsymbol{y=-5x+25}$

検討　2点 $(-1,\ 4)$，$(9,\ 6)$ を通る直線の傾きは $\dfrac{6-4}{9+1}=\dfrac{1}{5}$ であるから，求める直線の傾きは -5 である。

また2点 $(-1,\ 4)$，$(9,\ 6)$ を結ぶ線分の中点は $\left(\dfrac{-1+9}{2},\ \dfrac{4+6}{2}\right)$，すなわち $(4,\ 5)$ であるから，求める垂直二等分線の方程式は

$y-5=-5(x-4)$

よって　$y=-5x+25$

126

答　$\boldsymbol{(-7,\ 7)}$

検討　直線 ℓ：$3x+y-6=0$ に関して，Aと対称な点を $\mathrm{B}(a,\ b)$ とする。

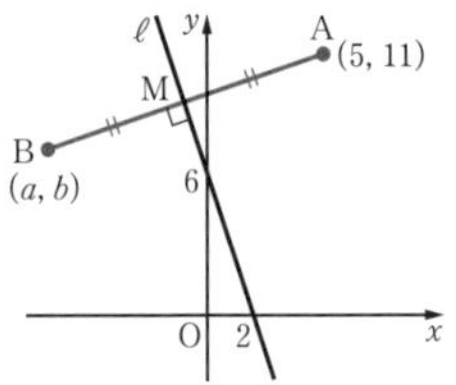

線分ABは直線 ℓ に垂直であるから

$\dfrac{b-11}{a-5}=\dfrac{1}{3}$

ゆえに　$-a+3b=28$　……①

また，線分ABの中点Mの座標は

$\left(\dfrac{a+5}{2},\ \dfrac{b+11}{2}\right)$ で，中点Mは直線 ℓ 上にあるから

$\dfrac{3}{2}(a+5)+\dfrac{1}{2}(b+11)-6=0$

ゆえに　$3a+b=-14$　……②

①，②より　$a=-7$，$b=7$

したがって，点Bの座標は $(-7,\ 7)$

テスト対策

2点A，Bが直線 ℓ に関して対称なとき，線分ABの**中点が $\boldsymbol{\ell}$ 上**，$\boldsymbol{\mathrm{AB}\perp\ell}$

127

答　(1) $\boldsymbol{6x-5y+7=0}$　(2) $\boldsymbol{3x-2y+4=0}$
(3) $\boldsymbol{x-3y-1=0}$　(4) $\boldsymbol{4x+3y+11=0}$

検討　2直線の交点を通る直線の方程式は，k を定数とすると

$(x-y+1)+k(x+2y+4)=0$

$(1+k)x+(2k-1)y+(1+4k)=0$　……①

と表すことができる。

(1) ①が点 $(3,\ 5)$ を通るので，①に代入すると，

$3(1+k)+5(2k-1)+(1+4k)=0$

ゆえに　$k=\dfrac{1}{17}$

$k=\dfrac{1}{17}$ を①に代入して整理すると

$6x-5y+7=0$

(2) ①が点 $(0,\ 2)$ を通るので，①に代入すると，

$2(2k-1)+(1+4k)=0$

ゆえに　$k=\dfrac{1}{8}$

$k=\dfrac{1}{8}$ を①に代入して整理すると，

$3x-2y+4=0$

(3) $(1+k)\cdot(-3)-1\cdot(2k-1)=0$ より　$k=-\dfrac{2}{5}$

$k=-\dfrac{2}{5}$ を①に代入して整理すると

$x-3y-1=0$

(4) $(1+k)\cdot 3+(2k-1)\cdot(-4)=0$ より　$k=\dfrac{7}{5}$

$k=\dfrac{7}{5}$ を①に代入して整理すると

$4x+3y+11=0$

テスト対策

2 直線 $ax+by+c=0$，$a'x+b'y+c'=0$ の交点を通る直線の方程式は，

$$\boldsymbol{ax+by+c+k(a'x+b'y+c')=0}$$

とおける。(直線 $a'x+b'y+c'=0$ を除く。)

128

答　**与式を k について整理すると**
$(3x-y-3)-k(x+4y+2)=0$
これより k の値にかかわらず，
2 直線 $3x-y-3=0$，$x+4y+2=0$ の交点を通る。
交点の座標は $\left(\dfrac{10}{13},\ -\dfrac{9}{13}\right)$ であるから，この直線は定点 $\left(\dfrac{10}{13},\ -\dfrac{9}{13}\right)$ を通る。

129

答　(1) $\boldsymbol{\dfrac{6}{5}}$　(2) $\boldsymbol{\dfrac{3\sqrt{5}}{5}}$　(3) $\boldsymbol{\dfrac{2\sqrt{5}}{5}}$

検討　(1) $\dfrac{|3\cdot 1-4\cdot 1-5|}{\sqrt{3^2+(-4)^2}}=\dfrac{6}{5}$

(2) $\dfrac{|0-2\cdot 0-3|}{\sqrt{1^2+(-2)^2}}=\dfrac{3}{\sqrt{5}}=\dfrac{3\sqrt{5}}{5}$

(3) $y=\dfrac{1}{2}x+1$ より　$x-2y+2=0$

$\dfrac{|-2-2\cdot 1+2|}{\sqrt{1^2+(-2)^2}}=\dfrac{2}{\sqrt{5}}=\dfrac{2\sqrt{5}}{5}$

答　$\boldsymbol{\dfrac{\sqrt{10}}{5}}$

検討　2 直線は $y=3x-2$，$y=3x-4$ で，平行な 2 直線であるから，たとえば直線 $y=3x-2$ 上の点 $(0,\ -2)$ より $y=3x-4$ に下ろした垂線の長さを求めればよい。

$\dfrac{|3\cdot 0-(-2)-4|}{\sqrt{3^2+(-1)^2}}=\dfrac{2}{\sqrt{10}}=\dfrac{\sqrt{10}}{5}$

答　$\boldsymbol{\dfrac{37}{2}}$

検討　公式 $S=\dfrac{1}{2}|x_1y_2-x_2y_1|$ を使うためには，3 点をたとえば x 軸方向に 2，y 軸方向に -4 だけ平行移動する。このとき，3 点は $(0,\ 0)$，$(5,\ -6)$，$(-2,\ -5)$ となり

$S=\dfrac{1}{2}|5\cdot(-5)-(-2)\cdot(-6)|=\dfrac{37}{2}$

別の方法としては，3 点をそれぞれ通り，辺が座標軸に平行な長方形を考えて，その面積から 3 つの三角形の面積を引く方法がある。

132

答　$\boldsymbol{\dfrac{18}{5}}$

検討　$x+2y=5$　……①，$3x+y=2$　……②，$2x-y=3$　……③とおく。

直線①，②の交点は $\mathrm{A}\left(-\dfrac{1}{5},\ \dfrac{13}{5}\right)$

直線②，③の交点は $\mathrm{B}(1,\ -1)$

直線①，③の交点は $\mathrm{C}\left(\dfrac{11}{5},\ \dfrac{7}{5}\right)$

たとえば，点 B が原点にくるように，x 軸方向に -1，y 軸方向に 1 だけ平行移動させると，点 A は　点 $\left(-\dfrac{6}{5},\ \dfrac{18}{5}\right)$，

点 C は 点 $\left(\dfrac{6}{5},\ \dfrac{12}{5}\right)$ に移動するから

$S=\dfrac{1}{2}\left|\left(-\dfrac{6}{5}\right)\cdot\dfrac{12}{5}-\dfrac{6}{5}\cdot\dfrac{18}{5}\right|=\dfrac{1}{2}\cdot\dfrac{180}{25}=\dfrac{18}{5}$

応用問題

本冊 p. 39

答　$\boldsymbol{x=4,\ y=16}$

検討　2 点 $(x,\ 0)$，$(0,\ y)$ を通る直線の方程式は $\dfrac{X}{x}+\dfrac{Y}{y}=1$ で，点 $\left(\dfrac{1}{2},\ 14\right)$ もこの直線上にあるので　$\dfrac{1}{2x}+\dfrac{14}{y}=1$

これより　$2xy-28x-y=0$

よって　$(2x-1)(y-14)=14$　……①
$x \geqq 1$ より　$2x-1 \geqq 1$
したがって　$y-14>0$
また，$y \leqq 25$ より　$0<y-14 \leqq 11$
このとき，①より

$$\begin{cases}2x-1=2\\ y-14=7\end{cases}\quad \begin{cases}2x-1=7\\ y-14=2\end{cases}\quad \begin{cases}2x-1=14\\ y-14=1\end{cases}$$

このうち x，y がともに整数になるものを求めると　$x=4$，$y=16$

134

答　**2 点 A，B を通る直線の方程式は，$x_1 \neq x_2$ のとき**

$$y-y_1=\frac{y_2-y_1}{x_2-x_1}(x-x_1)$$

分母を払うと

$$(x_2-x_1)(y-y_1)=(y_2-y_1)(x-x_1)\quad\cdots\cdots①$$

また，$x_1=x_2$ のときは，2 点 A，B を通る直線の方程式は，明らかに $x=x_1$
これは①を満たすから，①は $x_2-x_1 \neq 0$，$x_2-x_1=0$ に関係なく，2 点 A，B を通る直線の方程式となる。
この直線上に点 C$(x_3,\ y_3)$ があればよいので，3 点 A，B，C が同一直線上にあるための条件は，x に x_3，y に y_3 を代入して

$$(x_2-x_1)(y_3-y_1)=(y_2-y_1)(x_3-x_1)$$

135

答　(1) $y=mx+m-1$　(2) $m=1,\ \dfrac{9}{4}$

検討　(1) A$(-1,\ -1)$ を通り傾き m の直線だから　$y+1=m(x+1)$，すなわち
$y=mx+m-1$

(2) 直線 $y=mx+m-1$ が辺 BC と交わるとき，その交点を E とすると，

$\triangle \mathrm{ABE}=\dfrac{1}{3}\times$(長方形 ABCD) だから

$$\frac{1}{2}\mathrm{AB}\cdot\mathrm{BE}=\frac{1}{3}\mathrm{AB}\cdot\mathrm{BC}$$

ゆえに　$\mathrm{BE}=\dfrac{2}{3}\mathrm{BC}$

点 E は辺 BC を 2：1 に内分する点だから，E の y 座標は 1 となる。
これから E(1，1) となるので $y=mx+m-1$ に $x=y=1$ を代入して，$m=1$
直線 $y=mx+m-1$ が辺 DC と交わるとき，その交点を F とすると，同様にして

F$\left(\dfrac{1}{3},\ 2\right)$　　よって　$m=\dfrac{9}{4}$

答　$y=\dfrac{1}{3}x+\dfrac{5}{3}$

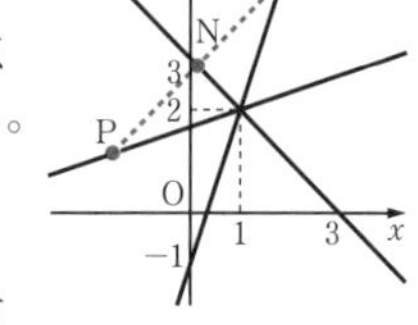

検討　$y=3x-1$ 上の点を M$(\alpha,\ 3\alpha-1)$ とする。
直線
$y=-x+3$　……①
に関して，点 M と対称な点を P$(X,\ Y)$ とすると，PM の中点 N は直線①上にある。

N$\left(\dfrac{X+\alpha}{2},\ \dfrac{Y+3\alpha-1}{2}\right)$ だから

$$\frac{X+\alpha}{2}+\frac{Y+3\alpha-1}{2}-3=0$$

よって　$X+Y+4\alpha-7=0$　……②
また，直線 PM は直線①と垂直に交わるから

$$\frac{Y-(3\alpha-1)}{X-\alpha}\times(-1)=-1$$

ゆえに　$X-Y+2\alpha-1=0$　……③
②，③より，α を消去すると
$X-3Y+5=0$
よって，求める直線の方程式は
$x-3y+5=0$

すなわち　$y=\dfrac{1}{3}x+\dfrac{5}{3}$

答　**点 $(a,\ b)$ は直線 $2y-x+k=0$ 上を動くので　$2b-a+k=0$**
ゆえに　$a=2b+k$　……①
①を $(b-1)y+ax-4b=0$ に代入すると
$(b-1)y+(2b+k)x-4b=0$
ゆえに　$(2x+y-4)b+kx-y=0$
b が任意の実数値をとって変化するとき，この直線は，2 直線
$2x+y-4=0$，$kx-y=0$
の交点を通る。

2式より $\boldsymbol{y}$ を消去すると　$(2+k)x=4$

$k\neq-2$ より　$x=\dfrac{4}{k+2}$，$y=\dfrac{4k}{k+2}$

よって，直線 $(b-1)y+ax-4b=0$ は，

定点 $\mathrm{P}\left(\dfrac{4}{k+2},\ \dfrac{4k}{k+2}\right)$ をつねに通る。

検討　変化するのは a，b だから，直線 $(b-1)y+ax-4b=0$ より a または b を消去して，b または a について整理する。

答　$y=2$ または $x=1$

検討　直線 $ax+by+c=0$ が点 $(1,\ 2)$ を通るとすると

$a+2b+c=0$　　よって　$c=-a-2b$

題意より　$\dfrac{|5a+6b+c|}{\sqrt{a^2+b^2}}=4$

これに $c=-a-2b$ を代入して整理すると

$|a+b|=\sqrt{a^2+b^2}$

両辺を平方すると　$(a+b)^2=a^2+b^2$　$ab=0$

a，b は同時には0でないから

$a=0$ または $b=0$

ゆえに

$a=0$，$c=-2b$ または $b=0$，$c=-a$

よって　$y=2$ または $x=1$

139

答　$x+2y-5=0$，$2x-y+5=0$

検討　x 軸，y 軸に平行な2直線のときは，原点から等距離にないことは明らかである。

よって，点 $(-1,\ 3)$ を通る直線の方程式を $y=m(x+1)+3$，$y=n(x+1)+3$ すなわち $mx-y+m+3=0$，$nx-y+n+3=0$ とおく。ただし，$mn=-1$ とする。

原点から2つの直線までの距離が等しいので，

$$\frac{|m+3|}{\sqrt{m^2+1}}=\frac{|n+3|}{\sqrt{n^2+1}}$$

この両辺を平方して　$\dfrac{(m+3)^2}{m^2+1}=\dfrac{(n+3)^2}{n^2+1}$

$m=-\dfrac{1}{n}$ を代入すると　$\dfrac{\left(-\dfrac{1}{n}+3\right)^2}{\dfrac{1}{n^2}+1}=\dfrac{(n+3)^2}{n^2+1}$

整理すると　$\dfrac{(3n-1)^2}{1+n^2}=\dfrac{(n+3)^2}{n^2+1}$

ゆえに　$(3n-1)^2=(n+3)^2$

$(n-2)(2n+1)=0$

よって　$n=2,\ -\dfrac{1}{2}$

ゆえに　$y=2x+5$，$y=-\dfrac{1}{2}x+\dfrac{5}{2}$

15 円と直線

基本問題

本冊 p. 41

140

答　(1) $x^2+y^2=16$　(2) $(x-1)^2+(y+2)^2=9$

(3) $(x-2)^2+(y+3)^2=9$

(4) $(x-1)^2+(y-2)^2=1$

(5) $(x-2)^2+(y-1)^2=13$

(6) $(x+2)^2+(y-3)^2=26$

(7) $(x-1)^2+(y-1)^2=1$，$(x-5)^2+(y-5)^2=25$

検討　(3) x 軸に接することから半径は中心の y 座標の絶対値3である。

よって　$(x-2)^2+(y+3)^2=9$

(4) y 軸に接することから半径は中心の x 座標の絶対値1である。

よって　$(x-1)^2+(y-2)^2=1$

(5) 円の方程式を $(x-2)^2+(y-1)^2=r^2$ とおき，$(5,\ 3)$ を代入すると $r^2=13$ となる。

よって　$(x-2)^2+(y-1)^2=13$

(6) 中心は2点 $(3,\ 2)$，$(-7,\ 4)$ を結ぶ線分の中点より $(-2,\ 3)$ となる。半径は，点 $(-2,\ 3)$ と点 $(3,\ 2)$ との距離であるから $\sqrt{(3+2)^2+(2-3)^2}=\sqrt{26}$ となる。

よって　$(x+2)^2+(y-3)^2=26$

(7) 点 $(1,\ 2)$ は第1象限にあるから，x 軸と y 軸の両方に接する円の中心は第1象限にあり，その座標を $(a,\ a)$ $(a>0)$ とすると，円の半径は a となり　$(x-a)^2+(y-a)^2=a^2$

これに $x=1$，$y=2$ を代入して

$(1-a)^2+(2-a)^2=a^2$

$a^2-6a+5=0$　　$(a-1)(a-5)=0$

$a=1,\ 5$（$a>0$ を満たす）

よって　$(x-1)^2+(y-1)^2=1$

$(x-5)^2+(y-5)^2=25$

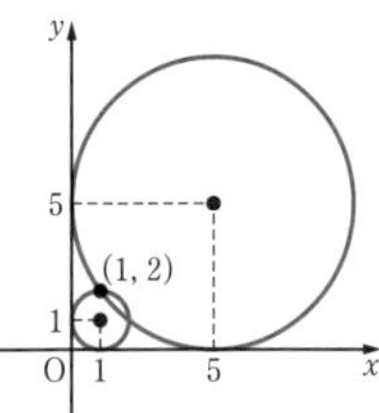

141

答　(1) 中心 $(3,\ 2)$，半径 5

(2) 中心 $(-3,\ -2)$，半径 5

(3) 中心 $(-1,\ -1)$，半径 $\sqrt{10}$

(4) 中心 $(0,\ 3)$，半径 3

(5) 中心 $(4,\ -3)$，半径 5

(6) 中心 $(1,\ -2)$，半径 $\dfrac{3\sqrt{2}}{2}$

(7) 中心 $(a,\ 0)$，半径 $|a|$

検討　(3) $x(x+2)+(y-2)(y+4)=0$

$x^2+2x+y^2+2y-8=0$

$(x+1)^2-1+(y+1)^2-1-8=0$

$(x+1)^2+(y+1)^2=10$

(5) $x^2+y^2-8x+6y=0$

$(x-4)^2-16+(y+3)^2-9=0$

$(x-4)^2+(y+3)^2=25$

(6) $2x^2+2y^2-4x+8y+1=0$

$x^2+y^2-2x+4y+\dfrac{1}{2}=0$

$x^2-2x+y^2+4y+\dfrac{1}{2}=0$

$(x-1)^2-1+(y+2)^2-4+\dfrac{1}{2}=0$

$(x-1)^2+(y+2)^2=\dfrac{9}{2}$

(7) $x^2+y^2-2ax=0$　　$x^2-2ax+y^2=0$

$(x-a)^2-a^2+y^2=0$　　$(x-a)^2+y^2=a^2$

半径は $|a|$ であることに注意する。

テスト対策

一般形で表された円の中心と半径を求めるためには，$(x-a)^2+(y-b)^2=r^2$ の形に変形する。

答　$(x-3)^2+(y-4)^2=16$

$(x-3)^2+(y-4)^2=36$

検討　原点と点 $(3,\ 4)$ との距離は 5 であるから，外接するときの円の半径は $5-1=4$，内接するときの円の半径は $5+1=6$ である。

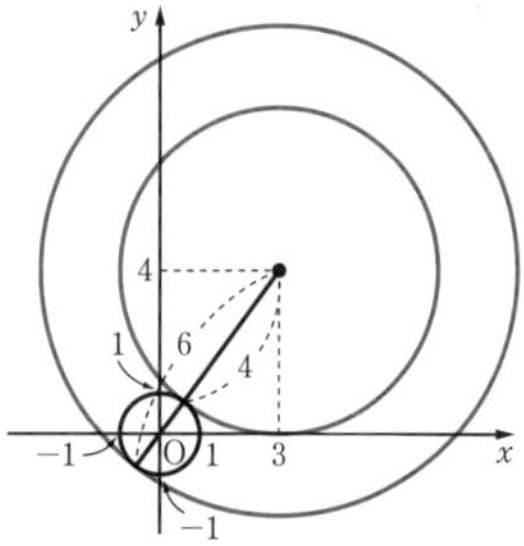

答　$x^2+y^2-3x+y-12=0$

検討　円の方程式を $x^2+y^2+ax+by+c=0$ とおく。3 点 $(0,\ -4)$，$(3,\ 3)$，$(5,\ -2)$ を通ることから，次の a，b，c についての連立方程式が導ける。

$$\begin{cases} 4b-c=16 & \cdots\cdots① \\ 3a+3b+c=-18 & \cdots\cdots② \\ 5a-2b+c=-29 & \cdots\cdots③ \end{cases}$$

①～③を解くと　$a=-3$，$b=1$，$c=-12$

よって　$x^2+y^2-3x+y-12=0$

144

答　$k<5$

検討　$x^2+y^2+2x-4y+k=0$

$x^2+2x+y^2-4y+k=0$

$(x+1)^2-1+(y-2)^2-4+k=0$

$(x+1)^2+(y-2)^2=5-k$

これが円を表すとき，$5-k>0$ より　$k<5$

答　(1) $(x-2)^2+(y-4)^2=4$

(2) $\left(x+\dfrac{5}{2}\right)^2+\left(y-\dfrac{5}{2}\right)^2=\dfrac{25}{2}$

検討　(1) $x^2+y^2-4x-8y-5=0$ は $(x-2)^2+(y-4)^2=25$ となるので，中心は $(2,\ 4)$ である。求める円は y 軸に接すること

から半径は中心の x 座標の絶対値2である。

よって　$(x-2)^2+(y-4)^2=4$

(2) 円の中心が直線 $y=x+5$ 上にあることから，$(a,\ a+5)$ とおくと，

$a^2+(a+5)^2=(a-1)^2+(a+5-2)^2$

$a=-\dfrac{5}{2}$

よって，中心は $\left(-\dfrac{5}{2},\ \dfrac{5}{2}\right)$ で原点を通るから，

半径は $\sqrt{\left(-\dfrac{5}{2}\right)^2+\left(\dfrac{5}{2}\right)^2}=\dfrac{5}{\sqrt{2}}$ となる。

ゆえに　$\left(x+\dfrac{5}{2}\right)^2+\left(y-\dfrac{5}{2}\right)^2=\dfrac{25}{2}$

答　$\sqrt{26}$

検討　三角形の頂点の座標を求めると

$(-4,\ -1)$，$(0,\ 3)$，$(2,\ 3)$

外接円の方程式を $x^2+y^2+ax+by+c=0$

とおくと，上の3点を通るので

$$\begin{cases}4a+b-c-17=0\\3b+c+9=0\\2a+3b+c+13=0\end{cases}$$

この連立方程式を解くと

$a=-2$，$b=4$，$c=-21$

ゆえに　$x^2+y^2-2x+4y-21=0$

よって　$(x-1)^2+(y+2)^2=26$

したがって，求める外接円の半径は $\sqrt{26}$

147

答　(1) **2点で交わる，$(1,\ 0)$，$(0,\ 1)$**

(2) **接する，$(-1,\ 1)$**　(3) **共有点をもたない**

検討　(1) 2式より y を消去して

$x^2+(1-x)^2=1$　　$x^2-x=0$

この2次方程式の判別式を D とすると

$D=(-1)^2-4\cdot1\cdot0=1>0$ より，2点で交わる。

(2) 2式より y を消去して　$x^2+(x+2)^2=2$

$x^2+2x+1=0$

この2次方程式の判別式を D とすると

$\dfrac{D}{4}=1^2-1\cdot1=0$ より，接する。

(3) 2式より x を消去して　$(-2y-6)^2+y^2=2$

$5y^2+24y+34=0$

この2次方程式の判別式を D とすると

$\dfrac{D}{4}=12^2-5\cdot34=-26<0$ より，共有点をもたない。

答　(1) $-\sqrt{2}<a<\sqrt{2}$

(2) **$a=\sqrt{2}$ のとき，接点 $\left(\dfrac{\sqrt{2}}{2},\ \dfrac{\sqrt{2}}{2}\right)$**

$a=-\sqrt{2}$ のとき，接点 $\left(-\dfrac{\sqrt{2}}{2},\ -\dfrac{\sqrt{2}}{2}\right)$

(3) **$a<-\sqrt{2}$，$\sqrt{2}<a$**

検討　(1) 2式より y を消去すると

$2x^2-2ax+a^2-1=0$　……①

異なる2点で交わるのは，①の判別式 D が正であればよい。

$\dfrac{D}{4}=(-a)^2-2(a^2-1)>0$

ゆえに　$a^2-2<0$

よって　$-\sqrt{2}<a<\sqrt{2}$

(2) 接するのは $D=0$ のときである。

よって　$a=\pm\sqrt{2}$

接点の x 座標は①の重解より

$x=\dfrac{a\pm\sqrt{\dfrac{D}{4}}}{2}=\dfrac{a}{2}$　　$x=y=\dfrac{a}{2}=\pm\dfrac{\sqrt{2}}{2}$

(3) 共有点をもたないのは $D<0$ のときである。

$a^2-2>0$　　$(a+\sqrt{2})(a-\sqrt{2})>0$

よって　$a<-\sqrt{2}$，$\sqrt{2}<a$

149

答　**2点で交わる：$m<-\sqrt{3}$，$\sqrt{3}<m$**

接する：$m=\pm\sqrt{3}$

検討　2式より y を消去すると

$x^2+(mx-3)^2+2(mx-3)=0$

$(1+m^2)x^2-4mx+3=0$

この2次方程式の判別式を D とすると，異なる2点で交わるとき

$\dfrac{D}{4}=(-2m)^2-(1+m^2)\cdot3>0$

ゆえに　$m^2-3>0$　　$m<-\sqrt{3}$，$\sqrt{3}<m$

接するとき　$D=0$

よって　$m=\pm\sqrt{3}$

150

答 (1) $\boldsymbol{3x+4y+25=0}$ (2) $\boldsymbol{\sqrt{5}x-2y-9=0}$
(3) $\boldsymbol{\sqrt{15}x-y+16=0}$ (4) $\boldsymbol{y=-1}$

151

答 (1) $\boldsymbol{y=2x\pm 3\sqrt{5}}$ (2) $\boldsymbol{y=-x\pm 5\sqrt{2}}$

検討 (1) 求める接線の方程式を $y=2x+n$ として，$x^2+y^2=9$ に代入すると
$5x^2+4nx+n^2-9=0$
これが重解をもつような n を求める。
この 2 次方程式の判別式を D とすると
$\dfrac{D}{4}=(2n)^2-5(n^2-9)=0$
ゆえに　$n^2=45$　　よって　$n=\pm 3\sqrt{5}$
したがって　$y=2x\pm 3\sqrt{5}$

(2) 求める接線の方程式を $y=-x+n$ とおいて，$x^2+y^2=25$ に代入すると
$2x^2-2nx+n^2-25=0$
これが重解をもつような n を求める。
この 2 次方程式の判別式を D とすると
$\dfrac{D}{4}=(-n)^2-2(n^2-25)=0$
ゆえに　$n^2=50$　　よって　$n=\pm 5\sqrt{2}$
したがって　$y=-x\pm 5\sqrt{2}$

152

答 (1) $\boldsymbol{3x+y+2=0}$
(2) $\boldsymbol{x^2+y^2+\dfrac{2}{3}y-\dfrac{8}{3}=0}$

検討 2 円の交点を通る円または直線の方程式は，k を定数とすると
$x^2+y^2-5x-y-6+k(x^2+y^2+x+y-2)=0$ ……①

(1) 2 円の 2 つの交点を通る直線となるのは $k=-1$ のときであるから，これを①に代入すると
$-6x-2y-4=0$　　ゆえに　$3x+y+2=0$

(2) (1, 1) を①に代入すると　$k=5$
$k=5$ を①に代入すると
$6x^2+6y^2+4y-16=0$
ゆえに　$x^2+y^2+\dfrac{2}{3}y-\dfrac{8}{3}=0$

153

答 与式を $\boldsymbol{k}$ について整理すると
$\boldsymbol{x^2+y^2-25-k(4x+2y-20)=0}$
したがって，$\boldsymbol{k}$ の値にかかわらず，
$\begin{cases} \boldsymbol{x^2+y^2-25=0} \\ \boldsymbol{4x+2y-20=0} \end{cases}$ を満たす点 $(\boldsymbol{x}, \boldsymbol{y})$ を通る。
実際に上の連立方程式を解くと，**2** つの定点 **(3, 4)**，**(5, 0)** を通る。

検討 円 $x^2+y^2-4kx-2ky+20k-25=0$ は，円 $x^2+y^2-25=0$ と直線 $4x+2y-20=0$ との交点を通る。

テスト対策

定数 k の値にかかわらず通る定点を求めるには，方程式を k について整理し，**$\boldsymbol{k}$ についての恒等式**と考えればよい。

154

答 $\boldsymbol{x^2+y^2+2x+2y-6=0}$

検討 円 $x^2+y^2=4$ と直線 $x+y=1$ との交点を通る円の方程式は，k を定数とすると
$x^2+y^2-4+k(x+y-1)=0$ ……①
とおける。①が点 (1, 1) を通るので
$-2+k=0$　　ゆえに　$k=2$
$k=2$ を①に代入して
$x^2+y^2+2x+2y-6=0$

応用問題

本冊 *p. 45*

155

答 $\boldsymbol{x^2+y^2+16x-22y+55=0}$，
$\boldsymbol{x^2+y^2-4x-2y-5=0}$

検討 求める円の方程式を
$x^2+y^2+ax+by+c=0$ ……① とすれば，
2 点 $(-1, 2)$，$(1, 4)$ を通るので
$-a+2b+c+5=0$ ……②
$a+4b+c+17=0$ ……③
②，③を b，c について解くと
$b=-a-6$，$c=3a+7$
これを①に代入すると，円の方程式は
$x^2+y^2+ax-(a+6)y+3a+7=0$ ……④
x 軸から長さ 6 の線分を切りとるのだから，

④において $y=0$ とおいた
$x^2+ax+3a+7=0$ の2つの実数解を
α, $\beta\,(\alpha>\beta)$ とすると
$\alpha-\beta=6$ ……⑤
また，解と係数の関係より
$\alpha+\beta=-a$ ……⑥，$\alpha\beta=3a+7$ ……⑦
⑤，⑥，⑦より，α，β を消去するのに，
恒等式 $(\alpha-\beta)^2=(\alpha+\beta)^2-4\alpha\beta$ に代入して
$36=a^2-4(3a+7)$　　$a^2-12a-64=0$
$(a-16)(a+4)=0$
ゆえに　$a=16$, -4
$a=16$ のとき　$b=-22$, $c=55$
よって　$x^2+y^2+16x-22y+55=0$
$a=-4$ のとき　$b=-2$, $c=-5$
よって　$x^2+y^2-4x-2y-5=0$

156

答　与式を変形すると

$$\boldsymbol{x^2-(x_1+x_2)x+x_1x_2+y^2-(y_1+y_2)y+y_1y_2=0}$$

$$\left(x-\frac{x_1+x_2}{2}\right)^2+\left(y-\frac{y_1+y_2}{2}\right)^2-\left(\frac{x_1+x_2}{2}\right)^2-\left(\frac{y_1+y_2}{2}\right)^2+x_1x_2+y_1y_2=0$$

$$\left(x-\frac{x_1+x_2}{2}\right)^2+\left(y-\frac{y_1+y_2}{2}\right)^2=\left(\frac{x_1-x_2}{2}\right)^2+\left(\frac{y_1-y_2}{2}\right)^2 \quad \cdots\cdots ①$$

2点 $(x_1,\ y_1)$，$(x_2,\ y_2)$ を結ぶ線分の中点は

$$\left(\frac{x_1+x_2}{2},\ \frac{y_1+y_2}{2}\right)$$

この中点から点 $(x_1,\ y_1)$ までの距離の平方は

$$\left(x_1-\frac{x_1+x_2}{2}\right)^2+\left(y_1-\frac{y_1+y_2}{2}\right)^2=\left(\frac{x_1-x_2}{2}\right)^2+\left(\frac{y_1-y_2}{2}\right)^2$$

よって，①は2点 $(x_1,\ y_1)$，$(x_2,\ y_2)$ を直径の両端とする円の方程式である。

検討　直径の中点が円の中心になることに注意する。

157

答　$\boldsymbol{a=\pm\dfrac{\sqrt{6}}{2}}$

検討　2式より y を消去すると
$x^2+(x+a)^2=1$　　$2x^2+2ax+a^2-1=0$
この2次方程式の2つの実数解を α，β $(\alpha>\beta)$ とすると，解と係数の関係より

$\alpha+\beta=-a$, $\alpha\beta=\dfrac{a^2-1}{2}$ ……①

また，弦の長さが1であることから
$\sqrt{(\alpha-\beta)^2+\{(\alpha+a)-(\beta+a)\}^2}=1$

ゆえに　$2(\alpha-\beta)^2=1$ より，$(\alpha-\beta)^2=\dfrac{1}{2}$ ……②

ここで　$(\alpha-\beta)^2=(\alpha+\beta)^2-4\alpha\beta$
これに①，②を代入すると

$\dfrac{1}{2}=(-a)^2-4\times\dfrac{a^2-1}{2}$

ゆえに　$a^2=\dfrac{3}{2}$

よって　$a=\pm\dfrac{\sqrt{6}}{2}$

 158

答　(1) $\boldsymbol{x=-1,\ 4x+3y-5=0}$
(2) $\boldsymbol{x-2y+5=0,\ 11x-2y-25=0}$
(3) $\boldsymbol{x-y=0,\ x+7y=0}$

検討　(1) 接点を $(x_0,\ y_0)$ とすると，接線の方程式は
$x_0x+y_0y=1$ ……①
これが点 $(-1,\ 3)$ を通るので
$-x_0+3y_0=1$ ……②
また，点 $(x_0,\ y_0)$ は円上の点なので
${x_0}^2+{y_0}^2=1$ ……③
②，③を解いて，

$x_0=-1$, $y_0=0$　または　$x_0=\dfrac{4}{5}$, $y_0=\dfrac{3}{5}$

これらを①に代入すると

$-x=1$, $\dfrac{4}{5}x+\dfrac{3}{5}y=1$

すなわち　$x=-1$, $4x+3y-5=0$

(2) 接点を $(x_0,\ y_0)$ とすると，接線の方程式は
$x_0x+y_0y=5$ ……①
これが点 $(3,\ 4)$ を通るので　$3x_0+4y_0=5$ ……②
また，点 $(x_0,\ y_0)$ は円上の点なので
${x_0}^2+{y_0}^2=5$ ……③

②，③を解いて，

$x_0=-1,\ y_0=2$　または　$x_0=\dfrac{11}{5},\ y_0=-\dfrac{2}{5}$

これらを①に代入すると

$-x+2y=5,\ \dfrac{11}{5}x-\dfrac{2}{5}y=5$

すなわち　$x-2y+5=0,\ 11x-2y-25=0$

(3) 求める接線の方程式を $y=mx$ として円の方程式より y を消去すると

$x^2+m^2x^2+6x+2mx+8=0$

$(1+m^2)x^2+2(3+m)x+8=0$

この 2 次方程式の判別式を D とすると，円と直線が接するから，$D=0$ であればよい。

$\dfrac{D}{4}=(3+m)^2-8(1+m^2)=0$

$-7m^2+6m+1=0$　　$7m^2-6m-1=0$

$(m-1)(7m+1)=0$　　$m=1,\ -\dfrac{1}{7}$

よって　$y=x,\ y=-\dfrac{1}{7}x$

すなわち　$x-y=0,\ x+7y=0$

答　右の図のように点を定めると，**AB** が求める接線の長さになる。△**ABC** において，三平方の定理より　$\mathbf{AB}=\sqrt{\mathbf{AC}^2-\mathbf{BC}^2}$　……①

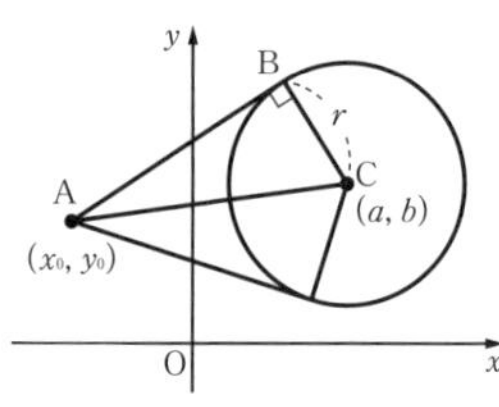

また　$\mathbf{AC}^2=(\boldsymbol{x_0}-\boldsymbol{a})^2+(\boldsymbol{y_0}-\boldsymbol{b})^2$　……②

BC は円の半径であるから　$\mathbf{BC}=\boldsymbol{r}$　……③

②，③を①に代入すると，接線の長さは

$\mathbf{AB}=\sqrt{(\boldsymbol{x_0}-\boldsymbol{a})^2+(\boldsymbol{y_0}-\boldsymbol{b})^2-\boldsymbol{r}^2}$

16 軌跡

基本問題 本冊 p. 47

答　$\mathbf{10x+12y-29=0}$

検討　条件を満たす点を $\mathrm{P}(x,\ y)$ とすると，

$\mathrm{AP=BP}$，すなわち $\mathrm{AP}^2=\mathrm{BP}^2$ より

$(x+2)^2+(y+1)^2=(x-3)^2+(y-5)^2$

ゆえに　$4x+2y+5=-6x-10y+34$

よって　$10x+12y-29=0$

答　$\mathbf{3x-6y-7=0,\ 3x-6y+10=0}$

検討　条件を満たす点を $\mathrm{P}(x,\ y)$ とすると，

$\mathrm{AP}^2-\mathrm{BP}^2=\pm17$ より

$\{x^2+(y-4)^2\}-\{(x-3)^2+(y+2)^2\}=\pm17$

$6x-12y+3=\pm17$

よって　$3x-6y-7=0,\ 3x-6y+10=0$

このように，距離の平方の差が 17 という場合には，2 通りの軌跡が得られることに注意する。

答　$\mathbf{x^2+y^2=4}$

検討　条件を満たす点を $\mathrm{P}(x,\ y)$ とすると，

$\mathrm{AP}^2+\mathrm{BP}^2=10$ より

$(x-1)^2+y^2+(x+1)^2+y^2=10$

$2x^2+2y^2+2=10$　よって　$x^2+y^2=4$

答　$\mathbf{x^2+y^2+10x-75=0}$

検討　条件を満たす点を $\mathrm{P}(x,\ y)$ とすると，

$\mathrm{AP:BP}=1:2$ より　$2\mathrm{AP=BP}$

この両辺を平方すると　$4\mathrm{AP}^2=\mathrm{BP}^2$

$4(x^2+y^2)=(x-15)^2+y^2$

$4x^2+4y^2=x^2-30x+225+y^2$

ゆえに　$3x^2+3y^2+30x-225=0$

よって　$x^2+y^2+10x-75=0$

答　$\mathbf{x^2+y^2+12x=0}$

検討　条件を満たす点を $\mathrm{P}(x,\ y)$ とすると，

$\mathrm{AP:BP}=2:3$ より　$3\mathrm{AP}=2\mathrm{BP}$

この両辺を平方すると　$9\mathrm{AP}^2=4\mathrm{BP}^2$

$9\{(x+2)^2+y^2\}=4\{(x-3)^2+y^2\}$

$9(x^2+4x+4+y^2)=4(x^2-6x+9+y^2)$

$9x^2+36x+36+9y^2=4x^2-24x+36+4y^2$

よって　$5x^2+5y^2+60x=0$

ゆえに　$x^2+y^2+12x=0$

答　$(x-1)^2+(y-3)^2=4$

検討　P$(x,\ y)$ として距離の公式を使う。これはまた，円の定義でもある。

答　(1) $y=2x+5$　(2) $x=4$

(3) $y=x^2-2x+3$　(4) $y=2x^2+x-1$

検討　(1) $t=x+1$ を $y=2t+3$ に代入して

$y=2(x+1)+3$　　ゆえに　$y=2x+5$

(2) $x=4$ で一定。y は t に応じて変化する。

(3) $t=x-1$ を $y=t^2+2$ に代入して

$y=(x-1)^2+2$　　ゆえに　$y=x^2-2x+3$

(4) $t=x+1$ を $y=2t^2-3t$ に代入して

$y=2(x+1)^2-3(x+1)$

ゆえに　$y=2x^2+x-1$

テスト対策

点 $(x,\ y)$ の座標が，媒介変数 t を用いて，$\boldsymbol{x=f(t)}$，$\boldsymbol{y=g(t)}$ で表されているときは，**t を消去して x，y の関係式**を導く。

167

答　$y=x+3$ $(x\neq 0)$

検討　放物線だから $m\neq 0$

$$y=m\left(x+\frac{1}{m}\right)^2-\frac{1}{m}+3$$

放物線の頂点を $(x,\ y)$ とすると

$x=-\dfrac{1}{m}$ ……①，$y=-\dfrac{1}{m}+3$ ……②

①，②より m を消去すると

$y=x+3$ （①より $x\neq 0$）

応用問題 本冊 p. 49

168

答　$3x-9y+8=0$，$3x+y+8=0$ $(y\neq 0)$

検討　円の中心を $(X,\ Y)$ とすると，この点から直線 $y=0$ と $3x-4y+8=0$ までの距離が半径で等しい。

$$|Y|=\frac{|3X-4Y+8|}{\sqrt{3^2+(-4)^2}}\neq 0$$

$5|Y|=|3X-4Y+8|$ $(Y\neq 0)$

$\pm 5Y=3X-4Y+8$ $(Y\neq 0)$

$3X-9Y+8=0$，$3X+Y+8=0$ $(Y\neq 0)$

よって，求める軌跡の方程式は

$3x-9y+8=0$，$3x+y+8=0$ $(y\neq 0)$

169

答　$x+5y-4=0$，$5x-y-6=0$

検討　角の二等分線上の点を $(X,\ Y)$ とすると，この点から，2 直線 $2x-3y-1=0$，$3x+2y-5=0$ までの距離は等しい。

$$\frac{|2X-3Y-1|}{\sqrt{2^2+(-3)^2}}=\frac{|3X+2Y-5|}{\sqrt{3^2+2^2}}$$

$|2X-3Y-1|=|3X+2Y-5|$

$2X-3Y-1=\pm(3X+2Y-5)$

$X+5Y-4=0$，$5X-Y-6=0$

よって，求める軌跡の方程式は

$x+5y-4=0$，$5x-y-6=0$

答　$\left(x-\dfrac{a}{2}\right)^2+\left(y-\dfrac{b}{2}\right)^2=\dfrac{r^2}{4}$

検討　円周上の点を P$(u,\ v)$ とし，線分 AP の中点を Q$(x,\ y)$とする。

点 Q は線分 AP の中点であることから

$x=\dfrac{a+u}{2}$，$y=\dfrac{b+v}{2}$

ゆえに　$u=2x-a$，$v=2y-b$ ……①

点 P は円 $x^2+y^2=r^2$ 上の点であるから

$u^2+v^2=r^2$ ……②

①を②に代入して u，v を消去すると

$(2x-a)^2+(2y-b)^2=r^2$

よって　$\left(x-\dfrac{a}{2}\right)^2+\left(y-\dfrac{b}{2}\right)^2=\dfrac{r^2}{4}$

答　$y=2x^2-4x$ $(x<-\sqrt{3},\ \sqrt{3}<x)$

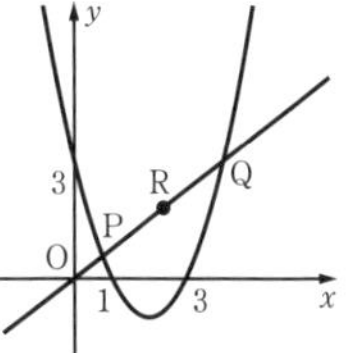

検討　直線 PQ の傾きを m とすると，直線 PQ の方程式は

$y=mx$ ……①

2 点 P，Q の x 座標を x_1，x_2 とすると，x_1，x_2

は，①と放物線の式から y を消去した2次方程式

$x^2-(m+4)x+3=0$ ……②

の実数解である。

解と係数の関係より

$x_1+x_2=m+4$ ……③

線分PQの中点を $\mathrm{R}(x,\ y)$ とすると

$x=\dfrac{x_1+x_2}{2}$，$y=mx$ ……④

③，④より　$x=\dfrac{m+4}{2}$，$y=mx$

2式より m を消去して　$y=(2x-4)x$

すなわち，$y=2x^2-4x$

②は異なる2つの実数解をもつから，②の判別式を D とすると，

$D=(m+4)^2-4\cdot1\cdot3=(m+4)^2-12>0$

$m=2x-4$ を代入して　$4x^2-12>0$

$x^2-3>0$　　$(x+\sqrt{3})(x-\sqrt{3})>0$

$x<-\sqrt{3}$，$\sqrt{3}<x$

よって，求める軌跡の方程式は

$y=2x^2-4x$ $(x<-\sqrt{3}$，$\sqrt{3}<x)$

答　$\boldsymbol{y=\dfrac{2}{9}x^2}$

検討　点P$(u,\ v)$が直線 $y=2x$ 上を動くから

$v=2u$ ……①

$X=u+v$，$Y=uv$ とおくと，①より

$X=3u$，$Y=2u^2$

2式より u を消去すると　$Y=2\left(\dfrac{X}{3}\right)^2$

よって，求める軌跡の方程式は　$y=\dfrac{2}{9}x^2$

17 領域

基本問題 ……………… 本冊 p. 50

答　図の影の部分。ただし，境界線については，実線は含み，点線は含まない。

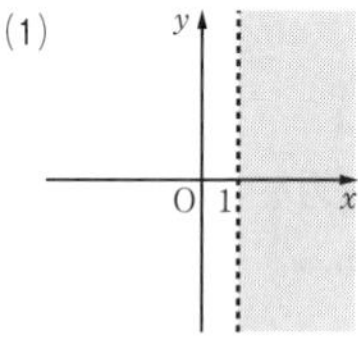

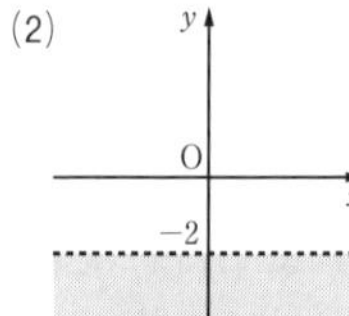

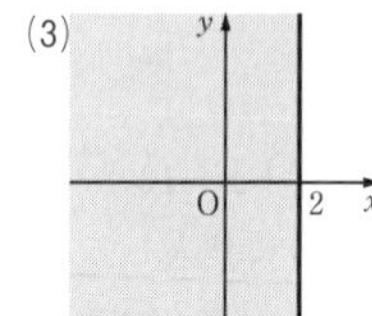

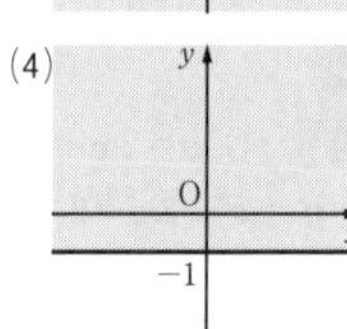

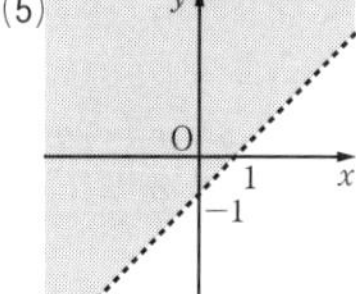

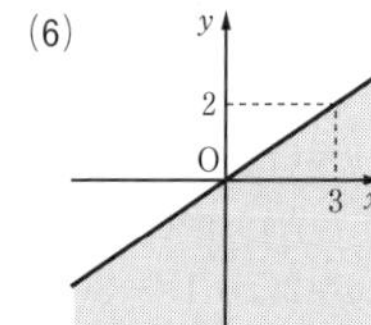

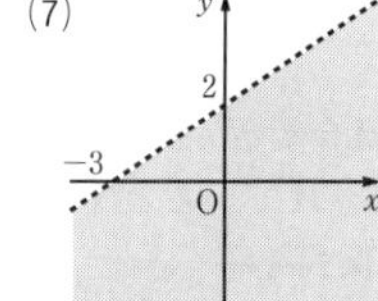

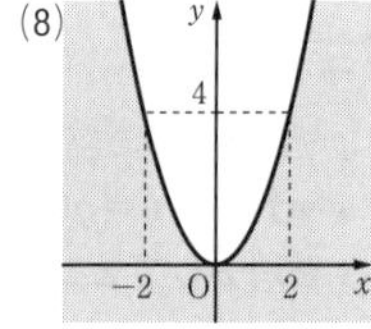

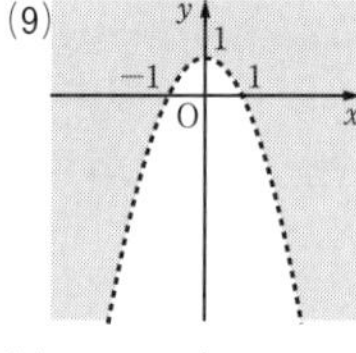

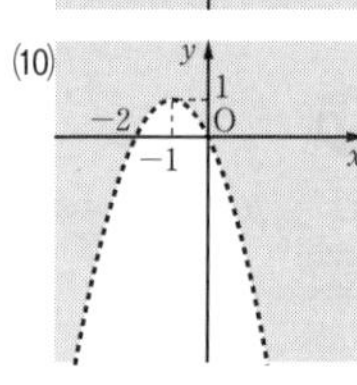

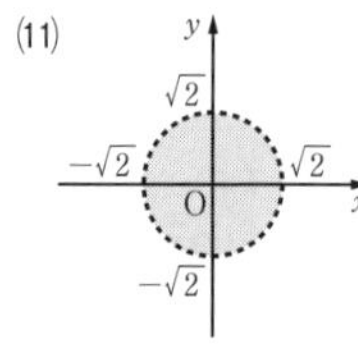

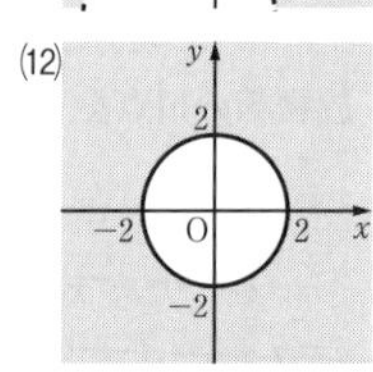

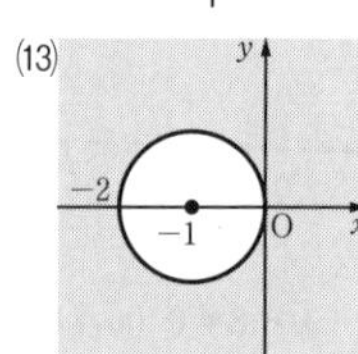

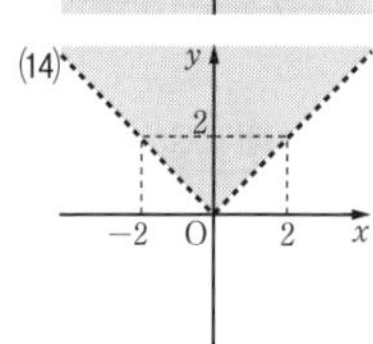

検討　(6) $3y\leqq2x$ より　$y\leqq\dfrac{2}{3}x$

(7) $2x-3y+6>0$ より　$y<\dfrac{2}{3}x+2$

(10) $x^2+2x+y>0$ より　$y>-x^2-2x$

(13) $x^2+2x+y^2\geqq 0$ より　$(x+1)^2+y^2\geqq 1$

(14) $x\geqq 0$ のとき　$y>x$

$x<0$ のとき　$y>-x$

174

答　図の影の部分。ただし，境界線については，実線は含み，点線は含まない。(3)，(4)では，実線と点線の交点は含まない。

(1)
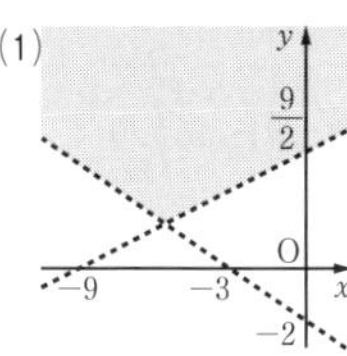

(2)
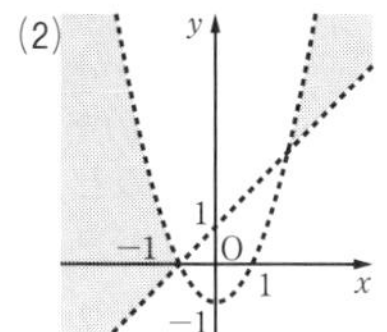

(3)
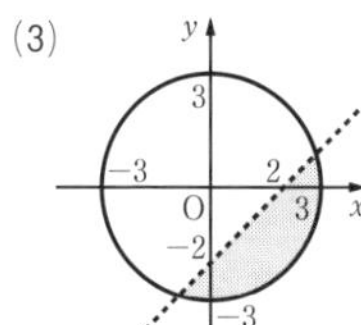

(4)
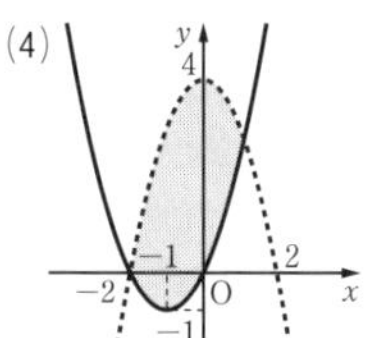

(5)
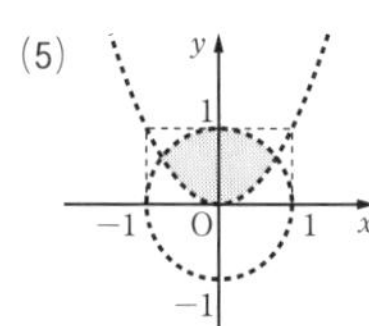

(6)
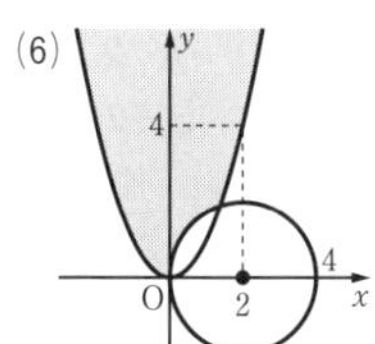

検討　(1) $\begin{cases} y>\dfrac{1}{2}x+\dfrac{9}{2} \\ y>-\dfrac{2}{3}x-2 \end{cases}$　(2) $\begin{cases} y>x+1 \\ y<x^2-1 \end{cases}$

(3) $\begin{cases} x^2+y^2\leqq 9 \\ y<x-2 \end{cases}$　(4) $\begin{cases} y\geqq x^2+2x \\ y<-x^2+4 \end{cases}$

(5) $\begin{cases} y>x^2 \\ x^2+y^2<1 \end{cases}$　(6) $\begin{cases} (x-2)^2+y^2\geqq 4 \\ y\geqq x^2 \end{cases}$

175

答　図の影の部分。ただし，境界線については，実線は含み，点線は含まない。

(1)
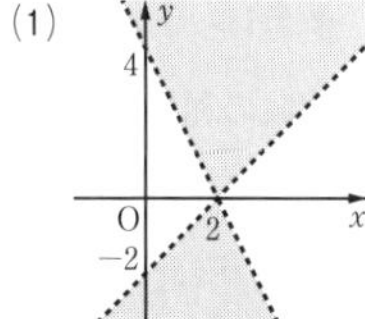

(2)
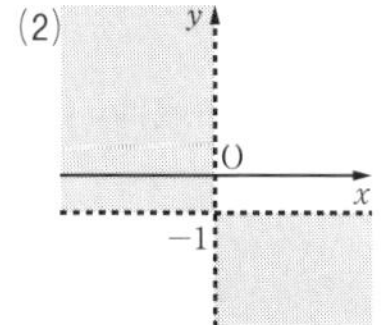

(3)
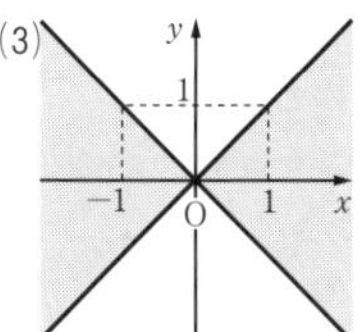

(4)
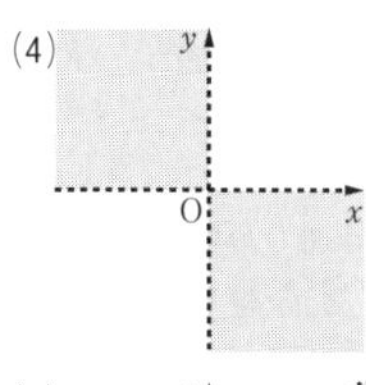

(5)
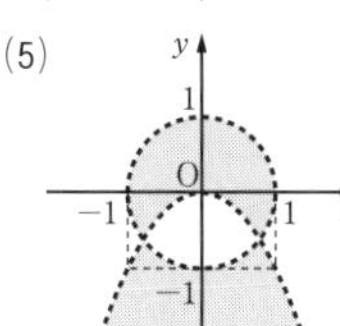

(6)
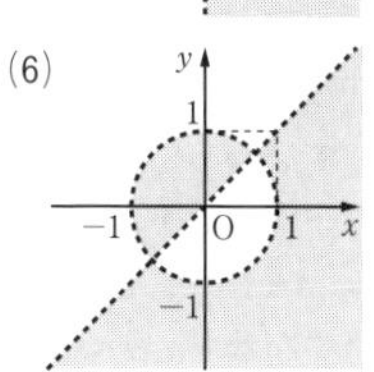

検討

(1) $(2x+y-4)(x-y-2)<0$ を連立不等式で表すと

$\begin{cases} 2x+y-4>0 \\ x-y-2<0 \end{cases}$ または $\begin{cases} 2x+y-4<0 \\ x-y-2>0 \end{cases}$

すなわち

$\begin{cases} y>-2x+4 \\ y>x-2 \end{cases}$ または $\begin{cases} y<-2x+4 \\ y<x-2 \end{cases}$

(2) $x(y+1)<0$ を連立不等式で表すと

$\begin{cases} x>0 \\ y+1<0 \end{cases}$ または $\begin{cases} x<0 \\ y+1>0 \end{cases}$

すなわち

$\begin{cases} x>0 \\ y<-1 \end{cases}$ または $\begin{cases} x<0 \\ y>-1 \end{cases}$

176

答　図の影の部分。ただし，境界線を含む。

(1)
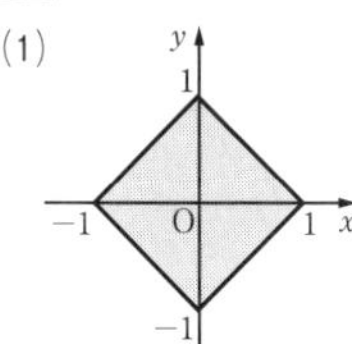

(2)
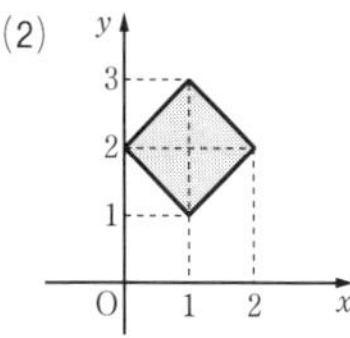

検討　(1) (i) $x\geqq 0$，$y\geqq 0$ のとき

$x+y\leqq 1$ より　$y\leqq -x+1$

(ii) $x\geqq 0$，$y<0$ のとき

$x-y\leqq 1$ より　$y\geqq x-1$

(iii) $x<0$，$y\geqq 0$ のとき

$-x+y\leqq 1$ より　$y\leqq x+1$

(iv) $x<0$，$y<0$ のとき

$-x-y\leqq 1$ より　$y\geqq -x-1$

求める領域は，(i)～(iv)の領域の和集合である。

(2) (i) $x-1\geqq 0$, $y-2\geqq 0$ のとき
すなわち　$x\geqq 1$, $y\geqq 2$ のとき
$x-1+y-2\leqq 1$ より　$y\leqq -x+4$
(ii) $x-1\geqq 0$, $y-2<0$ のとき
すなわち　$x\geqq 1$, $y<2$ のとき
$x-1-(y-2)\leqq 1$ より　$y\geqq x$
(iii) $x-1<0$, $y-2\geqq 0$ のとき
すなわち　$x<1$, $y\geqq 2$ のとき
$-(x-1)+y-2\leqq 1$ より　$y\leqq x+2$
(iv) $x-1<0$, $y-2<0$ のとき
すなわち　$x<1$, $y<2$ のとき
$-(x-1)-(y-2)\leqq 1$ より　$y\geqq -x+2$
求める領域は，(i)～(iv)の領域の和集合である。

177

答　**最大値 9 ($x=y=3$)，最小値 2 ($x=1$, $y=0$)**

検討　$1\leqq x\leqq 3$, $0\leqq y\leqq 3$ を図示すると右の図の影の部分になる。
$2x+y=k$ とおくと，点 (3, 3) を通るとき k は最大で，最大値は
$k=2\cdot 3+3=9$
点 (1, 0) を通るとき k は最小で，最小値は
$k=2\cdot 1+0=2$

テスト対策

領域における最大，最小問題は，**求める式を k とおき，その式のグラフが領域と共有点をもつときの k の最大値，最小値**を求める。

応用問題 ……………… 本冊 p. 51

178

答　図の影の部分。ただし，境界線は含まない。

(1)
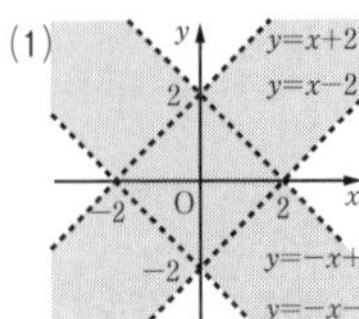

(2)
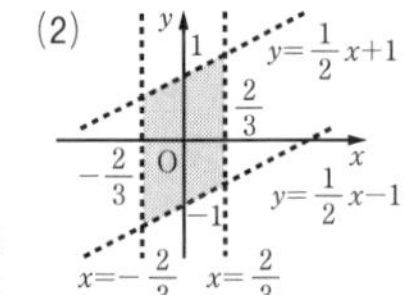

検討　(1) $||x|-|y||<2$
(i) $x\geqq 0$, $y\geqq 0$ のとき，
$|x|=x$, $|y|=y$ で $|x-y|<2$ より
$x-y\geqq 0$ のとき $y>x-2$,
$x-y<0$ のとき $y<x+2$
(ii) $x\geqq 0$, $y<0$ のとき，
$|x|=x$, $|y|=-y$ で $|x+y|<2$ より
$x+y\geqq 0$ のとき $y<-x+2$,
$x+y<0$ のとき $y>-x-2$
(iii) $x<0$, $y\geqq 0$ のとき，
$|x|=-x$, $|y|=y$ で $|-x-y|<2$ より
$-x-y\geqq 0$ のとき $y>-x-2$,
$-x-y<0$ のとき $y<-x+2$
(iv) $x<0$, $y<0$ のとき，
$|x|=-x$, $|y|=-y$ で $|-x+y|<2$ より
$-x+y\geqq 0$ のとき $y<x+2$,
$-x+y<0$ のとき $y>x-2$
求める領域は，(i)～(iv)の領域の和集合である。
(別解) (i) $x\geqq 0$, $y\geqq 0$ のとき，
$|x|=x$, $|y|=y$ で $|x-y|<2$ より
$-2<x-y<2$
ゆえに　$x-2<y<x+2$
でもよい。他も同様。

(2) $|x+y|+|2x-y|<2$
(i) $x+y\geqq 0$, $2x-y\geqq 0$ のとき
すなわち　$y\geqq -x$, $y\leqq 2x$ のとき
$(x+y)+(2x-y)<2$　ゆえに　$x<\dfrac{2}{3}$
(ii) $x+y\geqq 0$, $2x-y<0$ のとき
すなわち　$y\geqq -x$, $y>2x$ のとき
$(x+y)-(2x-y)<2$　ゆえに　$y<\dfrac{1}{2}x+1$
(iii) $x+y<0$, $2x-y\geqq 0$ のとき
すなわち　$y<-x$, $y\leqq 2x$ のとき
$-(x+y)+(2x-y)<2$　ゆえに　$y>\dfrac{1}{2}x-1$
(iv) $x+y<0$, $2x-y<0$ のとき
すなわち　$y<-x$, $y>2x$ のとき
$-(x+y)-(2x-y)<2$　ゆえに　$x>-\dfrac{2}{3}$
求める領域は，(i)～(iv)の領域の和集合である。

179

答　最大値 $\sqrt{5}$ $\left(x=\dfrac{2\sqrt{5}}{5},\ y=\dfrac{\sqrt{5}}{5}\right)$

最小値 -2 $(x=-1,\ y=0)$

検討　$x^2+y^2\leqq 1,\quad y\geqq 0$ は右の図の影の部分。

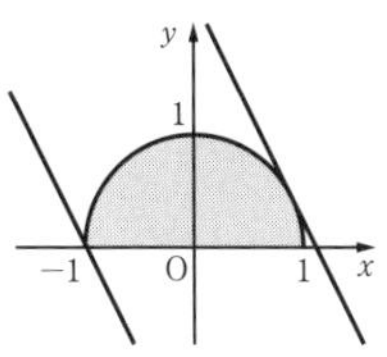

$2x+y=k$ とおく。
k が最小になるのは，この直線が点 $(-1,\ 0)$ を通るときで，最小値は　$k=-2$

k が最大になるのは，円 $x^2+y^2=1$ と直線 $2x+y=k$ が上の図のような位置で接するとき。2 式から y を消去すると

$x^2+(-2x+k)^2=1$

$5x^2-4kx+k^2-1=0$　……①

2 次方程式①の判別式を D とすると

$\dfrac{D}{4}=(-2k)^2-5(k^2-1)=-k^2+5=0$

ゆえに　$k^2=5$

図より $k>0$ であるから　$k=\sqrt{5}$

このとき

$5x^2-4\sqrt{5}x+4=0$

$(\sqrt{5}x-2)^2=0$　　$x=\dfrac{2}{\sqrt{5}}=\dfrac{2\sqrt{5}}{5}$

$y=k-2x=\sqrt{5}-\dfrac{4\sqrt{5}}{5}=\dfrac{\sqrt{5}}{5}$

180

答　(1) $\boldsymbol{x\geqq 0,\ y\geqq 0,}$
$\boldsymbol{3x+2y\geqq 60,}$
$\boldsymbol{0.2x+0.3y\geqq 6}$
($2x+3y\geqq 60$ でも可)

(2) 右図の影の部分。
境界線を含む。

(3) $\boldsymbol{x=12,\ y=12}$

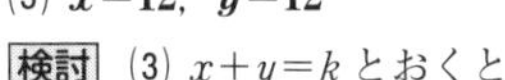

検討　(3) $x+y=k$ とおくと

$y=-x+k$　……①

①は傾き -1，y 切片 k の直線を表す。k が最小になるのは上の図の点 P を通るとき。点 P の座標は連立方程式 $3x+2y=60$，$2x+3y=60$ を解いて　$x=12,\ y=12$

18　三角関数

基本問題　本冊 p. 53

181

答　(1) 負の向きに **210°**　(2) 正の向きに **160°**
(3) 正の向きに **30°**　(4) 負の向きに **190°**

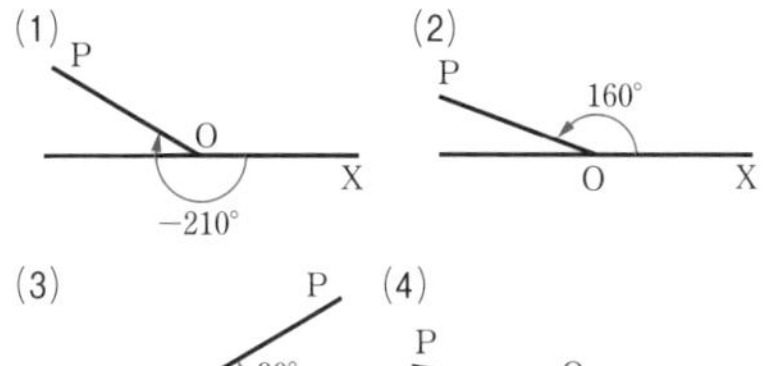

182

答

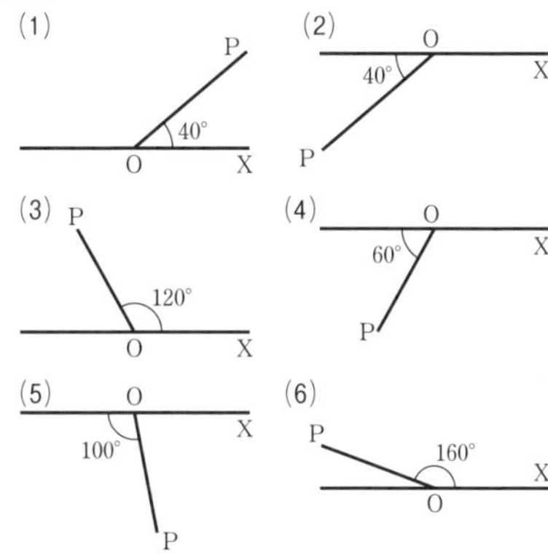

(1) **40°＋360°×1**　(2) **220°＋360°×1**
(3) **120°＋360°×2**　(4) **240°＋360°×(−2)**
(5) **280°＋360°×(−3)**　(6) **160°＋360°×(−6)**

183

答　(1) **10°**　(2) **10°**　(3) **60°**　(4) **10°**
(5) **20°**　(6) **100°**

検討　(1) 370°＝10°＋360°×1
(2) 730°＝10°＋360°×2
(3) 1500°＝60°＋360°×4
(4) −350°＝10°＋360°×(−1)
(5) −700°＝20°＋360°×(−2)
(6) −980°＝100°＋360°×(−3)

答 n は整数とする。

(1) **45°＋360°×n** (2) **120°＋360°×n**

(3) **90°＋360°×n**

答 次の図の影の部分。境界線は含まない。

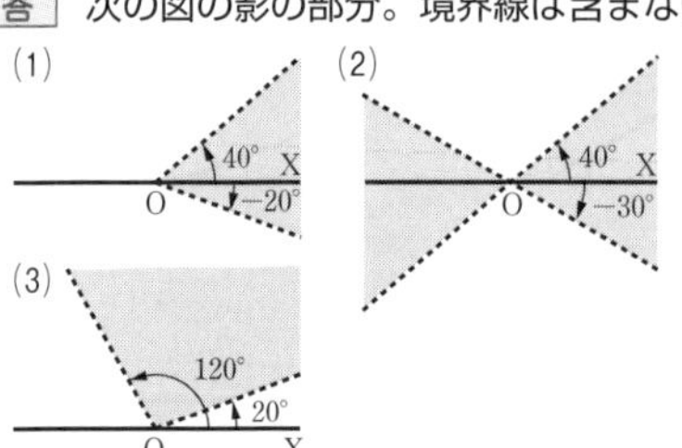

186

答 (1) **15°** (2) **90°** (3) **−150°** (4) **−315°**

検討 1ラジアン＝$\dfrac{180°}{\pi}$ を用いる。

(1) $\dfrac{\pi}{12}\times\dfrac{180°}{\pi}=15°$

(2) $\dfrac{\pi}{2}\times\dfrac{180°}{\pi}=90°$

(3) $-\dfrac{5}{6}\pi\times\dfrac{180°}{\pi}=-150°$

(4) $-\dfrac{7}{4}\pi\times\dfrac{180°}{\pi}=-315°$

187

答 **中心角3ラジアン，面積6 cm²**

検討 扇形の中心角を θ，面積を S とすると

$l=r\theta$ より $6=2\theta$

ゆえに $\theta=3$(ラジアン)

$S=\dfrac{1}{2}lr$ より $S=\dfrac{1}{2}\times6\times2=6$

188

答 **$\sin\theta$，$\cos\theta$，$\tan\theta$ の順に**

(1) $\dfrac{\sqrt{3}}{2}$，$-\dfrac{1}{2}$，$-\sqrt{3}$ (2) $\dfrac{\sqrt{2}}{2}$，$-\dfrac{\sqrt{2}}{2}$，-1

(3) $\dfrac{\sqrt{3}}{2}$，$\dfrac{1}{2}$，$\sqrt{3}$ (4) $\dfrac{1}{2}$，$\dfrac{\sqrt{3}}{2}$，$\dfrac{\sqrt{3}}{3}$

検討 弧度は度数に書き直して考えるとよい。

(1) $\dfrac{2}{3}\pi=\dfrac{2}{3}\times180°=120°$

(2) $\dfrac{3}{4}\pi=\dfrac{3}{4}\times180°=135°$

(3) $-\dfrac{5}{3}\pi=-\dfrac{5}{3}\times180°=-300°$

(4) $-\dfrac{11}{6}\pi=-\dfrac{11}{6}\times180°=-330°$

189

答 (1) **第4象限** (2) **第1象限**

(3) **第3象限** (4) **第4象限**

(5) **第2象限** (6) **第2象限**

検討 $\sin\theta$，$\cos\theta$ の符号は各象限の y，x の符号と一致する。

(1) $y<0$，$x>0$ より第4象限の角である。

(2) $x>0$，$\dfrac{y}{x}>0$ より，$y>0$

よって，第1象限の角である。

(3) $x<0$，$y<0$ より第3象限の角である。

応用問題 本冊 p. 55

190

答 右の図の影の部分。境界線は含まない。

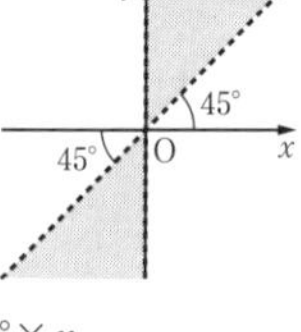

検討 $90°+360°\times n<\theta<180°+360°\times n$

$45°+180°\times n<\dfrac{\theta}{2}<90°+180°\times n$

答 下図

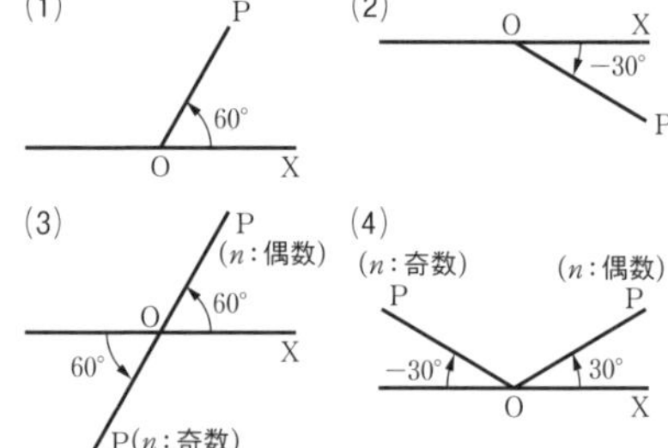

答　$\theta=60°,\ 120°$

検討　n を整数として

$7\theta=\theta+360°\times n$　　ゆえに　$\theta=60°\times n$

$0°<\theta<180°$ より，

$\theta=60°\times1=60°,\ 60°\times2=120°$

19 三角関数の性質

基本問題

本冊 p. 56

答　(1) 左辺$=\sin^2\theta+2\sin\theta\cos\theta+\cos^2\theta$

$=1+2\sin\theta\cos\theta=$右辺

(2) 左辺$=(\sin^2\theta-\cos^2\theta)(\sin^2\theta+\cos^2\theta)$

$=\sin^2\theta-\cos^2\theta=$右辺

(3) 左辺$=\dfrac{\sin^2\theta}{\cos^2\theta}-\sin^2\theta=\sin^2\theta\cdot\dfrac{1-\cos^2\theta}{\cos^2\theta}$

$=\sin^2\theta\cdot\dfrac{\sin^2\theta}{\cos^2\theta}=\sin^2\theta\cdot\tan^2\theta=$右辺

(4) 左辺$=\dfrac{\sin\theta(1+\cos\theta)}{(1-\cos\theta)(1+\cos\theta)}$

$=\dfrac{\sin\theta(1+\cos\theta)}{1-\cos^2\theta}$

$=\dfrac{\sin\theta(1+\cos\theta)}{\sin^2\theta}=\dfrac{1+\cos\theta}{\sin\theta}=$右辺

(5) 左辺$=\dfrac{1+2\sin\theta+\sin^2\theta+\cos^2\theta}{\cos\theta(1+\sin\theta)}$

$=\dfrac{2+2\sin\theta}{\cos\theta(1+\sin\theta)}=\dfrac{2}{\cos\theta}=$右辺

194

答　(1) 0　(2) 0　(3) 1　(4) 0　(5) 2

検討　(1) 与式$=\sin\theta-\cos\theta+\cos\theta-\sin\theta=0$

(2) 与式$=\cos\theta+\cos\theta-\cos\theta-\cos\theta=0$

(3) 与式$=(-\sin\theta)(-\sin\theta)-\cos\theta(-\cos\theta)$

$=\sin^2\theta+\cos^2\theta=1$

(4) 与式$=(-\cos\theta)(-\tan\theta)-\tan\theta\cos\theta=0$

(5) 与式$=\cos^2\theta+\sin^2\theta+\cos^2\theta+\sin^2\theta=2$

195

答　(1) $-\sin43°=-0.6820$

(2) $-\cos26°=-0.8988$

(3) $\tan22°=0.4040$　(4) $-\sin75°=-0.9659$

(5) $\cos77°=0.2250$　(6) $\tan38°=0.7813$

検討　(1) $\sin223°=\sin(180°+43°)=-\sin43°$

(2) $\cos1234°=\cos(154°+360°\times3)=\cos154°$

$=\cos(180°-26°)=-\cos26°$

(3) $\tan382°=\tan(22°+360°)=\tan22°$

(4) $\sin(-435°)=\sin(-435°+360°)=-\sin75°$

(5) $\cos(-643°)=\cos(-643°+360°\times2)=\cos77°$

(6) $\tan(-502°)=\tan(-502°+360°\times2)$

$=\tan218°=\tan(180°+38°)=\tan38°$

答　(1) 左辺$=\sin(180°-A)=\sin A=$右辺

(2) 左辺$=\cos(180°-A)=-\cos A=$右辺

(3) 左辺$=\tan(180°-A)=-\tan A=$右辺

(4) 右辺$=-\sin(A+B+C+A)$

$=-\sin(180°+A)=\sin A=$左辺

197

答　(1) $\cos\theta=-\dfrac{4}{5},\ \tan\theta=-\dfrac{3}{4}$

(2) θ が第 1 象限の角のとき

$\cos\theta=\dfrac{3}{5},\ \tan\theta=\dfrac{4}{3}$

θ が第 2 象限の角のとき

$\cos\theta=-\dfrac{3}{5},\ \tan\theta=-\dfrac{4}{3}$

検討　(2) $\sin\theta>0$ だから，θ は第 1 象限または第 2 象限の角である。

θ が第 1 象限の角のとき $\cos\theta>0$ だから

$\cos\theta=\sqrt{1-\sin^2\theta}=\sqrt{1-\left(\dfrac{4}{5}\right)^2}=\dfrac{3}{5}$

$\tan\theta=\dfrac{\sin\theta}{\cos\theta}=\dfrac{4}{5}\div\dfrac{3}{5}=\dfrac{4}{3}$

θ が第 2 象限の角のとき $\cos\theta<0$ だから

$\cos\theta=-\dfrac{3}{5},\ \tan\theta=-\dfrac{4}{3}$

応用問題

本冊 p. 59

答　(1) $\dfrac{1}{4}$

(2) $\boldsymbol{\sin\theta=\frac{\sqrt{6}+\sqrt{2}}{4}}$，$\boldsymbol{\cos\theta=\frac{\sqrt{6}-\sqrt{2}}{4}}$

または　$\boldsymbol{\sin\theta=\frac{\sqrt{6}-\sqrt{2}}{4}}$，$\boldsymbol{\cos\theta=\frac{\sqrt{6}+\sqrt{2}}{4}}$

検討 (1) 与式の両辺を平方すると

$\sin^2\theta+2\sin\theta\cos\theta+\cos^2\theta=\left(\frac{\sqrt{6}}{2}\right)^2$

$1+2\sin\theta\cos\theta=\frac{3}{2}$　　$2\sin\theta\cos\theta=\frac{1}{2}$

$\sin\theta\cos\theta=\frac{1}{4}$

(2) $\cos\theta=\frac{\sqrt{6}}{2}-\sin\theta$

これを $\sin\theta\cos\theta=\frac{1}{4}$ に代入すると

$\sin\theta\cdot\left(\frac{\sqrt{6}}{2}-\sin\theta\right)=\frac{1}{4}$

$\sin^2\theta-\frac{\sqrt{6}}{2}\sin\theta+\frac{1}{4}=0$

$4\sin^2\theta-2\sqrt{6}\sin\theta+1=0$

$\sin\theta=\frac{-(-\sqrt{6})\pm\sqrt{(-\sqrt{6})^2-4\cdot1}}{4}=\frac{\sqrt{6}\pm\sqrt{2}}{4}$

$\sin\theta=\frac{\sqrt{6}+\sqrt{2}}{4}$ のとき

$\cos\theta=\frac{\sqrt{6}}{2}-\frac{\sqrt{6}+\sqrt{2}}{4}=\frac{\sqrt{6}-\sqrt{2}}{4}$

$\sin\theta=\frac{\sqrt{6}-\sqrt{2}}{4}$ のとき

$\cos\theta=\frac{\sqrt{6}}{2}-\frac{\sqrt{6}-\sqrt{2}}{4}=\frac{\sqrt{6}+\sqrt{2}}{4}$

テスト対策

$\sin\theta+\cos\theta$ の値から $\sin\theta\cos\theta$ の値を求めるときは，

$\boldsymbol{(\sin\theta+\cos\theta)^2=1+2\sin\theta\cos\theta}$

を利用する。

答 $\boldsymbol{3+\sqrt{5}}$

検討 $\sin^2\theta=\cos\theta$ を $\sin^2\theta+\cos^2\theta=1$ に代入して　$\cos^2\theta+\cos\theta-1=0$

よって　$\cos\theta=\frac{-1\pm\sqrt{5}}{2}$

$-1\leqq\cos\theta\leqq1$ より　$\cos\theta=\frac{-1+\sqrt{5}}{2}$

与式$=\frac{1+\sin\theta+1-\sin\theta}{(1-\sin\theta)(1+\sin\theta)}=\frac{2}{1-\sin^2\theta}$

$=\frac{2}{\cos^2\theta}=2\times\left(\frac{1}{\cos\theta}\right)^2=2\times\left(\frac{2}{\sqrt{5}-1}\right)^2$

$=\frac{8}{6-2\sqrt{5}}=\frac{4}{3-\sqrt{5}}=\frac{4(3+\sqrt{5})}{(3-\sqrt{5})(3+\sqrt{5})}$

$=3+\sqrt{5}$

20 三角関数のグラフ

基本問題 ……………… 本冊 p. 60

200

答 (1) 周期 $\boldsymbol{\pi}$　(2) 周期 $\boldsymbol{\frac{2}{3}\pi}$

(3) 周期 $\boldsymbol{4\pi}$　(4) 周期 $\boldsymbol{6\pi}$

(5) 周期 $\boldsymbol{2\pi}$　(6) 周期 $\boldsymbol{2\pi}$

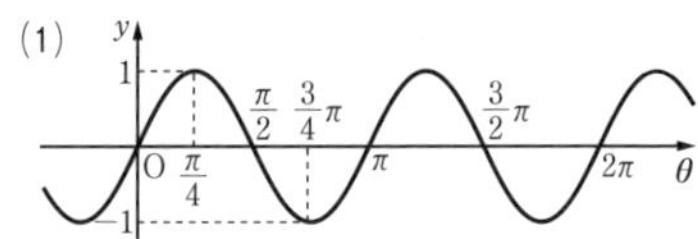

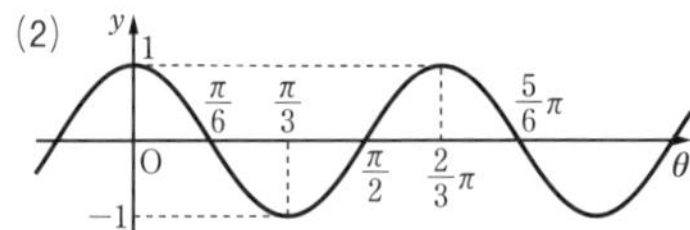

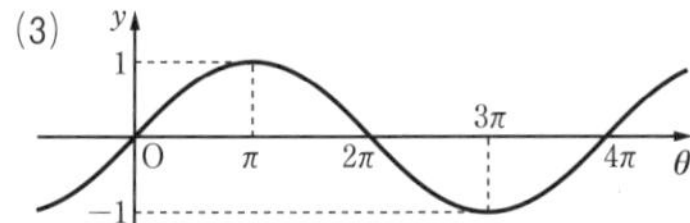

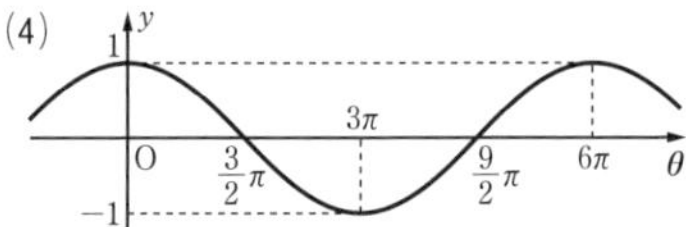

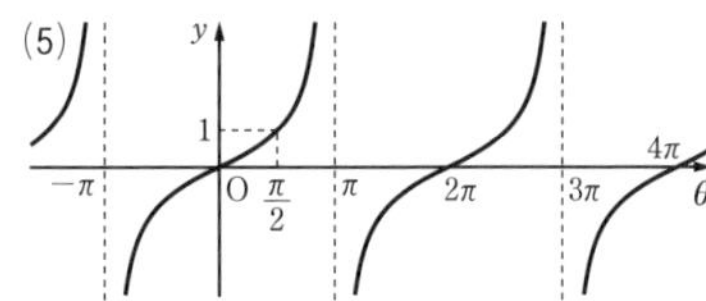

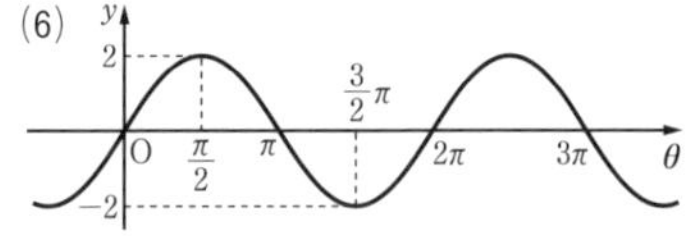

応用問題

本冊 p. 61

201

答 (1) 周期 $\frac{2}{3}\pi$ (2) 周期 2π
(3) 周期 π (4) 周期 4π

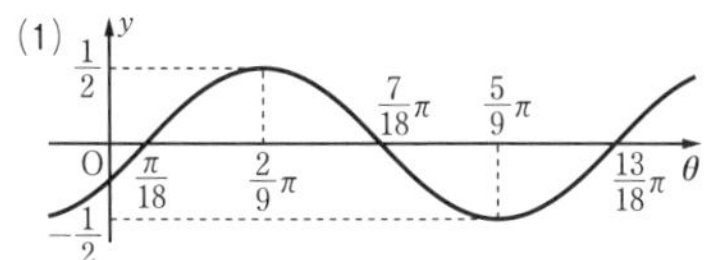

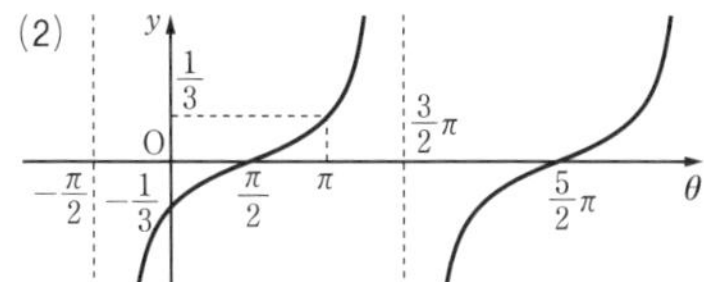

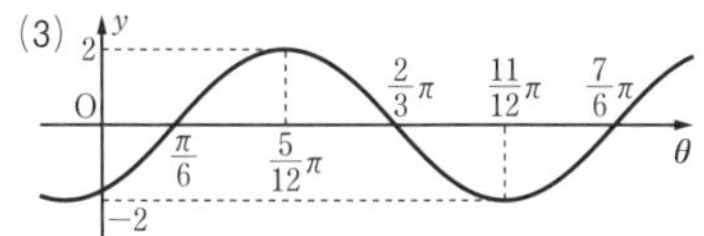

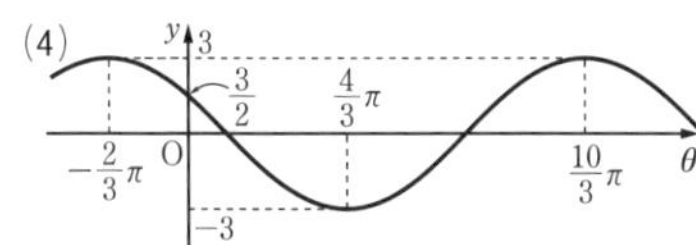

検討 グラフをきれいにかくには，本冊 p. 61 例題研究の注のような表を作って考えるとよい。

(1) $y=\frac{1}{2}\cos3\left(\theta-\frac{2}{9}\pi\right)$ より，$y=\cos\theta$ のグラフを θ 軸方向に $\frac{1}{3}$ 倍に縮小，y 軸方向に $\frac{1}{2}$ 倍に縮小し，θ 軸方向に $\frac{2}{9}\pi$ だけ平行移動すればよい。

(2) $y=\frac{1}{3}\tan\frac{1}{2}\left(\theta-\frac{\pi}{2}\right)$ より，$y=\tan\theta$ のグラフを θ 軸方向に 2 倍に拡大，y 軸方向に $\frac{1}{3}$ 倍に縮小し，θ 軸方向に $\frac{\pi}{2}$ だけ平行移動すればよい。

(3) $y=2\sin2\left(\theta-\frac{\pi}{6}\right)$ より，$y=\sin\theta$ のグラフを θ 軸方向に $\frac{1}{2}$ 倍に縮小，y 軸方向に 2 倍に拡大し，θ 軸方向に $\frac{\pi}{6}$ だけ平行移動すればよい。

(4) $y=3\cos\frac{1}{2}\left(\theta+\frac{2}{3}\pi\right)$ より，$y=\cos\theta$ のグラフを θ 軸方向に 2 倍に拡大，y 軸方向に 3 倍に拡大し，θ 軸方向に $-\frac{2}{3}\pi$ だけ平行移動すればよい。

21 三角関数の応用

基本問題

本冊 p. 62

202

答 (1) $\boldsymbol{\theta=\frac{7}{6}\pi,\ \frac{11}{6}\pi}$ (2) $\boldsymbol{\theta=\frac{5}{6}\pi,\ \frac{7}{6}\pi}$
(3) $\boldsymbol{\theta=\frac{3}{4}\pi,\ \frac{7}{4}\pi}$ (4) $\boldsymbol{\theta=\frac{4}{3}\pi,\ \frac{5}{3}\pi}$
(5) $\boldsymbol{\theta=\frac{2}{3}\pi,\ \frac{4}{3}\pi}$ (6) $\boldsymbol{\theta=\frac{5}{6}\pi,\ \frac{11}{6}\pi}$

検討 求める θ は，下のそれぞれの図において，動径 OP，OQ の表す角である。

(1) $\sin\theta=-\frac{1}{2}$ (2) $\cos\theta=-\frac{\sqrt{3}}{2}$

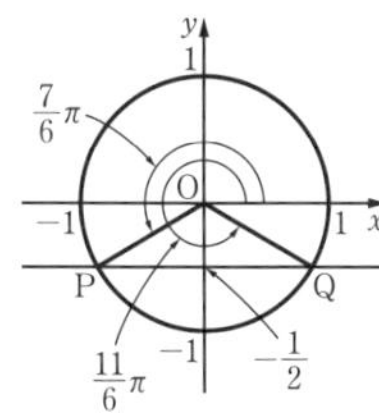

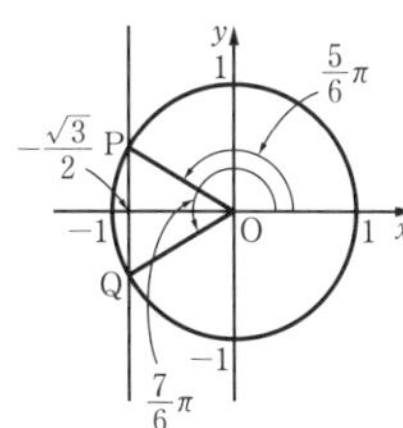

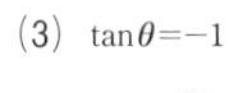

(3) $\tan\theta=-1$ (4) $\sin\theta=-\frac{\sqrt{3}}{2}$

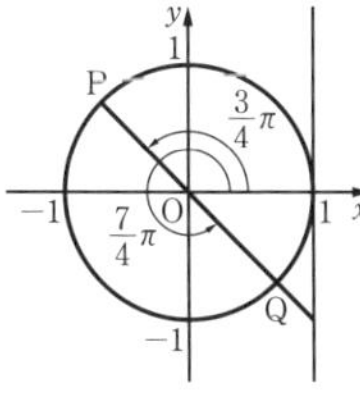

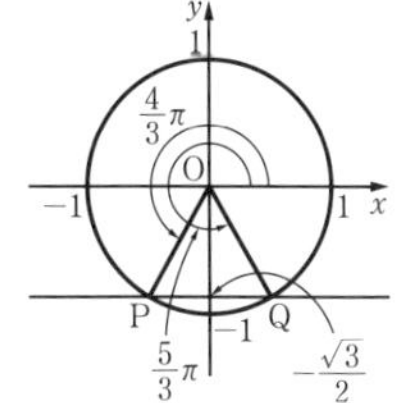

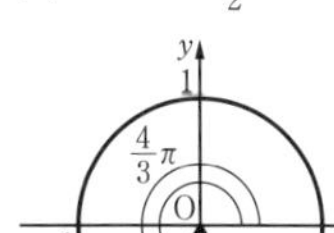

(5) $\cos\theta=-\frac{1}{2}$

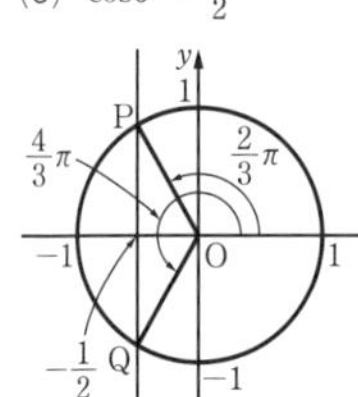

(6) $\tan\theta=-\frac{1}{\sqrt{3}}$

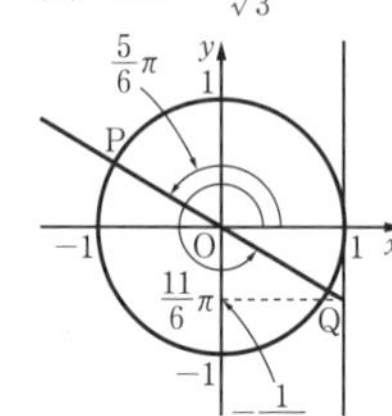

203

答 (1) $\boldsymbol{0\leqq\theta<\frac{\pi}{4},\ \frac{3}{4}\pi<\theta<2\pi}$

(2) $\boldsymbol{0\leqq\theta\leqq\frac{2}{3}\pi,\ \frac{4}{3}\pi\leqq\theta<2\pi}$

(3) $\boldsymbol{\frac{\pi}{2}<\theta\leqq\frac{3}{4}\pi,\ \frac{3}{2}\pi<\theta\leqq\frac{7}{4}\pi}$

(4) $\boldsymbol{\frac{\pi}{3}<\theta<\frac{\pi}{2},\ \frac{4}{3}\pi<\theta<\frac{3}{2}\pi}$

(5) $\boldsymbol{\frac{3}{4}\pi<\theta<\frac{5}{4}\pi}$

(6) $\boldsymbol{0\leqq\theta\leqq\frac{4}{3}\pi,\ \frac{5}{3}\pi\leqq\theta<2\pi}$

検討 (1) $\sin\theta=\frac{1}{\sqrt{2}}$

$(0\leqq\theta<2\pi)$ の解は

$\theta=\frac{\pi}{4},\ \frac{3}{4}\pi$

よって，求める解は

$0\leqq\theta<\frac{\pi}{4},\ \frac{3}{4}\pi<\theta<2\pi$

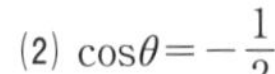
(2) $\cos\theta=-\frac{1}{2}$

$(0\leqq\theta<2\pi)$ の解は

$\theta=\frac{2}{3}\pi,\ \frac{4}{3}\pi$

よって，求める解は

$0\leqq\theta\leqq\frac{2}{3}\pi,\ \frac{4}{3}\pi\leqq\theta<2\pi$

(3) $\tan\theta=-1$

$(0\leqq\theta<2\pi)$ の解は

$\theta=\frac{3}{4}\pi,\ \frac{7}{4}\pi$

よって，求める解は

$\frac{\pi}{2}<\theta\leqq\frac{3}{4}\pi,\ \frac{3}{2}\pi<\theta\leqq\frac{7}{4}\pi$

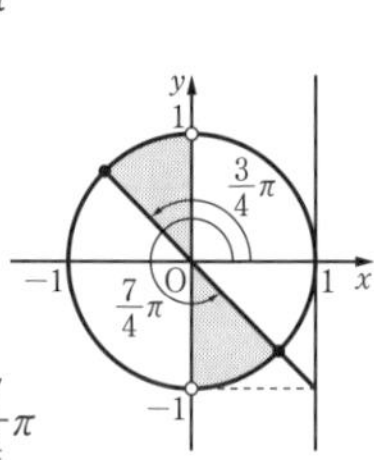

応用問題

本冊 p. 63

204

答 $\boldsymbol{n}$ **は整数とする。**

(1) $\boldsymbol{\theta=\frac{\pi}{2},\ \frac{7}{6}\pi,\ \frac{11}{6}\pi}$ **一般解は**

$\boldsymbol{\theta=\frac{\pi}{2}+2n\pi,\ \frac{7}{6}\pi+2n\pi,\ \frac{11}{6}\pi+2n\pi}$

(2) $\boldsymbol{\theta=\frac{\pi}{6},\ \frac{5}{6}\pi}$

一般解は $\boldsymbol{\theta=\frac{\pi}{6}+2n\pi,\ \frac{5}{6}\pi+2n\pi}$

(3) $\boldsymbol{\theta=\frac{\pi}{2},\ \frac{11}{6}\pi}$

一般解は $\boldsymbol{\theta=\frac{\pi}{2}+2n\pi,\ \frac{11}{6}\pi+2n\pi}$

(4) $\boldsymbol{\theta=\frac{5}{12}\pi,\ \frac{3}{4}\pi,\ \frac{17}{12}\pi,\ \frac{7}{4}\pi}$

一般解は $\boldsymbol{\theta=\frac{5}{12}\pi+n\pi,\ \frac{3}{4}\pi+n\pi}$

検討 (1) $\sin\theta=1\ (0\leqq\theta<2\pi)$ の解は

$\theta=\frac{\pi}{2}$

$\sin\theta=-\frac{1}{2}\ (0\leqq\theta<2\pi)$ の解は

$\theta=\frac{7}{6}\pi,\ \frac{11}{6}\pi$

よって　$\theta=\frac{\pi}{2},\ \frac{7}{6}\pi,\ \frac{11}{6}\pi$

一般解は

$\theta=\frac{\pi}{2}+2n\pi,\ \frac{7}{6}\pi+2n\pi,\ \frac{11}{6}\pi+2n\pi$

(n は整数)

(2) $2\cos^2\theta-3\sin\theta=0$

$2(1-\sin^2\theta)-3\sin\theta=0$

$-2\sin^2\theta-3\sin\theta+2=0$

$2\sin^2\theta+3\sin\theta-2=0$

$(2\sin\theta-1)(\sin\theta+2)=0$

$-1\leqq\sin\theta\leqq1$ より　$\sin\theta=\frac{1}{2}$

よって　$\theta=\frac{\pi}{6},\ \frac{5}{6}\pi$

一般解は

$\theta=\frac{\pi}{6}+2n\pi,\ \frac{5}{6}\pi+2n\pi$ (n は整数)

205

答　n は整数とする。

(1) $\dfrac{\pi}{6}<\theta<\dfrac{\pi}{3},\ \dfrac{2}{3}\pi<\theta<\dfrac{5}{6}\pi$

一般解は $\dfrac{\pi}{6}+2n\pi<\theta<\dfrac{\pi}{3}+2n\pi,$

$\dfrac{2}{3}\pi+2n\pi<\theta<\dfrac{5}{6}\pi+2n\pi$

(2) $0\leqq\theta<\dfrac{2}{3}\pi,\ \dfrac{4}{3}\pi<\theta<2\pi$

一般解は $2n\pi\leqq\theta<\dfrac{2}{3}\pi+2n\pi,$

$\dfrac{4}{3}\pi+2n\pi<\theta<2(n+1)\pi$

(3) $\dfrac{4}{3}\pi<\theta<2\pi$

一般解は $\dfrac{4}{3}\pi+2n\pi<\theta<2(n+1)\pi$

検討 (1) $\dfrac{1}{2}<\sin\theta<\dfrac{\sqrt{3}}{2}$ $(0\leqq\theta<2\pi)$ の解は

$\dfrac{\pi}{6}<\theta<\dfrac{\pi}{3},\ \dfrac{2}{3}\pi<\theta<\dfrac{5}{6}\pi$

一般解は $\dfrac{\pi}{6}+2n\pi<\theta<\dfrac{\pi}{3}+2n\pi,$

$\dfrac{2}{3}\pi+2n\pi<\theta<\dfrac{5}{6}\pi+2n\pi$ （n は整数）

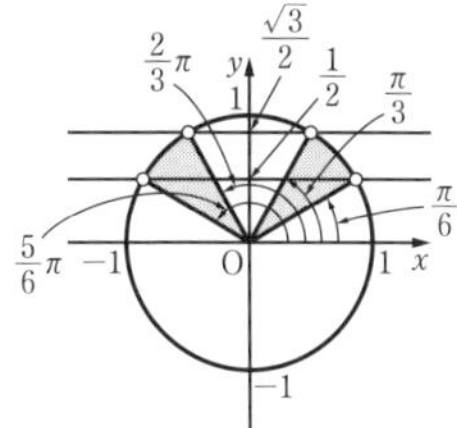

(2) $2\sin^2\theta-5\cos\theta-4<0$

$2(1-\cos^2\theta)-5\cos\theta-4<0$

$-2\cos^2\theta-5\cos\theta-2<0$

$2\cos^2\theta+5\cos\theta+2>0$

$(2\cos\theta+1)(\cos\theta+2)>0$

$-1\leqq\cos\theta\leqq1$ であるから　$\cos\theta+2>0$

よって　$2\cos\theta+1>0$　　$\cos\theta>-\dfrac{1}{2}$

$0\leqq\theta<2\pi$ であるから

$0\leqq\theta<\dfrac{2}{3}\pi,\ \dfrac{4}{3}\pi<\theta<2\pi$

一般解は $2n\pi\leqq\theta<\dfrac{2}{3}\pi+2n\pi,$

$\dfrac{4}{3}\pi+2n\pi<\theta<2(n+1)\pi$ （n は整数）

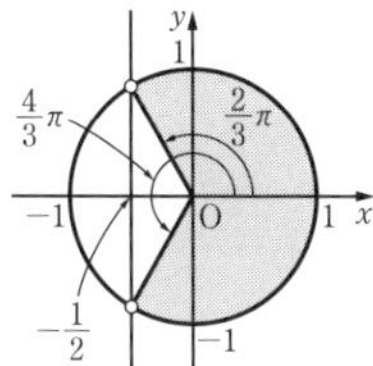

206

答　$\dfrac{\pi}{4}<\theta<\dfrac{3}{4}\pi$

検討 $\cos\theta>0$ すなわち $0\leqq\theta<\dfrac{\pi}{2},\ \dfrac{3}{2}\pi<\theta<2\pi$

のとき $\sin\theta>\cos\theta$

両辺を $\cos\theta\,(>0)$ で割って　$\tan\theta>1$

上の範囲でこれを満たすものは

$\dfrac{\pi}{4}<\theta<\dfrac{\pi}{2}$　　……①

$\cos\theta=0$ すなわち $\theta=\dfrac{\pi}{2},\ \dfrac{3}{2}\pi$ のとき

$\sin\theta>0$ より　$\theta=\dfrac{\pi}{2}$　……②

$\cos\theta<0$ すなわち $\dfrac{\pi}{2}<\theta<\dfrac{3}{2}\pi$ のとき

$\sin\theta>-\cos\theta$

両辺を $\cos\theta\,(<0)$ で割って　$\tan\theta<-1$

ゆえに　$\dfrac{\pi}{2}<\theta<\dfrac{3}{4}\pi$　……③

①，②，③の範囲を合わせると，求める解は

$\dfrac{\pi}{4}<\theta<\dfrac{3}{4}\pi$

207

答　$\dfrac{\pi}{3}<\theta<\dfrac{2}{3}\pi,\ \dfrac{2}{3}\pi<\theta<\pi$

検討 与式から $\begin{cases}\sin3\theta>0\\ \cos\theta<-\dfrac{1}{2}\end{cases}$ ……(1)

または $\begin{cases}\sin3\theta<0\\ \cos\theta>-\dfrac{1}{2}\end{cases}$ ……(2)

(1)の場合

$\sin 3\theta > 0\ (0 \leqq 3\theta < 3\pi)$ より

$0 < 3\theta < \pi$　または　$2\pi < 3\theta < 3\pi$

すなわち

$0 < \theta < \dfrac{\pi}{3}$　または　$\dfrac{2}{3}\pi < \theta < \pi$　……①

$\cos\theta < -\dfrac{1}{2}\ (0 \leqq \theta < \pi)$ より

$\dfrac{2}{3}\pi < \theta < \pi$　……②

①かつ②より　$\dfrac{2}{3}\pi < \theta < \pi$　……③

(2)の場合

$\sin 3\theta < 0\ (0 \leqq 3\theta < 3\pi)$ より

$\pi < 3\theta < 2\pi$

すなわち　$\dfrac{\pi}{3} < \theta < \dfrac{2}{3}\pi$　……④

$\cos\theta > -\dfrac{1}{2}\ (0 \leqq \theta < \pi)$ より

$0 \leqq \theta < \dfrac{2}{3}\pi$　……⑤

④かつ⑤より　$\dfrac{\pi}{3} < \theta < \dfrac{2}{3}\pi$　……⑥

求める解は③または⑥だから

$\dfrac{\pi}{3} < \theta < \dfrac{2}{3}\pi,\ \dfrac{2}{3}\pi < \theta < \pi$

208

答　(1) **最大値 -1 $\left(x = \dfrac{\pi}{2}\right)$,**

最小値 -5 $\left(x = \dfrac{3}{2}\pi\right)$

(2) **最大値 1 $\left(x = \dfrac{\pi}{4}\right)$, 最小値 -1 $\left(x = \dfrac{5}{4}\pi\right)$**

(3) **最大値 $\dfrac{\sqrt{3}}{3}$ $\left(x = \dfrac{\pi}{3}\right)$, 最小値 $-\sqrt{3}$ $\left(x = -\dfrac{\pi}{6}\right)$**

(4) **最大値 2 $(x = 0)$, 最小値 -2 $(x = \pi)$**

検討　各変域内でグラフをかくと次のようになる。

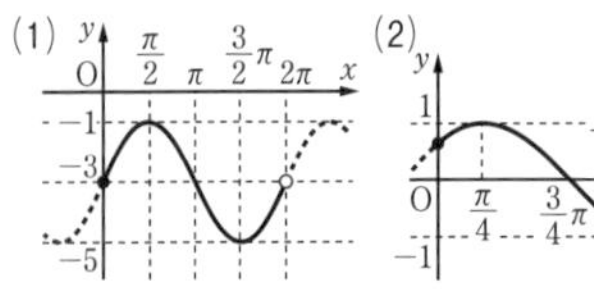

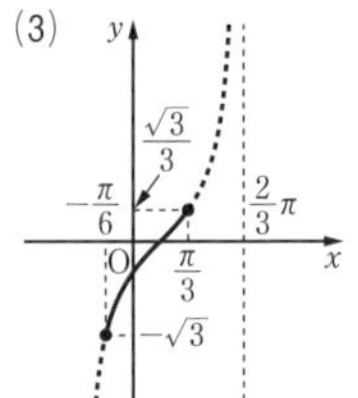

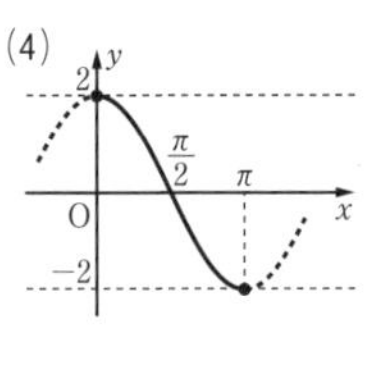

209

答　(1) **最大値 4 $(x = 0)$, 最小値 -2 $(x = \pi)$**

(2) **最大値 $\dfrac{9}{4}$ $\left(x = \dfrac{\pi}{6},\ \dfrac{5}{6}\pi\right)$,**

最小値 0 $\left(x = \dfrac{3}{2}\pi\right)$

検討　(1) $y = (1 - \cos^2 x) + 3\cos x + 1$

$= -\cos^2 x + 3\cos x + 2$

$= -\left(\cos x - \dfrac{3}{2}\right)^2 + \dfrac{17}{4}$

$\cos x = X$ とおくと

$0 \leqq x < 2\pi$ より　$-1 \leqq X \leqq 1$ だから

$y = -\left(X - \dfrac{3}{2}\right)^2 + \dfrac{17}{4}\ (-1 \leqq X \leqq 1)$

$X = 1$ すなわち

$x = 0$ のとき

最大値 4

$X = -1$ すなわち

$x = \pi$ のとき

最小値 -2

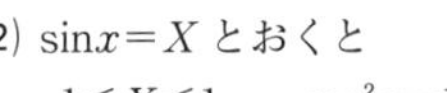

(2) $\sin x = X$ とおくと

$-1 \leqq X \leqq 1$　　$\cos^2 x = 1 - \sin^2 x = 1 - X^2$

よって　$y = X + (1 - X^2) + 1 = -X^2 + X + 2$

$= -\left(X - \dfrac{1}{2}\right)^2 + \dfrac{9}{4}$

$X = \dfrac{1}{2}$ のとき, すなわち

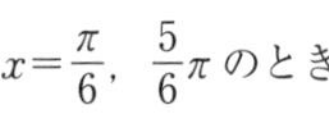

$x = \dfrac{\pi}{6},\ \dfrac{5}{6}\pi$ のとき

最大値 $\dfrac{9}{4}$

$X = -1$ のとき,

すなわち $x = \dfrac{3}{2}\pi$ のとき

最小値 0

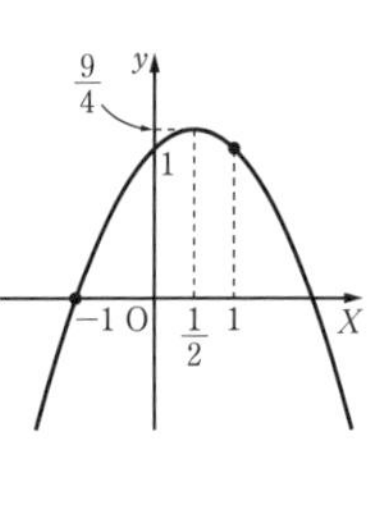

22 加法定理

基本問題 本冊 p. 66

210

答　(1) $\dfrac{\sqrt{6}+\sqrt{2}}{4}$　(2) $2+\sqrt{3}$　(3) $\dfrac{\sqrt{6}+\sqrt{2}}{4}$

(4) $-\dfrac{\sqrt{6}+\sqrt{2}}{4}$　(5) $2-\sqrt{3}$　(6) $\dfrac{\sqrt{6}+\sqrt{2}}{4}$

検討　(1) 与式$=\cos\left(\dfrac{\pi}{3}-\dfrac{\pi}{4}\right)$

$=\cos\dfrac{\pi}{3}\cos\dfrac{\pi}{4}+\sin\dfrac{\pi}{3}\sin\dfrac{\pi}{4}$

$=\dfrac{1}{2}\cdot\dfrac{1}{\sqrt{2}}+\dfrac{\sqrt{3}}{2}\cdot\dfrac{1}{\sqrt{2}}=\dfrac{\sqrt{6}+\sqrt{2}}{4}$

(2) 与式$=\tan\left(\dfrac{\pi}{4}+\dfrac{\pi}{6}\right)=\dfrac{\tan\dfrac{\pi}{4}+\tan\dfrac{\pi}{6}}{1-\tan\dfrac{\pi}{4}\tan\dfrac{\pi}{6}}$

$=2+\sqrt{3}$

(3) 与式$=\sin\left(\dfrac{\pi}{2}+\dfrac{\pi}{12}\right)=\cos\dfrac{\pi}{12}$ となり，(1)と同じ値になる。

(4) 与式$=\cos\left(\pi-\dfrac{\pi}{12}\right)=-\cos\dfrac{\pi}{12}$

(5) 与式$=\tan\left(\pi+\dfrac{\pi}{12}\right)=\tan\dfrac{\pi}{12}=\tan\left(\dfrac{\pi}{3}-\dfrac{\pi}{4}\right)$

$=\dfrac{\tan\dfrac{\pi}{3}-\tan\dfrac{\pi}{4}}{1+\tan\dfrac{\pi}{3}\tan\dfrac{\pi}{4}}=2-\sqrt{3}$

(6) 与式$=\sin\left(\dfrac{\pi}{2}-\dfrac{\pi}{12}\right)=\cos\dfrac{\pi}{12}$ となり，(1)と同じ値になる。

211

答　(1) $\sqrt{3}\sin\theta$　(2) 1　(3) 0

検討　(1) 与式$=\left(\cos\dfrac{\pi}{3}\cos\theta+\sin\dfrac{\pi}{3}\sin\theta\right)$

$-\left(\cos\dfrac{\pi}{3}\cos\theta-\sin\dfrac{\pi}{3}\sin\theta\right)=2\sin\dfrac{\pi}{3}\sin\theta$

$=\sqrt{3}\sin\theta$

(2) 与式$=\dfrac{\tan\dfrac{\pi}{4}+\tan\theta}{1-\tan\dfrac{\pi}{4}\tan\theta}\cdot\dfrac{\tan\dfrac{\pi}{4}-\tan\theta}{1+\tan\dfrac{\pi}{4}\tan\theta}$

$=\dfrac{1+\tan\theta}{1-\tan\theta}\cdot\dfrac{1-\tan\theta}{1+\tan\theta}=1$

(3) 与式$=\sin\theta+\left(\sin\theta\cos\dfrac{2}{3}\pi+\cos\theta\sin\dfrac{2}{3}\pi\right)$

$+\left(\sin\theta\cos\dfrac{4}{3}\pi+\cos\theta\sin\dfrac{4}{3}\pi\right)$

$=\sin\theta-\dfrac{1}{2}\sin\theta+\dfrac{\sqrt{3}}{2}\cos\theta-\dfrac{1}{2}\sin\theta-\dfrac{\sqrt{3}}{2}\cos\theta$

$=0$

212

答　(1) 0　(2) $\dfrac{\sqrt{3}}{2}$

検討　(1) 与式$=\cos(32^\circ+58^\circ)=\cos90^\circ=0$

(2) 与式$=\sin(34^\circ+26^\circ)=\sin60^\circ=\dfrac{\sqrt{3}}{2}$

213

答　(1) 左辺$=(\sin\alpha\cos\beta+\cos\alpha\sin\beta)$

$\times(\sin\alpha\cos\beta-\cos\alpha\sin\beta)$

$=\sin^2\alpha\cos^2\beta-\cos^2\alpha\sin^2\beta$

$=(1-\cos^2\alpha)\cos^2\beta-\cos^2\alpha(1-\cos^2\beta)$

$=\cos^2\beta-\cos^2\alpha=$右辺

(2) 左辺$=(\cos\alpha\cos\beta-\sin\alpha\sin\beta)$

$\times(\cos\alpha\cos\beta+\sin\alpha\sin\beta)$

$=\cos^2\alpha\cos^2\beta-\sin^2\alpha\sin^2\beta$

$=(1-\sin^2\alpha)\cos^2\beta-\sin^2\alpha(1-\cos^2\beta)$

$=\cos^2\beta-\sin^2\alpha=$右辺

(3) 左辺$=(\sin^2\alpha+2\sin\alpha\sin\beta+\sin^2\beta)$

$+(\cos^2\alpha-2\cos\alpha\cos\beta+\cos^2\beta)$

$=2-2(\cos\alpha\cos\beta-\sin\alpha\sin\beta)$

$=2-2\cos(\alpha+\beta)=$右辺

(4) 左辺$=\dfrac{\sin\alpha}{\cos\alpha}+\dfrac{\sin\beta}{\cos\beta}$

$=\dfrac{\sin\alpha\cos\beta+\cos\alpha\sin\beta}{\cos\alpha\cos\beta}=\dfrac{\sin(\alpha+\beta)}{\cos\alpha\cos\beta}=$右辺

検討　加法定理を用いて変形する。

214

答　$\sin(\alpha+\beta)=\dfrac{-2\sqrt{2}+\sqrt{3}}{6}$，

$\cos(\alpha+\beta)=\dfrac{-2\sqrt{6}-1}{6}$

検討　α は鋭角，β は鈍角であるから，
$\cos\alpha>0$，$\cos\beta<0$ である。

$$\sin(\alpha+\beta)=\sin\alpha\cos\beta+\cos\alpha\sin\beta$$
$$=\frac{1}{2}\cdot\left(-\frac{2\sqrt{2}}{3}\right)+\frac{\sqrt{3}}{2}\cdot\frac{1}{3}=\frac{-2\sqrt{2}+\sqrt{3}}{6}$$
$$\cos(\alpha+\beta)=\cos\alpha\cos\beta-\sin\alpha\sin\beta$$
$$=\frac{\sqrt{3}}{2}\cdot\left(-\frac{2\sqrt{2}}{3}\right)-\frac{1}{2}\cdot\frac{1}{3}=\frac{-2\sqrt{6}-1}{6}$$

答　$\tan(\alpha+\beta)=-1$，$\cos(\alpha-\beta)=\dfrac{7\sqrt{2}}{10}$

検討　α，β は鋭角だから
$\sin\alpha>0$，$\cos\alpha>0$
$\sin\beta>0$，$\cos\beta>0$

$1+\tan^2\alpha=\dfrac{1}{\cos^2\alpha}$ より

$$\cos^2\alpha=\frac{1}{1+\tan^2\alpha}=\frac{1}{1+2^2}=\frac{1}{5}$$

よって　$\cos\alpha=\dfrac{\sqrt{5}}{5}$

$$\sin\alpha=\sqrt{1-\cos^2\alpha}=\sqrt{1-\frac{1}{5}}=\frac{2\sqrt{5}}{5}$$

$1+\tan^2\beta=\dfrac{1}{\cos^2\beta}$ より

$$\cos^2\beta=\frac{1}{1+\tan^2\beta}=\frac{1}{1+3^2}=\frac{1}{10}$$

よって　$\cos\beta=\dfrac{\sqrt{10}}{10}$

$$\sin\beta=\sqrt{1-\cos^2\beta}=\sqrt{1-\frac{1}{10}}=\frac{3\sqrt{10}}{10}$$

よって，加法定理により

$$\tan(\alpha+\beta)=\frac{\tan\alpha+\tan\beta}{1-\tan\alpha\tan\beta}=\frac{2+3}{1-2\cdot3}$$
$$=-1$$
$$\cos(\alpha-\beta)=\cos\alpha\cos\beta+\sin\alpha\sin\beta$$
$$=\frac{\sqrt{5}}{5}\cdot\frac{\sqrt{10}}{10}+\frac{2\sqrt{5}}{5}\cdot\frac{3\sqrt{10}}{10}=\frac{7\sqrt{2}}{10}$$

答　(1) **45°**　(2) **45°**　(3) **60°**

検討　(1) $x-2y+2=0$ より　$y=\dfrac{1}{2}x+1$

$3x-y-2=0$ より　$y=3x-2$

ゆえに　$\tan\theta=\left|\dfrac{\frac{1}{2}-3}{1+\frac{1}{2}\cdot3}\right|=1$

よって　$\theta=45°$

(2) $x+2y-3=0$ より　$y=-\dfrac{1}{2}x+\dfrac{3}{2}$

$x-3y-1=0$ より　$y=\dfrac{1}{3}x-\dfrac{1}{3}$

ゆえに　$\tan\theta=\left|\dfrac{-\frac{1}{2}-\frac{1}{3}}{1+\left(-\frac{1}{2}\right)\cdot\frac{1}{3}}\right|=1$

よって　$\theta=45°$

(3) 同様にして，2 直線

$y=\dfrac{2}{\sqrt{3}}x+\dfrac{1}{\sqrt{3}}$，$y=-\dfrac{5}{\sqrt{3}}x-\dfrac{6}{\sqrt{3}}$

のなす角だから

$$\tan\theta=\left|\frac{\frac{2}{\sqrt{3}}-\left(-\frac{5}{\sqrt{3}}\right)}{1+\frac{2}{\sqrt{3}}\cdot\left(-\frac{5}{\sqrt{3}}\right)}\right|=\sqrt{3}$$

よって　$\theta=60°$

テスト対策

〔2 直線のなす角〕

2 直線 $y=m_1x+n_1$，$y=m_2x+n_2$ のなす角を θ とすると $\tan\theta=\left|\dfrac{m_1-m_2}{1+m_1m_2}\right|$ より，θ の値を求める。

応用問題

本冊 p. 68

217

答　**左辺** $=\tan A+\tan B+\tan\{180°-(A+B)\}$

$$=\tan A+\tan B-\tan(A+B)$$
$$=\tan A+\tan B-\frac{\tan A+\tan B}{1-\tan A\tan B}$$
$$=\frac{-\tan A\tan B(\tan A+\tan B)}{1-\tan A\tan B}$$
$$=\tan A\tan B\{-\tan(A+B)\}$$
$$=\tan A\tan B\tan\{180°-(A+B)\}$$
$=\tan A\tan B\tan C=$ **右辺**

答　$\dfrac{a}{1-b}$

検討　解と係数の関係により

$\tan\alpha+\tan\beta=a,\ \tan\alpha\tan\beta=b$

よって　$\tan(\alpha+\beta)=\dfrac{\tan\alpha+\tan\beta}{1-\tan\alpha\tan\beta}=\dfrac{a}{1-b}$

答　2

検討　$\alpha+\beta=45^\circ$ より　$\tan(\alpha+\beta)=1$

$\tan(\alpha+\beta)=\dfrac{\tan\alpha+\tan\beta}{1-\tan\alpha\tan\beta}=1$

よって　$\tan\alpha+\tan\beta+\tan\alpha\tan\beta=1$

与式$=1+\tan\alpha+\tan\beta+\tan\alpha\tan\beta$

$=1+1=2$

答　$a=-8\pm5\sqrt{3}$

検討　2 直線 $y=-\dfrac{1}{2}x-\dfrac{1}{2}$，$y=ax$ のなす角が 60° であるから

$$\tan60^\circ=\left|\dfrac{-\dfrac{1}{2}-a}{1+\left(-\dfrac{1}{2}\right)\cdot a}\right|$$

ゆえに　$\left|\dfrac{-1-2a}{2-a}\right|=\sqrt{3}$

分母を払うと　$|-1-2a|=\sqrt{3}\,|2-a|$

両辺を 2 乗すると　$(1+2a)^2=3(2-a)^2$

$1+4a+4a^2=3(4-4a+a^2)$

$a^2+16a-11=0$

よって　$a=-8\pm5\sqrt{3}$

23 加法定理の応用

基本問題 ……………… 本冊 p. 69

221

答　(1) $\dfrac{\sqrt{2-\sqrt{2}}}{2}$　(2) $\dfrac{\sqrt{2+\sqrt{2}}}{2}$　(3) $\sqrt{2}-1$

検討　(1) $\sin^2\dfrac{\pi}{8}=\dfrac{1-\cos\dfrac{\pi}{4}}{2}=\dfrac{2-\sqrt{2}}{4}$

$0<\dfrac{\pi}{8}<\dfrac{\pi}{2}$ より $\sin\dfrac{\pi}{8}>0$ であるから

$\sin\dfrac{\pi}{8}=\sqrt{\dfrac{2-\sqrt{2}}{4}}=\dfrac{\sqrt{2-\sqrt{2}}}{2}$

(2) $\cos^2\dfrac{\pi}{8}=\dfrac{1+\cos\dfrac{\pi}{4}}{2}=\dfrac{2+\sqrt{2}}{4}$

$0<\dfrac{\pi}{8}<\dfrac{\pi}{2}$ より $\cos\dfrac{\pi}{8}>0$ であるから

$\cos\dfrac{\pi}{8}=\sqrt{\dfrac{2+\sqrt{2}}{4}}=\dfrac{\sqrt{2+\sqrt{2}}}{2}$

(3)は(1)，(2)の結果から

$$\tan\frac{\pi}{8}=\frac{\sin\frac{\pi}{8}}{\cos\frac{\pi}{8}}=\frac{\sqrt{2-\sqrt{2}}}{\sqrt{2+\sqrt{2}}}=\frac{2-\sqrt{2}}{\sqrt{2}}$$

$=\sqrt{2}-1$

答　$\sin2\alpha=\dfrac{4\sqrt{2}}{9}$，$\cos2\alpha=\dfrac{7}{9}$，$\tan2\alpha=\dfrac{4\sqrt{2}}{7}$

検討　$0<\alpha<\dfrac{\pi}{2}$ より $\cos\alpha>0$ だから

$\cos\alpha=\sqrt{1-\sin^2\alpha}=\sqrt{1-\left(\dfrac{1}{3}\right)^2}=\dfrac{2\sqrt{2}}{3}$

よって

$\sin2\alpha=2\sin\alpha\cos\alpha=2\cdot\dfrac{1}{3}\cdot\dfrac{2\sqrt{2}}{3}=\dfrac{4\sqrt{2}}{9}$

$\cos2\alpha=1-2\sin^2\alpha=1-2\cdot\left(\dfrac{1}{3}\right)^2=\dfrac{7}{9}$

$\tan2\alpha=\dfrac{\sin2\alpha}{\cos2\alpha}=\dfrac{4\sqrt{2}}{9}\div\dfrac{7}{9}=\dfrac{4\sqrt{2}}{7}$

答　$\sin\dfrac{\alpha}{2}=\dfrac{\sqrt{6}}{4}$，$\cos\dfrac{\alpha}{2}=-\dfrac{\sqrt{10}}{4}$，

$\tan\dfrac{\alpha}{2}=-\dfrac{\sqrt{15}}{5}$

検討　$\dfrac{3}{2}\pi<\alpha<2\pi$ より $\dfrac{3}{4}\pi<\dfrac{\alpha}{2}<\pi$ だから

$\sin\dfrac{\alpha}{2}>0$，$\cos\dfrac{\alpha}{2}<0$，$\tan\dfrac{\alpha}{2}<0$

$$\sin^2\frac{\alpha}{2}=\frac{1-\cos\alpha}{2}=\frac{1-\frac{1}{4}}{2}=\frac{3}{8}$$

よって　$\sin\frac{\alpha}{2}=\sqrt{\frac{3}{8}}=\frac{\sqrt{6}}{4}$

$$\cos^2\frac{\alpha}{2}=\frac{1+\cos\alpha}{2}=\frac{1+\frac{1}{4}}{2}=\frac{5}{8}$$

よって　$\cos\frac{\alpha}{2}=-\sqrt{\frac{5}{8}}=-\frac{\sqrt{10}}{4}$

$$\tan\frac{\alpha}{2}=\frac{\sin\frac{\alpha}{2}}{\cos\frac{\alpha}{2}}=\frac{\sqrt{6}}{4}\div\left(-\frac{\sqrt{10}}{4}\right)=-\frac{\sqrt{15}}{5}$$

224

答　$-\frac{3}{4}$

検討　与式の両辺を平方すると

$$\sin^2\alpha+2\sin\alpha\cos\alpha+\cos^2\alpha=\frac{1}{4}$$

$$1+\sin2\alpha=\frac{1}{4}$$

よって　$\sin2\alpha=-\frac{3}{4}$

225

答　$\sin2\theta=\frac{\sqrt{2}}{2}$，$\cos2\theta=-\frac{\sqrt{2}}{2}$

検討　$\sin2\theta=2\sin\theta\cos\theta=2\cdot\frac{\sin\theta}{\cos\theta}\cdot\cos^2\theta$

$$=2\tan\theta\cos^2\theta=\frac{2\tan\theta}{1+\tan^2\theta}$$

$$=\frac{2(1+\sqrt{2})}{1+(1+\sqrt{2})^2}=\frac{\sqrt{2}}{2}$$

$$\cos2\theta=\cos^2\theta-\sin^2\theta=\cos^2\theta\left(1-\frac{\sin^2\theta}{\cos^2\theta}\right)$$

$$=\cos^2\theta(1-\tan^2\theta)=\frac{1-\tan^2\theta}{1+\tan^2\theta}$$

$$=\frac{1-(1+\sqrt{2})^2}{1+(1+\sqrt{2})^2}=-\frac{\sqrt{2}}{2}$$

226

答　(1) $\frac{1+2t-t^2}{1+t^2}$　(2) $\frac{-1+2t+t^2}{1+2t-t^2}$

検討　例題研究の結果を使う。

(1) $\sin\theta+\cos\theta=\frac{2t}{1+t^2}+\frac{1-t^2}{1+t^2}=\frac{1+2t-t^2}{1+t^2}$

(2) $\sin\theta-\cos\theta=\frac{2t}{1+t^2}-\frac{1-t^2}{1+t^2}=\frac{-1+2t+t^2}{1+t^2}$

よって　$\frac{\sin\theta-\cos\theta}{\sin\theta+\cos\theta}=\frac{-1+2t+t^2}{1+2t-t^2}$

> **テスト対策**
>
> 〔tanによる表示〕
>
> $\tan\theta=t$ とおくと，$\sin2\theta$，$\cos2\theta$，$\tan2\theta$ は t で表される。結果だけを覚えるのではなく，その導き方もマスターしておく。

227

答　(1) 左辺$=\frac{1-(1-2\sin^2\theta)}{2\sin\theta\cos\theta}$

$$=\frac{2\sin^2\theta}{2\sin\theta\cos\theta}=\frac{\sin\theta}{\cos\theta}=\tan\theta=\text{右辺}$$

(2) 左辺$=\frac{\frac{2\sin\theta}{\cos\theta}}{2\sin\theta\cos\theta}=\frac{2\sin\theta}{2\sin\theta\cos^2\theta}$

$$=\frac{1}{\cos^2\theta}=1+\tan^2\theta=\text{右辺}$$

(3) 左辺$=\sin^2\theta-2\sin\theta\cos\theta+\cos^2\theta$

$=1-\sin2\theta=$右辺

(4) 左辺$=(\cos^2\theta-\sin^2\theta)(\cos^2\theta+\sin^2\theta)$

$=\cos^2\theta-\sin^2\theta=\cos2\theta=$右辺

228

答　(1) $2\sin\left(\theta+\frac{\pi}{6}\right)$　(2) $2\sin\left(\theta-\frac{\pi}{6}\right)$

(3) $\sqrt{2}\sin\left(\theta+\frac{\pi}{4}\right)$　(4) $\sqrt{2}\sin\left(\theta-\frac{\pi}{4}\right)$

(5) $\sqrt{13}\sin(\theta+\alpha)$ $\left(\text{ただし，}\alpha\text{は}\cos\alpha=\frac{2}{\sqrt{13}},\ \sin\alpha=\frac{3}{\sqrt{13}}\text{を満たす角}\right)$

(6) $\sqrt{5}\sin(\theta+\alpha)$ $\left(\text{ただし，}\alpha\text{は}\cos\alpha=\frac{1}{\sqrt{5}},\ \sin\alpha=-\frac{2}{\sqrt{5}}\text{を満たす角}\right)$

(7) $\sqrt{2}\sin\left(\theta+\frac{\pi}{4}\right)$　(8) $\sin\left(\theta-\frac{5}{6}\pi\right)$

検討　(1) $\sqrt{(\sqrt{3})^2+1^2}=2$

$\cos\alpha=\dfrac{\sqrt{3}}{2}$, $\sin\alpha=\dfrac{1}{2}$

を満たす角 α は $\dfrac{\pi}{6}$ だから　$\sqrt{3}\sin\theta+\cos\theta$

$=2\sin\left(\theta+\dfrac{\pi}{6}\right)$

(2) $\sqrt{(\sqrt{3})^2+(-1)^2}=2$

$\cos\alpha=\dfrac{\sqrt{3}}{2}$, $\sin\alpha=-\dfrac{1}{2}$

を満たす角 α は $-\dfrac{\pi}{6}$

だから　$\sqrt{3}\sin\theta-\cos\theta$

$=2\sin\left(\theta-\dfrac{\pi}{6}\right)$

(5) $\sqrt{2^2+3^2}=\sqrt{13}$

よって　$2\sin\theta+3\cos\theta=\sqrt{13}\sin(\theta+\alpha)$

ただし，α は

$\cos\alpha=\dfrac{2}{\sqrt{13}}$,

$\sin\alpha=\dfrac{3}{\sqrt{13}}$ を満たす

角である。

(8) $\sin\left(\dfrac{\pi}{6}-\theta\right)-\cos\theta$

$=\sin\dfrac{\pi}{6}\cos\theta-\cos\dfrac{\pi}{6}\sin\theta-\cos\theta$

$=\dfrac{1}{2}\cos\theta-\dfrac{\sqrt{3}}{2}\sin\theta-\cos\theta$

$=-\dfrac{\sqrt{3}}{2}\sin\theta-\dfrac{1}{2}\cos\theta$

$\sqrt{\left(-\dfrac{\sqrt{3}}{2}\right)^2+\left(-\dfrac{1}{2}\right)^2}=1$

よって

$\sin\left(\dfrac{\pi}{6}-\theta\right)-\cos\theta$

$=\sin\left(\theta-\dfrac{5}{6}\pi\right)$

229

答 (1) **最大値 1** $\left(\boldsymbol{\theta=\dfrac{\pi}{6}}\right)$

最小値 −1 $\left(\boldsymbol{\theta=\dfrac{7}{6}\pi}\right)$

(2) **最大値** $\boldsymbol{\sqrt{3}}$ $\left(\boldsymbol{\theta=\dfrac{11}{6}\pi}\right)$

最小値 $\boldsymbol{-\sqrt{3}}$ $\left(\boldsymbol{\theta=\dfrac{5}{6}\pi}\right)$

検討 (1) $y=\sin\theta-\left(\sin\theta\cos\dfrac{\pi}{3}-\cos\theta\sin\dfrac{\pi}{3}\right)$

$=\sin\theta-\left(\dfrac{1}{2}\sin\theta-\dfrac{\sqrt{3}}{2}\cos\theta\right)$

$=\dfrac{1}{2}\sin\theta+\dfrac{\sqrt{3}}{2}\cos\theta$

$=\sin\left(\theta+\dfrac{\pi}{3}\right)$

$0\leqq\theta<2\pi$ のとき

$\dfrac{\pi}{3}\leqq\theta+\dfrac{\pi}{3}<\dfrac{7}{3}\pi$

$-1\leqq\sin\left(\theta+\dfrac{\pi}{3}\right)\leqq1$ であるから　$-1\leqq y\leqq1$

よって，

$\theta+\dfrac{\pi}{3}=\dfrac{\pi}{2}$，すなわち $\theta=\dfrac{\pi}{6}$ のとき最大値 1

$\theta+\dfrac{\pi}{3}=\dfrac{3}{2}\pi$，すなわち $\theta=\dfrac{7}{6}\pi$ のとき最小値 −1

応用問題

本冊 p. 71

答 (1) $\boldsymbol{\sin3\alpha=\sin(2\alpha+\alpha)}$

$\boldsymbol{=\sin2\alpha\cos\alpha+\cos2\alpha\sin\alpha}$

$\boldsymbol{=2\sin\alpha\cos^2\alpha+(1-2\sin^2\alpha)\sin\alpha}$

$\boldsymbol{=2\sin\alpha(1-\sin^2\alpha)+\sin\alpha-2\sin^3\alpha}$

$\boldsymbol{=3\sin\alpha-4\sin^3\alpha}$

(2) $\boldsymbol{\cos3\alpha=\cos(2\alpha+\alpha)}$

$\boldsymbol{=\cos2\alpha\cos\alpha-\sin2\alpha\sin\alpha}$

$\boldsymbol{=(2\cos^2\alpha-1)\cos\alpha-2\sin^2\alpha\cos\alpha}$

$\boldsymbol{=2\cos^3\alpha-\cos\alpha-2(1-\cos^2\alpha)\cos\alpha}$

$\boldsymbol{=4\cos^3\alpha-3\cos\alpha}$

(3) $\boldsymbol{\tan3\alpha=\tan(2\alpha+\alpha)}$

$\boldsymbol{=\dfrac{\tan2\alpha+\tan\alpha}{1-\tan2\alpha\tan\alpha}}$

$\boldsymbol{=\left(\dfrac{2\tan\alpha}{1-\tan^2\alpha}+\tan\alpha\right)\div\left(1-\dfrac{2\tan^2\alpha}{1-\tan^2\alpha}\right)}$

$\boldsymbol{=\dfrac{3\tan\alpha-\tan^3\alpha}{1-\tan^2\alpha}\times\dfrac{1-\tan^2\alpha}{1-3\tan^2\alpha}}$

$\boldsymbol{=\dfrac{3\tan\alpha-\tan^3\alpha}{1-3\tan^2\alpha}}$

答 左辺 $=\dfrac{\sin\theta+(1-\cos\theta)}{\sin\theta+(1+\cos\theta)}$

$=\dfrac{2\sin\dfrac{\theta}{2}\cos\dfrac{\theta}{2}+2\sin^2\dfrac{\theta}{2}}{2\sin\dfrac{\theta}{2}\cos\dfrac{\theta}{2}+2\cos^2\dfrac{\theta}{2}}$

$=\dfrac{2\sin\dfrac{\theta}{2}\left(\cos\dfrac{\theta}{2}+\sin\dfrac{\theta}{2}\right)}{2\cos\dfrac{\theta}{2}\left(\sin\dfrac{\theta}{2}+\cos\dfrac{\theta}{2}\right)}$

$=\tan\dfrac{\theta}{2}=$ 右辺

答 最大値 $8\sqrt{2}$，$AP=BP=4\sqrt{2}$

検討 $\angle BAP=\theta$ $\left(0<\theta<\dfrac{\pi}{2}\right)$ とおくと

AP+BP

$=8\cos\theta+8\sin\theta=8\sqrt{2}\sin\left(\theta+\dfrac{\pi}{4}\right)$

$0<\theta<\dfrac{\pi}{2}$ のとき　$\dfrac{\pi}{4}<\theta+\dfrac{\pi}{4}<\dfrac{3}{4}\pi$

よって，$\theta+\dfrac{\pi}{4}=\dfrac{\pi}{2}$ すなわち $\theta=\dfrac{\pi}{4}$ のとき

AP+BP は最大となる。

このとき，

$AP=8\cos\dfrac{\pi}{4}=4\sqrt{2}$，$BP=8\sin\dfrac{\pi}{4}=4\sqrt{2}$

24 累乗根

基本問題 本冊 p. 72

233

答 奇関数：(1)，(5)，(7)

偶関数：(3)，(4)，(8)，(9)

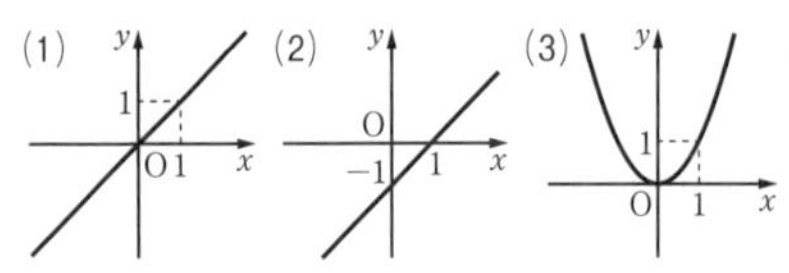

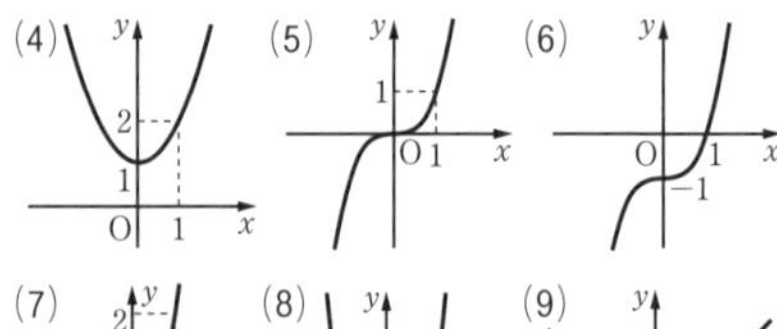

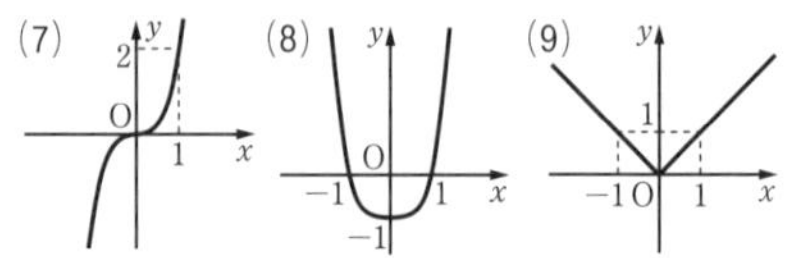

検討 奇関数のグラフは原点に関して対称，偶関数のグラフは y 軸に関して対称である。

(2)，(6)のグラフは奇関数でも偶関数でもない。

答 奇関数：(1)，偶関数：(2)

検討 奇関数については $f(-x)=-f(x)$，偶関数については $f(-x)=f(x)$ が成り立つかどうかを調べればよい。

(1) $f(x)=x^3-x$ とおくと

$f(-x)=(-x)^3-(-x)=-x^3+x$

$=-(x^3-x)=-f(x)$

よって，$f(x)$ は奇関数である。

235

答 (1) **±4**　(2) **−4**　(3) **±3**　(4) なし

検討 (1) 2 乗して 16 になる実数は ±4

(2) 3 乗して −64 になる実数は −4

(3) 4 乗して 81 になる実数は ±3

(4) 実数の範囲には，4 乗して −81 になる実数はない。

答 (1) **2**　(2) **3**　(3) **2**　(4) **−2**

(5) **0.1**　(6) **3**

検討 (1) $\sqrt[3]{8}=\sqrt[3]{2^3}=2$

(2) $\sqrt{9}=\sqrt{3^2}=3$

(3) $\sqrt[4]{16}=\sqrt[4]{2^4}=2$

(4) $\sqrt[3]{-8}=\sqrt[3]{(-2)^3}=-2$

(5) $\sqrt{0.01}=\sqrt{0.1^2}=0.1$

(6) $\sqrt[4]{81}=\sqrt[4]{3^4}=3$

237

答 (1) **3** (2) **2** (3) **0.1** (4) **3**
(5) **2** (6) **8**

検討 (1) 与式$=\sqrt[3]{27}=\sqrt[3]{3^3}=3$
(2) 与式$=\sqrt[4]{16}=\sqrt[4]{2^4}=2$
(3) 与式$=\sqrt[3]{0.001}=\sqrt[3]{0.1^3}=0.1$
(4) 与式$=\sqrt[4]{81}=\sqrt[4]{3^4}=3$
(5) 与式$=\sqrt[3]{8}=\sqrt[3]{2^3}=2$
(6) 与式$=\sqrt[4]{(2^4)^3}=\sqrt[4]{(2^3)^4}=2^3=8$

25 指数の拡張

基本問題 本冊 p. 74

238

答 (1) $\boldsymbol{\sqrt[5]{2}}$ (2) $\boldsymbol{\sqrt[3]{4}}$ (3) $\boldsymbol{\dfrac{1}{2\sqrt{2}}}$

検討 (1) $2^{0.2}=2^{\frac{1}{5}}$ (3) $2^{-\frac{3}{2}}=\dfrac{1}{2^{\frac{3}{2}}}=\dfrac{1}{2\sqrt{2}}$

239

答 (1) $\boldsymbol{2^{\frac{1}{2}}}$ (2) $\boldsymbol{2^{\frac{3}{4}}}$ (3) $\boldsymbol{2^{-\frac{2}{3}}}$

検討 (3) $\dfrac{1}{\sqrt[3]{2^2}}=\dfrac{1}{2^{\frac{2}{3}}}=2^{-\frac{2}{3}}$

240

答 (1) **9** (2) $\boldsymbol{\dfrac{1}{2}}$ (3) **5** (4) **8**
(5) $\boldsymbol{\dfrac{1}{3}}$ (6) $\boldsymbol{\dfrac{1}{8}}$

検討 (1) $27^{\frac{2}{3}}=(3^3)^{\frac{2}{3}}=3^2=9$
(2) $4^{-0.5}=4^{-\frac{1}{2}}=(2^2)^{-\frac{1}{2}}=2^{-1}=\dfrac{1}{2}$
(3) $25^{\frac{1}{2}}=(5^2)^{\frac{1}{2}}=5$
(4) $16^{0.75}=16^{\frac{3}{4}}=(2^4)^{\frac{3}{4}}=2^3=8$
(5) $9^{-\frac{1}{2}}=(3^2)^{-\frac{1}{2}}=3^{-1}=\dfrac{1}{3}$
(6) $(8^{-3})^{\frac{1}{3}}=8^{-1}=\dfrac{1}{8}$

241

答 (1) $\boldsymbol{a^{\frac{1}{24}}}$ (2) $\boldsymbol{a^{\frac{71}{60}}}$ (3) $\boldsymbol{a^{\frac{4}{3}}}$ (4) $\boldsymbol{a^0}$

検討 (1) 与式$=\sqrt[4]{\sqrt[6]{a}}=\sqrt[24]{a}=a^{\frac{1}{24}}$
(2) 与式$=a^{\frac{4}{3}}\div\sqrt[20]{a^3}=a^{\frac{4}{3}-\frac{3}{20}}=a^{\frac{71}{60}}$
(3) 与式$=a^{\frac{3}{2}+\frac{1}{3}-\frac{1}{2}}=a^{\frac{4}{3}}$
(4) 与式$=a^{\frac{5}{6}-\frac{1}{2}-\frac{1}{3}}=a^0$

242

答 (1) $\boldsymbol{a+b}$ (2) $\boldsymbol{a-b}$ (3) $\boldsymbol{a-1}$
(4) $\boldsymbol{a-b^{-1}}$ (5) $\boldsymbol{a^{\frac{1}{2}}+a^{\frac{1}{4}}b^{\frac{1}{4}}+b^{\frac{1}{2}}}$

検討 因数分解の公式を利用する。
(1) 与式$=(a^{\frac{1}{3}})^3+(b^{\frac{1}{3}})^3=a+b$
(2) 与式$=(a^{\frac{1}{3}})^3-(b^{\frac{1}{3}})^3=a-b$
(3) 与式$=\{(a^{\frac{1}{4}})^2-1\}(a^{\frac{1}{2}}+1)$
$=(a^{\frac{1}{2}}-1)(a^{\frac{1}{2}}+1)=a-1$
(4) 与式$=(a^3-b^{-3})\div(a^2+ab^{-1}+b^{-2})$
$=(a-b^{-1})(a^2+ab^{-1}+b^{-2})\div(a^2+ab^{-1}+b^{-2})$
$=a-b^{-1}$
(5) 与式
$=\{(a^{\frac{1}{2}})^2+a^{\frac{1}{2}}b^{\frac{1}{2}}+(b^{\frac{1}{2}})^2\}\div(a^{\frac{1}{2}}-a^{\frac{1}{4}}b^{\frac{1}{4}}+b^{\frac{1}{2}})$
$=\{(a^{\frac{1}{2}}+b^{\frac{1}{2}})^2-a^{\frac{1}{2}}b^{\frac{1}{2}}\}\div(a^{\frac{1}{2}}-a^{\frac{1}{4}}b^{\frac{1}{4}}+b^{\frac{1}{2}})$
$=\{(a^{\frac{1}{2}}+b^{\frac{1}{2}})^2-(a^{\frac{1}{4}}b^{\frac{1}{4}})^2\}\div(a^{\frac{1}{2}}-a^{\frac{1}{4}}b^{\frac{1}{4}}+b^{\frac{1}{2}})$
$=(a^{\frac{1}{2}}+b^{\frac{1}{2}}+a^{\frac{1}{4}}b^{\frac{1}{4}})(a^{\frac{1}{2}}+b^{\frac{1}{2}}-a^{\frac{1}{4}}b^{\frac{1}{4}})$
$\div(a^{\frac{1}{2}}+b^{\frac{1}{2}}-a^{\frac{1}{4}}b^{\frac{1}{4}})$
$=a^{\frac{1}{2}}+b^{\frac{1}{2}}+a^{\frac{1}{4}}b^{\frac{1}{4}}$

テスト対策
〔因数分解の公式の応用〕
$\boldsymbol{a^3+b^3=(a+b)(a^2-ab+b^2)}$
$\boldsymbol{a^2-b^2=(a+b)(a-b)}$
などの公式が，$(a^{\frac{1}{3}})^3+(b^{\frac{1}{3}})^3$，$(a^{\frac{1}{2}})^2-(b^{\frac{1}{2}})^2$ のような場合にも使えるようにしておく。

243

答 **1**

検討 指数だけを取り出して整理すると

$$\frac{1}{(a-b)(a-c)}+\frac{1}{(b-c)(b-a)}$$
$$+\frac{1}{(c-a)(c-b)}$$
$$=\frac{-(b-c)-(c-a)-(a-b)}{(a-b)(b-c)(c-a)}=0$$

したがって　与式$=2^0=1$

応用問題

本冊 p. 76

244

答　(1) **7**　(2) $\boldsymbol{\frac{2}{5}}$

検討　(1) $(a^{\frac{1}{2}}+a^{-\frac{1}{2}})^2=3^2$ より

$a+2a^{\frac{1}{2}}\cdot a^{-\frac{1}{2}}+a^{-1}=9$

$a+2+a^{-1}=9$　　よって　$a+a^{-1}=7$

(2) 分母の値は　$(a+a^{-1})^2=7^2$ より

$a^2+2a\cdot a^{-1}+a^{-2}=49$

$a^2+a^{-2}=47$

よって　$a^2+a^{-2}+3=50$

分子の値は

$$a^{\frac{3}{2}}+a^{-\frac{3}{2}}+2=(a^{\frac{1}{2}}+a^{-\frac{1}{2}})(a-1+a^{-1})+2$$
$$=3(7-1)+2=20$$

ゆえに，与式$=\dfrac{20}{50}=\dfrac{2}{5}$

245

答　$\boldsymbol{\frac{31}{5}}$

検討　与式$=\dfrac{(a^x-a^{-x})(a^{2x}+a^xa^{-x}+a^{-2x})}{a^x-a^{-x}}$

$$=a^{2x}+1+a^{-2x}=5+1+5^{-1}=\frac{31}{5}$$

246

答　$\boldsymbol{\frac{37}{12}}$

検討　与式$=\left(\dfrac{3^{3x}}{3^2}-\dfrac{3}{3^{3x}}\right)\div\left(\dfrac{3^x}{3}-\dfrac{1}{3^x}\right)$

$$=\left\{\frac{(3^x)^3}{9}-\frac{3}{(3^x)^3}\right\}\div\left(\frac{3^x}{3}-\frac{1}{3^x}\right)$$

$$=\left(\frac{8}{9}-\frac{3}{8}\right)\div\left(\frac{2}{3}-\frac{1}{2}\right)=\frac{37}{72}\times6=\frac{37}{12}$$

247

答　**198**

検討　$(a^{\frac{1}{3}}+a^{-\frac{1}{3}})^3=a+3a^{\frac{1}{3}}+3a^{-\frac{1}{3}}+a^{-1}$ より

$$a+a^{-1}=(a^{\frac{1}{3}}+a^{-\frac{1}{3}})^3-3(a^{\frac{1}{3}}+a^{-\frac{1}{3}})$$
$$=6^3-3\times6=198$$

248

答　$\boldsymbol{2\sqrt{2}-1}$

検討　与式$=\dfrac{(a^x+a^{-x})(a^{2x}-1+a^{-2x})}{a^x+a^{-x}}$

$$=a^{2x}-1+a^{-2x}=1+\sqrt{2}-1+\frac{1}{1+\sqrt{2}}$$

$$=\sqrt{2}+\frac{1}{1+\sqrt{2}}=\sqrt{2}+\sqrt{2}-1=2\sqrt{2}-1$$

26 指数関数

基本問題

本冊 p. 77

249

答　下図

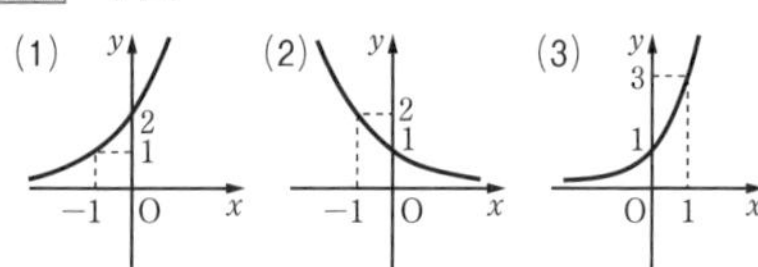

250

答　$\boldsymbol{y=3^{x-1}-2}$

検討　x に $x-1$ を，y に $y+2$ を代入すればよい。

251

答　(1) $\boldsymbol{x}$ **軸方向に -1 だけ平行移動したもの。**

(2) $\boldsymbol{x}$ **軸に関して対称移動したもの。**

(3) $\boldsymbol{y}$ **軸に関して対称移動したもの。**

(4) **原点に関して対称移動したもの。**

(5) $\boldsymbol{x}$ **軸方向に 1 だけ平行移動したもの。**

(6) **原点に関して対称移動し，さらに x 軸方向に 1 だけ平行移動したもの。**

応用問題　本冊 p. 77

252

答　下図

(1)
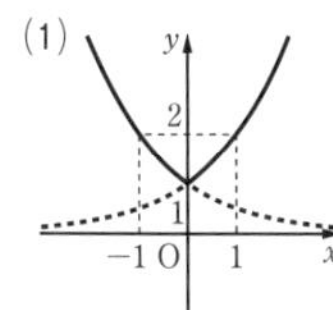

(2)
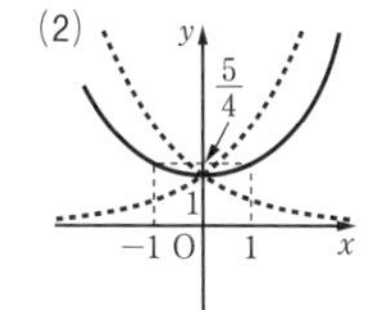

検討 (1) $x \geqq 0$ で $y=2^x$，$x<0$ で $y=2^{-x}$ のグラフとなる。

(2) $y=2^x$ のグラフと $y=2^{-x}$ のグラフの x 座標が等しい 2 点を結ぶ線分の中点をとり，なめらかな曲線をかく。

27 指数関数の応用

基本問題　本冊 p. 78

253

答 (1) $\sqrt{4^3}>\sqrt[4]{4^4}>\sqrt[3]{4^2}>\sqrt[5]{4}>\sqrt[3]{4^{-1}}$

(2) $0.2^{-3}>0.2^{-\frac{3}{2}}>0.2^0>0.2^{\frac{1}{3}}>0.2^3$

(3) $\sqrt{14}>\sqrt{12}>\sqrt{5}>\sqrt{3}>\sqrt{2}$

(4) $\sqrt[3]{4}>\sqrt[4]{6}>\sqrt{2}$

検討 (1) 底が 4 であるから指数の大小と同じである。

(2) 底が 0.2 であるから指数の大小と逆になる。

(3) 根号内の大小と同じである。

(4) 2，3，4 の最小公倍数により，それぞれを 12 乗して考える。

$(\sqrt{2})^{12}=(2^{\frac{1}{2}})^{12}=2^6$，$(\sqrt[3]{4})^{12}=(4^{\frac{1}{3}})^{12}=4^4$，

$(\sqrt[4]{6})^{12}=(6^{\frac{1}{4}})^{12}=6^3$

であるから 2^6，4^4，6^3 の大小と同じである。

254

答 (1) $x=1$　(2) $x=2$　(3) $x=5$

(4) $x=\frac{5}{2}$　(5) $x=\frac{2}{3}$　(6) $x=-3$

(7) $x=-2$　(8) $x=-\frac{4}{3}$　(9) $x=-\frac{7}{8}$

検討 底をそろえて，指数が等しくなるようにする。

(2) $3^x=3^2$ より　$x=2$

(3) $2^x=2^5$ より　$x=5$

(4) $2^{2x}=2^5$ より　$2x=5$　　よって　$x=\frac{5}{2}$

(5) $2^{3x}=2^2$ より　$3x=2$　　よって　$x=\frac{2}{3}$

(6) $5^{-x}=5^3$ より　$-x=3$　　よって　$x=-3$

(7) $(2^{-3})^x=2^6$ より　$-3x=6$

よって　$x=-2$

(8) $(3^3)^x=(3^4)^{-1}$ より　$3x=-4$

よって　$x=-\frac{4}{3}$

(9) $(2^2)^{x+1}=2^{\frac{1}{4}}$ より　$2x+2=\frac{1}{4}$

よって　$x=-\frac{7}{8}$

255

答 (1) $x>4$　(2) $x<\frac{3}{2}$　(3) $x>2$

検討 (1) $2^x>2^4$ より　$x>4$

(2) $3^{2x}<3^3$ より　$2x<3$　よって　$x<\frac{3}{2}$

(3) $0.5^x<0.5^2$　底が 1 より小さいので　$x>2$

256

答 (1) 最大値 2 $(x=1)$，最小値 $\frac{1}{2}$ $(x=-1)$

(2) 最大値 25 $(x=2)$，最小値 1 $(x=0)$

(3) 最大値 2 $(x=-1)$，最小値 $\frac{1}{2}$ $(x=1)$

(4) 最大値 9 $(x=2)$，最小値 $\frac{1}{3}$ $(x=-1)$

検討 与えられた関数のグラフを変域内でかけば明らかである。

応用問題　本冊 p. 79

257

答 $a>1$ のとき　$\sqrt[3]{a^4}>\sqrt{a^2}>\sqrt[4]{a^3}$

$a=1$ のとき　$\sqrt{a^2}=\sqrt[3]{a^4}=\sqrt[4]{a^3}$ $(=1)$

$0<a<1$ のとき　$\sqrt[4]{a^3}>\sqrt{a^2}>\sqrt[3]{a^4}$

検討 底 a によって大小が異なることに注意せよ。

テスト対策

〔指数と数の大小関係〕

$m>n$ のとき，a^m と a^n の大小関係は，**$0<a<1$ ならば $a^m<a^n$** となることに注意すること。

258

答 (1) $\boldsymbol{x=\frac{1}{2}}$ (2) $\boldsymbol{x=\frac{1}{7}}$

(3) $\boldsymbol{x=1}$ (4) $\boldsymbol{x=-1}$ (5) $\boldsymbol{x=-2}$

(6) $\boldsymbol{x=0}$ (7) $\boldsymbol{x=3,\ y=1}$

(8) $\boldsymbol{x=-9,\ y=-4}$

検討 (1) 与式より $(2^3)^x=2^{x+1}$

ゆえに $3x=x+1$ よって $x=\frac{1}{2}$

(2) $\left(\frac{1}{2}\right)^{3x-2}=2^{-(3x-2)}$ より

$2^{-(3x-2)}=2^{4x+1}$ ゆえに $-(3x-2)=4x+1$

よって $x=\frac{1}{7}$

(3) $2^x=X$ とおくと $X^2+X-6=0$

$(X+3)(X-2)=0$

$X>0$ より $X=2$ $2^x=2$

よって $x=1$

(4) $3^x=X$ とおくと $3X^2+2X-1=0$

$(3X-1)(X+1)=0$

$X>0$ より $X=\frac{1}{3}=3^{-1}$

$3^x=3^{-1}$ より $x=-1$

(5) $3^x=X$ とおくと $9X^2+8X-1=0$

$(9X-1)(X+1)=0$

$X>0$ より $X=\frac{1}{9}=3^{-2}$

$3^x=3^{-2}$ より $x=-2$

(6) $5^x=X$ とおくと $X+\frac{1}{X}=2$

$X^2-2X+1=0$ $(X-1)^2=0$

これから $X=1$ で，これは $X>0$ を満たす。

ゆえに $5^x=1$ よって $x=0$

(7) $3^x=X$，$3^y=Y$ とおくと

$X-Y=24$，$XY=81$

$X=Y+24$ を $XY=81$ に代入して X を消去すると $Y^2+24Y-81=0$

$(Y+27)(Y-3)=0$ $Y>0$ より $Y=3$

$3^y=3$ より $y=1$

また，$X=27$ $3^x=27=3^3$ より $x=3$

(8) 第1式より $3^x=3^{3(y+1)}$ $x=3y+3$ ……①

第2式より $2^{2y}=2^{x+1}$ $2y=x+1$ ……②

①を②に代入して $2y=(3y+3)+1$ $y=-4$

これを①に代入して $x=-9$

259

答 (1) $\boldsymbol{x>-3}$ (2) $\boldsymbol{x<\frac{6}{5}}$

(3) $\boldsymbol{x>5}$ (4) $\boldsymbol{0<x<2}$ (5) $\boldsymbol{0<x<2}$

検討 (1) 与式より $2^{-2x}<2^6$

底が2で1より大きいから $-2x<6$

よって $x>-3$

(2) 与式より $(2^{-3})^{x-4}>(2^2)^{x+3}$

すなわち $2^{-3(x-4)}>2^{2(x+3)}$

底が2で1より大きいから

$-3(x-4)>2(x+3)$ $-3x+12>2x+6$

$-5x>-6$ よって $x<\frac{6}{5}$

(3) 与式より $(2^{-1})^{2x-6}<2^{-4}$

すなわち $2^{-(2x-6)}<2^{-4}$

底が2で1より大きいから $-(2x-6)<-4$

これを解いて $x>5$

(4) $(2^x)^2-5\cdot 2^x+4<0$

$2^x=X$ とおくと

$X>0$ で $X^2-5X+4<0$

$(X-1)(X-4)<0$

ゆえに $1<X<4$ よって $2^0<2^x<2^2$

底が2で1より大きいから $0<x<2$

(5) $3^x=X\ (X>0)$ とおくと $X^2-10X+9<0$

$(X-1)(X-9)<0$ ゆえに $1<X<9$

よって $3^0<3^x<3^2$

底が3で1より大きいから $0<x<2$

260

答 **$0<a<1$ のとき $x<1$**

$a>1$ のとき $x>1$

検討 両辺に $a\ (a>0)$ を掛けると

$a^{2x}-a\cdot a^x+a^x-a>0$

$a^x=X\ (X>0)$ とおくと

$X^2+(1-a)X-a>0$

$(X+1)(X-a)>0$
$X>0$ より，$X+1>0$ だから
$X-a>0$　ゆえに　$X>a$
すなわち　$a^x>a$
よって，$0<a<1$ のとき $x<1$
　　$a>1$ のとき $x>1$

261

答　**最大値 3 ($x=0$)**

検討　$y=-(2^x)^2+2\cdot 2^x+2$
$2^x=X\ (X>0)$ とおくと
$y=-X^2+2X+2=-(X-1)^2+3$
$X>0$ より，$X=1$ のとき最大値 3 をとる。
このとき　$2^x=1$　すなわち　$x=0$

262

答　**最小値 -13 ($x=1$)**

検討　$y=2(3^x)^2-12\cdot 3^x+5$
$3^x=X\ (X>0)$ とおくと
$y=2X^2-12X+5=2(X-3)^2-13$
$X>0$ より，$X=3$ のとき最小値 -13 をとる。
このとき　$3^x=3$　すなわち　$x=1$

263

答　**最小値 8 ($x=2$)，最大値なし**

検討　$2^x+2^y=2^x+2^{4-x}=2^x+\dfrac{2^4}{2^x}$
$2^x>0$ より相加平均と相乗平均の関係を用いて

$$2^x+\frac{2^4}{2^x}\geqq 2\sqrt{2^x\cdot\frac{2^4}{2^x}}=8$$

等号が成り立つのは $2^x=\dfrac{2^4}{2^x}$，すなわち $x=2$ のときである。

264

答　(1) $\boldsymbol{y=X^2-2X-2,\ X\geqq 2}$
(2) **最小値 -2 ($x=0$)，最大値なし**

検討　(1) $4^x+4^{-x}=(2^x)^2+(2^{-x})^2$
$=(2^x+2^{-x})^2-2$
$=X^2-2$
$y=X^2-2-2X=X^2-2X-2=(X-1)^2-3$
$2^x>0,\ 2^{-x}>0$ より相加平均と相乗平均の関係を用いて
$X=2^x+2^{-x}\geqq 2\sqrt{2^x\cdot 2^{-x}}=2$
等号が成り立つのは $x=0$ のとき。
(2) $X\geqq 2$ において y の値は増加する。$X=2$，すなわち $x=0$ のとき最小値 -2，最大値はなし。

28 対数とその性質

基本問題 ･･････････････ 本冊 p. 82

265

答　(1) $\mathbf{3=\log_2 8}$　(2) $\mathbf{0=\log_3 1}$
(3) $\mathbf{-3=\log_{10}0.001}$　(4) $\mathbf{-6=\log_2\dfrac{1}{64}}$
(5) $\mathbf{-\dfrac{1}{2}=\log_4\dfrac{1}{2}}$　(6) $\mathbf{3=\log_5 125}$
(7) $\mathbf{2^4=16}$　(8) $\mathbf{10^2=100}$　(9) $\mathbf{0.5^{-1}=2}$
(10) $\mathbf{10^0=1}$　(11) $\mathbf{4^{\frac{3}{2}}=8}$　(12) $\mathbf{5^{-\frac{1}{2}}=\dfrac{1}{\sqrt{5}}}$

検討　$y=\log_a x \Longleftrightarrow x=a^y\ (a>0,\ a\neq 1)$ の関係を使う。

266

答　(1) $\mathbf{-2}$　(2) **3**　(3) **2**　(4) $\mathbf{-1}$
(5) **4**　(6) $\mathbf{\dfrac{1}{3}}$　(7) **0**　(8) $\mathbf{\dfrac{7}{3}}$　(9) $\mathbf{\dfrac{1}{2}}$

検討　(1) $\log_2 0.25=\log_2 0.5^2$
$=2\log_2\dfrac{1}{2}=2\log_2 2^{-1}=-2$
(3) $\log_{\sqrt{3}}3=\log_{\sqrt{3}}(\sqrt{3})^2=2$
(8) $\log_8(8\cdot 8\cdot 2)=2\log_8 8+\log_8 2$
$=2+\dfrac{\log_2 2}{\log_2 8}=2+\dfrac{\log_2 2}{\log_2 2^3}$
$=2+\dfrac{1}{3}=\dfrac{7}{3}$

267

答　(1) $\mathbf{\dfrac{1}{2}}$　(2) **2**　(3) **1**

検討　(1) 底を 2 にそろえて
与式$=(\log_2 9-\log_4 9)(\log_3 2-\log_9 2)$

$=\left(2\log_2 3-\dfrac{\log_2 9}{\log_2 4}\right)\left(\dfrac{\log_2 2}{\log_2 3}-\dfrac{\log_2 2}{\log_2 9}\right)$

$=\left(2\log_2 3-\dfrac{\log_2 3}{\log_2 2}\right)\left(\dfrac{\log_2 2}{\log_2 3}-\dfrac{\log_2 2}{2\log_2 3}\right)$

$=\log_2 3\cdot\dfrac{1}{2\log_2 3}=\dfrac{1}{2}$

(2) 与式$=\log_{10}\{(5^{\frac{1}{2}})^4\times 8^{-\frac{1}{2}}\times(2^{-1})^{-\frac{7}{2}}\}$

$=\log_{10}(5^2\cdot 2^{-\frac{3}{2}}\cdot 2^{\frac{7}{2}})=\log_{10}(5^2\cdot 2^2)$

$=\log_{10}10^2=2$

(3) 与式$=\log_{10}\left\{\left(\dfrac{5}{6}\right)^{\frac{1}{2}}\times\left(\dfrac{15}{2}\right)^{\frac{1}{2}}\times 2^2\right\}$

$=\log_{10}\left[\left\{\left(\dfrac{5}{2}\right)^2\right\}^{\frac{1}{2}}\times 2^2\right]=\log_{10}10=1$

268

答　(1) **1**　(2) **6**　(3) $\boldsymbol{\dfrac{5}{4}}$

検討　(1) 底を2にそろえて

与式$=\dfrac{\log_2 3}{\log_2 2}\cdot\dfrac{\log_2 4}{\log_2 3}\cdot\dfrac{\log_2 2}{\log_2 4}=1$

(2) 底を2にそろえて

与式$=6\log_3 2\cdot\log_2 3=\dfrac{6\log_2 2}{\log_2 3}\cdot\log_2 3=6$

(3) 底を3にそろえて

与式$=\left(\dfrac{\log_3 3}{\log_3 4}+\dfrac{\log_3 3}{\log_3 8}\right)\left(\log_3 2+\dfrac{\log_3 2}{\log_3 9}\right)$

$=\left(\dfrac{1}{2\log_3 2}+\dfrac{1}{3\log_3 2}\right)\left(\log_3 2+\dfrac{\log_3 2}{2\log_3 3}\right)$

$=\dfrac{5}{6\log_3 2}\times\left(\log_3 2+\dfrac{\log_3 2}{2}\right)$

$=\dfrac{5}{6\log_3 2}\times\dfrac{3\log_3 2}{2}=\dfrac{5}{4}$

269

答　(1) $\boldsymbol{2a}$　(2) $\boldsymbol{a+b}$　(3) $\boldsymbol{2b}$

(4) $\boldsymbol{2a+b}$　(5) $\boldsymbol{1-a}$　(6) $\boldsymbol{\dfrac{1}{2}(a+b)}$

検討　(1) 与式$=\log_{10}2^2=2\log_{10}2=2a$

(2) 与式$=\log_{10}(2\cdot 3)=\log_{10}2+\log_{10}3=a+b$

(3) 与式$=\log_{10}3^2=2\log_{10}3=2b$

(4) 与式$=\log_{10}(4\cdot 3)=\log_{10}4+\log_{10}3$

$=2\log_{10}2+\log_{10}3=2a+b$

(5) 与式$=\log_{10}\dfrac{10}{2}=\log_{10}10-\log_{10}2=1-a$

(6) 与式$=\log_{10}6^{\frac{1}{2}}=\dfrac{1}{2}\log_{10}6=\dfrac{1}{2}(a+b)$

270

答　$\boldsymbol{\dfrac{3}{1+m+mn}}$

検討　$\log_3 5=\dfrac{\log_2 5}{\log_2 3}$ より　$n=\dfrac{\log_2 5}{m}$

よって　$\log_2 5=mn$

$\log_{30}8=\dfrac{\log_2 8}{\log_2 30}=\dfrac{\log_2 2^3}{\log_2(2\cdot 3\cdot 5)}$

$=\dfrac{3\log_2 2}{\log_2 2+\log_2 3+\log_2 5}=\dfrac{3}{1+m+mn}$

応用問題

本冊 p. 84

271

答　$\boldsymbol{-\dfrac{1}{2}}$

検討　$21^x=0.01$ の両辺において常用対数をとると　$\log_{10}21^x=\log_{10}0.01$

$\log_{10}21^x=\log_{10}10^{-2}$

ゆえに　$x\log_{10}21=-2$

$2.1^y=0.01$ の両辺において常用対数をとると，同様にして　$y\log_{10}2.1=-2$

与式$=-\dfrac{\log_{10}21}{2}+\dfrac{\log_{10}2.1}{2}=\dfrac{1}{2}\log_{10}\dfrac{2.1}{21}$

$=\dfrac{1}{2}\log_{10}\dfrac{1}{10}=\dfrac{1}{2}\log_{10}10^{-1}$

$=-\dfrac{1}{2}\log_{10}10=-\dfrac{1}{2}$

272

答　(1) $\boldsymbol{a:b=(3+\sqrt{5}):2}$

(2) $\boldsymbol{\dfrac{3+\sqrt{5}}{6}}$

検討　(1) 真数条件より，

$a>0,\ b>0,\ a>b$　……①

$2\log_{10}(a-b)=\log_{10}(a-b)^2$

$\log_{10}a+\log_{10}b=\log_{10}ab$

より

$\log_{10}(a-b)^2=\log_{10}ab$

$(a-b)^2=ab$

ゆえに　$a^2-3ab+b^2=0$　……②

両辺を b^2 で割ると　$\left(\dfrac{a}{b}\right)^2-3\left(\dfrac{a}{b}\right)+1=0$

$\dfrac{a}{b}=\dfrac{3\pm\sqrt{5}}{2}$

ここで①によって　$\dfrac{a}{b}>1$

ゆえに　$\dfrac{a}{b}=\dfrac{3+\sqrt{5}}{2}$

したがって　$a:b=(3+\sqrt{5}):2$

(2) ②より $a^2+b^2=3ab$

よって，与式$=\dfrac{a^2}{3ab}=\dfrac{1}{3}\cdot\dfrac{a}{b}=\dfrac{3+\sqrt{5}}{6}$

答 (1) **15 桁の整数**　(2) **小数第 15 位**

検討 (1) $x=3^{30}$ とおき，両辺の常用対数をとれば

$\log_{10}x=30\log_{10}3=30\cdot0.4771=14.313$

$14<\log_{10}x<15$　　すなわち　$10^{14}<x<10^{15}$

したがって，3^{30} は 15 桁の整数である。

(2) $x=3^{-30}$ より

$\log_{10}x=-30\log_{10}3=-30\cdot0.4771=-14.313$

$-15<\log_{10}x<-14$

すなわち　$10^{-15}<x<10^{-14}$

したがって，3^{-30} は小数第 15 位に初めて 0 でない数が現れる。

テスト対策

x が n 桁の数 $\iff 10^{n-1}\leqq x<10^n$

$\iff n-1\leqq\log_{10}x<n$

29 対数関数

基本問題 本冊 p. 85

274

答 下図

(1)

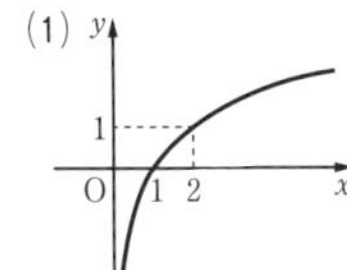

(2)

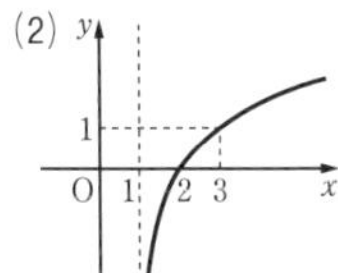

(3)

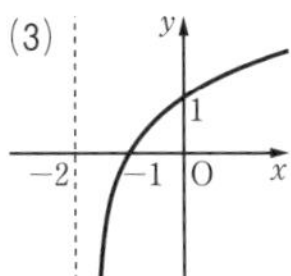

(4)

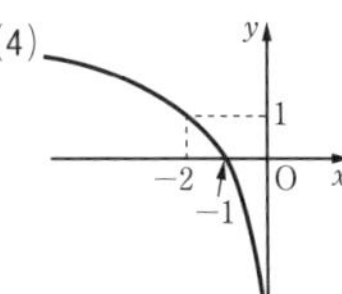

(5)

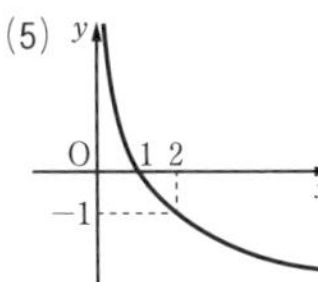

(6)

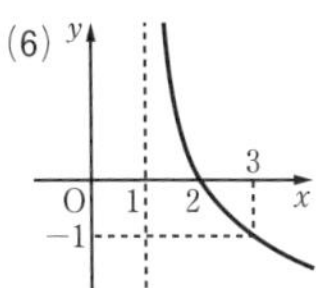

(7)

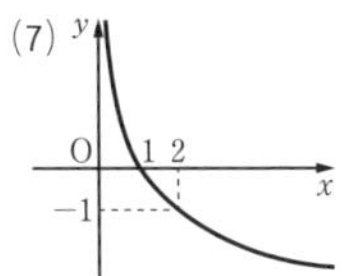

(8)

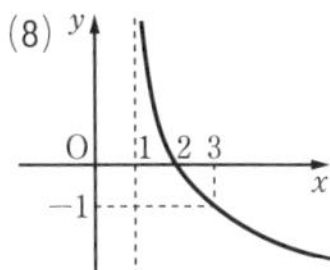

(9)

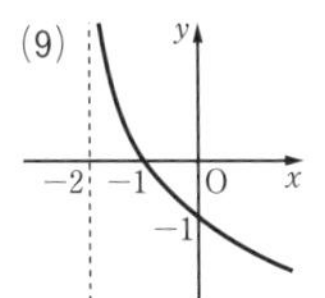

検討 式を変形して，$y=\log_2x$ をどのように移動したものかを考えればよい。

(2) (1)のグラフを x 軸方向に 1 だけ平行移動したもの。

(3) (1)のグラフを x 軸方向に -2 だけ平行移動したもの。

(4) (1)のグラフを y 軸に関して対称移動したもの。

(5) $y=-\log_2x$ だから(1)のグラフを x 軸に関して対称移動したもの。

(6) $y=-\log_2(x-1)$ だから(5)のグラフを x 軸方向に 1 だけ平行移動したもの。

(7) $y=\log_{\frac{1}{2}}x=\dfrac{\log_2x}{\log_2\frac{1}{2}}=-\log_2x$

だから，(5)と同じグラフである。

(8) (7)のグラフを x 軸方向に 1 だけ平行移動したもの。

(9) (7)のグラフを x 軸方向に -2 だけ平行移動したもの。

答 (1) **直線 $y=x$ に関して対称移動したも**

のである。

(2) y 軸に関して対称移動したものである。

(3) 原点に関して対称である。

(4) x 軸に関して対称移動したものである。

(5) y 軸方向に 1 だけ平行移動したもの。

(6) x 軸に関して対称移動したものである。

検討

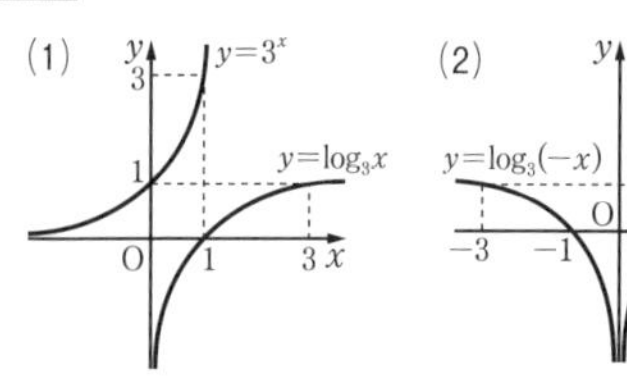

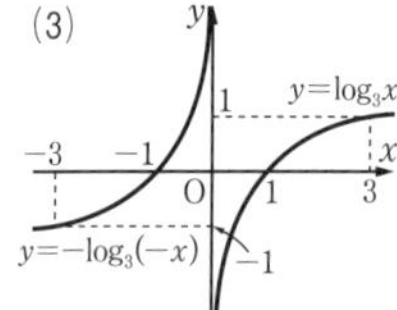

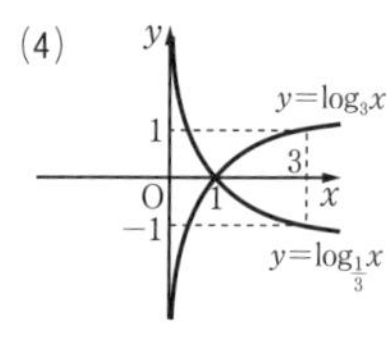

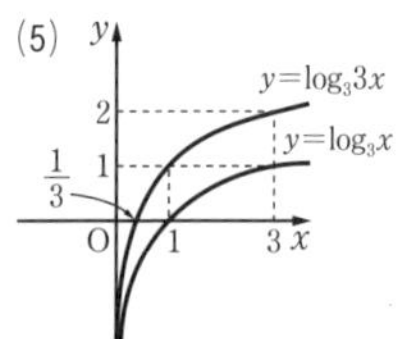

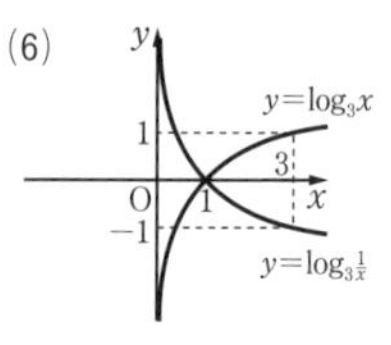

テスト対策

〔対数関数のグラフ〕

対数関数 $y=\log_a x$ のグラフは，

$a>1$ のときは右上がりの曲線

$0<a<1$ のときは右下がりの曲線

になることを覚えておくこと。

応用問題 ・・・・・・・・・・ 本冊 *p. 85*

答　下図

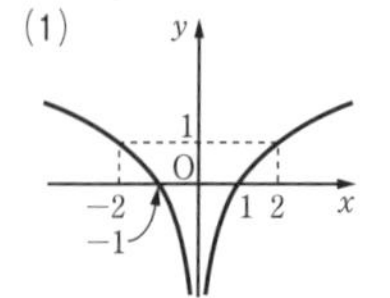

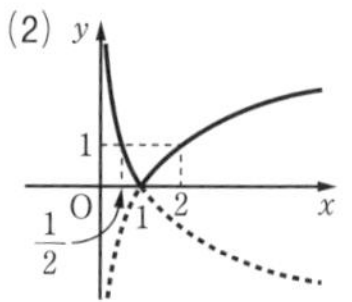

検討 (1) $x>0$ のとき　$y=\log_2 x$

$x<0$ のとき　$y=\log_2(-x)$

(2) $\log_{\frac{1}{2}} x=\dfrac{\log_2 x}{\log_2 \frac{1}{2}}=-\log_2 x$

$y=|-\log_2 x|=|\log_2 x|$ より $0<x<1$ のとき

$y=-\log_2 x$，$x \geqq 1$ のとき $y=\log_2 x$

30 対数関数の応用

基本問題 ・・・・・・・・・・ 本冊 *p. 86*

277

答 (1) $\mathbf{\log_3 20>\log_3 2>\log_3 0.2}$

(2) $\mathbf{\log_{0.3} 0.2>\log_{0.3} 2>\log_{0.3} 20}$

(3) $\mathbf{\log_3 5>\log_5 4>\log_2 0.6}$

検討 (1) 底が 3 で 1 より大きいから

$\log_3 0.2<\log_3 2<\log_3 20$

(2) 底が 0.3 で 1 より小さいから

$\log_{0.3} 0.2>\log_{0.3} 2>\log_{0.3} 20$

(3) $\log_3 5>\log_3 3=1$，$0<\log_5 4<\log_5 5=1$

$\log_2 0.6<\log_2 1=0$

ゆえに　$\log_2 0.6<0<\log_5 4<1<\log_3 5$

よって　$\log_3 5>\log_5 4>\log_2 0.6$

278

答 (1) $\boldsymbol{x=256}$　(2) $\boldsymbol{x=\dfrac{1}{27}}$

(3) $\boldsymbol{x=3}$　(4) $\boldsymbol{x=2}$　(5) $\boldsymbol{x=\pm 10}$

(6) $\boldsymbol{x=-1}$　(7) $\boldsymbol{x=5}$　(8) $\boldsymbol{x=\dfrac{4}{3}}$

(9) $\boldsymbol{x=6}$　(10) $\boldsymbol{x=7}$

検討 (1) $x=2^8=256$

(2) $x=3^{-3}=\dfrac{1}{27}$

(3) $27=x^3$　　よって　$x=3$

(4) $16=x^4$　$(x+2)(x-2)(x^2+4)=0$

底の条件より $x>0$ であるから　$x=2$

(5) $x^2=10^2$　　よって　$x=\pm 10$

(6) $x+3=2$　　よって　$x=-1$

(7) 真数条件より $x-2>0$，$3x-12>0$ である から　$x>4$　……①

このとき　$x-2=3x-12$　　よって　$x=5$

これは①を満たす。

(8) 与式より　$\log_2 3x=2$　　$3x=2^2$

よって　$x=\dfrac{4}{3}$

これは真数条件 $x>0$ に適する。

(9) 真数条件より $x+3>0$，$x-5>0$ であるから　$x>5$　……①

与式より　$\log_3(x+3)(x-5)=2$

$(x+3)(x-5)=3^2$

よって　$(x-6)(x+4)=0$

①より　$x=6$

(10) 真数条件より $x-3>0$，$x-5>0$ であるから　$x>5$　……①

与式より　$\log_2(x-3)(x-5)=3$

$(x-3)(x-5)=2^3$

よって　$(x-1)(x-7)=0$

①より　$x=7$

279

答　(1) $\boldsymbol{2<x<6}$　(2) $\boldsymbol{0<x<\dfrac{1}{8}}$

(3) $\boldsymbol{0<x<\dfrac{1}{2}}$　(4) $\boldsymbol{\dfrac{1}{2}<x<2}$

(5) $\boldsymbol{-2\sqrt{2}<x<0,\ 0<x<2\sqrt{2}}$

(6) $\boldsymbol{x>3}$　(7) $\boldsymbol{-1<x<4}$

検討　真数条件を忘れないように！

(1) $\log_2(x-2)<\log_2 4$ より　$x<6$

また，真数条件より　$x>2$

よって　$2<x<6$

(2) $\log_{0.5}2x>\log_{0.5}(0.5)^2$

底が 0.5 で 1 より小さいから　$2x<(0.5)^2$

$x<\dfrac{1}{8}$　　また，真数条件より　$x>0$

よって　$0<x<\dfrac{1}{8}$

(3) 真数条件より　$x+1>0$，$-2x+1>0$

よって　$-1<x<\dfrac{1}{2}$　　……①

与式より　$x+1>-2x+1$

$x>0$　　……②

①，②より　$0<x<\dfrac{1}{2}$

(4) 底が 0.1 で 1 より小さいから

$x+1>2x-1$

よって　$x<2$　……①

また，真数条件より　$x+1>0$，$2x-1>0$

よって　$x>\dfrac{1}{2}$　……②

①，②より　$\dfrac{1}{2}<x<2$

(5) 真数条件より　$x^2>0$

ゆえに　$x\neq0$　……①

$\log_2 x^2<\log_2 2^3$ より　$x^2<8$

$(x-\sqrt{8})(x+\sqrt{8})<0$

$-2\sqrt{2}<x<2\sqrt{2}$　……②

①，②より　$-2\sqrt{2}<x<0$，$0<x<2\sqrt{2}$

(6) 真数条件より　$x>0$　……①

$\log_2 x^2>\log_2(2x+3)$

$x^2>2x+3$　$(x-3)(x+1)>0$

$x<-1$，$3<x$　　……②

①，②より　$x>3$

(7) 真数条件より　$x>-3$　……①

与式より　$2x+6>x^2-x+2$

$(x-4)(x+1)<0$　$-1<x<4$　……②

①，②より　$-1<x<4$

テスト対策

〔対数と真数の大小関係〕

$\boldsymbol{0<a<1}$ **のとき，**

$\boldsymbol{\log_a M<\log_a N \iff M>N}$

$\boldsymbol{a>1}$ **のとき，**

$\boldsymbol{\log_a M<\log_a N \iff M<N}$

応用問題

本冊 p. 87

280

答　(1) $\boldsymbol{\log_{0.3}0.2>\log_{30}20>\log_3 2}$

(2) $\boldsymbol{x>a^2}$ **のとき**　$\boldsymbol{(\log_a x)^2>\log_a x^2}$

$\boldsymbol{x=a^2}$ **のとき**　$\boldsymbol{(\log_a x)^2=\log_a x^2}$

$\boldsymbol{a<x<a^2}$ **のとき**　$\boldsymbol{\log_a x^2>(\log_a x)^2}$

検討　差をとって大小を比べる。

(1) $\log_{0.3}0.2-\log_{30}20=\dfrac{\log_{10}2-1}{\log_{10}3-1}-\dfrac{\log_{10}2+1}{\log_{10}3+1}$

$=\dfrac{2(\log_{10}2-\log_{10}3)}{(\log_{10}3-1)(\log_{10}3+1)}>0$

$\log_{30}20-\log_3 2=\dfrac{\log_{10}2+1}{\log_{10}3+1}-\dfrac{\log_{10}2}{\log_{10}3}$

$=\dfrac{\log_{10}3-\log_{10}2}{\log_{10}3(\log_{10}3+1)}>0$

よって　$\log_{0.3}0.2>\log_{30}20>\log_3 2$

(2) $1<a<x$ は $a>1$ であるから，a を底とする対数をとると，$0<1<\log_a x$ となり，差をとって大小を比べればよい。

$P=(\log_a x)^2-\log_a x^2=\log_a x(\log_a x-2)$

ところで　$\log_a x>0$　また　$2=\log_a a^2$

ゆえに，$x>a^2$ のとき　$P>0$

$x=a^2$ のとき　$P=0$

$a<x<a^2$ のとき　$P<0$

281

答　(1) **最大値 $2\log_{10}3$ ($x=3$)，最小値なし**

(2) **最小値 0 ($x=1$)，最大値なし**

検討　(1) 真数条件より　$0<x<6$

$y=\log_{10}x(6-x)=\log_{10}\{-(x-3)^2+9\}$

$X=-(x-3)^2+9$ とおくと，底が 10 で 1 より大きいから，X が最大となるとき y も最大となる。よって，$x=3$ のとき X は最大となり，最大値は 9

このとき，y の最大値は

$y=\log_{10}9=\log_{10}3^2=2\log_{10}3$

y の最小値はない。

(2) 真数条件より　$0<x<2$

$y=\log_{\frac{1}{2}}(2-x)x=\log_{\frac{1}{2}}\{-(x-1)^2+1\}$

$X=-(x-1)^2+1$ とおくと，底が $\dfrac{1}{2}$ で 1 より小さいから X が最大となるとき y は最小となる。

よって，$x=1$ のとき X は最大となり，最大値は 1

このとき，y の最小値は　$y=\log_{\frac{1}{2}}1=0$

y の最大値はない。

282

答　(1) $\boldsymbol{x=\dfrac{7}{3}}$　(2) $\boldsymbol{x=4}$　(3) $\boldsymbol{x=1,\ 3}$

検討　(1) 真数条件より　$x>1$，$x^2-3x+2>0$

よって　$x>2$　……①

$\log_4(x^2-3x+2)+1=\log_4 4(x^2-3x+2)$

$=\dfrac{\log_2 4(x^2-3x+2)}{\log_2 4}=\dfrac{1}{2}\log_2 4(x^2-3x+2)$

$\log_2(x-1)=\dfrac{1}{2}\log_2 4(x^2-3x+2)$

よって　$2\log_2(x-1)=\log_2 4(x^2-3x+2)$

$(x-1)^2=4(x^2-3x+2)$

$(3x-7)(x-1)=0$　$x=1,\ \dfrac{7}{3}$

①より，$x=1$ は不適。

(2) 真数，底の条件より

$x>0$，$x\neq 1$　……①

$\log_2 x+\dfrac{\log_2 16}{\log_2 x}=4$ で，$\log_2 x=X$ とおくと

$X+\dfrac{4}{X}=4$　$(X-2)^2=0$　$X=2$

すなわち　$\log_2 x=2$　$x=4$

①より，$x=4$ は適する。

(3) 真数条件より　$x>0$　……①

$\log_9 x^2=\dfrac{\log_3 x^2}{\log_3 9}=\log_3 x$ だから

$(\log_3 x)^2=\log_3 x$ より　$\log_3 x=0,\ 1$

$x=1,\ 3$　これらは①を満たす。

テスト対策

〔対数方程式の解法〕

対数方程式を解くときには，**真数，底は正の数**であること，また底は 1 ではないことに注意すること。

283

答　(1) $\boldsymbol{x=\dfrac{17}{6},\ y=-\dfrac{1}{6}}$

(2) $\boldsymbol{x=3,\ y=8}$

検討　(1) 第 1 式より　$x=7y+4$　……①

第 2 式より　$\log_2(x^2-y^2)=\log_2 2^3$

$x^2-y^2=8$　……②

①を②に代入して

$(7y+4)^2-y^2=8$　　$48y^2+56y+8=0$

$6y^2+7y+1=0$　　$(y+1)(6y+1)=0$

$y=-1,\ -\dfrac{1}{6}$

$y=-1$ のとき①より　$x=-3$

$y=-\dfrac{1}{6}$ のとき①より　$x=\dfrac{17}{6}$

真数条件より　$x+y>0$，$x-y>0$

だから，$x=-3$，$y=-1$ は不適。

よって，$x=\dfrac{17}{6}$，$y=-\dfrac{1}{6}$

(2) $\log_3 x = X$, $\log_2 y = Y$ とおくと，第１式は

$X+Y=4$ ……①

$\log_2 x = \dfrac{\log_3 x}{\log_3 2}$, $\log_3 y = \dfrac{\log_2 y}{\log_2 3}$

よって，第２式は

$\dfrac{\log_3 x}{\log_3 2} \cdot \dfrac{\log_2 y}{\log_2 3} = 3$

$\log_3 x \cdot \log_2 y = 3\log_3 2 \cdot \log_2 3$

$= 3 \cdot \dfrac{\log_2 2}{\log_2 3} \cdot \log_2 3 = 3$

ゆえに　$XY=3$ ……②

①，②より　$(X, Y)=(1, 3), (3, 1)$

$\log_3 x = 1$, $\log_2 y = 3$ より　$x=3$, $y=8$

$\log_3 x = 3$, $\log_2 y = 1$ より　$x=27$, $y=2$

条件 $x<y$ より $x=27$, $y=2$ は不適。

よって，$x=3$, $y=8$

284

答　(1) $\mathbf{\dfrac{1}{16}<x<256}$

(2) $\mathbf{0<x<1,\ 2<x<4}$　(3) $\mathbf{2<x<8}$

検討　(1) 真数条件より　$x>0$ ……①

$\log_4 x = X$ とおくと　$X^2-2X-8<0$

$-2<X<4$　ゆえに　$4^{-2}<x<4^4$ ……②

①，②より　$\dfrac{1}{16}<x<256$

(2) 真数，底の条件より

$0<x<1$, $1<x$ ……①

$\log_2 x = X$ とおくと　$X+\dfrac{2}{X}<3$

両辺に X^2 を掛けて　$X(X-1)(X-2)<0$

すなわち　$X<0$, $1<X<2$

ゆえに　$x<1$, $2<x<4$ ……②

①，②より　$0<x<1$, $2<x<4$

(3) 真数条件より　$0<x<10$ ……①

底をそろえて　$\log_2 x + \log_2(10-x) > \log_2 2^4$

$\log_2 x(10-x) > \log_2 16$　$x^2-10x+16<0$

ゆえに　$2<x<8$ ……②

①，②より　$2<x<8$

31 関数の極限

基本問題 ……… 本冊 p. 89

285

答　(1) **1**　(2) **1**　(3) **3**　(4) **2**　(5) **−1**

(6) **45**　(7) $\mathbf{\dfrac{9}{10}}$　(8) $\mathbf{-\dfrac{1}{2}}$　(9) **2**　(10) **10**

検討　$x \to a$ のときの極限値は $x=a$ を代入する。

(1) 与式 $=2\cdot1-1=1$

(4) 与式 $=(-1)^2+1=2$

(5) 与式 $=(0-1)(1-0)^2=-1$

(7) 与式 $=\dfrac{12-3}{3^2+1}=\dfrac{9}{10}$

(8) 与式 $=\dfrac{2\cdot0^2-3\cdot0+1}{0-2}=-\dfrac{1}{2}$

(10) 与式 $=\dfrac{3\cdot(-2)^2-(-2)-4}{\{2\cdot(-2)+5\}^2}=10$

286

答　(1) **2**　(2) **−1**

検討　(1) $\dfrac{f(3)-f(1)}{3-1}=\dfrac{(2\cdot3-3)-(2\cdot1-3)}{3-1}$

$=2$

287

答　(1) $\mathbf{a^2+ab+b^2-3a-3b}$

(2) $\mathbf{-a-b+2}$

検討　(1) $\dfrac{f(b)-f(a)}{b-a}$

$=\dfrac{(b^3-3b^2+5)-(a^3-3a^2+5)}{b-a}$

$=\dfrac{(b-a)(b^2+ab+a^2)-3(b-a)(b+a)}{b-a}$

$=a^2+ab+b^2-3a-3b$

(2) $\dfrac{f(b)-f(a)}{b-a}$

$=\dfrac{(-b^2+2b-4)-(-a^2+2a-4)}{b-a}$

$=\dfrac{-(b-a)(b+a)+2(b-a)}{b-a}=-a-b+2$

答　**秒速 3 m**

検討　平均の速さ

$$=\frac{\text{進んだ距離}}{\text{所要時間}}=\frac{(25-15)-(1-3)}{5-1}=3$$

答　$\boldsymbol{a=-1,\ b=10}$

検討　x が 1 から 2 まで変化するときの平均変化率と，x が 2 から 3 まで変化するときの平均変化率より

$7a+b=3,\ 19a+b=-9$

これを解いて　$a=-1,\ b=10$

答　(1) **2**　(2) **2**　(3) $\boldsymbol{a}$　(4) **12**　(5) $\boldsymbol{c}$

検討　(1) $f'(2)=\lim_{x\to2}\frac{f(x)-f(2)}{x-2}$

$$=\lim_{x\to2}\frac{2x+1-5}{x-2}=\lim_{x\to2}\frac{2(x-2)}{x-2}=2$$

(2) $f'(1)=\lim_{x\to1}\frac{f(x)-f(1)}{x-1}=\lim_{x\to1}\frac{x^2+1-2}{x-1}$

$$=\lim_{x\to1}\frac{x^2-1}{x-1}=\lim_{x\to1}(x+1)=2$$

(3)～(5)も同様である。

テスト対策

〔微分係数の求め方〕

$f(x)$ の $x=a$ における微分係数は，$f'(x)$ を求めて $x=a$ を代入すればよいが，この問題のように定義にしたがって求める方法も使えるようにしておくこと。

答　(1) $\boldsymbol{f'(-1)=0,\ f'(1)=0}$

(2) $\boldsymbol{f'(-1)=3,\ f'(1)=3}$

(3) $\boldsymbol{f'(-1)=-2,\ f'(1)=-2}$

(4) $\boldsymbol{f'(-1)=0,\ f'(1)=4}$

(5) $\boldsymbol{f'(-1)=3,\ f'(1)=7}$

(6) $\boldsymbol{f'(-1)=3,\ f'(1)=3}$

検討　定義にしたがって求める。

(1) $f'(-1)=\lim_{h\to0}\frac{f(-1+h)-f(-1)}{h}=\lim_{h\to0}\frac{1-1}{h}$

$=0$

$$f'(1)=\lim_{h\to0}\frac{f(1+h)-f(1)}{h}=\lim_{h\to0}\frac{1-1}{h}=0$$

(2) $f'(-1)=\lim_{h\to0}\frac{f(-1+h)-f(-1)}{h}$

$$=\lim_{h\to0}\frac{3(-1+h)-3\cdot(-1)}{h}=3$$

$$f'(1)=\lim_{h\to0}\frac{f(1+h)-f(1)}{h}$$

$$=\lim_{h\to0}\frac{3(1+h)-3\cdot1}{h}=3$$

答　**12**

検討　$f'(1)=\lim_{h\to0}\frac{\{(1+h)+1\}^3-(1+1)^3}{h}$

$$=\lim_{h\to0}\frac{(2+h)^3-2^3}{h}$$

$$=\lim_{h\to0}\frac{(8+12h+6h^2+h^3)-8}{h}$$

$$=\lim_{h\to0}\frac{12h+6h^2+h^3}{h}$$

$$=\lim_{h\to0}(12+6h+h^2)=12$$

応用問題　本冊 *p. 91*

293

答　(1) $\boldsymbol{4f'(a)}$　(2) $\boldsymbol{-f'(a)}$　(3) $\boldsymbol{f(a)f'(a)}$

検討　(1) 与式

$$=\lim_{h\to0}\left\{\frac{f(a+2h)-f(a)}{2h}+\frac{f(a-2h)-f(a)}{-2h}\right\}\times2$$

$$=\{f'(a)+f'(a)\}\times2=4f'(a)$$

(2) 与式 $=\lim_{h\to0}\left\{\frac{f(a-2h)-f(a)}{-2h}\times(-2)+\frac{f(a-h)-f(a)}{-h}\right\}$

$$=-2f'(a)+f'(a)=-f'(a)$$

(3) (与式)

$$=\lim_{h\to0}\frac{\{f(a+2h)-f(a-2h)\}\{f(a+2h)+f(a-2h)\}}{8h}$$

$$=\lim_{h\to0}\left[\frac{\{f(a+2h)-f(a)\}-\{f(a-2h)-f(a)\}}{2h}\times\frac{1}{4}\times\{f(a+2h)+f(a-2h)\}\right]$$

$$=2f'(a)\times\frac{1}{4}\times2f(a)=f(a)f'(a)$$

32 導関数

基本問題 本冊 p. 92

294

答 (1) $\boldsymbol{y'=2}$ (2) $\boldsymbol{y'=6x}$ (3) $\boldsymbol{y'=-6x}$
(4) $\boldsymbol{y'=2x-2}$ (5) $\boldsymbol{y'=3x^2+2}$
(6) $\boldsymbol{y'=6x^2-6x}$

検討 $y=f(x)$ とおく。
(1) $y'=f'(x)$
$=\lim_{h\to0}\frac{2(x+h)+1-(2x+1)}{h}=\lim_{h\to0}\frac{2h}{h}=2$
(2) $y'=\lim_{h\to0}\frac{3(x+h)^2-3x^2}{h}=\lim_{h\to0}\frac{6xh+3h^2}{h}$
$=\lim_{h\to0}(6x+3h)=6x$

295

答 (1) $\boldsymbol{y'=3\sqrt{2}x^2}$ (2) $\boldsymbol{y'=-4x}$
(3) $\boldsymbol{y'=-9x^2}$ (4) $\boldsymbol{y'=-4+10x}$
(5) $\boldsymbol{y'=4-6x+3x^2}$ (6) $\boldsymbol{y'=9x^2-8x-1}$
(7) $\boldsymbol{y'=8x^3-4x}$

検討 $y=x^n$ $(n=1,\ 2,\ \cdots)$ のとき，
$y'=nx^{n-1}$ を利用する。
(1) $y'=\sqrt{2}(x^3)'=\sqrt{2}\cdot3x^2=3\sqrt{2}x^2$
(3) $y'=(2)'-3(x^3)'=0-3\cdot3x^2=-9x^2$
(5) $y'=4(x)'-(1)'-3(x^2)'+(x^3)'$
$=4\cdot1-0-3\cdot2x+3x^2=4-6x+3x^2$

296

答 (1) **0** (2) **2** (3) **2** (4) **−24**

検討 (1) $y'=-2x+2$ に $x=1$ を代入する。
(2) $y'=3x^2-1$ に $x=-1$ を代入する。
(3) $y'=2x-2$ に $x=2$ を代入する。
(4) $y'=-6x^2$ に $x=-2$ を代入する。

297

答 (1) $\boldsymbol{\frac{dS}{dr}=2\pi r}$ (2) $\boldsymbol{\frac{dS}{d\theta}=ar^2}$
(3) $\boldsymbol{\frac{dV}{dr}=2a\pi hr}$ (4) $\boldsymbol{\frac{dx}{dt}=a(5v+14t)}$

検討 〔 〕内の変数について微分することに注意する。

(1) $\frac{dS}{dr}=\pi(r^2)'=\pi\cdot2r=2\pi r$
(2) $\frac{dS}{d\theta}=ar^2(\theta)'=ar^2\cdot1=ar^2$
(3) $\frac{dV}{dr}=a\pi(r^2)'h=a\pi\cdot2r\cdot h=2\pi ahr$
(4) $\frac{dx}{dt}=a\{(v^2)'+5v(t)'+7(t^2)'\}$
$=a(0+5v\cdot1+7\cdot2t)=a(5v+14t)$

298

答 $\boldsymbol{a=3,\ b=-2,\ c=-3}$

検討 $f'(x)=2ax+b$，$f'(0)=-2$ より
$b=-2$ ……①
$f'(1)=4$ より $2a+b=4$ ……②
また，$f(-1)=2$ より $a-b+c=2$ ……③
①，②，③より $a=3,\ b=-2,\ c=-3$

299

答 $\boldsymbol{a=1,\ b=2,\ c=1}$

検討 $g(0)=1$ より $c=1$ ……①
$g'(x)=2ax+b$ だから，
$g'(1)=g(1)$ より $2a+b=a+b+c$
$a=c$ ……②
$g'(-1)=g(-1)$ より
$-2a+b=a-b+c$ $-3a+2b=c$ ……③
①，②，③より $a=1,\ b=2,\ c=1$

応用問題 本冊 p. 94

300

答 (1) $\boldsymbol{y'=4x+1}$ (2) $\boldsymbol{y'=3x^2-6x}$
(3) $\boldsymbol{y'=6x^2-4x+1}$ (4) $\boldsymbol{y'=6x^2-6x}$
(5) $\boldsymbol{y'=9x^2-26x+13}$ (6) $\boldsymbol{y'=6x^2-6x+1}$
(7) $\boldsymbol{y'=3x^2-2x-2}$ (8) $\boldsymbol{y'=3x^2-4x-5}$

検討 (1) $y'=1\cdot(2x-1)+(x+1)\cdot2=4x+1$
(3) $y'=1\cdot(2x^2+1)+(x-1)\cdot4x=6x^2-4x+1$
(5) $y'=(6x-4)(x-3)+(3x^2-4x+1)\cdot1$
$=6x^2-22x+12+3x^2-4x+1$
$=9x^2-26x+13$
(7) $y'=\{x(x+1)\}'(x-2)+\{x(x+1)\}(x-2)'$
$=\{1\cdot(x+1)+x\cdot1\}(x-2)+x(x+1)\cdot1$
$=3x^2-2x-2$

301

答　(1) $\mathbf{27}$　(2) $\mathbf{-6}$　(3) $\mathbf{11}$

検討 (1) $y'=6x^2+2x-1$ に $x=2$ を代入する。
(2) $y'=3x^2+8x-1$ に $x=-1$ を代入する。
(3) $y'=12x^2-1$ に $x=-1$ を代入する。

302

答　$\mathbf{6x-4}$

検討 $f(x)=x^3+2x^2-x$ ……① とおく。
$f(x)$ を $(x-1)^2$ で割った商を $g(x)$，余りを $px+q$ とすると，
$f(x)=(x-1)^2g(x)+px+q$ ……② とおける。
①の両辺を x について微分すると
$f'(x)=3x^2+4x-1$ ……③
②の両辺を x について微分すると
$f'(x)=2(x-1)g(x)+(x-1)^2g'(x)+p$ …④
①，②より　$f(1)=2=p+q$
③，④より　$f'(1)=6=p$
よって　$p=6$，$q=-4$
したがって，求める余りは　$6x-4$

303

答　**$f(x)$ を $(x-a)^2$ で割ったときの商を $g(x)$，余りを $px+q$ とすると，**
$f(x)=(x-a)^2g(x)+px+q$ ……①
とおける。
$f'(x)=2(x-a)g(x)+(x-a)^2g'(x)+p$
$=(x-a)\{2g(x)+(x-a)g'(x)\}+p$ ……②
必要条件：$f(x)$ が $(x-a)^2$ で割り切れるならば，①より　$p=0$，$q=0$
したがって　$f(a)=0$ かつ $f'(a)=0$
十分条件：逆に，$f(a)=0$ かつ $f'(a)=0$ ならば，①より　$pa+q=0$，②より　$p=0$
よって　$p=0$，$q=0$
これを①に代入すれば，$f(x)$ は $(x-a)^2$ で割り切れる。
したがって，求める必要十分条件は
$f(a)=0$ かつ $f'(a)=0$

304

答　$\mathbf{a=-7,\ b=11}$

検討 $f'(x)=3ax^2+2bx-1$
303 の結果を用いると，$f(1)=0$，$f'(1)=0$ より　$a+b-4=0$，$3a+2b-1=0$
よって　$a=-7$，$b=11$

305

答　(1) $\mathbf{y'=9(3x-4)^2}$
(2) $\mathbf{y'=6(x-2)(x^2-4x-3)^2}$
(3) $\mathbf{y'=8x(x^2-2)(3x^2-2)}$
(4) $\mathbf{y'=3(3x^2+4x-1)(x^3+2x^2-x+1)^2}$

検討 本冊 ***p.96*** 例題研究の公式を利用する。
(1) $y'=3(3x-4)^2\cdot3=9(3x-4)^2$
(2) $y'=3(x^2-4x-3)^2\cdot(2x-4)$
$=6(x-2)(x^2-4x-3)^2$
(3) $y'=2(-2x^3+4x)\cdot(-6x^2+4)$
$=8x(x^2-2)(3x^2-2)$
(4) $y'=3(x^3+2x^2-x+1)^2\cdot(3x^2+4x-1)$
$=3(3x^2+4x-1)(x^3+2x^2-x+1)^2$

33 接線

基本問題 本冊 ***p. 97***

306

答　(1) $\mathbf{y=2x-2}$　(2) $\mathbf{y=6x+7}$
(3) $\mathbf{y=6x-7}$　(4) $\mathbf{y=-2x-1}$

検討 (1)まず，点 $(1,\ 0)$ における接線の傾きを求めると，$f'(x)=2x$ より　$f'(1)=2$
よって，傾き 2，点 $(1,\ 0)$ を通る直線が求めるものである。
ゆえに　$y=2(x-1)=2x-2$
(2)～(4)も同様である。

307

答　(1) $\mathbf{y=4x}$　(2) $\mathbf{y=-6x+8}$
(3) $\mathbf{y=-8x+12}$　(4) $\mathbf{y=3x+2}$

検討 曲線上の点における接線の方程式を求めるのであるから，まず接点の座標を求め，次にその点における接線の傾きを求めればよい。
(1) 接点は $(2,\ 8)$，接線の傾きは 4 である。
よって　$y-8=4(x-2)$　　ゆえに　$y=4x$
(2)～(4)も同様である。

308

答　(1) $(\boldsymbol{1},\ \boldsymbol{-1})$, $\boldsymbol{y=-3x+2}$
(2) $(\boldsymbol{0},\ \boldsymbol{1})$, $\boldsymbol{y=1}$, $(\boldsymbol{2},\ \boldsymbol{-3})$, $\boldsymbol{y=-3}$
(3) $\boldsymbol{0<x<2}$

検討　(1) 求める点の座標を $(a,\ a^3-3a^2+1)$ とすると，$y'=3x^2-6x$ より
$3a^2-6a=-3$　$(a-1)^2=0$　$a=1$
ゆえに，接点の座標は　$(1,\ -1)$
接線の方程式は　$y+1=-3(x-1)$
よって　$y=-3x+2$
(2) 接線が x 軸に平行であるから傾きが0である。
したがって，$3a^2-6a=0$　ゆえに　$a=0,\ 2$
よって，接点の座標は $(0,\ 1)$，$(2,\ -3)$，接線の方程式は $y=1$，$y=-3$ となる。
(3) 条件より　$3a^2-6a<0$　　$a(a-2)<0$
よって　$0<a<2$
すなわち　$0<x<2$

309

答　(1) $\boldsymbol{\theta=45°}$　(2) $\boldsymbol{\theta=150°}$

検討　接線の傾きを m とすると　$m=\tan\theta$
(1) $m=1$ より　$\tan\theta=1$　$\theta=45°$
(2) $m=-\dfrac{1}{\sqrt{3}}$ より　$\tan\theta=-\dfrac{1}{\sqrt{3}}$　$\theta=150°$

310

答　(1) $\boldsymbol{y=4x}$
(2) $\boldsymbol{y=2x-1}$, $\boldsymbol{y=2x-\dfrac{59}{27}}$
(3) $\boldsymbol{y=-2x+1}$, $\boldsymbol{y=-2x+\dfrac{31}{27}}$

検討　(1) $y'=2(x+1)$
接点の x 座標を a とすると
$2(a+1)=4$　$a=1$
よって，接点は $(1,\ 4)$ であるから
$y-4=4(x-1)$　ゆえに　$y=4x$
(2) $y'=3x^2+2x+1$
接点の x 座標を a とすると
$3a^2+2a+1=2$　$a=-1,\ \dfrac{1}{3}$
よって，接点は $(-1,\ -3)$，$\left(\dfrac{1}{3},\ -\dfrac{41}{27}\right)$ であるから，接線の方程式は
$y=2x-1$，$y=2x-\dfrac{59}{27}$
(3) $2x+y-2=0$ に平行であるから，傾きは -2 である。
$y'=3x^2-4x-1$
接点の x 座標を a とすると
$3a^2-4a-1=-2$　　$a=1,\ \dfrac{1}{3}$
よって，接点は $(1,\ -1)$，$\left(\dfrac{1}{3},\ \dfrac{13}{27}\right)$ であるから，接線の方程式は
$y=-2x+1$，$y=-2x+\dfrac{31}{27}$

311

答　(1) $\boldsymbol{y=4}$, $\boldsymbol{y=-9x-14}$
(2) $\boldsymbol{y=2x}$　(3) $\boldsymbol{y=3x+2}$

検討　(1) 接点を $(a,\ -a^3+3a+2)$ とすると，その点における接線の傾きは　$-3a^2+3$
よって，接線の方程式は
$y-(-a^3+3a+2)=(-3a^2+3)(x-a)$ ……①
これが点 $(-2,\ 4)$ を通ることから
$4-(-a^3+3a+2)=(-3a^2+3)(-2-a)$
$(a-1)(a+2)^2=0$　よって　$a=1,\ -2$
①より，$a=1$ のとき　$y=4$
$a=-2$ のとき　$y=-9x-14$
(2) 接点を $(a,\ -3a^2+2a)$ とすると，その点における接線の傾きは　$-6a+2$
よって，接線の方程式は
$y-(-3a^2+2a)=(-6a+2)(x-a)$　……①
これが原点を通ることから
$-(-3a^2+2a)=-a(-6a+2)$　　$3a^2=0$
よって　$a=0$
これを①に代入して　$y=2x$
(3) 接点を $(a,\ a^3)$ とすると，接線の方程式は
$y-a^3=3a^2(x-a)$　……①
これが点 $(1,\ 5)$ を通ることから
$5-a^3=3a^2-3a^3$
$(a+1)(2a^2-5a+5)=0$　よって　$a=-1$
これを①に代入して　$y=3x+2$

応用問題

本冊 p. 98

312

答　$\boldsymbol{a=-1,\ y=2x+1}$

検討　$f(x)=x^3+ax+3$ とおくと

$f'(x)=3x^2+a$

$x=x_1$ における接線の方程式は

$y=(3x_1{}^2+a)x-2x_1{}^3+3$　……①

$g(x)=x^2+2$ とおくと　$g'(x)=2x$

$x=x_1$ における接線の方程式は

$y=2x_1x-x_1{}^2+2$　……②

①，②が一致するためには

$3x_1{}^2+a=2x_1$　……③

$-2x_1{}^3+3=-x_1{}^2+2$　……④

④より　$(x_1-1)(2x_1{}^2+x_1+1)=0$

よって　$x_1=1$

このとき，③より　$a=-1$

②より，共通な接線の方程式は　$y=2x+1$

313

答　$\boldsymbol{a=-\frac{1}{3},\ b=1,\ c=1,\ d=1}$

検討　$f(x)=ax^3+bx^2+cx+d$　……①

とおくと　$f'(x)=3ax^2+2bx+c$

A(0, 1) における接線の傾きが1だから

$f'(0)=c=1$

また，①が A(0, 1) を通るので　$f(0)=d=1$

よって　$f(x)=ax^3+bx^2+x+1$

$f'(x)=3ax^2+2bx+1$

B(3, 4) における接線の傾きが -2 だから

$f'(3)=27a+6b+1=-2$

$9a+2b=-1$　……②

また，①が B(3, 4) を通るので

$f(3)=27a+9b+3+1=4$

$3a+b=0$　……③

②，③より　$a=-\dfrac{1}{3}$，$b=1$

314

答　$\boldsymbol{(2,\ -18)}$

検討　$y'=3x^2-12x-1$ より，

点 $(a,\ a^3-6a^2-a)$ における接線の傾き m は

$m=3a^2-12a-1$ であるから

$m=3(a-2)^2-13$

よって，$a=2$ のとき m は最小となる。

ゆえに　$(2,\ -18)$

315

答　$\boldsymbol{y=28x^3\ (x\neq 0)}$

検討　$\mathrm{A}(x_1,\ x_1{}^3)$ とすれば，A における接線の方程式は　$y-x_1{}^3=3x_1{}^2(x-x_1)$

$y=3x_1{}^2x-2x_1{}^3$　……①

与式を $y=x^3$　……②

とすれば，①，②より，交点の x 座標は，

$x^3-3x_1{}^2x+2x_1{}^3=0$ の解である。

$(x-x_1)^2(x+2x_1)=0$

よって，$x_1\neq 0$ のとき　$\mathrm{B}(-2x_1,\ -8x_1{}^3)$

AB の中点を $\mathrm{P}(x,\ y)$ とすれば

$x=-\dfrac{x_1}{2}$，$y=-\dfrac{7}{2}x_1{}^3$

$x_1=-2x$ を $y=-\dfrac{7}{2}x_1{}^3$ に代入して，x，y の関係式を求めると　$y=28x^3$ $(x\neq 0)$

316

答　(1) $\boldsymbol{x=1}$　(2) $\boldsymbol{y=-\frac{1}{4}x-\frac{5}{2}}$

検討　まず，与えられた点における接線の傾きを求め，次に法線の傾きを求めればよい。

(1) $y'=2-2x$ だから，点 (1, 1) における接線の傾きは 0

よって，求める法線は y 軸に平行となる。

したがって　$x=1$

(2) $y'=3x^2-4x$ だから，点 (2, -3) における接線の傾きは　4

法線の傾きは $-\dfrac{1}{4}$ となるので

$y+3=-\dfrac{1}{4}(x-2)$　よって　$y=-\dfrac{1}{4}x-\dfrac{5}{2}$

テスト対策

〔法線の方程式〕

法線は接線に直交する直線である。したがって，法線の方程式を求めるときは，まず接線の傾きを求めること。

34 関数の増減・極値とグラフ

基本問題 本冊 *p. 100*

317

答　(1) $x \leqq \frac{3}{2}$ で減少，$\frac{3}{2} \leqq x$ で増加

(2) すべての実数値で増加

(3) $x \leqq -1$，$1 \leqq x$ で増加
$-1 \leqq x \leqq 1$ で減少

(4) $x \leqq \frac{-2-2\sqrt{7}}{3}$，$\frac{-2+2\sqrt{7}}{3} \leqq x$ で増加
$\frac{-2-2\sqrt{7}}{3} \leqq x \leqq \frac{-2+2\sqrt{7}}{3}$ で減少

(5) $x \leqq 0$，$4 \leqq x$ で増加
$0 \leqq x \leqq 4$ で減少

(6) $x \leqq \frac{1-\sqrt{33}}{4}$，$\frac{1+\sqrt{33}}{4} \leqq x$ で減少
$\frac{1-\sqrt{33}}{4} \leqq x \leqq \frac{1+\sqrt{33}}{4}$ で増加

検討　$y=f(x)$ は，$f'(x) \geqq 0$ となる x の範囲で増加，$f'(x) \leqq 0$ となる x の範囲で減少となる。

(1) $y'=2x-3$
$y'=0$ とすると　$x=\frac{3}{2}$
y の増減表は右のようになる。

x	…	$\frac{3}{2}$	…
y'	−	0	+
y	↘	極小	↗

よって，$x \leqq \frac{3}{2}$ で減少，$\frac{3}{2} \leqq x$ で増加

(3) $y'=3x^2-3=3(x+1)(x-1)$
$y'=0$ とすると　$x=-1,\ 1$
y の増減表は次のようになる。

x	…	−1	…	1	…
y'	+	0	−	0	+
y	↗	極大	↘	極小	↗

よって，$x \leqq -1$，$1 \leqq x$ で増加，
$-1 \leqq x \leqq 1$ で減少

318

答　$a \leqq -3$

検討　$f'(x)=3x^2-6x-a \geqq 0$ となるためには，$f'(x)=0$ の判別式 D が負または 0 であればよいので
$\frac{D}{4}=9+3a \leqq 0$　　よって　$a \leqq -3$

319

答　(1) 極小値 1（$x=2$）

(2) 極大値 −2（$x=1$）

(3) 極大値 3（$x=0$），極小値 −1（$x=2$）

(4) 極大値 27（$x=3$），極小値 −5（$x=-1$）

(5) 極大値 $32\sqrt{2}-1$（$x=-2\sqrt{2}$），
極小値 $-32\sqrt{2}-1$（$x=2\sqrt{2}$）

(6) 極大値 $-\frac{22}{27}$ $\left(x=\frac{4}{3}\right)$，極小値 −2（$x=0$）

(7) 極値なし

(8) 極大値 4（$x=1$），極小値 0（$x=3$）

(9) 極大値 2（$x=1$），極小値 1（$x=2$）

(10) 極大値 128（$x=4$），極小値 0（$x=0$）

検討　(1) $y'=2x-4$
$y'=0$ とすると　$x=2$
y の増減表は右のようになる。

x	…	2	…
y'	−	0	+
y	↘	極小	↗

よって，y は $x=2$ で極小値 1 をとる。

(3) $y'=3x^2-6x=3x(x-2)$
$y'=0$ とすると　$x=0,\ 2$
y の増減表は次のようになる。

x	…	0	…	2	…
y'	+	0	−	0	+
y	↗	極大	↘	極小	↗

よって，y は $x=0$ で極大値 3，$x=2$ で極小値 −1 をとる。

(7) $y'=3x^2-6x+3=3(x-1)^2 \geqq 0$
$x=1$ の前後で符号は変化しないので，極値はない。

320

答　(1) $x \leqq \frac{2}{3}$，$2 \leqq x$ で増加
$\frac{2}{3} \leqq x \leqq 2$ で減少
極大値 $\frac{32}{27}$ $\left(x=\frac{2}{3}\right)$，極小値 0（$x=2$）

(2) $0 \leqq x \leqq 2$ で増加　　$x \leqq 0$，$2 \leqq x$ で減少
極大値 1（$x=2$），極小値 −3（$x=0$）

(3) つねに増加する

(4) $-1 \leqq x \leqq 0$，$1 \leqq x$ で増加

$x \leqq -1$，$0 \leqq x \leqq 1$ で減少

極大値 -2 ($x=0$)，極小値 -3 ($x=-1,\ 1$)

グラフは下図

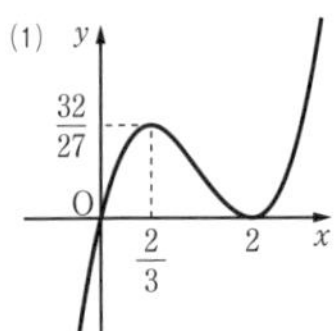

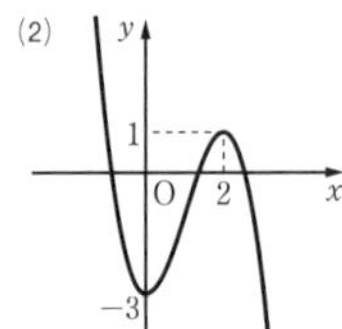

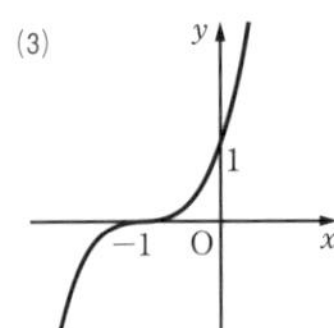

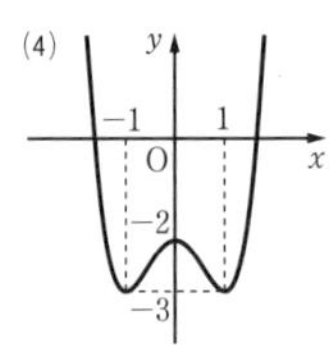

検討 (1) $f(x)=x^3-4x^2+4x$ とおくと

$f'(x)=3x^2-8x+4$

$f'(x)=0$ とすると　$x=\dfrac{2}{3},\ 2$

$f(x)=0$ の増減表は次のようになる。

x	…	$\frac{2}{3}$	…	2	…
$f'(x)$	+	0	−	0	+
$f(x)$	↗	極大	↘	極小	↗

よって，$f(x)$ は $x \leqq \dfrac{2}{3}$，$2 \leqq x$ で増加，

$\dfrac{2}{3} \leqq x \leqq 2$ で減少

極大値は $f\left(\dfrac{2}{3}\right)=\dfrac{32}{27}$，極小値は $f(2)=0$

321

答 (1) 最大値 **5** ($x=-1$)，

最小値 $-\dfrac{15}{2}$ $\left(x=\dfrac{3}{2}\right)$

(2) 最大値 $6\sqrt{3}$ ($x=-\sqrt{3}$)，

最小値 $-6\sqrt{3}$ ($x=\sqrt{3}$)

検討 (1) $y'=4x-6$

$y'=0$ とすると　$x=\dfrac{3}{2}$

$-1 \leqq x \leqq 2$ における y の増減表は次のようになる。

x	−1	…	$\frac{3}{2}$	…	2
y'		−	0	+	
y	5	↘	極小 $-\frac{15}{2}$	↗	−7

よって，$x=-1$ で最大値 5

$x=\dfrac{3}{2}$ で最小値 $-\dfrac{15}{2}$

322

答 (1) $x=2$ で最大値 **10**，$x=1$ で最小値 -3

(2) 最大値なし，$x=1$ で最小値 -3

検討 (1) $y'=12x^2-6x-6=6(2x+1)(x-1)$

$y'=0$ とすると　$x=-\dfrac{1}{2},\ 1$

$-1 \leqq x \leqq 2$ における y の増減表は次のようになる。

x	−1	…	$-\frac{1}{2}$	…	1	…	2
y'		+	0	−	0	+	
y	1	↗	極大 $\frac{15}{4}$	↘	極小 −3	↗	10

よって，$x=2$ で最大値 10，

$x=1$ で最小値 -3

(2) $x \neq 2$ だから，y の値は 10 にいくらでも近づくが，決して 10 にならない。したがって，最大値はない。

応用問題

本冊 p. 102

323

答 $a=-3$，$b=4$，極小値 **2**

検討 $y'=3x^2+a=0$ の 2 つの解が $x=\pm 1$ だから　$3+a=0$

ゆえに　$a=-3$

このとき　$y'=3x^2-3=3(x^2-1)$

$=3(x+1)(x-1)$

y の増減表は次のようになる。

x	…	−1	…	1	…
y'	+	0	−	0	+
y	↗	極大 6	↘	極小	↗

$x=-1$ のとき極大値 6 より　$-1-a+b=6$

ゆえに　$b=4$

このとき，$y=x^3-3x+4$ で，極小値は $x=1$ を代入して　$y=2$

324

答　$\boldsymbol{a<-3,\ 3<a}$

検討　$y'=3x^2+2ax+3$

y が極値をもつ条件は，$y'=0$ が異なる 2 つの実数解をもつことであるから，

($y'=0$ の判別式)>0 より　$a^2-9>0$

よって　$a<-3,\ 3<a$

テスト対策

3 次関数 $y=f(x)$ が**極値をもつ**ならば，2 次方程式 $f'(x)=0$ の判別式 $\boldsymbol{D>0}$

極値をもたない(増加または減少)ならば $\boldsymbol{D\leqq 0}$

325

答　$\boldsymbol{a=2,\ b=1,\ c=1}$

グラフは右図

検討　$y'=3x^2+2ax+b$

$x=0$ のとき $y=1$ より

$c=1$

$x=-1$ のとき $y'=0$，

$x=0$ のとき $y'=1$ より

$3-2a+b=0,\ b=1$

よって　$a=2$

このとき $y=x^3+2x^2+x+1$ となり

$y'=3x^2+4x+1$

$y'=0$ とすると　$x=-\dfrac{1}{3},\ -1$

y の増減表は次のようになる。

x	$\cdots$	-1	$\cdots$	$-\dfrac{1}{3}$	$\cdots$
y'	$+$	0	$-$	0	$+$
y	↗	極大 1	↘	極小 $\dfrac{23}{27}$	↗

326

答　$\boldsymbol{0<a<2}$ **のとき，最大値** $\boldsymbol{\dfrac{1}{4}}$

$\boldsymbol{a\geqq 2}$ **のとき，最大値** $\boldsymbol{\dfrac{1}{a}-\dfrac{1}{a^2}}$

検討　$y'=-\dfrac{2}{a^2}\left(x-\dfrac{a}{2}\right)$

$0<\dfrac{a}{2}<1,\ \dfrac{a}{2}\geqq 1$，すなわち $0<a<2,\ a\geqq 2$ のときに分け，$0\leqq x\leqq 1$ での増減表を作ればよい。$0<a<2$ の

x	0	$\cdots$	$\dfrac{a}{2}$	$\cdots$	1
y'		$+$	0	$-$	
y	0	↗	$\dfrac{1}{4}$	↘	$\dfrac{1}{a}-\dfrac{1}{a^2}$

ときの増減表から，$x=\dfrac{a}{2}$ のとき最大となり，最大値は $\dfrac{1}{4}$ である。

$a\geqq 2$ のときの増減表から，$x=1$ のとき最大となり，最大値は $\dfrac{1}{a}-\dfrac{1}{a^2}$ である。

x	0	$\cdots$	1
y'		$+$	
y	0	↗	$\dfrac{1}{a}-\dfrac{1}{a^2}$

327

答　$\boldsymbol{1:\sqrt{2}}$

検討　直円柱の高さを x，底面の半径を y とすれば，直円柱の体積 V は　$V=\pi y^2x$　……①

また　$\left(\dfrac{x}{2}\right)^2+y^2=r^2$　……②

①，②より　$V=-\dfrac{\pi}{4}x(x^2-4r^2)\ (0<x<2r)$

$\dfrac{dV}{dx}=-\dfrac{3\pi}{4}\left(x+\dfrac{2}{\sqrt{3}}r\right)\left(x-\dfrac{2}{\sqrt{3}}r\right)$

$0<x<2r$ における V の増減表は次のようになる。

x	0	$\cdots$	$\dfrac{2}{\sqrt{3}}r$	$\cdots$	$2r$
$\dfrac{dV}{dx}$		$+$	0	$-$	
V	0	↗	極大	↘	0

$0<x<2r$ の範囲で増減を調べると，$x=\dfrac{2}{\sqrt{3}}r$ のとき最大となる。

$y>0$ であるから，②より　$y=\sqrt{\dfrac{2}{3}}r$

よって　$x:2y=\dfrac{2}{\sqrt{3}}r:2\sqrt{\dfrac{2}{3}}r=1:\sqrt{2}$

328

答 $\boldsymbol{\frac{a}{6}}$

検討 切り取る正方形の1辺の長さを x とし，箱の容積を V とすれば

$V=x(a-2x)^2 \quad \left(0<x<\frac{a}{2}\right)$

$\frac{dV}{dx}=12x^2-8ax+a^2=12\left(x-\frac{a}{2}\right)\left(x-\frac{a}{6}\right)$

$0<x<\frac{a}{2}$ における V の増減表は次のようになる。

x	0	…	$\frac{a}{6}$	…	$\frac{a}{2}$
$\frac{dV}{dx}$		+	0	−	
V	0	↗	極大	↘	0

$0<x<\frac{a}{2}$ の範囲で増減を調べると，$x=\frac{a}{6}$ のとき最大となる。

35 方程式・不等式への応用

基本問題 本冊 *p. 104*

329

答 (1) **1個** (2) **2個** (3) **3個** (4) **1個**

検討 $y=f(x)$ のグラフをかき，x 軸との共有点の個数を求めればよい。

(1)

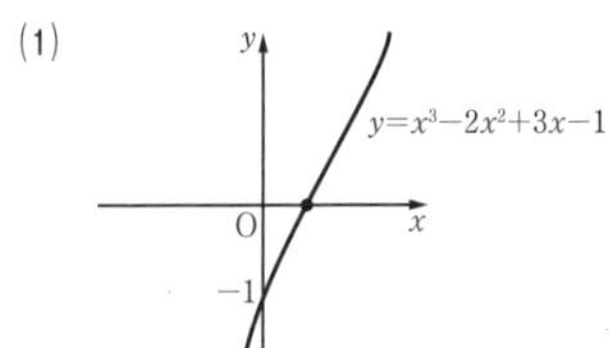

(2)

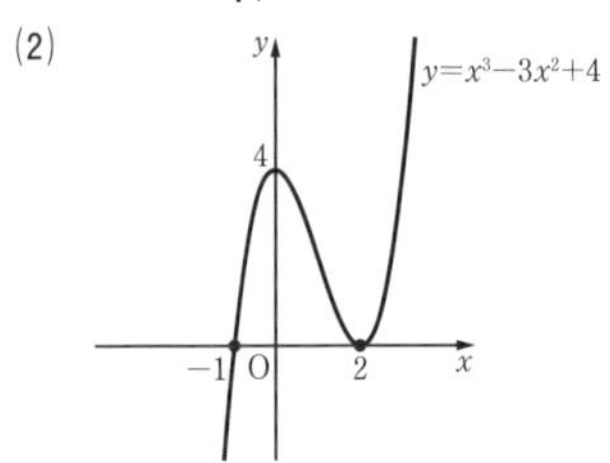

(3)

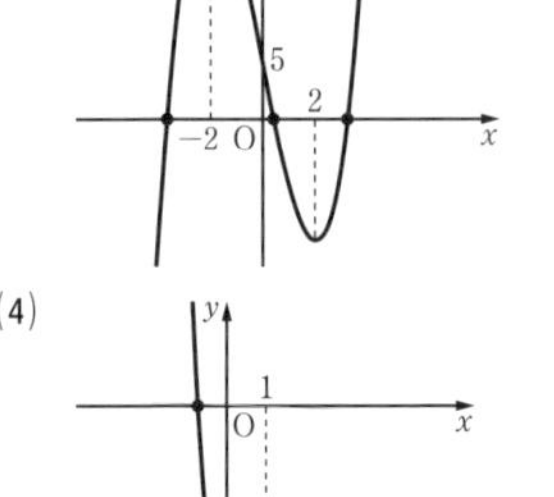

(4)

y
1
O
x
−5
$y=-4x^3+6x^2-5$

330

答 (1) $\boldsymbol{a<-5,\ -1<a}$ **のとき1個，** $\boldsymbol{a=-5,\ -1}$ **のとき2個，** $\boldsymbol{-5<a<-1}$ **のとき3個**

(2) $\boldsymbol{a<-27,\ 5<a}$ **のとき1個，** $\boldsymbol{a=-27,\ 5}$ **のとき2個，** $\boldsymbol{-27<a<5}$ **のとき3個**

(3) $\boldsymbol{a<-\frac{2\sqrt{3}}{9},\ \frac{2\sqrt{3}}{9}<a}$ **のとき1個，**

$\boldsymbol{a=-\frac{2\sqrt{3}}{9},\ \frac{2\sqrt{3}}{9}}$ **のとき2個，**

$\boldsymbol{-\frac{2\sqrt{3}}{9}<a<\frac{2\sqrt{3}}{9}}$ **のとき3個**

(4) $\boldsymbol{a<-3,\ \frac{44}{27}<a}$ **のとき1個，** $\boldsymbol{a=-3,\ \frac{44}{27}}$ **のとき2個，** $\boldsymbol{-3<a<\frac{44}{27}}$ **のとき3個**

検討 (1) 与式より $-x^3+3x^2-5=a$

$y=-x^3+3x^2-5$ と $y=a$ の共有点の個数を調べる。

$y'=-3x^2+6x=-3x(x-2)$

$y'=0$ とすると $x=0,\ 2$

増減表は右のようになる。

x	…	0	…	2	…
y'	−	0	+	0	−
y	↘	−5	↗	−1	↘

$y=-x^3+3x^2-5$ のグラフは次の図のようになる。

このグラフと直線 $y=a$ の共有点の個数が，方程式の実数解の個数に一致する。

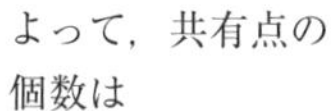

よって，共有点の個数は

$a>-1$ のとき1個，

$a=-1$ のとき2個，$-5<a<-1$ のとき3個，

$a=-5$ のとき2個，$a<-5$ のとき1個

(2) $x^3-3x^2-9x=a$ より，

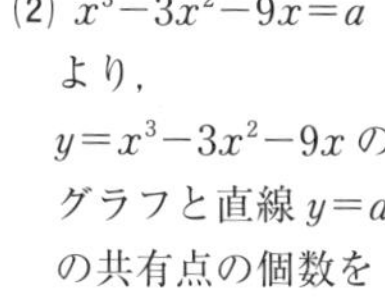

$y=x^3-3x^2-9x$ のグラフと直線 $y=a$ の共有点の個数を調べる。

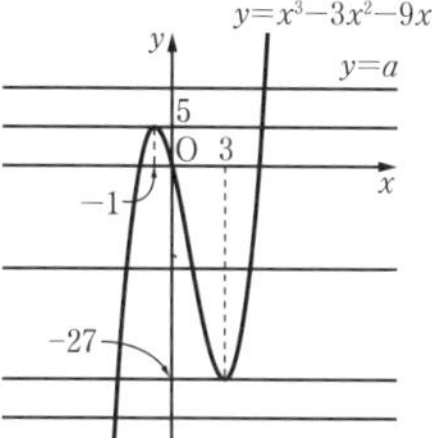

(3) $-x^3+x=a$ より，$y=-x^3+x$ のグラフと直線 $y=a$ の共有点の個数を調べる。

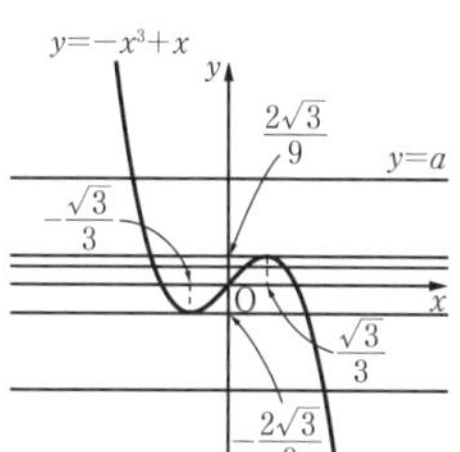

(4) $-2x^3-x^2+4x=a$ より，$y=-2x^3-x^2+4x$ のグラフと直線 $y=a$ の共有点の個数を調べる。

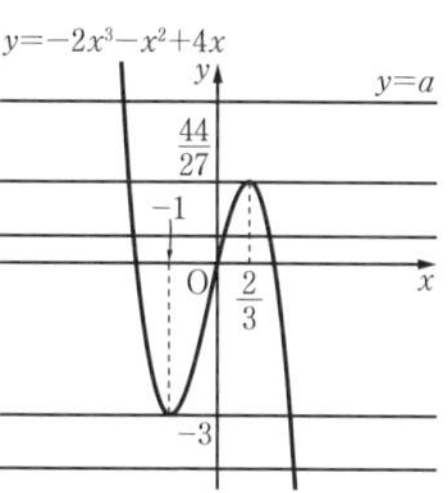

331

答　$\boldsymbol{-5<a<-4}$

検討　与式より　$-2x^3+9x^2-12x=a$

$f(x)=-2x^3+9x^2-12x$ とおくと，

$f'(x)=-6x^2+18x-12=-6(x-1)(x-2)$

$f'(x)=0$ とすると　$x=1,\ 2$

$f(x)$ の増減表は次のようになる。

x	…	1	…	2	…
$f'(x)$	−	0	+	0	−
$f(x)$	↘	極小 −5	↗	極大 −4	↘

$y=f(x)$ のグラフは右の図のようになる。

極大値 $-4\ (x=2)$，

極小値 $-5\ (x=1)$

だから，直線 $y=a$ が $y=f(x)$ のグラフと3つの共有点をもつための条件は，$-5<a<-4$

332

答　$\boldsymbol{6-\dfrac{14\sqrt{21}}{9}<a<6+\dfrac{14\sqrt{21}}{9}}$

検討　$f(x)=(x-1)(x-2)(x+3)=x^3-7x+6$

とおくと　$f'(x)=3x^2-7$

$f'(x)=0$ とすると　$x=\pm\dfrac{\sqrt{21}}{3}$

$f(x)$ の増減表は次のようになる。

x	…	$-\dfrac{\sqrt{21}}{3}$	…	$\dfrac{\sqrt{21}}{3}$	…
$f'(x)$	+	0	−	0	+
$f(x)$	↗	極大	↘	極小	↗

よって，$f(x)$ の極小値は

$$f\left(\frac{\sqrt{21}}{3}\right)=\frac{21\sqrt{21}}{27}-\frac{7\sqrt{21}}{3}+6=6-\frac{14\sqrt{21}}{9}$$

$f(x)$ の極大値は

$$f\left(-\frac{\sqrt{21}}{3}\right)=-\frac{21\sqrt{21}}{27}+\frac{7\sqrt{21}}{3}+6$$

$$=6+\frac{14\sqrt{21}}{9}$$

$y=f(x)$ のグラフは右の図のようになる。

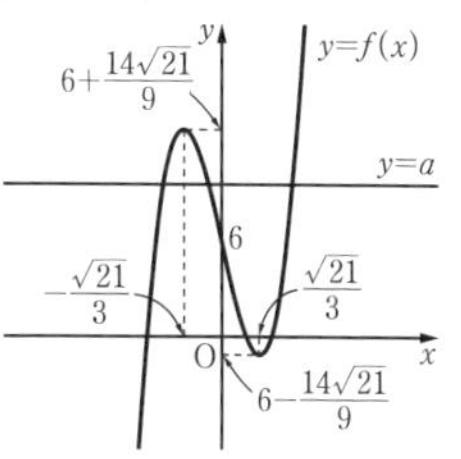

したがって，$f(x)=a$ が異なる3つの実数解をもつための条件は

$$6-\frac{14\sqrt{21}}{9}<a<6+\frac{14\sqrt{21}}{9}$$

答 (1) $\boldsymbol{f(x)=x^3-3x^2+4}$ とおくと

$\boldsymbol{f'(x)=3x^2-6x=3x(x-2)}$

$\boldsymbol{f'(x)=0}$ となるのは，$\boldsymbol{x=0,\ 2}$ のとき。

$\boldsymbol{x \geqq 0}$ における増減表は次のようになる。

x	0	…	2	…
$f'(x)$		$-$	0	$+$
$f(x)$	4	↘	極小 0	↗

ゆえに，$\boldsymbol{x \geqq 0}$ の範囲で，$\boldsymbol{f(x)}$ は，$\boldsymbol{x=2}$ のとき極小値かつ最小値 $\boldsymbol{0}$ をとる。

したがって，$\boldsymbol{x \geqq 0}$ のとき　$\boldsymbol{f(x) \geqq 0}$

よって，

$\boldsymbol{x \geqq 0}$ のとき

$\boldsymbol{x^3-3x^2+4 \geqq 0}$

ただし，等号が成り立つのは $\boldsymbol{x=2}$ のときである。

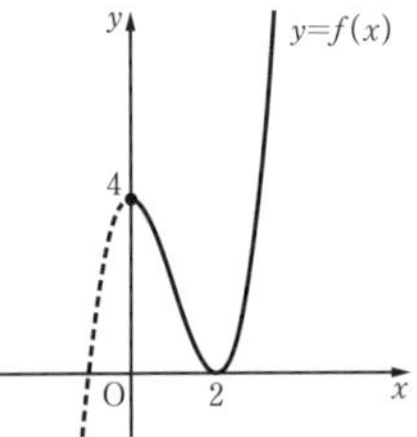

(2) $\boldsymbol{f(x)=x^3-3x+2}$ とおくと

$\boldsymbol{f'(x)=3x^2-3=3(x+1)(x-1)}$

$\boldsymbol{f'(x)=0}$ となるのは，$\boldsymbol{x=-1,\ 1}$ のとき。

$\boldsymbol{x \geqq 1}$ における増減表は次のようになる。

x	1	…
$f'(x)$		$+$
$f(x)$	0	↗

ゆえに，$\boldsymbol{x \geqq 1}$ の範囲で，$\boldsymbol{f(x)}$ は，$\boldsymbol{x=1}$ のとき最小値 $\boldsymbol{0}$ をとる。

したがって，$\boldsymbol{x \geqq 1}$ のとき $\boldsymbol{f(x) \geqq 0}$ だから

$\boldsymbol{x^3-3x+2 \geqq 0}$

よって，

$\boldsymbol{x \geqq 1}$ のとき

$\boldsymbol{x^3+2 \geqq 3x}$

ただし，等号が成り立つのは $\boldsymbol{x=1}$ のときである。

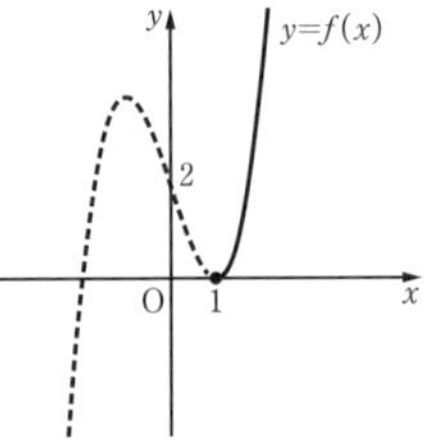

応用問題

本冊 *p. 105*

答 $\boldsymbol{\dfrac{3-\sqrt{29}}{2}<a<-1,\ 4<a<\dfrac{3+\sqrt{29}}{2}}$

検討 $2x^3-9x^2+12x=a^2-3a$ と変形して，

$y=2x^3-9x^2+12x$ とおく。

$y'=6x^2-18x+12=6(x^2-3x+2)$

$=6(x-1)(x-2)$

$y'=0$ とすると　$x=1,\ 2$

y の増減表は次のようになる。

x	…	1	…	2	…
y'	$+$	0	$-$	0	$+$
y	↗	極大 5	↘	極小 4	↗

よって，y は $x=1$ で極大値 5，$x=2$ で極小値 4 をとる。

$y=2x^3-9x^2+12x$

のグラフは次の図のようになる。

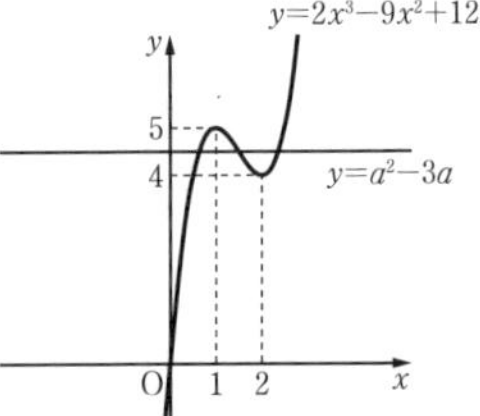

与えられた方程式が異なる 3 つの実数解をもつための条件は　$4<a^2-3a<5$

$a^2-3a-4>0$ より　$a<-1,\ 4<a$

$a^2-3a-5<0$ より　$\dfrac{3-\sqrt{29}}{2}<a<\dfrac{3+\sqrt{29}}{2}$

よって　$\dfrac{3-\sqrt{29}}{2}<a<-1,\ 4<a<\dfrac{3+\sqrt{29}}{2}$

答 **1 個**

検討 $f'(x)=6x^2-2ax-b=0$ の解が 1，2 であるから，$f'(1)=0$，$f'(2)=0$ より

$a=9,\ b=-12$

よって　$f(x)=2x^3-9x^2+12x-6$

$f'(x)=6x^2-18x+12=6(x^2-3x+2)$

$=6(x-1)(x-2)$

$f'(x)=0$ とすると　$x=1,\ 2$

$f(x)$ の増減表は次のようになる。

x	…	1	…	2	…
$f'(x)$	$+$	0	$-$	0	$+$
$f(x)$	↗	極大 -1	↘	極小 -2	↗

$y=f(x)$ のグラフは次の図のようになる。

したがって，
$y=f(x)$ のグラフと x 軸との共有点の個数は1個である。

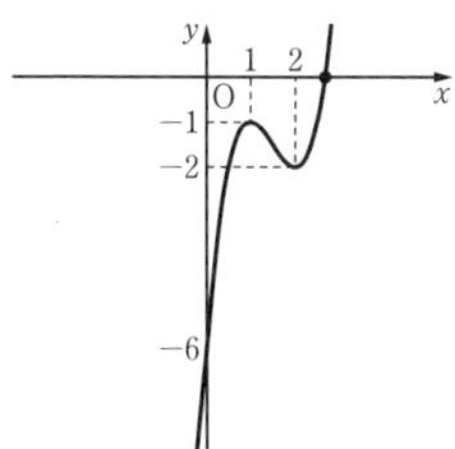

336

答 (1) グラフは右の図

(2) $0<a<\dfrac{4}{27}$

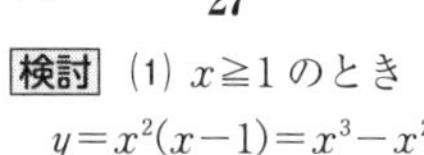

検討 (1) $x \geqq 1$ のとき

$y=x^2(x-1)=x^3-x^2$

$y'=3x^2-2x=3\left(x-\dfrac{1}{3}\right)^2-\dfrac{1}{3}$

$\geqq 3\left(1-\dfrac{1}{3}\right)^2-\dfrac{1}{3}=1>0$

$x \leqq 1$ のとき

$y=x^2(-x+1)=-x^3+x^2$

$y'=-3x^2+2x=-x(3x-2)$

$y'=0$ より　$x=0,\ \dfrac{2}{3}$

y の増減表は次のようになる。

x	$\cdots$	0	$\cdots$	$\dfrac{2}{3}$	$\cdots$	1	$\cdots$
y'	$-$	0	$+$	0	$-$		$+$
y	↘	極小 0	↗	極大 $\dfrac{4}{27}$	↘	極小 0	↗

よって，y は $x=0$ で極小値 0，$x=\dfrac{2}{3}$ で極大値 $\dfrac{4}{27}$，$x=1$ で極小値 0 をとる。

(2) (1)のグラフと直線 $y=a$ の共有点の個数が方程式の実数解の個数に一致する。

337

答 $f(x)=8x^3-6x+\sqrt{2}$ とおくと

$f'(x)=24x^2-6=6(2x+1)(2x-1)$

$f'(x)=0$ を満たす x は $x=\pm\dfrac{1}{2}$ であるから，

$f(x)$ の増減表は次のようになる。

x	-1	$\cdots$	$-\dfrac{1}{2}$	$\cdots$	$\dfrac{1}{2}$	$\cdots$	1
$f'(x)$		$+$	0	$-$	0	$+$	
$f(x)$		↗	極大	↘	極小	↗	

ここで，

$f(-1)=-2+\sqrt{2}<0$，

$f\left(-\dfrac{1}{2}\right)=2+\sqrt{2}>0$，

$f\left(\dfrac{1}{2}\right)=-2+\sqrt{2}<0$，

$f(1)=2+\sqrt{2}>0$ であるから，$y=f(x)$ のグラフは，右の図のように，

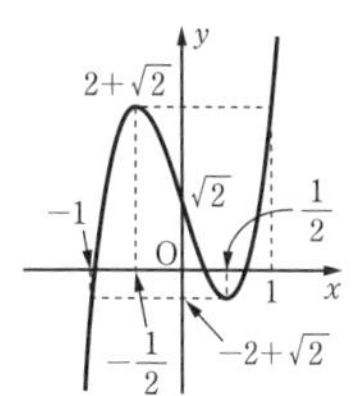

-1 と 1 の間で，x 軸と 3 つの共有点をもつ。したがって，$8x^3-6x+\sqrt{2}=0$ は，-1 と 1 の間に異なる 3 つの実数解をもつ。

338

答 (1) $x=0$ のとき極大値 $4a$，$x=2a$ のとき極小値 $4a-4a^3$

(2) $a>1$

検討 (1) $f'(x)=3x^2-6ax=3x(x-2a)$

$a>0$ であるから，$f'(x)=0$ を満たす x は

$x=0,\ 2a$

$f(x)$ の増減表は次のようになる。

x	$\cdots$	0	$\cdots$	$2a$	$\cdots$
$f'(x)$	$+$	0	$-$	0	$+$
$f(x)$	↗	極大	↘	極小	↗

これより，

極大値は $f(0)=4a$，

極小値は $f(2a)=(2a)^3-3a(2a)^2+4a$

$=4a-4a^3$

(2) $y=f(x)$のグラフは右の図のようになる。

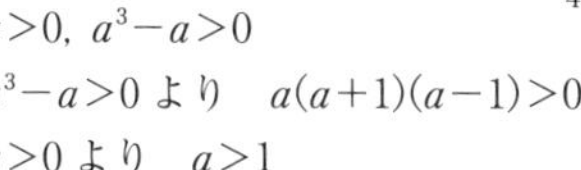

$f(x)=0$ が異なる 3 つの実数解をもつための条件は

$4a>0,\ 4a-4a^3<0$

$a>0,\ a^3-a>0$

$a^3-a>0$ より　$a(a+1)(a-1)>0$

$a>0$ より　$a>1$

339

答　$a^2+b^2+c^2=0$ すなわち $a=b=c=0$ のとき，$x^3=0$ となり 3 重解をもつ。

$a^2+b^2+c^2 \neq 0$ のとき，

$f(x)=x^3-(a^2+b^2+c^2)x+2abc$ とおくと

$f'(x)=3x^2-(a^2+b^2+c^2)$

これより，$f'(x)=0$ の解は

$$x=\pm\sqrt{\frac{a^2+b^2+c^2}{3}}$$

ここで，$\sqrt{\dfrac{a^2+b^2+c^2}{3}}=\alpha$ とおくと

$a^2+b^2+c^2=3\alpha^2$

$f(x)$ の増減表を作ると，次のようになる。

x	$\cdots$	$-\alpha$	$\cdots$	α	$\cdots$
$f'(x)$	$+$	0	$-$	0	$+$
$f(x)$	↗	極大	↘	極小	↗

よって，極大値は $f(-\alpha)$，極小値は $f(\alpha)$ となる。

$f(\alpha)=\alpha^3-(a^2+b^2+c^2)\alpha+2abc$

$\quad=\alpha^3-3\alpha^3+2abc=2abc-2\alpha^3$

$f(-\alpha)=-\alpha^3+(a^2+b^2+c^2)\alpha+2abc$

$\quad=-\alpha^3+3\alpha^3+2abc=2abc+2\alpha^3$

ここで

$f(\alpha)f(-\alpha)$

$=(2abc-2\alpha^3)(2abc+2\alpha^3)$

$=4a^2b^2c^2-4\alpha^6$

$=4a^2b^2c^2-4\cdot\left(\dfrac{a^2+b^2+c^2}{3}\right)^3$

$=\dfrac{4}{27}\{27a^2b^2c^2-(a^2+b^2+c^2)^3\}$

$a^2 \geqq 0$，$b^2 \geqq 0$，$c^2 \geqq 0$ だから，相加平均と相乗平均の関係より

$$\frac{a^2+b^2+c^2}{3} \geqq \sqrt[3]{a^2b^2c^2}$$

よって　$27a^2b^2c^2 \leqq (a^2+b^2+c^2)^3$

したがって　$f(\alpha)f(-\alpha) \leqq 0$

3 次関数において，極大値と極小値の積が負または 0 であるから，そのグラフは x 軸と 3 点で交わる（接する場合も含む）。

ゆえに，$x^3-(a^2+b^2+c^2)x+2abc=0$ は，3 つの実数解（重解を含む）をもつ。

検討　この問題では，重解を 2 つの解，3 重解を 3 つの解として数えている。

340

答　$f(x)=x^n-1-n(x-1)$ とおく。

$f'(x)=n(x^{n-1}-1)$　　$f'(x)=0$ より　$x=1$

$x \geqq 0$ における増減表は右のようになり，$x=1$ のとき極小かつ最小となる。

x	0	$\cdots$	1	$\cdots$
$f'(x)$		$-$	0	$+$
$f(x)$	$n-1$	↘	極小 0	↗

$f(1)=0$ より，$f(x)$ の最小値は 0

よって　$f(x) \geqq 0$

ゆえに，$x \geqq 0$ のとき　$x^n-1 \geqq n(x-1)$

（等号が成り立つのは $x=1$ のとき）

テスト対策

〔不等式の証明〕

不等式 $A \geqq B$ を証明するには，

$A-B \geqq 0$ をいえばよい。とくに，A，B が x の関数ならば，（$A-B$ の最小値）$\geqq 0$ をいえばよい。

341

答　$\dfrac{19}{12} \leqq a \leqq \dfrac{3\sqrt[3]{2}}{2}$

検討　$f(x)=x^3-ax+1$ より　$f'(x)=3x^2-a$

・$a \leqq 0$ のとき，$f'(x) \geqq 0$ で増加。

したがって，最小値は $f\left(-\dfrac{3}{2}\right)$ となる。

$f\left(-\dfrac{3}{2}\right) \geqq 0$ を解くと，$a \geqq \dfrac{19}{12}$ となり，$a \leqq 0$ と矛盾し，不適。

・$a>0$ のとき，$f'(x)=0$ より，

$x=-\sqrt{\dfrac{a}{3}}$ で極大値，$x=\sqrt{\dfrac{a}{3}}$ で極小値をとる。

したがって，区間の端で $f\left(-\dfrac{3}{2}\right) \geqq 0$

かつ極小値 $f\left(\sqrt{\dfrac{a}{3}}\right) \geqq 0$ より求めればよい。

$f\left(-\dfrac{3}{2}\right) \geqq 0$ より　$a \geqq \dfrac{19}{12}$

$f\left(\sqrt{\dfrac{a}{3}}\right) \geqq 0$ より　$a^3 \leqq \dfrac{27}{4}$　$a \leqq \dfrac{3}{\sqrt[3]{4}}=\dfrac{3\sqrt[3]{2}}{2}$

よって　$\dfrac{19}{12} \leqq a \leqq \dfrac{3\sqrt[3]{2}}{2}$

答　$a<-2$

検討　与式を $4x^3-3x^2-6x+3>a$ と変形し，
$f(x)=4x^3-3x^2-6x+3$ とおくと
$f'(x)=12x^2-6x-6=6(2x+1)(x-1)$
$f'(x)=0$ より　$x=-\dfrac{1}{2}$，1
$-1<x<2$ における $f(x)$ の増減表とグラフは次のようになる。

x	-1	…	$-\dfrac{1}{2}$	…	1	…	2
$f'(x)$		$+$	0	$-$	0	$+$	
$f(x)$	2	↗	極大 $\dfrac{19}{4}$	↘	極小 -2	↗	11

グラフより，$f(x)$ は，
$x=1$ のとき極小値かつ最小値 -2 をとる。
したがって，a はこの値より小さければよい。
よって　$a<-2$

答　$a>16$

検討　$f(x)=x^3-12x+a$ とおくと
$f'(x)=3x^2-12=3(x-2)(x+2)$
$f'(x)=0$ となるのは，$x=2$，-2 のとき。
$x>0$ における増減表は次のようになる。

x	0	…	2	…
$f'(x)$		$-$	0	$+$
$f(x)$		↘	極小 $a-16$	↗

ゆえに，$x>0$ の範囲で，$f(x)$ は，$x=2$ のとき極小値かつ最小値 $a-16$ をとる。
したがって，$x>0$ のとき，
$f(x)\geqq a-16$ より，
$a-16>0$ であればよい。
よって　$a>16$

36 不定積分と定積分

基本問題

本冊 p. 108

344

答　C を積分定数とする。

(1) $\dfrac{4}{3}x^3+C$　(2) $\dfrac{1}{3}x^3-x+C$

(3) x^3+x^2+x+C　(4) $\dfrac{1}{3}x^3+\dfrac{1}{2}x^2+C$

(5) $\dfrac{2}{3}x^3-\dfrac{5}{2}x^2+C$　(6) $\dfrac{1}{4}x^4-\dfrac{1}{2}x^2-x+C$

検討　(1) $\left(\dfrac{4}{3}x^3\right)'=4x^2$ であるから

$$\int 4x^2dx=\frac{4}{3}x^3+C$$

(2) $\displaystyle\int(x^2-1)dx=\int x^2dx-\int dx$

$$=\frac{1}{3}x^3-x+C$$

(3) $\displaystyle\int(3x^2+2x+1)dx$

$$=3\int x^2dx+2\int xdx+\int dx$$
$$=3\cdot\frac{1}{3}x^3+2\cdot\frac{1}{2}x^2+x+C$$
$$=x^3+x^2+x+C$$

345

答　C を積分定数とする。

(1) $\dfrac{1}{3}x^3+C$　(2) $3x+C$　(3) x^2+C

(4) $\dfrac{1}{3}x^3-x^2+3x+C$　(5) $\dfrac{1}{3}x^3+x^2+x+C$

(6) $-\dfrac{1}{4}x^4+2x^3-x+C$

(7) $\dfrac{1}{5}t^5-\dfrac{5}{2}t^2+2t+C$　(8) $2x^3-\dfrac{1}{2}x^2-x+C$

(9) $\dfrac{1}{4}x^4-x+C$　(10) $\dfrac{4}{3}y^3-\dfrac{1}{2}y^2-y+C$

(11) $\dfrac{1}{4}y^4+y+C$

検討　(5) $\displaystyle\int(x+1)^2dx=\int(x^2+2x+1)dx$

$$=\frac{1}{3}x^3+x^2+x+C$$

$\int(x+1)^2dx=\frac{1}{3}(x+1)^3+C$ としてもよい。

(8) $\int(2x-1)(3x+1)dx=\int(6x^2-x-1)dx$

$=2x^3-\frac{1}{2}x^2-x+C$

(11) $\int(y+1)(y^2-y+1)dx=\int(y^3-1)dy$

$=\frac{1}{4}y^4-y+C$

テスト対策

〔$(ax+b)^n$ の積分〕

1次式の n 乗の積分については

$$\int(ax+b)^n dx=\frac{1}{a(n+1)}(ax+b)^{n+1}+C$$

を使ってもよい。忘れた場合には，$(ax+b)^n$ を展開してから積分すればよい。

346

答 C を積分定数とする。

(1) $\frac{1}{6}(2x-1)^3+C$ (2) $-\frac{1}{8}(-2x+1)^4+C$

(3) $\frac{1}{5}(x-2)^5+C$ (4) $-\frac{1}{12}(4-3x)^4+C$

検討 (1) $\int(2x-1)^2dx=\frac{1}{2}\cdot\frac{1}{3}(2x-1)^3+C$

$=\frac{1}{6}(2x-1)^3+C$

(2) $\int(-2x+1)^3dx=\frac{1}{-2}\cdot\frac{1}{4}(-2x+1)^4+C$

$=-\frac{1}{8}(-2x+1)^4+C$

347

答 (1) $f(x)=x^2-3x+1$

(2) $f(x)=\frac{1}{3}x^3-x+\frac{8}{3}$

(3) $f(x)=\frac{5}{3}x^3+\frac{3}{2}x^2-\frac{13}{6}$

(4) $f(x)=\frac{2}{3}x^3+\frac{1}{2}x^2-x+2$

検討 (1) $f'(x)=2x-3$ より

$f(x)=\int(2x-3)dx=x^2-3x+C$

また，$f(0)=1$ より　$C=1$

よって　$f(x)=x^2-3x+1$

348

答 $y=-\frac{1}{2}x^2+x-\frac{3}{2}$

検討 求める曲線の方程式を $y=f(x)$ とすると，題意より，$f'(x)=-x+1$ だから

$f(x)=\int(-x+1)dx=-\frac{1}{2}x^2+x+C$

これが点(1, −1)を通るので

$-1=-\frac{1}{2}+1+C$　　$C=-\frac{3}{2}$

よって，$f(x)=-\frac{1}{2}x^2+x-\frac{3}{2}$

349

答 (1) $\frac{40}{3}$ (2) $-\frac{3}{4}$ (3) 3 (4) $\frac{27}{2}$

検討 (1) 与式$=\int_2^4(2x^2-5x+3)dx$

$=\left[\frac{2}{3}x^3-\frac{5}{2}x^2+3x\right]_2^4$

$=\frac{2}{3}(4^3-2^3)-\frac{5}{2}(4^2-2^2)+3(4-2)=\frac{40}{3}$

(2) 与式$=\int_{-1}^2(t^3-t^2+t-1)dt$

$=\left[\frac{1}{4}t^4-\frac{1}{3}t^3+\frac{1}{2}t^2-t\right]_{-1}^2$

$=\frac{1}{4}\{2^4-(-1)^4\}-\frac{1}{3}\{2^3-(-1)^3\}$

$+\frac{1}{2}\{2^2-(-1)^2\}-\{2-(-1)\}$

$=-\frac{3}{4}$

350

答 (1) $\frac{9}{2}$ (2) $-\frac{16}{3}$ (3) $\frac{2}{3}a(2a^2-9)$ (4) 0

検討 (1) 与式$=\int_{-2}^1(4x-x^2+4x^2-x)dx$

$=\int_{-2}^1(3x^2+3x)dx=\left[x^3+\frac{3}{2}x^2\right]_{-2}^1=\frac{9}{2}$

(2) 与式$=2\int_0^1(x^2-3)dx=2\left[\frac{x^3}{3}-3x\right]_0^1=-\frac{16}{3}$

(3) 与式$=2\int_0^a(2x^2-3)dx=2\left[\frac{2}{3}x^3-3x\right]_0^a$

$=\frac{2}{3}a(2a^2-9)$

(4) 与式$=\int_{-2}^{2}\{(x-1)^2-(x+1)^2\}dx$

$=\int_{-2}^{2}(-4x)dx=0$

テスト対策

〔偶関数，奇関数の積分〕

上端と下端の数の絶対値が等しく，符号が異なるときは，次の公式を利用すると計算がかなり楽になる。

$$\int_{-a}^{a}(\text{偶関数})dx=2\int_{0}^{a}(\text{偶関数})dx$$

$$\int_{-a}^{a}(\text{奇関数})dx=0$$

351

答　(1) $-\frac{9}{2}$　(2) **46**　(3) **6**　(4) **−22**

検討　(1) 与式$=\int_{-1}^{2}\{(x+1)^2-3(x+1)\}dx$

$=\left[\frac{1}{3}(x+1)^3\right]_{-1}^{2}-\left[\frac{3}{2}(x+1)^2\right]_{-1}^{2}=-\frac{9}{2}$

(4) 与式$=-\int_{0}^{2}\{(3x-1)^2+2(3x-1)\}dx$

$=-\left[\frac{1}{9}(3x-1)^3\right]_{0}^{2}-\left[\frac{1}{3}(3x-1)^2\right]_{0}^{2}=-22$

352

答　(1) **1**　(2) **2**

検討　(1) $0\leqq x\leqq 1$ のとき

$|x-1|=-(x-1)=-x+1$

$1\leqq x\leqq 2$ のとき　$|x-1|=x-1$

与式$=\int_{0}^{1}(-x+1)dx+\int_{1}^{2}(x-1)dx$

$=\left[-\frac{x^2}{2}+x\right]_{0}^{1}+\left[\frac{x^2}{2}-x\right]_{1}^{2}=1$

(2) $-3\leqq x\leqq -2$ のとき　$|x^2+2x|=x^2+2x$

$-2\leqq x\leqq -1$ のとき

$|x^2+2x|=-(x^2+2x)=-x^2-2x$

与式$=\int_{-3}^{-2}(x^2+2x)dx+\int_{-2}^{-1}(-x^2-2x)dx$

$=\left[\frac{1}{3}x^3+x^2\right]_{-3}^{-2}+\left[-\frac{1}{3}x^3-x^2\right]_{-2}^{-1}$

$=2$

353

答　$\int_{a}^{b}(\boldsymbol{x}-\boldsymbol{a})(\boldsymbol{x}-\boldsymbol{b})\boldsymbol{dx}$

$=\int_{a}^{b}(\boldsymbol{x}-\boldsymbol{a})\{(\boldsymbol{x}-\boldsymbol{a})-(\boldsymbol{b}-\boldsymbol{a})\}\boldsymbol{dx}$

$=\int_{a}^{b}\{(\boldsymbol{x}-\boldsymbol{a})^2-(\boldsymbol{b}-\boldsymbol{a})(\boldsymbol{x}-\boldsymbol{a})\}\boldsymbol{dx}$

$=\left[\frac{(\boldsymbol{x}-\boldsymbol{a})^3}{3}\right]_{a}^{b}-(\boldsymbol{b}-\boldsymbol{a})\left[\frac{(\boldsymbol{x}-\boldsymbol{a})^2}{2}\right]_{a}^{b}$

$=\frac{(\boldsymbol{b}-\boldsymbol{a})^3}{3}-\frac{(\boldsymbol{b}-\boldsymbol{a})^3}{2}=-\frac{1}{6}(\boldsymbol{b}-\boldsymbol{a})^3$

354

答　(1) $-\frac{9}{2}$　(2) $-\frac{9}{8}$　(3) $-\frac{9}{8}$　(4) $-4\sqrt{3}$

検討　公式 $\int_{a}^{b}(x-a)(x-b)dx$

$=-\frac{1}{6}(b-a)^3$ を使って解く。

(1) 与式$=-\frac{1}{6}(5-2)^3=-\frac{9}{2}$

(2) 与式$=2\int_{-\frac{1}{2}}^{1}\left(x+\frac{1}{2}\right)(x-1)dx$

$=2\cdot\left(-\frac{1}{6}\right)\left(1+\frac{1}{2}\right)^3=-\frac{9}{8}$

(3) $2x^2-5x+2=(2x-1)(x-2)$

$=2\left(x-\frac{1}{2}\right)(x-2)$ だから

与式$=2\int_{\frac{1}{2}}^{2}\left(x-\frac{1}{2}\right)(x-2)dx$

$=2\cdot\left(-\frac{1}{6}\right)\cdot\left(2-\frac{1}{2}\right)^3=-\frac{9}{8}$

(4) $x^2-2x-2=\{x-(1-\sqrt{3})\}\{x-(1+\sqrt{3})\}$ だから

与式$=-\frac{1}{6}\{(1+\sqrt{3})-(1-\sqrt{3})\}^3=-4\sqrt{3}$

応用問題

本冊 p. 111

355

答　(1) $\boldsymbol{y=x^3-1}$，$\boldsymbol{\frac{dy}{dx}=3x^2}$

(2) $\boldsymbol{y=9-3x}$，$\boldsymbol{\frac{dy}{dx}=-3}$

(3) $\boldsymbol{y=-x^3+2x^2-1}$，$\boldsymbol{\frac{dy}{dx}=-3x^2+4x}$

検討 与えられた式をよく見て，どの文字について積分するのかを確認する。

(1) $y=\int_0^1(x^3-2t)dt=\left[x^3t-t^2\right]_0^1=x^3-1$

$\dfrac{dy}{dx}=3x^2$

(2) $y=\int_{-2}^1(3t^2+2xt)dt=\left[t^3+xt^2\right]_{-2}^1=9-3x$

$\dfrac{dy}{dx}=-3$

(3) $y=\int_1^x(4t-3t^2)dt=\left[2t^2-t^3\right]_1^x$

$=-x^3+2x^2-1$

$\dfrac{dy}{dx}=-3x^2+4x$

356

答 $\boldsymbol{f(x)=6x-5,\ a=\dfrac{2}{3},\ 1}$

検討 $\dfrac{d}{dx}\int_a^x f(t)dt=f(x)$ だから

$f(x)=\dfrac{d}{dx}(3x^2-5x+2)=6x-5$

次に，$\int_a^a f(t)dt=0$ だから，与式に $x=a$ を代入すると

$\int_a^a f(t)dt=3a^2-5a+2=0$

ゆえに　$(3a-2)(a-1)=0$

よって　$a=\dfrac{2}{3},\ 1$

テスト対策

〔微分と積分の関係〕

$\int_a^x f(t)dt$ は x の関数で， x について微分すると，$f(x)$ になることに注意する。

357

答 $\boldsymbol{f(x)=x^2-\dfrac{2}{3}x+\dfrac{2}{3}}$

検討 $\int_0^1 f(t)dt$ は定数だから，これを C とおくと　$f(x)=x^2-Cx+C$

ゆえに　$\int_0^1(t^2-Ct+C)dt=\left[\dfrac{t^3}{3}-\dfrac{C}{2}t^2+Ct\right]_0^1$

$=\dfrac{1}{3}-\dfrac{C}{2}+C=\dfrac{1}{3}+\dfrac{C}{2}$

したがって　$\dfrac{1}{3}+\dfrac{C}{2}=C$　ゆえに　$C=\dfrac{2}{3}$

よって　$f(x)=x^2-\dfrac{2}{3}x+\dfrac{2}{3}$

358

答 $\boldsymbol{f(x)=x^2-x+\dfrac{1}{6}}$

検討 $\int_0^1 tf'(t)dt=A$ とおくと，

$f(x)=x^2-x+A$ だから　$f'(x)=2x-1$

$A=\int_0^1 t(2t-1)dt=\int_0^1(2t^2-t)dt$

$=\left[\dfrac{2}{3}t^3-\dfrac{1}{2}t^2\right]_0^1=\dfrac{1}{6}$

よって　$f(x)=x^2-x+\dfrac{1}{6}$

37 定積分と面積

基本問題 ･････････････････････ 本冊 p. 112

359

答 (1) $\boldsymbol{\dfrac{35}{3}}$　(2) **21**　(3) $\boldsymbol{\dfrac{22}{3}}$

検討 (1) $S=\int_{-3}^2 x^2dx=\left[\dfrac{1}{3}x^3\right]_{-3}^2=\dfrac{35}{3}$

(2) $S=\int_1^4 x^2dx=\left[\dfrac{1}{3}x^3\right]_1^4=21$

(3) $S=\int_1^3 x(4-x)dx=\int_1^3(4x-x^2)dx$

$=\left[2x^2-\dfrac{1}{3}x^3\right]_1^3=\dfrac{22}{3}$

360

答 (1) $\boldsymbol{\dfrac{9}{2}}$　(2) $\boldsymbol{\dfrac{4}{3}}$　(3) $\boldsymbol{\dfrac{1}{6}}$　(4) $\boldsymbol{\dfrac{9}{2}}$　(5) $\boldsymbol{\dfrac{1}{2}}$

(6) **8**

検討 (1) $S=-\int_{-2}^1(x^2+x-2)dx$

$=-\left[\dfrac{1}{3}x^3+\dfrac{1}{2}x^2-2x\right]_{-2}^1=\dfrac{9}{2}$

(2) $S=-\int_1^3(x-1)(x-3)dx$

$=-\left(-\frac{1}{6}\right)(3-1)^3=\frac{4}{3}$

(3) $S=-\int_{-1}^0(x+x^2)dx$

$=-\left[\frac{1}{2}x^2+\frac{1}{3}x^3\right]_{-1}^0=\frac{1}{6}$

(4) $S=\int_{-1}^2(x+1)(2-x)dx$

$=-\int_{-1}^2(x+1)(x-2)dx$

$=-\left(-\frac{1}{6}\right)\{2-(-1)\}^3=\frac{9}{2}$

(5) $S=\int_{-1}^0(x^3-x)dx+\int_0^1(-x^3+x)dx$

$=\left[\frac{1}{4}x^4-\frac{1}{2}x^2\right]_{-1}^0+\left[-\frac{1}{4}x^4+\frac{1}{2}x^2\right]_0^1$

$=\frac{1}{2}$

(6) $S=\int_0^2 x(x-2)(x-4)dx$

$+\left\{\int_2^4(-1)x(x-2)(x-4)\right\}dx$

$=\int_0^2(x^3-6x^2+8x)dx$

$+\int_2^4(-x^3+6x^2-8x)dx$

$=\left[\frac{1}{4}x^4-2x^3+4x^2\right]_0^2$

$+\left[-\frac{1}{4}x^4+2x^3-4x^2\right]_2^4$

$=8$

361

答　(1) $\mathbf{\frac{9}{2}}$　(2) $\mathbf{4\sqrt{3}}$　(3) $\mathbf{\frac{1}{6}}$　(4) $\mathbf{\frac{32}{3}}$

検討　(1) $S=-\int_{-2}^1(y^2+y-2)dy$

$=-\left[\frac{1}{3}y^3+\frac{1}{2}y^2-2y\right]_{-2}^1=\frac{9}{2}$

(2) $S=2\int_0^{\sqrt{3}}(3-y^2)dy=2\left[3y-\frac{1}{3}y^3\right]_0^{\sqrt{3}}=4\sqrt{3}$

(3) $S=-\int_1^2(y^2-3y+2)dy$

$=-\left[\frac{1}{3}y^3-\frac{3}{2}y^2+2y\right]_1^2=\frac{1}{6}$

(4) $S=\int_{-1}^3(3+2y-y^2)dy$

$=\left[3y+y^2-\frac{1}{3}y^3\right]_{-1}^3=\frac{32}{3}$

362

答　$\mathbf{\frac{4}{3}}$

検討　$S=\int_0^2\frac{1}{2}y^2dy=\left[\frac{1}{6}y^3\right]_0^2=\frac{4}{3}$

363

答　$\mathbf{\frac{26}{3}}$

検討　$S=\int_1^3 y^2dy=\left[\frac{1}{3}y^3\right]_1^3=\frac{26}{3}$

364

答　(1) $\mathbf{\frac{32}{3}}$　(2) $\mathbf{\frac{125}{6}}$

検討　(1) $S=\int_{-1}^3\{(-x^2+4x)-(2x-3)\}dx$

$=\int_{-1}^3\{-(x^2-2x-3)\}dx$

$=-\int_{-1}^3(x+1)(x-3)dx$

$=-\left(-\frac{1}{6}\right)(3+1)^3=\frac{32}{3}$

(2) $S=\int_0^5\{(3x+2)-(x^2-2x+2)\}dx$

$=\int_0^5\{-(x^2-5x)\}dx=-\int_0^5 x(x-5)dx$

$=-\left(-\frac{1}{6}\right)(5-0)^3=\frac{125}{6}$

テスト対策

放物線と直線とで囲まれた部分の面積は，$\boldsymbol{\int_a^b(x-a)(x-b)dx=-\frac{1}{6}(b-a)^3}$ を利用する。

365

答　(1) $\mathbf{\frac{9}{2}}$　(2) $\mathbf{\frac{28\sqrt{7}}{3}}$　(3) $\mathbf{\frac{4}{3}}$　(4) **4**　(5) **9**

検討　(1) $S=\int_{-1}^2\{(x+2)-x^2\}dx$

$$=\int_{-1}^{2}(x+2-x^2)dx$$

$$=\left[\frac{1}{2}x^2+2x-\frac{1}{3}x^3\right]_{-1}^{2}=\frac{9}{2}$$

(2) $S=\int_{2-\sqrt{7}}^{2+\sqrt{7}}\{(x+5)-(x^2-3x+2)\}dx$

$$=\int_{2-\sqrt{7}}^{2+\sqrt{7}}(-x^2+4x+3)dx$$

$$=-\int_{2-\sqrt{7}}^{2+\sqrt{7}}(x^2-4x-3)dx$$

$$=-\int_{2-\sqrt{7}}^{2+\sqrt{7}}\{x-(2-\sqrt{7})\}\{x-(2+\sqrt{7})\}dx$$

$$=-\left(-\frac{1}{6}\right)\{(2+\sqrt{7})-(2-\sqrt{7})\}^3=\frac{28\sqrt{7}}{3}$$

(3) $S=\int_{0}^{2}\{x-(x^3-2x^2+x)\}dx$

$$=\left[-\frac{1}{4}x^4+\frac{2}{3}x^3\right]_{0}^{2}=\frac{4}{3}$$

(4) $S=\int_{-1}^{1}\{(-x^2+2x)-(2x^2+2x-3)\}dx$

$$=\int_{-1}^{1}(-3x^2+3)dx=2\int_{0}^{1}(-3x^2+3)dx$$

$$=2\left[-x^3+3x\right]_{0}^{1}=4$$

(5) $S=\int_{1}^{4}\{(-x^2+4x-5)-(x^2-6x+3)\}dx$

$$=\int_{1}^{4}(-2x^2+10x-8)dx$$

$$=-2\int_{1}^{4}(x^2-5x+4)dx$$

$$=-2\int_{1}^{4}(x-1)(x-4)dx$$

$$=-2\cdot\left(-\frac{1}{6}\right)(4-1)^3=9$$

答　$\boldsymbol{\frac{1}{6}(\beta-\alpha)^3}$

検討　$S=\int_{\alpha}^{\beta}[-x^2-\{-(\alpha+\beta)x+\alpha\beta\}]dx$

$$=\left[-\frac{x^3}{3}+\frac{\alpha+\beta}{2}x^2-\alpha\beta x\right]_{\alpha}^{\beta}$$

$$=-\frac{1}{3}(\beta^3-\alpha^3)+\frac{\alpha+\beta}{2}(\beta^2-\alpha^2)-\alpha\beta(\beta-\alpha)$$

$$=\frac{1}{6}(\beta-\alpha)^3$$

答　$\boldsymbol{\frac{\pi}{2}-\frac{1}{3}}$

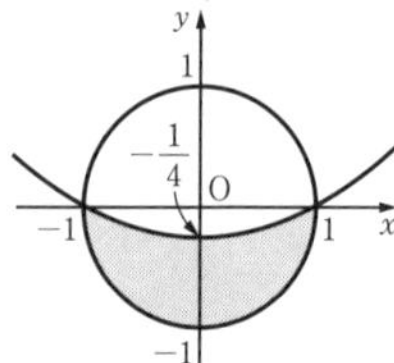

検討　与式を満たす領域は右図の影の部分で，その面積は，半径1の半円の面積から，放物線 $y=\frac{1}{4}(x^2-1)$ と x 軸とで囲まれた部分の面積を引いたものである。

よって　$S=\frac{\pi}{2}-\int_{-1}^{1}\left\{-\frac{1}{4}(x^2-1)\right\}dx$

$$=\frac{\pi}{2}+\frac{1}{2}\int_{0}^{1}(x^2-1)dx$$

$$=\frac{\pi}{2}+\frac{1}{2}\left[\frac{1}{3}x^3-x\right]_{0}^{1}=\frac{\pi}{2}-\frac{1}{3}$$

応用問題

本冊 p. 115

答　$\boldsymbol{\frac{8}{3}(\sqrt{2}-1)}$

検討　領域は右図の影の部分のようになる。
$\alpha=1+\sqrt{2}$
とおくと

$$S=2\left\{\int_{1}^{2}(1+x^2-2x)dx+\int_{2}^{\alpha}(1-x^2+2x)dx\right\}$$

$$=2\left(\left[x+\frac{x^3}{3}-x^2\right]_{1}^{2}+\left[x-\frac{x^3}{3}+x^2\right]_{2}^{\alpha}\right)$$

$$=\frac{8}{3}(\sqrt{2}-1)$$

答　(1) 右の図

(2) $\boldsymbol{S=\frac{1}{6}}$　(3) $\boldsymbol{k=\frac{3}{2}}$

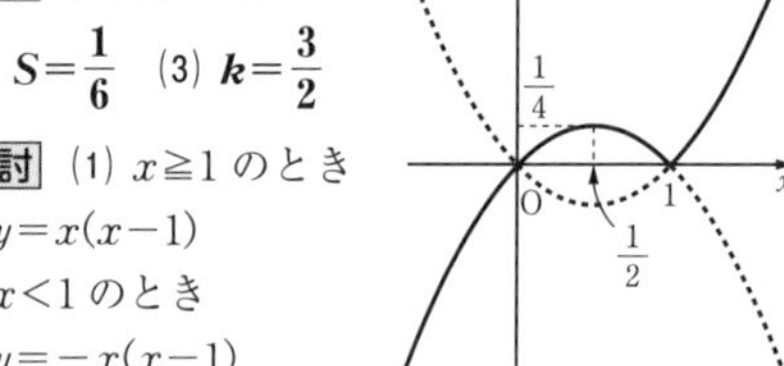

検討　(1) $x\geqq1$ のとき
$y=x(x-1)$
$x<1$ のとき
$y=-x(x-1)$

(2) $S=\int_0^1(-x^2+x)dx$

$=\left[-\frac{1}{3}x^3+\frac{1}{2}x^2\right]_0^1=\frac{1}{6}$

(3) $k>1$ であるから

$\int_1^k x|1-x|dx=\int_1^k(x^2-x)dx=\left[\frac{1}{3}x^3-\frac{1}{2}x^2\right]_1^k$

$=\frac{1}{3}k^3-\frac{1}{2}k^2+\frac{1}{6}$

$\frac{1}{3}k^3-\frac{1}{2}k^2+\frac{1}{6}=\frac{1}{6}$ より　$\frac{1}{3}k^2\left(k-\frac{3}{2}\right)=0$

よって　$k=\frac{3}{2}$

答　$\boldsymbol{a=3}$

検討　曲線 $y=-x^2+2$ と x 軸とで囲まれた図形の面積を S_1，2つの曲線で囲まれた図形（右図の影の部分）の面積を S_2 とする。

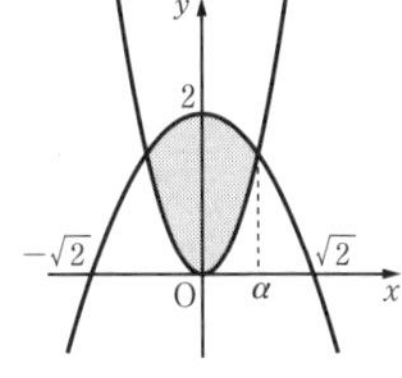

$S_1=2\int_0^{\sqrt{2}}(-x^2+2)dx=2\left[-\frac{1}{3}x^3+2x\right]_0^{\sqrt{2}}$

$=\frac{8\sqrt{2}}{3}$

2つの曲線の交点の x 座標の正の方を α とすると，$-x^2+2=ax^2$ より　$x^2=\frac{2}{a+1}$

$\alpha=\sqrt{\frac{2}{a+1}}$

$S_2=2\int_0^{\alpha}(-x^2+2-ax^2)dx$

$=2\left[-\frac{1}{3}x^3+2x-\frac{a}{3}x^3\right]_0^{\alpha}$

$=-\frac{2}{3}\alpha^3+4\alpha-\frac{2a}{3}\alpha^3$

$=\frac{8\sqrt{2}}{3\sqrt{a+1}}$

$S_1=2S_2$ より　$\frac{8\sqrt{2}}{3}=\frac{16\sqrt{2}}{3\sqrt{a+1}}$　$a=3$

371

答　$\boldsymbol{a=3-\frac{3\sqrt[3]{4}}{2}}$

検討　$-x^2+3x=ax$ より

$x^2+(a-3)x=0$

$x\{x-(3-a)\}=0$

$x=0,\ 3-a$

右図より

$\int_0^{3-a}(-x^2+3x-ax)dx$

$=\int_0^{3-a}\{-x^2+(3-a)x\}dx$

$=\left[-\frac{1}{3}x^3+\frac{(3-a)}{2}x^2\right]_0^{3-a}$

$=\frac{(3-a)^3}{6}$

$\frac{1}{2}\int_0^3(-x^2+3x)dx$

$=\frac{1}{2}\left[-\frac{1}{3}x^3+\frac{3}{2}x^2\right]_0^3=\frac{9}{4}$

よって　$\frac{(3-a)^3}{6}=\frac{9}{4}$

したがって　$a=3-\frac{3\sqrt[3]{4}}{2}$

372

答　$\boldsymbol{a=1,\ b=-1,}$

$\boldsymbol{S=\frac{4}{3}}$

検討　$f(x)=x^2+ax+b$，$g(x)=x^3$ とおくと，

$f'(x)=2x+a$，

$g'(x)=3x^2$

2曲線が点 (1，1) で同じ直線に接するための条件は

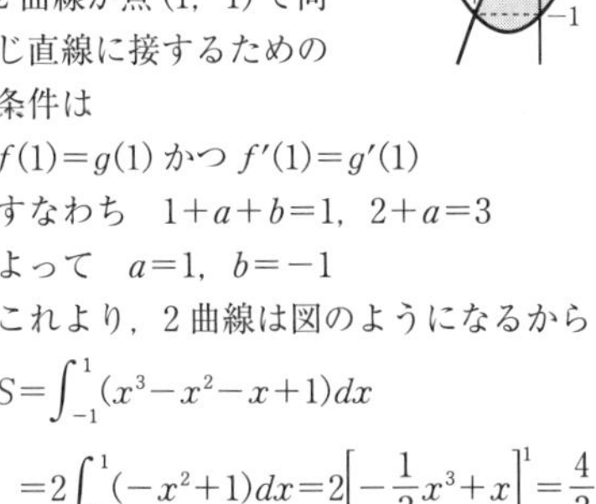

$f(1)=g(1)$ かつ $f'(1)=g'(1)$

すなわち　$1+a+b=1$，$2+a=3$

よって　$a=1$，$b=-1$

これより，2曲線は図のようになるから

$S=\int_{-1}^1(x^3-x^2-x+1)dx$

$=2\int_0^1(-x^2+1)dx=2\left[-\frac{1}{3}x^3+x\right]_0^1=\frac{4}{3}$

38 等差数列

基本問題 ………… 本冊 *p.117*

373

答　(1) **7，16**　(2) **6，−3**　(3) **−8，64**
(4) **81，−243**

検討　(1) 1 に次々と 3 を加えて得られる数列だから
第 3 項は　$4+3=7$
第 6 項は　$13+3=16$
(4) 1 に次々と −3 を掛けて得られる数列だから
第 5 項は　$-27\times(-3)=81$
第 6 項は　$81\times(-3)=-243$

374

答　(1) **1，4，7，10，13**
(2) **2，6，18，54，162**
(3) **3，1，3，1，3**
(4) $\boldsymbol{\frac{1}{2}}$，$\boldsymbol{-\frac{1}{3}}$，$\boldsymbol{-\frac{3}{4}}$，**−1**，$\boldsymbol{-\frac{7}{6}}$
(5) **−1，1，−1，1，−1**
(6) **1，0，−1，0，1**

検討　(1) 初項は　$-2+3\cdot1=1$
第 2 項は　$-2+3\cdot2=4$
第 3 項は　$-2+3\cdot3=7$
第 4 項は　$-2+3\cdot4=10$
第 5 項は　$-2+3\cdot5=13$
(5) 初項は　$\cos\pi=-1$
第 2 項は　$\cos2\pi=1$
第 3 項は　$\cos3\pi=-1$
第 4 項は　$\cos4\pi=1$
第 5 項は　$\cos5\pi=-1$

375

答　(1) **1，3，5，7，9**
(2) **2，−3，−8，−13，−18**

検討　(1) 初項は　$a_1=1$
第 2 項は　$a_2=a_1+2=1+2=3$
第 3 項は　$a_3=a_2+2=3+2=5$
第 4 項は　$a_4=a_3+2=5+2=7$
第 5 項は　$a_5=a_4+2=7+2=9$

376

答　(1) **6，16，**$\boldsymbol{a_n=5n-4}$
(2) **0，−4，**$\boldsymbol{a_n=-2n+2}$
(3) **23，44，**$\boldsymbol{a_n=7n+16}$
(4) **7，11，**$\boldsymbol{a_n=4n-1}$

検討　初項を a，公差を d とする。
(1) $a=1$，$a_3=11$ より　$1+2d=11$
ゆえに　$d=5$　　よって　$a_n=5n-4$
これより　$a_2=6$，$a_4=16$
(2) $a_2=-2$ より　$a+d=-2$，
$a_4=-6$ より　$a+3d=-6$
ゆえに　$a=0$，$d=-2$
よって　$a_n=-2n+2$
これより　$a_1=0$，$a_3=-4$
(3) $a_2=30$，$a_3=37$ より
$a+d=30$，$a+2d=37$　　$d=7$，$a=23$
ゆえに　$a_n=7n+16$
これより　$a_1=23$，$a_4=44$
(4) $a=3$，$a_4=15$ より　$3+3d=15$　　$d=4$
ゆえに　$a_n=4n-1$
これより　$a_2=7$，$a_3=11$

377

答　(1) $\boldsymbol{a_n=2n+1}$，$\boldsymbol{a_{10}=21}$
(2) $\boldsymbol{a_n=5n-20}$，$\boldsymbol{a_{10}=30}$
(3) $\boldsymbol{a_n=-7n+107}$，$\boldsymbol{a_{10}=37}$
(4) $\boldsymbol{a_n=\frac{10}{3}n-2}$，$\boldsymbol{a_{10}=\frac{94}{3}}$

検討　(1) $a_n=3+2(n-1)=2n+1$
(2) 初項を a とすると
$a_8=a+5(8-1)=20$ より　$a=-15$
ゆえに　$a_n=-15+5(n-1)=5n-20$
(3) 公差を d とすると
$a_7=100+6d=58$ より　$d=-7$
ゆえに　$a_n=100-7(n-1)=-7n+107$
(4) 初項を a，公差を d とすると
$a+2d=8$，$a+5d=18$
これを解いて　$a=\frac{4}{3}$，$d=\frac{10}{3}$
ゆえに　$a_n=\frac{4}{3}+\frac{10}{3}(n-1)=\frac{10}{3}n-2$

テスト対策

〔等差数列〕

等差数列は**初項**と**公差**がわかれば決まる。したがって，第 k 項と第 l 項が与えられた等差数列の一般項を求めるには，初項を a，公差を d として，a と d を求めればよい。

378

答　(1) $\boldsymbol{\dfrac{n(3n+1)}{2}}$　(2) $\boldsymbol{n(9-n)}$

(3) $\boldsymbol{n(11-3n)}$　(4) $\boldsymbol{-\dfrac{n(3n+1)}{2}}$

検討　初項を a，公差を d とする。

(1) $a=2$，$d=5-2=3$ より

$$S_n=\frac{n\{2\cdot2+3(n-1)\}}{2}=\frac{n(3n+1)}{2}$$

(2) $a=8$，$d=6-8=-2$ より

$$S_n=\frac{n\{2\cdot8-2(n-1)\}}{2}=n(9-n)$$

(3) $a=8$，$d=2-8=-6$ より

$$S_n=\frac{n\{2\cdot8-6(n-1)\}}{2}=n(11-3n)$$

(4) $a=-2$，$d=-5+2=-3$ より

$$S_n=\frac{n\{2\cdot(-2)-3(n-1)\}}{2}=-\frac{n(3n+1)}{2}$$

379

答　(1) **96**　(2) **5300**　(3) **140**

検討　(1) $S_8=\dfrac{8(3+21)}{2}=96$

(2) 初項を a，公差を d とすると，$a_{59}=70$，$a_{66}=84$ より

$$\begin{cases} a+58d=70 & \cdots\cdots① \\ a+65d=84 & \cdots\cdots② \end{cases}$$

②－① より　$7d=14$　　ゆえに　$d=2$

$d=2$ を①に代入して a を求めると　$a=-46$

よって　$S_{100}=\dfrac{100\{2\cdot(-46)+2\cdot(100-1)\}}{2}$

$=5300$

(3) $a_1=2+3=5$，$a_{10}=20+3=23$ より

$$S_{10}=\frac{10(5+23)}{2}=140$$

答　$\boldsymbol{\dfrac{b-a}{n+1}}$

検討　公差を d とすると，初項は a で，b は第 $(n+2)$ 項であるから　$b=a+(n+2-1)d$

よって　$d=\dfrac{b-a}{n+1}$

答　**初項 6，公差 4**

検討　初項を a，公差を d とする。第 5 項が 22 であるから　$a+4d=22$　……①

初項から第 5 項までの和が 70 であることから　$\dfrac{5\{2a+(5-1)d\}}{2}=70$

ゆえに　$a+2d=14$　……②

①－② より　$2d=8$　　ゆえに　$d=4$

これを②に代入して　$a+8=14$

よって　$a=6$

382

答　**11 個，3861**

検討　$306=9\times34$，$396=9\times44$

よって，9 の倍数の個数は $44-33=11$（個）。

求める和は　$S=\dfrac{11(306+396)}{2}=3861$

答　**第 27 項**

検討　初めて負の数となる項を第 n 項とすると，初項 100，公差 -4 の等差数列であるから，$100+(n-1)\cdot(-4)<0$ となる最小の自然数 n を求めればよい。

すなわち，$n>26$ だから　$n=27$

応用問題

本冊 *p. 119*

答　(1) **315**　(2) **2418**

検討　(1) 3 でも 5 でも割り切れる数は 15 で割り切れる数であるから

$15\cdot1\leqq15n\leqq15\cdot6$で，$n$ は整数より　$1\leqq n\leqq6$

ゆえに，6 個。

したがって，初項15，末項90，項数6の等差数列の和である。

よって　$S=\frac{6(15+90)}{2}=315$

(2) 3で割り切れる数の個数は$3\cdot1\leqq3n\leqq3\cdot33$より33個，

5で割り切れる数の個数は$5\cdot1\leqq5n\leqq5\cdot20$より20個である。

よって，求める和は，(3で割り切れる数の和)＋(5で割り切れる数の和)－(15で割り切れる数の和)より

$S=\frac{33(3+99)}{2}+\frac{20(5+100)}{2}-315=2418$

答　(1) **23478**　(2) **212008**

検討　(1) 3でも7でも割り切れる数は21で割り切れる数であるから，$21n$（nは自然数）と書ける。

$21n$は3桁の正の整数であるから

$21\cdot5\leqq21n\leqq21\cdot47$

よって，その個数は　$47-4=43$(個)

$n=5$のとき　$21n=105$，

$n=47$のとき　$21n=987$

すなわち，求める和は，初項105，末項987，項数43の等差数列の和であるから

$S=\frac{43(105+987)}{2}=23478$

(2) (1)と同様にして，3で割り切れる数の和は，初項102，末項999，項数300の等差数列の和，7で割り切れる数の和は，初項105，末項994，項数128の等差数列の和である。

よって，求める和は，(3で割り切れる数の和)＋(7で割り切れる数の和)－(21で割り切れる数の和)より

$S=\frac{300(102+999)}{2}+\frac{128(105+994)}{2}-23478$

$=212008$

答　(1) $\boldsymbol{a_n=-4n+5}$

(2) $\boldsymbol{a_n=3n^2-3n+1}$

(3) $\boldsymbol{a_1=6}$，$\boldsymbol{n\geqq2}$**のとき**　$\boldsymbol{a_n=4n+1}$

(4) $\boldsymbol{a_1=-1}$，$\boldsymbol{n\geqq2}$**のとき**　$\boldsymbol{a_n=3n^2-3n}$

(5) $\boldsymbol{a_n=2an-a+b}$

検討　$n\geqq2$と$n=1$のときを分けて考えればよい。

(1) $n\geqq2$のとき

$a_n=S_n-S_{n-1}$

$=-2n^2+3n-\{-2(n-1)^2+3(n-1)\}$

$=-4n+5$　……①

$n=1$のとき　$a_1=S_1=-2+3=1$

ここで，①で$n=1$を代入すると1となり，a_1と一致する。

よって　$a_n=-4n+5\ (n\geqq1)$

(2) $n\geqq2$のとき

$a_n=S_n-S_{n-1}=n^3-(n-1)^3$

$=3n^2-3n+1$　……①

$n=1$のとき　$a_1=S_1=1$

ここで，①で$n=1$を代入すると1となり，a_1と一致する。

よって　$a_n=3n^2-3n+1\ (n\geqq1)$

(3) $n\geqq2$のとき

$a_n=S_n-S_{n-1}$

$=2n^2+3n+1-\{2(n-1)^2+3(n-1)+1\}$

$=4n+1$　……①

$n=1$のとき　$a_1=S_1=2+3+1=6$

ここで，①で$n=1$を代入すると5となり，a_1と一致しない。

よって　$a_1=6$，$a_n=4n+1\ (n\geqq2)$

(4) $n\geqq2$のとき

$a_n=S_n-S_{n-1}$

$=n^3-n-1-\{(n-1)^3-(n-1)-1\}$

$=3n^2-3n$　……①

$n=1$のとき　$a_1=S_1=1-1-1=-1$

ここで，①で$n=1$を代入すると0となり，a_1と一致しない。

よって　$a_1=-1$，$a_n=3n^2-3n\ (n\geqq2)$

(5) $n\geqq2$のとき

$a_n=S_n-S_{n-1}$

$=an^2+bn-\{a(n-1)^2+b(n-1)\}$

$=2an-a+b$　……①

$n=1$のとき　$a_1=S_1=a+b$

ここで，①で$n=1$を代入すると$a+b$となり，a_1と一致する。

よって　$a_n=2an-a+b\ (n\geqq1)$

テスト対策

数列 $\{a_n\}$ の初項から第 n 項までの和を S_n とするとき

$\boldsymbol{a_1=S_1}$

$\boldsymbol{a_n=S_n-S_{n-1}\ (n\geqq 2)}$

39 等比数列

基本問題　本冊 p. 120

答　(1) **32，128，$\boldsymbol{a_n=2^{2n-1}}$**

(2) **27，81，$\boldsymbol{a_n=3^{n-1}}$**

(3) **3，$\boldsymbol{\frac{1}{\sqrt{3}}}$，$\boldsymbol{a_n=(\sqrt{3})^{4-n}}$**

(4) **−32，4，$\boldsymbol{a_n=(-2)^{7-n}}$**

検討　(3) 公比は　$1\div\sqrt{3}=\frac{1}{\sqrt{3}}$

第 2 項は　$3\sqrt{3}\times\frac{1}{\sqrt{3}}=3$

第 5 項は　$1\times\frac{1}{\sqrt{3}}=\frac{1}{\sqrt{3}}$

(4) 公比は　$-8\div16=-\frac{1}{2}$

第 2 項は　$64\times\left(-\frac{1}{2}\right)=-32$

第 5 項は　$-8\times\left(-\frac{1}{2}\right)=4$

答　(1) $\boldsymbol{a_n=2^{n-1}}$，$\boldsymbol{a_5=16}$

(2) $\boldsymbol{a_n=-3\cdot2^{n-1}}$，$\boldsymbol{a_5=-48}$

(3) $\boldsymbol{a_n=4\cdot3^{n-2}}$，$\boldsymbol{a_5=108}$

(4) $\boldsymbol{a_n=2^{5-n}}$，$\boldsymbol{a_5=1}$

　または $\boldsymbol{a_n=(-2)^{5-n}}$，$\boldsymbol{a_5=1}$

(5) $\boldsymbol{a_n=5^{3-n}}$，$\boldsymbol{a_5=\frac{1}{25}}$

検討　(3) 初項を a とすると，$a\cdot3^2=12$ より

$a=\frac{4}{3}$　　よって　$a_n=\frac{4}{3}\cdot3^{n-1}=4\cdot3^{n-2}$

ゆえに　$a_5=4\cdot3^3=108$

(4) 公比を r とすると　$16r^2=4$

よって　$r=\pm\frac{1}{2}$

$r=\frac{1}{2}$ のとき　$a_n=16\left(\frac{1}{2}\right)^{n-1}=2^{5-n}$

ゆえに　$a_5=2^0=1$

$r=-\frac{1}{2}$ のとき

$a_n=16\left(-\frac{1}{2}\right)^{n-1}=(-2)^4\cdot(-2)^{1-n}=(-2)^{5-n}$

ゆえに　$a_5=(-2)^0=1$

(5) 初項を a，公比を r とすると

$ar=5$　……①　　$ar^2=1$　……②

②÷① より　$r=\frac{1}{5}$

これを①に代入して a を求めると　$a=25$

よって　$a_n=25\left(\frac{1}{5}\right)^{n-1}=5^{3-n}$

ゆえに　$a_5=5^{3-5}=5^{-2}=\frac{1}{25}$

答　(1) $\boldsymbol{\frac{2}{3}\{1-(-2)^n\}}$

(2) $\boldsymbol{2(\sqrt{3}+1)\{(\sqrt{3})^n-1\}}$

(3) $\boldsymbol{27\left\{1-\left(\frac{1}{3}\right)^n\right\}}$　(4) $\boldsymbol{\frac{1}{2}(1-3^n)}$

(5) $\boldsymbol{\frac{64}{189}\left\{1-\left(-\frac{3}{4}\right)^n\right\}}$　(6) $\boldsymbol{\frac{3}{4}(3^n-1)}$

検討　求める和を S_n とする。

(1) 初項が 2，公比が −2 だから

$$S_n=\frac{2\{1-(-2)^n\}}{1-(-2)}=\frac{2}{3}\{1-(-2)^n\}$$

(2) 初項が 4，公比が $\sqrt{3}$ だから

$$S_n=\frac{4\{(\sqrt{3})^n-1\}}{\sqrt{3}-1}=2(\sqrt{3}+1)\{(\sqrt{3})^n-1\}$$

(3) 初項が 18，公比が $\frac{1}{3}$ だから

$$S_n=\frac{18\left\{1-\left(\frac{1}{3}\right)^n\right\}}{1-\frac{1}{3}}=27\left\{1-\left(\frac{1}{3}\right)^n\right\}$$

(4) 初項が −1，公比が 3 だから

$$S_n=\frac{(-1)(1-3^n)}{1-3}=\frac{1}{2}(1-3^n)$$

(5) 初項が $\frac{16}{27}$，公比が $-\frac{3}{4}$ だから

$$S_n=\frac{\frac{16}{27}\left\{1-\left(-\frac{3}{4}\right)^n\right\}}{1-\left(-\frac{3}{4}\right)}=\frac{64}{189}\left\{1-\left(-\frac{3}{4}\right)^n\right\}$$

(6) 初項が $\frac{3}{2}$，公比が3だから

$$S_n=\frac{\frac{3}{2}(3^n-1)}{3-1}=\frac{3}{4}(3^n-1)$$

答 (1) **1275** (2) **1023** (3) **3069**
(4) **−29524**

検討 初項から第 n 項までの和を S_n とする。

(1) $640=5\cdot2^{n-1}$ より，$2^{n-1}=2^7$ から　$n=8$

よって　$S_8=\frac{5(2^8-1)}{2-1}=1275$

(2) 初項を a，公比を r とすると

$ar^4=-48$，$ar^7=384$

$r^3=-\frac{384}{48}=-8$　　ゆえに　$r=-2$

$a(-2)^4=-48$ より　$a=-3$

よって　$S_{10}=\frac{-3\{1-(-2)^{10}\}}{1-(-2)}=1023$

(3) 初項が3，公比が2だから

$S_{10}=\frac{3(2^{10}-1)}{2-1}=3069$

(4) 初項を a，公比を r とすると

$ar^2=18$，$ar^3=-54$

これより　$r=-3$，$a=2$

よって　$S_{10}=\frac{2\{1-(-3)^{10}\}}{1-(-3)}=-29524$

答 **最小の数 2，最大の数 8**

検討 初項を $a(>0)$，公比を $r(>0)$ とすると

$a+ar+ar^2=14$，$a\cdot ar\cdot ar^2=64$

第2式から，$(ar)^3=64$ より　$ar=4$

これを第1式に代入すると

$a+4+\frac{16}{a}=14$　すなわち　$a^2-10a+16=0$

$(a-2)(a-8)=0$　　よって　$a=2$，8

$a=2$ でも $a=8$ でも，3つの数は2，4，8となり，最小の数は2，最大の数は8である。

答 (1) $\boldsymbol{-3\sqrt[3]{12}}$，$\boldsymbol{-2\sqrt[3]{18}}$

(2) **6，18，54 または −6，18，−54**

検討 (1) 初項 a，公比 r とすると

$a=-9$，$ar^3=-4$ より　$r=\sqrt[3]{\frac{4}{9}}$

ゆえに　$ar=-9\times\sqrt[3]{\frac{4}{9}}=-3\sqrt[3]{12}$

$ar^2=-3\sqrt[3]{12}\times\sqrt[3]{\frac{4}{9}}=-2\sqrt[3]{18}$

(2) (1)と同様にして，$a=2$，$ar^4=162$ より

$r=\pm3$

$r=3$ のとき

$ar=2\times3=6$，$ar^2=6\times3=18$，

$ar^3=18\times3=54$

$r=-3$ のとき

$ar=2\times(-3)=-6$，$ar^2=-6\times(-3)=18$，

$ar^3=18\times(-3)=-54$

答 **a，b，c がこの順に等比数列をなすとき**

$b^2=ac$　……①

左辺−右辺$=\{(a+c)^2-b^2\}-(a^2+b^2+c^2)$

$=2ac-2b^2$

$=2(ac-b^2)=0$ **(①より)**

検討 3つの数が等比数列をなすための必要十分条件を思い出す。

応用問題 ······················ 本冊 p. 122

答 $a=b=c$

検討 a，b，c がこの順に等差数列をなすための必要十分条件は　$2b=a+c$　……①

また，a，b，c がこの順に等比数列をなすための必要十分条件は　$b^2=ac$　……②

①，②より，b を消去すると　$(a-c)^2=0$

ゆえに　$a=c$　これを①に代入して　$b=c$

よって　$a=b=c$

逆に，$a=b=c$ のとき，①，②が成り立つ。

テスト対策

a，b，c の３数が，この順に

等差数列 $\Longleftrightarrow$ $\boldsymbol{2b=a+c}$

等比数列 $\Longleftrightarrow$ $\boldsymbol{b^2=ac}$

395

答　$\boldsymbol{\dfrac{-1+\sqrt{5}}{2}<r<\dfrac{1+\sqrt{5}}{2}}$

検討　三角形ができるための必要十分条件は，a，b，c が正で，$a+b>c$，$b+c>a$，$c+a>b$ が同時に成り立つことである。

a，b，c がこの順に等比数列をなすとして，$b=ar$，$c=ar^2$ を代入して，$a>0$ より

$r^2-r-1<0$ ……①　$r^2+r-1>0$ ……②

$r^2-r+1>0$ ……③　$r>0$ ……④

①より　$\dfrac{1-\sqrt{5}}{2}<r<\dfrac{1+\sqrt{5}}{2}$ ……⑤

②より　$r<\dfrac{-1-\sqrt{5}}{2}$，$\dfrac{-1+\sqrt{5}}{2}<r$ ……⑥

また，③は $r^2-r+1=\left(r-\dfrac{1}{2}\right)^2+\dfrac{3}{4}>0$ だから，つねに成り立つ。

したがって，④，⑤，⑥より

$\dfrac{-1+\sqrt{5}}{2}<r<\dfrac{1+\sqrt{5}}{2}$

396

答　(1) **3280**　(2) **9828**

検討　求める総和を S とする。

(1) $2187=3^7$ であるから，2187 の正の約数は 3^m $(m=0,\ 1,\ \cdots,\ 7)$ の形で表される。

よって　$S=3^0+3^1+3^2+\cdots+3^7=\dfrac{3^8-1}{3-1}$

$=3280$

(2) $2^5\cdot5^3$ の正の約数の総和 S は，$2^m\cdot5^n$ $(m=0,\ 1,\ 2,\ 3,\ 4,\ 5\ ;\ n=0,\ 1,\ 2,\ 3)$ の和であるから

$S=(2^0+2^1+\cdots+2^5)(5^0+5^1+5^2+5^3)$

$=\dfrac{2^6-1}{2-1}\times\dfrac{5^4-1}{5-1}=9828$

397

答　$\boldsymbol{\dfrac{Ar(1+r)^n}{(1+r)^n-1}}$(円)

検討　年利率 r で A 円を借りたとき n 年後の末の借り入れ金の元利合計は

$A(1+r)^n$(円)　……①

毎年末に a 円ずつ n 年間返済したとすると，返済金額の総計は

$a+a(1+r)+a(1+r)^2+\cdots+a(1+r)^{n-1}$

$=\dfrac{a\{(1+r)^n-1\}}{(1+r)-1}$(円)　……②

①＝② より　$A(1+r)^n=\dfrac{a\{(1+r)^n-1\}}{(1+r)-1}$

$Ar(1+r)^n=a\{(1+r)^n-1\}$

よって　$a=\dfrac{Ar(1+r)^n}{(1+r)^n-1}$

398

答　**等差数列であり，和は 375750**

等比数列ではない。

検討　1500 が第 n 項であるとすると，

$1500=3+(n-1)\times3$，$1500=3\cdot2^{n-1}$

をそれぞれ満たす整数 n があるかどうかを調べればよい。

$1500=3+3(n-1)$ より　$n=500$

よって，初項 3，末項 1500，項数 500 の等差数列で，その和は

$S=\dfrac{500(3+1500)}{2}=375750$

また，$1500=3\cdot2^{n-1}$ を満たす整数 n はない。

40　いろいろな数列

基本問題　本冊 p. 123

399

答　(1) $\boldsymbol{\sum_{k=1}^{n}2k=n(n+1)}$　(2) $\boldsymbol{\sum_{k=1}^{n}k=\dfrac{n(n+1)}{2}}$

(3) $\boldsymbol{\sum_{k=1}^{n}(4k-3)=n(2n-1)}$

(4) $\boldsymbol{\sum_{k=1}^{100}(3k-2)=14950}$　(5) $\boldsymbol{\sum_{k=1}^{10}k^2=385}$

(6) $\boldsymbol{\sum_{k=1}^{10}k^3=3025}$

検討 (1) $2+4+6+\cdots+2n$

$=\sum_{k=1}^{n}2k=2\times\frac{n(n+1)}{2}=n(n+1)$

(4) この数列は初項 1，公差 $4-1=3$ の等差数列で，第 n 項は　$1+(n-1)\cdot3=3n-2$

第 n 項が 298 とすると

$3n-2=298$　　$n=100$

ゆえに　$1+4+7+\cdots+298=\sum_{k=1}^{100}(3k-2)$

$=3\times\frac{100\cdot(100+1)}{2}-2\times100=14950$

(5) $1^2+2^2+3^2+\cdots+10^2=\sum_{k=1}^{10}k^2$

$=\frac{10\cdot(10+1)(2\cdot10+1)}{6}=385$

答 (1) **120**　(2) **−155**　(3) **1330**

(4) $\boldsymbol{\frac{n(n+1)(n+5)}{3}}$

(5) $\boldsymbol{\frac{n(n+1)(n+2)(3n-7)}{12}}$

(6) **−341**　(7) **77**　(8) **−162**

(9) $\boldsymbol{\frac{n(n+1)(2n+7)}{6}}$

検討 (1) 与式$=2\sum_{k=1}^{10}k+\sum_{k=1}^{10}1$

$=2\times\frac{10\cdot(10+1)}{2}+10=120$

(2) 与式$=\sum_{k=1}^{10}1-3\sum_{k=1}^{10}k=10-3\times\frac{10\cdot(10+1)}{2}$

$=-155$

(3) 与式$=\sum_{k=1}^{10}(4k^2-4k+1)$

$=4\sum_{k=1}^{10}k^2-4\sum_{k=1}^{10}k+\sum_{k=1}^{10}1$

$=4\times\frac{10\cdot(10+1)(2\cdot10+1)}{6}-4\times\frac{10\cdot(10+1)}{2}+10$

$=1330$

(4) 与式$=\sum_{k=1}^{n}k^2+3\sum_{k=1}^{n}k$

$=\frac{n(n+1)(2n+1)}{6}+3\times\frac{n(n+1)}{2}$

$=\frac{n(n+1)(n+5)}{3}$

(5) 与式$=\sum_{k=1}^{n}k^3-\sum_{k=1}^{n}k^2-2\sum_{k=1}^{n}k$

$=\left\{\frac{n(n+1)}{2}\right\}^2-\frac{n(n+1)(2n+1)}{6}$

$-2\times\frac{n(n+1)}{2}$

$=\frac{n(n+1)(n+2)(3n-7)}{12}$

(6) 初項 1，公比 -2 の等比数列の初項から第 10 項までの和であるから

与式$=\frac{1-(-2)^{10}}{1-(-2)}=-341$

(7) 与式$=\sum_{k=0}^{10}k+\sum_{k=0}^{10}2=\sum_{k=1}^{10}k+2\times11$

$=\frac{10\cdot(10+1)}{2}+22=77$

(8) 与式$=\sum_{k=1}^{10}(3-4k)-\sum_{k=1}^{4}(3-4k)$

$=3\times10-4\times\frac{10\cdot(10+1)}{2}$

$-\left\{3\times4-4\times\frac{4\cdot(4+1)}{2}\right\}$

$=-162$

(9) 与式$=\sum_{k=1}^{n+1}k^2-\sum_{k=1}^{n+1}1$

$=\frac{(n+1)(n+2)(2n+3)}{6}-(n+1)$

$=\frac{n(n+1)(2n+7)}{6}$

401

答 (1) $\boldsymbol{\sum_{k=1}^{n}k(k+2)=\frac{n(n+1)(2n+7)}{6}}$

(2) $\boldsymbol{\sum_{k=1}^{n}(2k)^2=\frac{2n(n+1)(2n+1)}{3}}$

(3) $\boldsymbol{\sum_{k=1}^{n}k^2(k+1)=\frac{n(n+1)(n+2)(3n+1)}{12}}$

(4) $\boldsymbol{\sum_{k=1}^{n}(k^2+k)=\frac{n(n+1)(n+2)}{3}}$

検討 (1) 与式$=\sum_{k=1}^{n}k(k+2)=\sum_{k=1}^{n}k^2+2\sum_{k=1}^{n}k$

$=\frac{n(n+1)(2n+1)}{6}+2\times\frac{n(n+1)}{2}$

$=\frac{n(n+1)(2n+7)}{6}$

(2) 与式$=\sum_{k=1}^{n}(2k)^2=4\sum_{k=1}^{n}k^2$

$=\frac{2n(n+1)(2n+1)}{3}$

(3) 与式$=\sum_{k=1}^{n}k^2(k+1)=\sum_{k=1}^{n}k^3+\sum_{k=1}^{n}k^2$

$$=\left\{\frac{n(n+1)}{2}\right\}^2+\frac{n(n+1)(2n+1)}{6}$$

$$=\frac{n(n+1)(n+2)(3n+1)}{12}$$

(4) 与式$=\sum_{k=1}^{n}(k^2+k)=\sum_{k=1}^{n}k^2+\sum_{k=1}^{n}k$

$$=\frac{n(n+1)(2n+1)}{6}+\frac{n(n+1)}{2}$$

$$=\frac{n(n+1)(n+2)}{3}$$

テスト対策

〔数列の和の公式〕

$$\sum_{k=1}^{n}\boldsymbol{k}=\frac{\boldsymbol{n(n+1)}}{\boldsymbol{2}},$$

$$\sum_{k=1}^{n}\boldsymbol{k^2}=\frac{\boldsymbol{n(n+1)(2n+1)}}{\boldsymbol{6}},$$

$$\sum_{k=1}^{n}\boldsymbol{k^3}=\left\{\frac{\boldsymbol{n(n+1)}}{\boldsymbol{2}}\right\}^2$$

の3つの公式は必ず覚えておくこと。

答 (1) $\boldsymbol{2^{n+1}-n-2}$ (2) $\boldsymbol{\dfrac{n(n+1)(n+2)}{6}}$

(3) $\boldsymbol{\dfrac{n(n+1)(n+2)}{6}}$

検討 (1) $a_n=\dfrac{2^n-1}{2-1}=2^n-1$

$$S_n=\sum_{k=1}^{n}(2^k-1)=\sum_{k=1}^{n}2^k-\sum_{k=1}^{n}1=\frac{2(2^n-1)}{2-1}-n$$

$$=2^{n+1}-n-2$$

(2) $a_n=\sum_{k=1}^{n}k=\dfrac{n(n+1)}{2}$

$$S_n=\sum_{k=1}^{n}\frac{k(k+1)}{2}=\frac{1}{2}\left(\sum_{k=1}^{n}k^2+\sum_{k=1}^{n}k\right)$$

$$=\frac{1}{2}\left\{\frac{n(n+1)(2n+1)}{6}+\frac{n(n+1)}{2}\right\}$$

$$=\frac{n(n+1)(n+2)}{6}$$

(3) $S_n=\sum_{k=1}^{n}k(n+1-k)=(n+1)\sum_{k=1}^{n}k-\sum_{k=1}^{n}k^2$

$$=(n+1)\times\frac{n(n+1)}{2}-\frac{n(n+1)(2n+1)}{6}$$

$$=\frac{n(n+1)(n+2)}{6}$$

答 (1) $\boldsymbol{a_n=\dfrac{(n+1)(n+2)}{2}}$,

$\boldsymbol{S_n=\dfrac{n(n^2+6n+11)}{6}}$

(2) $\boldsymbol{a_n=\dfrac{2n^3-3n^2+n+6}{6}}$, $\boldsymbol{S_n=\dfrac{n(n^3-n+12)}{12}}$

(3) $\boldsymbol{a_n=\dfrac{3n^2-5n+4}{2}}$, $\boldsymbol{S_n=\dfrac{n(n^2-n+2)}{2}}$

(4) $\boldsymbol{a_n=3n^2-3n+1}$, $\boldsymbol{S_n=n^3}$

検討 (1) 数列$\{a_n\}$の階差数列を$\{b_n\}$とすると，階差数列$\{b_n\}$は，3，4，5，6，…より初項3，公差1の等差数列となる。

$b_n=3+1\cdot(n-1)=n+2$だから，

$n\geqq2$のとき

$$a_n=3+\sum_{k=1}^{n-1}(k+2)=\frac{(n+1)(n+2)}{2}\quad\cdots\cdots①$$

①で$n=1$とすると3となり，a_1と等しくなるから，$n=1$のときも①は成り立つ。

よって，一般項は①である。

初項から第n項までの和S_nは

$$S_n=\sum_{k=1}^{n}\frac{(k+1)(k+2)}{2}=\frac{1}{2}\left(\sum_{k=1}^{n}k^2+3\sum_{k=1}^{n}k+\sum_{k=1}^{n}2\right)$$

$$=\frac{1}{2}\left\{\frac{n(n+1)(2n+1)}{6}+3\times\frac{n(n+1)}{2}+2n\right\}$$

$$=\frac{n(n^2+6n+11)}{6}$$

(2) 数列$\{a_n\}$の階差数列を$\{b_n\}$とすると，階差数列$\{b_n\}$は，1，4，9，16，25，…より

$b_n=n^2$だから，

$n\geqq2$のとき

$$a_n=1+\sum_{k=1}^{n-1}k^2=\frac{2n^3-3n^2+n+6}{6}\quad\cdots\cdots①$$

①で$n=1$とすると1となり，a_1と等しくなるから，$n=1$のときも①は成り立つ。

よって，一般項は①である。

また　$S_n=\sum_{k=1}^{n}\dfrac{2k^3-3k^2+k+6}{6}$

$$=\frac{1}{6}\left[2\times\left\{\frac{n(n+1)}{2}\right\}^2-3\times\frac{n(n+1)(2n+1)}{6}\right.$$

$$\left.+\frac{n(n+1)}{2}+6n\right]$$

$$=\frac{n(n^3-n+12)}{12}$$

(3) 数列 $\{a_n\}$ の階差数列を $\{b_n\}$ とすると，階差数列 $\{b_n\}$ は，2，5，8，11，14，…より初項 2，公差 3 の等差数列となる。
$b_n=2+3(n-1)=3n-1$ だから，
$n\geqq 2$ のとき

$$a_n=1+\sum_{k=1}^{n-1}(3k-1)=\frac{3n^2-5n+4}{2} \quad \cdots\cdots①$$

①で $n=1$ とすると 1 となり，a_1 と等しくなるから，$n=1$ のときも①は成り立つ。
よって，一般項は①である。
また　$S_n=\sum_{k=1}^{n}\frac{3k^2-5k+4}{2}$

$$=\frac{1}{2}\left\{3\times\frac{n(n+1)(2n+1)}{6}-5\times\frac{n(n+1)}{2}+4n\right\}$$

$$=\frac{n(n^2-n+2)}{2}$$

(4) 数列 $\{a_n\}$ の階差数列を $\{b_n\}$ とすると，階差数列 $\{b_n\}$ は，6，12，18，24，…より
$b_n=6n$ だから，
$n\geqq 2$ のとき

$$a_n=1+\sum_{k=1}^{n-1}6k=3n^2-3n+1 \quad \cdots\cdots①$$

①で $n=1$ とすると 1 となり，a_1 と等しくなるから，$n=1$ のときも①は成り立つ。
よって，一般項は①である。
また　$S_n=\sum_{k=1}^{n}(3k^2-3k+1)$

$$=3\times\frac{n(n+1)(2n+1)}{6}-3\times\frac{n(n+1)}{2}+n=n^3$$

テスト対策

〔階差数列の利用〕
階差数列を利用して数列の一般項を求めるときには，まず **$n\geqq 2$ のときの一般項**を求める。次に，この式で $n=1$ としたときの値と，初項を比較すること。

答　(1) $\boldsymbol{\frac{n}{2n+1}}$　(2) $\boldsymbol{\frac{n(3n+5)}{4(n+1)(n+2)}}$

検討　(1) $S_n=\sum_{k=1}^{n}\frac{1}{(2k-1)(2k+1)}$

$$=\frac{1}{2}\sum_{k=1}^{n}\left(\frac{1}{2k-1}-\frac{1}{2k+1}\right)$$

$$=\frac{1}{2}\left\{\left(1-\frac{1}{3}\right)+\left(\frac{1}{3}-\frac{1}{5}\right)+\cdots+\left(\frac{1}{2n-3}-\frac{1}{2n-1}\right)+\left(\frac{1}{2n-1}-\frac{1}{2n+1}\right)\right\}$$

$$=\frac{1}{2}\left(1-\frac{1}{2n+1}\right)=\frac{n}{2n+1}$$

(2) $S_n=\sum_{k=1}^{n}\frac{1}{k(k+2)}=\frac{1}{2}\sum_{k=1}^{n}\left(\frac{1}{k}-\frac{1}{k+2}\right)$

$$=\frac{1}{2}\left\{\left(1-\frac{1}{3}\right)+\left(\frac{1}{2}-\frac{1}{4}\right)+\left(\frac{1}{3}-\frac{1}{5}\right)+\cdots+\left(\frac{1}{n-2}-\frac{1}{n}\right)+\left(\frac{1}{n-1}-\frac{1}{n+1}\right)+\left(\frac{1}{n}-\frac{1}{n+2}\right)\right\}$$

$$=\frac{1}{2}\left(1+\frac{1}{2}-\frac{1}{n+1}-\frac{1}{n+2}\right)=\frac{n(3n+5)}{4(n+1)(n+2)}$$

応用問題

本冊 p. 126

答　$\boldsymbol{\frac{n(n-1)(n+1)(3n+2)}{24}}$

検討　$(1+2+3+\cdots+n)^2$ を展開したときに現れる項は 1^2，2^2，3^2，…，n^2 と 1 から n までの異なる 2 つの数のすべての積である。
異なる 2 つの数の積は $1\cdot2$ と $2\cdot1$ のように同じ積が 2 つずつ現れるから，次の関係が成り立つ。

$$(1+2+3+\cdots+n)^2$$
$$=1^2+2^2+3^2+\cdots+n^2+2S$$

よって　$S=\frac{1}{2}\{(1+2+3+\cdots+n)^2-(1^2+2^2+3^2+\cdots+n^2)\}$

$$=\frac{1}{2}\left\{\left(\sum_{k=1}^{n}k\right)^2-\sum_{k=1}^{n}k^2\right\}$$

$$=\frac{1}{2}\left[\left\{\frac{n(n+1)}{2}\right\}^2-\frac{n(n+1)(2n+1)}{6}\right]$$

$$=\frac{1}{2}\left\{\frac{n^2(n+1)^2}{4}-\frac{n(n+1)(2n+1)}{6}\right\}$$

$$=\frac{n(n-1)(n+1)(3n+2)}{24}$$

答　(1) $\boldsymbol{a_n=\dfrac{3^n-1}{2}}$，$\boldsymbol{S_n=\dfrac{3^{n+1}-2n-3}{4}}$

(2) $\boldsymbol{a_n=\dfrac{n^3-3n^2+11n-3}{3}}$，

$\boldsymbol{S_n=\dfrac{n(n^3-2n^2+17n+8)}{12}}$

検討　(1) 数列 $\{a_n\}$ の階差数列を $\{b_n\}$ とすると，階差数列 $\{b_n\}$ は，3，9，27，81，… より初項3，公比3の等比数列となる。

$b_n=3\cdot3^{n-1}=3^n$ だから，

$n\geqq2$ のとき

$$a_n=1+\sum_{k=1}^{n-1}3^k=\frac{3^n-1}{2}\quad\cdots\cdots①$$

①で $n=1$ とすると1となり，a_1 と等しくなるから，$n=1$ のときも①は成り立つ。

よって，一般項は①である。

また　$S_n=\dfrac{1}{2}\left(\displaystyle\sum_{k=1}^{n}3^k-\sum_{k=1}^{n}1\right)=\dfrac{1}{2}\left(\dfrac{3^{n+1}-3}{2}-n\right)$

$$=\frac{3^{n+1}-2n-3}{4}$$

(2) 数列 $\{a_n\}$ の階差数列を $\{b_n\}$，$\{b_n\}$ の階差数列を $\{c_n\}$ とすると

階差数列 $\{b_n\}$ は　3，5，9，15，23，33，…

階差数列 $\{c_n\}$ は　2，4，6，8，10，…

よって　$c_n=2n$

また，$n\geqq2$ のとき

$$b_n=b_1+\sum_{k=1}^{n-1}c_k=3+\sum_{k=1}^{n-1}2k$$

$$=n^2-n+3\quad\cdots\cdots①$$

①で $n=1$ とすると3となり，b_1 と等しくなるから，$n=1$ のときも①は成り立つ。

したがって，$n\geqq2$ のとき

$$a_n=a_1+\sum_{k=1}^{n-1}b_k=2+\sum_{k=1}^{n-1}(k^2-k+3)$$

$$=\frac{n^3-3n^2+11n-3}{3}\quad\cdots\cdots②$$

②で $n=1$ とすると2となり，a_1 と等しくなるから，$n=1$ のときも②は成り立つ。

ゆえに，初項から第 n 項までの和 S_n は

$$S_n=\frac{1}{3}\sum_{k=1}^{n}(k^3-3k^2+11k-3)$$

$$=\frac{1}{3}\left[\left\{\frac{n(n+1)}{2}\right\}^2-3\times\frac{n(n+1)(2n+1)}{6}\right.$$

$$\left.+11\times\frac{n(n+1)}{2}-3n\right]$$

$$=\frac{n(n^3-2n^2+17n+8)}{12}$$

答　(1) $\boldsymbol{\dfrac{n(n+2)}{3(2n+1)(2n+3)}}$　(2) $\boldsymbol{\dfrac{n}{2n+1}}$

検討　(1) $S_n=\displaystyle\sum_{k=1}^{n}\frac{1}{(2k-1)(2k+1)(2k+3)}$

$$=\frac{1}{4}\sum_{k=1}^{n}\left\{\frac{1}{(2k-1)(2k+1)}-\frac{1}{(2k+1)(2k+3)}\right\}$$

$$=\frac{1}{4}\left[\left(\frac{1}{1\cdot3}-\frac{1}{3\cdot5}\right)+\left(\frac{1}{3\cdot5}-\frac{1}{5\cdot7}\right)+\cdots\right.$$

$$\left.+\left\{\frac{1}{(2n-1)(2n+1)}-\frac{1}{(2n+1)(2n+3)}\right\}\right]$$

$$=\frac{1}{4}\left\{\frac{1}{1\cdot3}-\frac{1}{(2n+1)(2n+3)}\right\}$$

$$=\frac{n(n+2)}{3(2n+1)(2n+3)}$$

(2) $S_n=\displaystyle\sum_{k=1}^{n}\frac{1}{(2k)^2-1}=\frac{1}{2}\sum_{k=1}^{n}\left(\frac{1}{2k-1}-\frac{1}{2k+1}\right)$

$$=\frac{1}{2}\left\{\left(1-\frac{1}{3}\right)+\left(\frac{1}{3}-\frac{1}{5}\right)+\cdots\right.$$

$$\left.+\left(\frac{1}{2n-1}-\frac{1}{2n+1}\right)\right\}$$

$$=\frac{1}{2}\left(1-\frac{1}{2n+1}\right)=\frac{n}{2n+1}$$

408

答　(1) $\boldsymbol{x\neq1}$ **のとき**

$\boldsymbol{S_n=\dfrac{(2n-1)x^{n+1}-(2n+1)x^n+x+1}{(1-x)^2}}$

$\boldsymbol{x=1}$ **のとき**　$\boldsymbol{S_n=n^2}$

(2) $\boldsymbol{x\neq-1}$ **のとき**

$\boldsymbol{S_n=\dfrac{1+(-1)^{n-1}\{(n+1)x^n+nx^{n+1}\}}{(1+x)^2}}$

$\boldsymbol{x=-1}$ **のとき**　$\boldsymbol{S_n=\dfrac{n(n+1)}{2}}$

検討　(1) 与式を①とし，両辺を x 倍した式を②とすると，

$$S_n=1+3x+5x^2+\cdots+(2n-1)x^{n-1}\quad\cdots\cdots①$$

$$xS_n=\quad x+3x^2+\cdots+(2n-3)x^{n-1}+(2n-1)x^n\quad\cdots\cdots②$$

①－② より

$(1-x)S_n=1+2x+2x^2+\cdots+2x^{n-1}-(2n-1)x^n$

$x \neq 1$ のとき

$(1-x)S_n=1+\dfrac{2x(1-x^{n-1})}{1-x}-(2n-1)x^n$

よって　$S_n=\dfrac{(2n-1)x^{n+1}-(2n+1)x^n+x+1}{(1-x)^2}$

$x=1$ のとき　$S_n=\sum_{k=1}^{n}(2k-1)=n^2$

(2) 与式を①，両辺を x 倍した式を②とすると，

$S_n=1-2x+3x^2-4x^3+\cdots+(-1)^{n-1}nx^{n-1}$ ……①

$xS_n=\quad x-2x^2+3x^3-\cdots+(-1)^{n-2}(n-1)x^{n-1}+(-1)^{n-1}nx^n$ ……②

①＋② より

$(1+x)S_n$

$=1-x+x^2-x^3+\cdots+(-1)^{n-1}x^{n-1}+(-1)^{n-1}nx^n$

$x \neq -1$ のとき

$(1+x)S_n=\dfrac{1-(-x)^n}{1+x}+(-1)^{n-1}nx^n$

よって　$S_n=\dfrac{1+(-1)^{n-1}\{(n+1)x^n+nx^{n+1}\}}{(1+x)^2}$

$x=-1$ のとき　$S_n=1+2+3+4+\cdots+n$

$=\dfrac{n(n+1)}{2}$

409

答　一般項：$\dfrac{\mathbf{2n+5}}{\mathbf{3^n}}$，和：$\mathbf{4-\dfrac{n+4}{3^n}}$

検討　$\dfrac{7}{3}$，$\dfrac{9}{9}$，$\dfrac{11}{27}$，$\dfrac{13}{81}$，… より，分子の項は，初項7，公差2の等比数列で，第 n 項の分子は　$7+2(n-1)=2n+5$

分母の項は，初項3，公比3の等比数列で，第 n 項の分母は　$3\cdot 3^{n-1}=3^n$

ゆえに，一般項は　$\dfrac{2n+5}{3^n}$

求める和を S_n とすると

$S_n=\dfrac{7}{3}+\dfrac{9}{3^2}+\dfrac{11}{3^3}+\cdots+\dfrac{2n+5}{3^n}$ ……①

①×$\dfrac{1}{3}$ より

$\dfrac{1}{3}S_n=\dfrac{7}{3^2}+\dfrac{9}{3^3}+\cdots+\dfrac{2n+3}{3^n}+\dfrac{2n+5}{3^{n+1}}$ ……②

①－② より

$\dfrac{2}{3}S_n=\dfrac{7}{3}+\dfrac{2}{3^2}+\dfrac{2}{3^3}+\cdots+\dfrac{2}{3^n}-\dfrac{2n+5}{3^{n+1}}$

$=\dfrac{7}{3}+2\cdot\dfrac{\frac{1}{9}\left\{1-\left(\frac{1}{3}\right)^{n-1}\right\}}{1-\frac{1}{3}}-\dfrac{2n+5}{3^{n+1}}$

$=\dfrac{8}{3}-\dfrac{2(n+4)}{3^{n+1}}$

よって　$S_n=4-\dfrac{n+4}{3^n}$

410

答　(1) $\dfrac{\mathbf{n^2-n+2}}{\mathbf{2}}$　(2) $\dfrac{\mathbf{n(n^2+1)}}{\mathbf{2}}$

検討　(1) 区切りをなくした自然数の列 1，2，3，… において，k 番目の数は k である。第 n 群の最初の数が自然数の列の N 番目の数であるとすると，第 n 群には n 個の数が含まれているから

$N=\{1+2+3+\cdots+(n-1)\}+1$

$=\dfrac{n(n-1)}{2}+1=\dfrac{n^2-n+2}{2}$

よって，第 n 群の最初の数は　$\dfrac{n^2-n+2}{2}$

(2) 第 n 群の数列は，初項が $\dfrac{n^2-n+2}{2}$，公差が1，項数が n の等差数列であるから，その和 S は

$S=\dfrac{n\left\{2\times\dfrac{n^2-n+2}{2}+(n-1)\times 1\right\}}{2}=\dfrac{n(n^2+1)}{2}$

41 漸化式

基本問題 …………………… 本冊 p. 128

答　(1) **25**　(2) **−10**　(3) **32**　(4) **81**

検討　具体的に $n=1$，2，3，4 を代入して順に求めればよい。

(1) $a_1=1$ より　$a_2=a_1+6=1+6=7$

$a_3=a_2+6=7+6=13$

$a_4=a_3+6=13+6=19$

よって　$a_5=a_4+6=19+6=25$

(3)　$a_1=2$ より　$a_2=2a_1=2\cdot2=4$

$a_3=2a_2=2\cdot4=8$

$a_4=2a_3=2\cdot8=16$

よって　$a_5=2a_4=2\cdot16=32$

412

答　(1) $\boldsymbol{a_n=4n-3}$　(2) $\boldsymbol{a_n=2^{n-1}}$

(3) $\boldsymbol{a_n=-3n+4}$　(4) $\boldsymbol{a_n=(-2)^{n-1}}$

検討　(1) $a_{n+1}-a_n=4$ より，初項 1，公差 4 の等差数列である。

(2) $a_{n+1}\div a_n=2$ より，初項 1，公比 2 の等比数列である。

(3) 初項 1，公差 -3 の等差数列である。

(4) 初項 1，公比 -2 の等比数列である。

413

答　(1) $\boldsymbol{a_n=\dfrac{3^n}{2}-\dfrac{1}{2}}$　(2) $\boldsymbol{a_n=(-3)^{n-1}+1}$

(3) $\boldsymbol{a_n=2}$　(4) $\boldsymbol{a_n=-3\left(\dfrac{1}{2}\right)^{n-1}+6}$

検討　(1) $a_{n+1}+\dfrac{1}{2}=3a_n+1+\dfrac{1}{2}$

$a_{n+1}+\dfrac{1}{2}=3\left(a_n+\dfrac{1}{2}\right)$ となり，数列 $\left\{a_n+\dfrac{1}{2}\right\}$ は，初項 $a_1+\dfrac{1}{2}=1+\dfrac{1}{2}=\dfrac{3}{2}$，公比 3 の等比数列より　$a_n+\dfrac{1}{2}=\dfrac{3}{2}\cdot3^{n-1}$

よって　$a_n=\dfrac{3^n}{2}-\dfrac{1}{2}$

(2) $a_{n+1}-1=-3a_n+4-1$

$a_{n+1}-1=-3(a_n-1)$ となり，数列 $\{a_n-1\}$ は，初項 $a_1-1=2-1=1$，公比 -3 の等比数列より　$a_n-1=(-3)^{n-1}$

よって　$a_n=(-3)^{n-1}+1$

(3) $a_{n+1}-2=\dfrac{1}{2}(a_n-2)$ となり，数列 $\{a_n-2\}$ は，初項 $a_1-2=2-2=0$，公比 $\dfrac{1}{2}$ の等比数列より　$a_n-2=0$　よって　$a_n=2$

(4) $a_{n+1}-6=\dfrac{1}{2}(a_n-6)$ となり，数列 $\{a_n-6\}$ は，初項 $a_1-6=3-6=-3$，公比 $\dfrac{1}{2}$ の等比数列より　$a_n-6=(-3)\left(\dfrac{1}{2}\right)^{n-1}$

よって　$a_n=-3\left(\dfrac{1}{2}\right)^{n-1}+6$

テスト対策

$a_{n+1}=pa_n+q$ $(p\neq1,\ q\neq0)$ の形の漸化式は，$\boldsymbol{\alpha=p\alpha+q}$ を満たす α を求めて，$\boldsymbol{a_{n+1}-\alpha=p(a_n-\alpha)}$ の形に変形する。

414

答　$\boldsymbol{a_n=\dfrac{3}{2}n^2-\dfrac{5}{2}n+2}$

検討　数列 $\{a_n\}$ の階差数列を $\{b_n\}$ とすると

$b_n=a_{n+1}-a_n=3n-1$

$n\geqq2$ のとき

$a_n=a_1+\sum_{k=1}^{n-1}b_k=1+\sum_{k=1}^{n-1}(3k-1)$

$=1+3\sum_{k=1}^{n-1}k-\sum_{k=1}^{n-1}1=1+3\cdot\dfrac{(n-1)n}{2}-(n-1)$

$=\dfrac{3}{2}n^2-\dfrac{5}{2}n+2$

この式に $n=1$ を代入すると 1 となり，a_1 に一致する。したがって，求める一般項は

$a_n=\dfrac{3}{2}n^2-\dfrac{5}{2}n+2$

応用問題 本冊 p. 130

答　$\boldsymbol{a_n=n+\dfrac{1}{2}(7\cdot3^{n-1}+1)}$

検討　$a_{n+1}=3a_n-2n$　……①

で，n の代わりに $n-1$ とおくと

$a_n=3a_{n-1}-2n+2$ $(n\geqq2)$　……②

①－② より　$a_{n+1}-a_n=3(a_n-a_{n-1})-2$

数列 $\{a_n\}$ の階差数列を $\{b_n\}$ とすると

$b_n=3b_{n-1}-2$

また，$a_2=3a_1-2\cdot1=3\cdot5-2=13$ だから

$b_1=a_2-a_1=13-5=8$

このとき，$\alpha=3\alpha-2$ を満たす α の値 1 を用いて，$b_n-1=3(b_{n-1}-1)$ と表せる。

これは，数列 $\{b_n-1\}$ が，初項
$b_1-1=8-1=7$，公比 3 の等比数列であることを示す。
したがって　$b_n-1=7\cdot 3^{n-1}$
よって　$b_n=7\cdot 3^{n-1}+1$
$n\geqq 2$ のとき
$a_n=a_1+\sum_{k=1}^{n-1}b_k=5+7\sum_{k=1}^{n-1}3^{k-1}+\sum_{k=1}^{n-1}1$
$=5+7\cdot\dfrac{3^{n-1}-1}{3-1}+(n-1)=n+\dfrac{1}{2}(7\cdot 3^{n-1}+1)$
この式で $n=1$ とすると 5 となり，a_1 に一致する。
したがって　$a_n=n+\dfrac{1}{2}(7\cdot 3^{n-1}+1)$

答　(1) $\boldsymbol{a_{n+1}=2a_n+1}$
(2) $\boldsymbol{a_n=2^n-1,\ \sum_{k=1}^{n}a_k=2^{n+1}-n-2}$

検討　(1) $a_{n+1}=(a_1+a_2+\cdots+a_n)+(n+1)$ ……①
①で n の代わりに $n-1$ とおくと，
$n\geqq 2$ のとき　$a_n=(a_1+a_2+\cdots+a_{n-1})+n$ ……②
①－②より
$n\geqq 2$ のとき　$a_{n+1}-a_n=a_n+1$
ゆえに　$a_{n+1}=2a_n+1$ ……③
また，$a_1=1$，$a_2=a_1+2=3$ より，$n=1$ のときも③を満たす。
よって　$a_{n+1}=2a_n+1$
(2) (1)で求めた式の両辺に 1 を加えて
$a_{n+1}+1=2(a_n+1)$
よって，数列 $\{a_n+1\}$ は，初項
$a_1+1=1+1=2$，公比 2 の等比数列である。
ゆえに　$a_n+1=2^n$　　よって　$a_n=2^n-1$
また　$\sum_{k=1}^{n}a_k=a_{n+1}-(n+1)=2^{n+1}-1-(n+1)$
$=2^{n+1}-n-2$

答　(1) $\boldsymbol{b_{n+1}=\dfrac{1}{2}b_n+3}$　(2) $\boldsymbol{a_n=\dfrac{2^{n-1}}{3\cdot 2^n-5}}$

検討　(1) 与式の両辺の逆数をとって
$\dfrac{1}{a_{n+1}}=\dfrac{1}{2a_n}+3$
よって　$b_{n+1}=\dfrac{1}{2}b_n+3$
(2) (1)の関係式の両辺から 6 を引いて
$b_{n+1}-6=\dfrac{1}{2}(b_n-6)$
ゆえに，数列 $\{b_n-6\}$ は，初項
$b_1-6=\dfrac{1}{a_1}-6=\dfrac{1}{1}-6=-5$，公比 $\dfrac{1}{2}$ の等比数列だから　$b_n-6=-5\cdot\left(\dfrac{1}{2}\right)^{n-1}$
$b_n=6-\dfrac{5}{2^{n-1}}=\dfrac{3\cdot 2^n-5}{2^{n-1}}$
よって　$a_n=\dfrac{2^{n-1}}{3\cdot 2^n-5}$

答　(1) $\boldsymbol{b_{n+1}=2b_n+1}$　(2) $\boldsymbol{a_n=1-\dfrac{1}{3\cdot 2^{n-1}-1}}$

検討　(1) $a_{n+1}=\dfrac{2}{3-a_n}$ より
$1-a_{n+1}=1-\dfrac{2}{3-a_n}=\dfrac{1-a_n}{3-a_n}$
両辺の逆数をとって
$\dfrac{1}{1-a_{n+1}}=\dfrac{3-a_n}{1-a_n}=\dfrac{2}{1-a_n}+1$
$\dfrac{1}{1-a_n}=b_n$ とおくと　$b_{n+1}=2b_n+1$
(2) (1)の関係式の両辺に 1 を加えて
$b_{n+1}+1=2(b_n+1)$
ゆえに，数列 $\{b_n+1\}$ は，初項
$\dfrac{1}{1-a_1}+1=\dfrac{1}{1-\dfrac{1}{2}}+1=3$，公比 2 の等比数列だから　$b_n+1=3\cdot 2^{n-1}$
$\dfrac{1}{1-a_n}=b_n$ より　$a_n=1-\dfrac{1}{b_n}$
よって　$a_n=1-\dfrac{1}{3\cdot 2^{n-1}-1}$

42 数学的帰納法

基本問題　本冊 p. 132

419

答　(1) (I) $n=1$ のとき　左辺$=1$　右辺$=1$

よって，$n=1$ のとき与式は成り立つ。

(II) $n=k$ のとき与式が成り立つと仮定する。

すなわち，

$1+2+3+\cdots+k=\frac{1}{2}k(k+1)$　……①

が成り立つとする。このとき，①の両辺に $k+1$ を加えると

$1+2+3+\cdots+k+(k+1)$

$=\frac{1}{2}k(k+1)+(k+1)$

$=\frac{1}{2}(k+1)\{(k+1)+1\}$

よって，$n=k+1$ のときも与式は成り立つ。

したがって，(I)，(II)より，すべての自然数 n について与式は成り立つ。

(2) (I) $n=1$ のとき　左辺$=1$　右辺$=1$

よって，$n=1$ のとき与式は成り立つ。

(II) $n=k$ のとき与式が成り立つと仮定すると　$1^2+2^2+3^2+\cdots+k^2+(k+1)^2$

$=\frac{1}{6}k(k+1)(2k+1)+(k+1)^2$

$=\frac{1}{6}(k+1)\{(k+1)+1\}\{2(k+1)+1\}$

よって，$n=k+1$ のときも与式は成り立つ。

したがって，(I)，(II)より，すべての自然数 n について与式は成り立つ。

(3) (I) $n=1$ のとき　左辺$=1$　右辺$=1$

よって，$n=1$ のとき与式は成り立つ。

(II) $n=k$ のとき与式が成り立つと仮定すると　$1^2+3^2+5^2+\cdots+(2k-1)^2+(2k+1)^2$

$=\frac{1}{3}k(2k-1)(2k+1)+(2k+1)^2$

$=\frac{1}{3}(k+1)\{2(k+1)-1\}\{2(k+1)+1\}$

よって，$n=k+1$ のときも与式は成り立つ。

したがって，(I)，(II)より，すべての自然数 n について与式は成り立つ。

(4) (I) $n=1$ のとき　左辺$=1$　右辺$=1$

よって，$n=1$ のとき与式は成り立つ。

(II) $n=k$ のとき与式が成り立つと仮定すると　$1+2+2^2+\cdots+2^{k-1}+2^k=2^k-1+2^k$

$=2^{k+1}-1$

よって，$n=k+1$ のときも与式は成り立つ。

したがって，(I)，(II)より，すべての自然数 n について与式は成り立つ。

テスト対策

〔数学的帰納法による証明〕

数学的帰納法による証明では，第 2 段階の証明がポイントになる。$n=k$ のときに与式が成り立つすることを必ず使うこと。

応用問題　本冊 p. 133

答　(1) (I) $n=1$ のとき　左辺$=2$　右辺$=2$

よって，$n=1$ のとき与式は成り立つ。

(II) $n=k$ のとき与式が成り立つと仮定する。

すなわち

$1\cdot3\cdot5\cdot\cdots\cdot(2k-1)\cdot2^k$

$=(k+1)(k+2)\cdot\cdots\cdot(2k)$　……①

が成り立つとする。このとき，①の両辺に $2\{2(k+1)-1\}=2(2k+1)$ を掛けると

$1\cdot3\cdot5\cdot\cdots\cdot(2k-1)(2k+1)\cdot2^{k+1}$

$=\{(k+1)(k+2)\cdot\cdots\cdot(2k)\}\cdot2(2k+1)$

$=\{(k+2)(k+3)\cdot\cdots\cdot(2k)(2k+1)\}\cdot2(k+1)$

$=\{(k+1)+1\}\{(k+1)+2\}\cdot\cdots\cdot\{2(k+1)\}$

よって，$n=k+1$ のときも与式は成り立つ。

したがって，(I)，(II)より，すべての自然数 n について与式は成り立つ。

(2) (I) $n=1$ のとき　左辺$=\frac{1}{2}$　右辺$=\frac{1}{2}$

よって，$n=1$ のとき与式は成り立つ。

(II) $n=k$ のとき与式が成り立つと仮定する。

すなわち

$1-\frac{1}{2}+\frac{1}{3}-\frac{1}{4}+\cdots+\frac{1}{2k-1}-\frac{1}{2k}$

$=\frac{1}{k+1}+\cdots+\frac{1}{2k}$　……①

が成り立つとする。このとき，①の両辺に

$\dfrac{1}{2k+1}-\dfrac{1}{2(k+1)}$ を加えると

$$1-\frac{1}{2}+\cdots-\frac{1}{2k}+\frac{1}{2k+1}-\frac{1}{2(k+1)}$$

$$=\frac{1}{k+1}+\cdots+\frac{1}{2k}+\frac{1}{2k+1}-\frac{1}{2(k+1)}$$

$$=\frac{1}{k+2}+\cdots+\frac{1}{2k}+\frac{1}{2k+1}+\frac{1}{k+1}$$

$$-\frac{1}{2(k+1)}$$

$$=\frac{1}{k+2}+\cdots+\frac{1}{2k}+\frac{1}{2k+1}+\frac{1}{2(k+1)}$$

よって，$n=k+1$ のときも与式は成り立つ。

したがって，(Ⅰ)，(Ⅱ)より，すべての自然数 n について与式は成り立つ。

答　(1) $(1+x)^n>1+nx$　……①

(Ⅰ) $n=2$ のとき

左辺$=(1+x)^2=1+2x+x^2$　右辺$=1+2x$

$x>0$ より，左辺>右辺 となり，$n=2$ のとき①は成り立つ。

(Ⅱ) $n=k\ (k\geqq 2)$ のとき①が成り立つと仮定する。すなわち

$(1+x)^k>1+kx$　……②

が成り立つとする。このとき，②の両辺に $1+x\ (>0)$ を掛けると

$(1+x)^{k+1}>(1+kx)(1+x)$

$(1+x)^{k+1}>1+(k+1)x+kx^2$

ここで，k は自然数で，$x^2>0$ であるから $kx^2>0$

よって　$(1+x)^{k+1}>1+(k+1)x$

したがって，$n=k+1$ のときも①は成り立つ。

(Ⅰ)，(Ⅱ)より，2 以上のすべての自然数 n について不等式①は成り立つ。

(2) $1+\dfrac{1}{2}+\dfrac{1}{3}+\cdots+\dfrac{1}{n}>\dfrac{2n}{n+1}$　……①

(Ⅰ) $n=2$ のとき　左辺$=\dfrac{3}{2}$　右辺$=\dfrac{4}{3}$

ゆえに，左辺>右辺 となり，$n=2$ のとき①は成り立つ。

(Ⅱ) $n=k\ (k\geqq 2)$ のとき①が成り立つと仮定する。すなわち

$1+\dfrac{1}{2}+\dfrac{1}{3}+\cdots+\dfrac{1}{k}>\dfrac{2k}{k+1}$　……②

が成り立つとする。このとき，②の両辺に

$\dfrac{1}{k+1}$ を加えると

$$1+\frac{1}{2}+\frac{1}{3}+\cdots+\frac{1}{k}+\frac{1}{k+1}>\frac{2k}{k+1}+\frac{1}{k+1}$$

ここで　$\dfrac{2k}{k+1}+\dfrac{1}{k+1}-\dfrac{2(k+1)}{k+2}$

$$=\frac{k}{(k+1)(k+2)}>0$$

よって

$$1+\frac{1}{2}+\frac{1}{3}+\cdots+\frac{1}{k}+\frac{1}{k+1}>\frac{2(k+1)}{k+2}$$

よって，$n=k+1$ のときも①は成り立つ。

(Ⅰ)，(Ⅱ)より，2 以上のすべての自然数 n について不等式①は成り立つ。

テスト対策

〔不等式の証明〕

数学的帰納法を使って不等式を証明するときは，$n=k+1$ のときにも成り立つような形にもっていくのがコツ。

43 確率分布・平均と分散

基本問題　本冊 p. 135

答

(1)

X	0	1	2	計
P	$\frac{1}{4}$	$\frac{1}{2}$	$\frac{1}{4}$	1

(2)

X	0	1	2	3	計
P	$\frac{1}{8}$	$\frac{3}{8}$	$\frac{3}{8}$	$\frac{1}{8}$	1

(3)

X	0	1	2	3	4	計
P	$\frac{1}{16}$	$\frac{1}{4}$	$\frac{3}{8}$	$\frac{1}{4}$	$\frac{1}{16}$	1

$P(X\leqq 2)=\dfrac{11}{16}$

検討 (1) X のとる値は，0，1，2 であり，それぞれの値をとる確率は

$P(X=0)={}_2C_0\left(\frac{1}{2}\right)^2=\frac{1}{4}$

$P(X=1)={}_2C_1\frac{1}{2}\cdot\frac{1}{2}=\frac{2}{4}=\frac{1}{2}$

$P(X=2)={}_2C_2\left(\frac{1}{2}\right)^2=\frac{1}{4}$

(2) X のとる値は，0，1，2，3 であり，それぞれの値をとる確率は

$P(X=0)={}_3C_0\left(\frac{1}{2}\right)^3=\frac{1}{8}$

$P(X=1)={}_3C_1\frac{1}{2}\cdot\left(\frac{1}{2}\right)^2=\frac{3}{8}$

$P(X=2)={}_3C_2\left(\frac{1}{2}\right)^2\cdot\frac{1}{2}=\frac{3}{8}$

$P(X=3)={}_3C_3\left(\frac{1}{2}\right)^3=\frac{1}{8}$

(3) X のとる値は，0，1，2，3，4 であり，それぞれの値をとる確率は

$P(X=0)={}_4C_0\left(\frac{1}{2}\right)^4=\frac{1}{16}$

$P(X=1)={}_4C_1\frac{1}{2}\cdot\left(\frac{1}{2}\right)^3=\frac{4}{16}=\frac{1}{4}$

$P(X=2)={}_4C_2\left(\frac{1}{2}\right)^2\cdot\left(\frac{1}{2}\right)^2=\frac{6}{16}=\frac{3}{8}$

$P(X=3)={}_4C_3\left(\frac{1}{2}\right)^3\cdot\frac{1}{2}=\frac{4}{16}=\frac{1}{4}$

$P(X=4)={}_4C_4\left(\frac{1}{2}\right)^4=\frac{1}{16}$

また

$P(X\leqq 2)=P(X=0)+P(X=1)+P(X=2)$

$=\frac{1}{16}+\frac{4}{16}+\frac{6}{16}=\frac{11}{16}$

答

X	2	3	4	5	6
P	$\frac{1}{36}$	$\frac{1}{18}$	$\frac{1}{12}$	$\frac{1}{9}$	$\frac{5}{36}$

7	8	9	10	11	12	計
$\frac{1}{6}$	$\frac{5}{36}$	$\frac{1}{9}$	$\frac{1}{12}$	$\frac{1}{18}$	$\frac{1}{36}$	1

$P(3\leqq X\leqq 6)=\frac{7}{18}$

検討 2個のさいころの目の出方は

6×6=36(通り)

目の和が2になるのは，(1，1)の1通り。よって　$P(X=2)=\frac{1}{36}$

目の和が3になるのは，(1，2)，(2，1)の2通り。よって　$P(X=3)=\frac{2}{36}=\frac{1}{18}$

目の和が4になるのは，(1，3)，(2，2)，(3，1)の3通り。よって

$P(X=4)=\frac{3}{36}=\frac{1}{12}$

目の和が5になるのは，(1，4)，(2，3)，(3，2)，(4，1)の4通り。よって

$P(X=5)=\frac{4}{36}=\frac{1}{9}$

目の和が6になるのは，(1，5)，(2，4)，(3，3)，(4，2)，(5，1)の5通り，よって

$P(X=6)=\frac{5}{36}$

目の和が7になるのは，(1，6)，(2，5)，(3，4)，(4，3)，(5，2)，(6，1)の6通り。

よって　$P(X=7)=\frac{6}{36}=\frac{1}{6}$

目の和が8になるのは，(2，6)，(3，5)，(4，4)，(5，3)，(6，2)の5通り。よって

$P(X=8)=\frac{5}{36}$

目の和が9になるのは，(3，6)，(4，5)，(5，4)，(6，3)の4通り。よって

$P(X=9)=\frac{4}{36}=\frac{1}{9}$

目の和が10になるのは，(4，6)，(5，5)，(6，4)の3通り。よって

$P(X=10)=\frac{3}{36}=\frac{1}{12}$

目の和が11になるのは，(5，6)，(6，5)の2通り。よって　$P(X=11)=\frac{2}{36}=\frac{1}{18}$

目の和が12になるのは，(6，6)の1通り。

よって　$P(X=12)=\frac{1}{36}$

また

$P(3\leqq X\leqq 6)=\frac{2}{36}+\frac{3}{36}+\frac{4}{36}+\frac{5}{36}=\frac{7}{18}$

答

X	0	1	2	3	計
P	$\frac{7}{24}$	$\frac{21}{40}$	$\frac{7}{40}$	$\frac{1}{120}$	1

検討　X のとる値は 0, 1, 2, 3 であり，それぞれの値をとる確率は

$$P(X=0)=\frac{{}_3C_0\cdot{}_7C_3}{{}_{10}C_3}=\frac{35}{120}=\frac{7}{24}$$

$$P(X=1)=\frac{{}_3C_1\cdot{}_7C_2}{{}_{10}C_3}=\frac{63}{120}=\frac{21}{40}$$

$$P(X=2)=\frac{{}_3C_2\cdot{}_7C_1}{{}_{10}C_3}=\frac{21}{120}=\frac{7}{40}$$

$$P(X=3)=\frac{{}_3C_3\cdot{}_7C_0}{{}_{10}C_3}=\frac{1}{120}$$

答　平均：$\boldsymbol{E(X)=\frac{9}{7}}$，分散：$\boldsymbol{V(X)=\frac{24}{49}}$，

標準偏差：$\boldsymbol{\sigma(X)=\frac{2\sqrt{6}}{7}}$

検討　X のとる値は 0, 1, 2, 3 であり，それぞれの値をとる確率は

$$P(X=0)=\frac{{}_3C_0\cdot{}_4C_3}{{}_7C_3}=\frac{4}{35}$$

$$P(X=1)=\frac{{}_3C_1\cdot{}_4C_2}{{}_7C_3}=\frac{18}{35}$$

$$P(X=2)=\frac{{}_3C_2\cdot{}_4C_1}{{}_7C_3}=\frac{12}{35}$$

$$P(X=3)=\frac{{}_3C_3\cdot{}_4C_0}{{}_7C_3}=\frac{1}{35}$$

よって，X の確率分布は次の表のようになる。

X	0	1	2	3	計
P	$\frac{4}{35}$	$\frac{18}{35}$	$\frac{12}{35}$	$\frac{1}{35}$	1

したがって

$$E(X)=0\times\frac{4}{35}+1\times\frac{18}{35}+2\times\frac{12}{35}+3\times\frac{1}{35}=\frac{9}{7}$$

$$V(X)=0^2\times\frac{4}{35}+1^2\times\frac{18}{35}+2^2\times\frac{12}{35}+3^2\times\frac{1}{35}-\left(\frac{9}{7}\right)^2$$

$$=\frac{24}{49}$$

$$\sigma(X)=\sqrt{V(X)}=\frac{2\sqrt{6}}{7}$$

44 確率変数の和と積

基本問題　本冊 p. 136

答　平均：$\boldsymbol{E(Y)=14}$，分散：$\boldsymbol{V(Y)=80}$

検討　$E(X)=2$，$V(X)=5$ より

$$E(Y)=E(4X+6)=4E(X)+6$$
$$=4\times2+6=14$$

$$V(Y)=V(4X+6)=4^2V(X)$$
$$=16\times5=80$$

答　平均：$\boldsymbol{E(X)=80}$，分散：$\boldsymbol{V(X)=3600}$

検討　取り出す白球の個数を Y とすると

$X=100Y-100$

Y のとりうる値は 1, 2, 3 であり，それぞれの値をとる確率は

$$P(Y=1)=\frac{{}_2C_2\cdot{}_3C_1}{{}_5C_3}=\frac{3}{10}$$

$$P(Y=2)=\frac{{}_2C_1\cdot{}_3C_2}{{}_5C_3}=\frac{6}{10}=\frac{3}{5}$$

$$P(Y=3)=\frac{{}_2C_0\cdot{}_3C_3}{{}_5C_3}=\frac{1}{10}$$

よって，Y の確率分布は次の表のようになる。

Y	1	2	3	計
P	$\frac{3}{10}$	$\frac{3}{5}$	$\frac{1}{10}$	1

よって，Y の平均 $E(Y)$ は

$$E(Y)=1\times\frac{3}{10}+2\times\frac{6}{10}+3\times\frac{1}{10}=\frac{9}{5}$$

よって　$E(X)=E(100Y-100)$

$$=100E(Y)-100$$
$$=100\times\frac{9}{5}-100=80$$

また，Y の分散 $V(Y)$ は

$$V(Y)=1^2\times\frac{3}{10}+2^2\times\frac{6}{10}+3^2\times\frac{1}{10}-\left(\frac{9}{5}\right)^2$$

$$=\frac{9}{25}$$

よって　$V(X)=V(100Y-100)=100^2V(Y)$

$$=10000\times\frac{9}{25}=3600$$

428

答　$\boldsymbol{a=2,\ b=1}$

検討　$E(X)=1,\ \sigma(X)=4$ より

$E(Y)=E(aX+b)=aE(X)+b=a+b$

$\sigma(Y)=\sigma(aX+b)=|a|\sigma(X)=4a\quad(a>0)$

$E(Y)=3,\ \sigma(Y)=8$ であるから

$a+b=3,\ 4a=8$　よって　$a=2,\ b=1$

429

答　平均：$\boldsymbol{E(3X-2Y)=-10}$，
分散：$\boldsymbol{V(3X-2Y)=69}$

検討　$E(X)=10,\ V(X)=5,\ E(Y)=20,$
$V(Y)=6$ より

$$E(3X-2Y)=3E(X)-2E(Y)$$
$$=3\times10-2\times20=-10$$
$$V(3X-2Y)=V(3X)+V(-2Y)$$
$$=9V(X)+4V(Y)$$
$$=9\times5+4\times6=69$$

430

答　平均：$\boldsymbol{E(X+Y)=125}$，
分散：$\boldsymbol{V(X+Y)=4375}$

検討　X のとる値は 0，100 である。よって，

$P(X=0)=\frac{1}{2},\ P(X=100)=\frac{1}{2}$ より

$$E(X)=0\times\frac{1}{2}+100\times\frac{1}{2}=50$$

$$E(X^2)=0^2\times\frac{1}{2}+100^2\times\frac{1}{2}=5000$$

$V(X)=E(X^2)-\{E(X)\}^2=5000-50^2=2500$

Y のとる値は 0，50，100，150 である。

よって，$P(Y=0)=\frac{1}{8},\ P(Y=50)=\frac{3}{8},$

$P(Y=100)=\frac{3}{8},\ P(Y=150)=\frac{1}{8}$ より

$$E(Y)=0\times\frac{1}{8}+50\times\frac{3}{8}+100\times\frac{3}{8}+150\times\frac{1}{8}$$
$$=75$$

$$E(Y^2)=0^2\times\frac{1}{8}+50^2\times\frac{3}{8}+100^2\times\frac{3}{8}$$
$$+150^2\times\frac{1}{8}$$
$$=7500$$

$V(Y)=E(Y^2)-\{E(Y)\}^2=7500-75^2=1875$

よって　$E(X+Y)=E(X)+E(Y)$

$$=50+75=125$$

さらに，$X,\ Y$ は独立であるから

$V(X+Y)=V(X)+V(Y)=2500+1875$

$$=4375$$

応用問題 本冊 p. 137

431

答　平均：$\boldsymbol{E(Z)=\frac{14}{5}}$，分散：$\boldsymbol{V(Z)=\frac{3}{5}}$

標準偏差：$\boldsymbol{\sigma(Z)=\frac{\sqrt{15}}{5}}$

検討　袋 A，B から同時に 2 個の球を取り出したときの赤球の個数をそれぞれ $X,\ Y$ とすると，X のとる値は 0，1，2，Y のとる値は 1，2 であり，$X,\ Y$ それぞれの値をとる確率は

$$P(X=0)=\frac{{}_3C_0\cdot{}_2C_2}{{}_5C_2}=\frac{1}{10}$$

$$P(X=1)=\frac{{}_3C_1\cdot{}_2C_1}{{}_5C_2}=\frac{6}{10}$$

$$P(X=2)=\frac{{}_3C_2\cdot{}_2C_0}{{}_5C_2}=\frac{3}{10}$$

$$P(Y=1)=\frac{{}_4C_1\cdot{}_1C_1}{{}_5C_2}=\frac{4}{10}$$

$$P(Y=2)=\frac{{}_4C_2\cdot{}_1C_0}{{}_5C_2}=\frac{6}{10}$$

よって，$X,\ Y$ の確率分布はそれぞれ次の表のようになる。

X	0	1	2	計
P	$\frac{1}{10}$	$\frac{6}{10}$	$\frac{3}{10}$	1

Y	1	2	計
P	$\frac{4}{10}$	$\frac{6}{10}$	1

よって

$$E(X)=0\times\frac{1}{10}+1\times\frac{6}{10}+2\times\frac{3}{10}=\frac{12}{10}=\frac{6}{5}$$

$$V(X)=E(X^2)-\{E(X)\}^2$$
$$=0^2\times\frac{1}{10}+1^2\times\frac{6}{10}+2^2\times\frac{3}{10}-\left(\frac{6}{5}\right)^2$$
$$=\frac{9}{25}$$

$E(Y)=1\times\frac{4}{10}+2\times\frac{6}{10}$

$=\frac{16}{10}=\frac{8}{5}$

$V(Y)=E(Y^2)-\{E(Y)\}^2$

$=1^2\times\frac{4}{10}+2^2\times\frac{6}{10}-\left(\frac{8}{5}\right)^2$

$=\frac{6}{25}$

$Z=X+Y$ より

$E(Z)=E(X+Y)=E(X)+E(Y)$

$=\frac{6}{5}+\frac{8}{5}=\frac{14}{5}$

X, Y は独立であるから

$V(Z)=V(X+Y)=V(X)+V(Y)$

$=\frac{9}{25}+\frac{6}{25}=\frac{3}{5}$

$\sigma(Z)=\sqrt{V(Z)}=\frac{\sqrt{15}}{5}$

答 (1) $\boldsymbol{Y=5X-9}$

(2) 平均：$\boldsymbol{E(Y)=-\frac{3}{2}}$，分散：$\boldsymbol{V(Y)=\frac{75}{4}}$

検討 (1) 硬貨を3回投げて，表が X 回出たとき，裏は $(3-X)$ 回出たことになるから，点 P の座標 Y は

$Y=2\cdot X+(-3)\cdot(3-X)=5X-9$

(2) X のとる値は0，1，2，3であり，それぞれの値をとる確率は

$P(X=0)={}_3C_0\left(\frac{1}{2}\right)^3=\frac{1}{8}$

$P(X=1)={}_3C_1\left(\frac{1}{2}\right)\left(\frac{1}{2}\right)^2=\frac{3}{8}$

$P(X=2)={}_3C_2\left(\frac{1}{2}\right)^2\left(\frac{1}{2}\right)=\frac{3}{8}$

$P(X=3)={}_3C_3\left(\frac{1}{2}\right)^3=\frac{1}{8}$

よって，X の確率分布は次の表のようになる。

X	0	1	2	3	計
P	$\frac{1}{8}$	$\frac{3}{8}$	$\frac{3}{8}$	$\frac{1}{8}$	1

よって

$E(X)=0\times\frac{1}{8}+1\times\frac{3}{8}+2\times\frac{3}{8}+3\times\frac{1}{8}$

$=\frac{12}{8}=\frac{3}{2}$

$V(X)=0^2\times\frac{1}{8}+1^2\times\frac{3}{8}+2^2\times\frac{3}{8}+3^2\times\frac{1}{8}$

$-\left(\frac{3}{2}\right)^2$

$=\frac{3}{4}$

ゆえに　$E(Y)=E(5X-9)=5E(X)-9$

$=5\times\frac{3}{2}-9=-\frac{3}{2}$

$V(Y)=V(5X-9)=5^2V(X)=25\times\frac{3}{4}=\frac{75}{4}$

45 二項分布

基本問題 本冊 p. 138

433

答 (1) 平均：$\boldsymbol{E(X)=5}$，分散：$\boldsymbol{V(X)=\frac{5}{2}}$，

標準偏差：$\boldsymbol{\sigma(X)=\frac{\sqrt{10}}{2}}$

(2) 平均：$\boldsymbol{E(X)=10}$，分散：$\boldsymbol{V(X)=\frac{10}{3}}$，

標準偏差：$\boldsymbol{\sigma(X)=\frac{\sqrt{30}}{3}}$

(3) 平均：$\boldsymbol{E(X)=\frac{9}{2}}$，分散：$\boldsymbol{V(X)=\frac{9}{8}}$，

標準偏差：$\boldsymbol{\sigma(X)=\frac{3\sqrt{2}}{4}}$

検討 (1) 平均 $E(X)=10\cdot\frac{1}{2}=5$

分散 $V(X)=10\cdot\frac{1}{2}\cdot\left(1-\frac{1}{2}\right)=\frac{5}{2}$

標準偏差 $\sigma(X)=\sqrt{\frac{5}{2}}=\frac{\sqrt{10}}{2}$

(2) 平均 $E(X)=15\cdot\frac{2}{3}=10$

分散 $V(X)=15\cdot\frac{2}{3}\cdot\left(1-\frac{2}{3}\right)=\frac{10}{3}$

標準偏差 $\sigma(X)=\sqrt{\frac{10}{3}}=\frac{\sqrt{30}}{3}$

(3) 平均 $E(X)=6\cdot\frac{3}{4}=\frac{9}{2}$

分散 $V(X)=6\cdot\frac{3}{4}\cdot\left(1-\frac{3}{4}\right)=\frac{9}{8}$

標準偏差 $\sigma(X)=\sqrt{\frac{9}{8}}=\frac{3\sqrt{2}}{4}$

434

答　(1) 平均：$\boldsymbol{E(X)=250}$,
分散：$\boldsymbol{V(X)=125}$，標準偏差：$\boldsymbol{\sigma(X)=5\sqrt{5}}$

(2) 平均：$\boldsymbol{E(X)=\frac{100}{3}}$，分散：$\boldsymbol{V(X)=\frac{200}{9}}$，

標準偏差：$\boldsymbol{\sigma(X)=\frac{10\sqrt{2}}{3}}$

検討　(1) 1 枚の硬貨を投げたとき，表の出る確率は　$\frac{1}{2}$

よって，X は二項分布 $B\left(500,\ \frac{1}{2}\right)$ に従う。

$E(X)=500\cdot\frac{1}{2}=250$

$V(X)=500\cdot\frac{1}{2}\cdot\left(1-\frac{1}{2}\right)=125$

$\sigma(X)=\sqrt{125}=5\sqrt{5}$

(2) 1 個のさいころを投げたとき，3 の倍数の目が出る確率は　$\frac{2}{6}=\frac{1}{3}$

よって，X は二項分布 $B\left(100,\ \frac{1}{3}\right)$ に従う。

$E(X)=100\cdot\frac{1}{3}=\frac{100}{3}$

$V(X)=100\cdot\frac{1}{3}\cdot\left(1-\frac{1}{3}\right)=\frac{200}{9}$

$\sigma(X)=\sqrt{\frac{200}{9}}=\frac{10\sqrt{2}}{3}$

435

答　平均：$\boldsymbol{E(X)=400}$，分散：$\boldsymbol{V(X)=1600}$

検討　さいころを 400 回投げて，4 以上の目が Y 回出たとすると

$X=3Y+(-1)\cdot(400-Y)=4Y-400$

さいころを 1 回投げて 4 以上の目が出る確率は　$\frac{3}{6}=\frac{1}{2}$

よって，Y は二項分布 $B\left(400,\ \frac{1}{2}\right)$ に従う。

よって　$E(Y)=400\cdot\frac{1}{2}=200$

$V(Y)=400\cdot\frac{1}{2}\cdot\left(1-\frac{1}{2}\right)=100$

したがって，X の平均は

$E(X)=E(4Y-400)=4E(Y)-400$
$=4\cdot200-400=400$

$V(X)=V(4Y-400)=4^2V(Y)$
$=16\cdot100=1600$

436

答　(1) 平均：$\boldsymbol{E(Y)=12}$，分散：$\boldsymbol{V(Y)=10}$

(2) 平均：$\boldsymbol{E(Y)=-20}$，分散：$\boldsymbol{V(Y)=40}$

検討　X が二項分布 $B\left(5,\ \frac{2}{3}\right)$ に従うから

$E(X)=5\cdot\frac{2}{3}=\frac{10}{3}$

$V(X)=5\cdot\frac{2}{3}\cdot\left(1-\frac{2}{3}\right)=\frac{10}{9}$

(1) $E(Y)=E(3X+2)=3E(X)+2$
$=3\cdot\frac{10}{3}+2=12$

$V(Y)=V(3X+2)=3^2V(X)=9\cdot\frac{10}{9}=10$

(2) $E(Y)=E(-6X)=-6E(X)$
$=-6\cdot\frac{10}{3}=-20$

$V(Y)=V(-6X)=(-6)^2V(X)$
$=36\cdot\frac{10}{9}=40$

46 正規分布

基本問題 本冊 p. 139

答　(1) **0.19146**　(2) **0.43319**　(3) **0.10386**

検討　(1) $P(0\leqq Z\leqq0.5)=0.19146$

(2) $P(-1.5\leqq Z\leqq0)=P(0\leqq Z\leqq1.5)=0.43319$

(3) $P(1\leqq Z\leqq1.6)=P(0\leqq Z\leqq1.6)-P(0\leqq Z\leqq1)$
$=0.44520-0.34134=0.10386$

438

答　(1) **0.65542**　(2) **0.37208**　(3) **0.89435**

検討　$Z=\dfrac{X-3}{4}$ とおくと，Z は標準正規分布 $N(0,\ 1)$ に従う。

(1) $P(X\geqq 1.4)=P(Z\geqq -0.4)$
$=P(-0.4\leqq Z\leqq 0)+P(Z\geqq 0)$
$=P(0\leqq Z\leqq 0.4)+P(Z\geqq 0)$
$=0.15542+0.5=0.65542$

(2) $P(2\leqq X\leqq 6)=P(-0.25\leqq Z\leqq 0.75)$
$=P(-0.25\leqq Z\leqq 0)+P(0\leqq Z\leqq 0.75)$
$=P(0\leqq Z\leqq 0.25)+P(0\leqq Z\leqq 0.75)$
$=0.09871+0.27337=0.37208$

(3) $P(X\leqq 8)=P(Z\leqq 1.25)$
$=P(Z\leqq 0)+P(0\leqq Z\leqq 1.25)$
$=0.5+0.39435=0.89435$

439

答　(1) **およそ66人**　(2) **およそ174.7 cm以上**

検討　ある高校の2年生男子の身長を X cm とすると，X は正規分布 $N(169.5,\ 10.0^2)$ に従うから，$Z=\dfrac{X-169.5}{10.0}$ とおくと，Z は標準正規分布 $N(0,\ 1)$ に従う。

(1) $176\leqq X\leqq 181$ のとき，$0.65\leqq Z\leqq 1.15$
$P(0.65\leqq Z\leqq 1.15)$
$=P(0\leqq Z\leqq 1.15)-P(0\leqq Z\leqq 0.65)$
$=0.37493-0.24215=0.13278$
よって，求める生徒の人数は
$500\times 0.13278=66.39$ より，およそ66人

(2) 身長が a cm 以上の生徒が高いほうから150人の中に入るとすると
$P(X\geqq a)=\dfrac{150}{500}=0.3$
ここで，$u=\dfrac{a-169.5}{10.0}$ とおくと，$X\geqq a$ のとき，$\dfrac{X-169.5}{10.0}\geqq\dfrac{a-169.5}{10.0}$ より　$Z\geqq u$
よって　$P(X\geqq a)=P(Z\geqq u)=0.3$
$P(Z\geqq 0)-P(0\leqq Z\leqq u)=0.3$
$0.5-P(0\leqq Z\leqq u)=0.3$
$P(0\leqq Z\leqq u)=0.2$
これを満たす u の値を求める。
$p(u)=P(0\leqq Z\leqq u)$ とおくと　$p(u)=0.2$
ここで，$p(0.52)=0.19847$　$p(0.53)=0.20194$
だから　$u\fallingdotseq 0.52$
$\dfrac{a-169.5}{10.0}=0.52$　　$a=174.7$
よって，およそ174.7 cm以上である。

47 母集団と標本

基本問題

本冊 p. 140

440

答　母平均：$\boldsymbol{m=\dfrac{12}{5}}$，母分散：$\boldsymbol{\sigma^2=\dfrac{21}{25}}$，
母標準偏差：$\boldsymbol{\sigma=\dfrac{\sqrt{21}}{5}}$

検討　母平均 m は
$$m=1\times\frac{2}{10}+2\times\frac{3}{10}+3\times\frac{4}{10}+4\times\frac{1}{10}=\frac{12}{5}$$
母分散 σ^2 は
$$\sigma^2=\left(1^2\times\frac{2}{10}+2^2\times\frac{3}{10}+3^2\times\frac{4}{10}+4^2\times\frac{1}{10}\right)-\left(\frac{12}{5}\right)^2=\frac{21}{25}$$
母標準偏差 σ は　$\sigma=\sqrt{\dfrac{21}{25}}=\dfrac{\sqrt{21}}{5}$

441

答　(1)

X	1	2	3	4	5	計
P	$\frac{1}{15}$	$\frac{2}{15}$	$\frac{1}{5}$	$\frac{4}{15}$	$\frac{1}{3}$	1

(2) 母平均：$\boldsymbol{m=\dfrac{11}{3}}$，母分散：$\boldsymbol{\sigma^2=\dfrac{14}{9}}$，
母標準偏差：$\boldsymbol{\sigma=\dfrac{\sqrt{14}}{3}}$

検討　(2) 母平均 m は
$$m=1\times\frac{1}{15}+2\times\frac{2}{15}+3\times\frac{3}{15}+4\times\frac{4}{15}+5\times\frac{5}{15}=\frac{11}{3}$$

母分散 σ^2 は

$$\sigma^2=\left(1^2\times\frac{1}{15}+2^2\times\frac{2}{15}+3^2\times\frac{3}{15}+4^2\times\frac{4}{15}+5^2\times\frac{5}{15}\right)-\left(\frac{11}{3}\right)^2$$

$$=\frac{14}{9}$$

母標準偏差 σ は　$\sigma=\sqrt{\frac{14}{9}}=\frac{\sqrt{14}}{3}$

48 標本平均

基本問題　本冊 *p. 141*

442

答　**平均：$E(\overline{X})=30$，**

標準偏差：$\sigma(\overline{X})=\frac{8}{5}$

検討　標本平均 $\overline{X}$ の平均を $E(\overline{X})$，標準偏差を $\sigma(\overline{X})$ とすると，母平均は $m=30$，母標準偏差は 8 だから

$E(\overline{X})=30$，$\sigma(\overline{X})=\frac{8}{\sqrt{25}}=\frac{8}{5}$

443

答　**平均：$E(\overline{X})=\frac{11}{7}$，**

標準偏差：$\sigma(\overline{X})=\frac{\sqrt{13}}{42}$

検討　母平均を m，母標準偏差を σ とすると

$$m=1\times\frac{4}{7}+2\times\frac{2}{7}+3\times\frac{1}{7}=\frac{11}{7}$$

$$\sigma^2=\left(1^2\times\frac{4}{7}+2^2\times\frac{2}{7}+3^2\times\frac{1}{7}\right)-\left(\frac{11}{7}\right)^2=\frac{26}{49}$$

$$\sigma=\sqrt{\frac{26}{49}}=\frac{\sqrt{26}}{7}$$

よって　$E(\overline{X})=m=\frac{11}{7}$

$$\sigma(\overline{X})=\frac{\sigma}{\sqrt{72}}=\frac{\sqrt{26}}{7}\times\frac{1}{6\sqrt{2}}=\frac{\sqrt{13}}{42}$$

444

答　**0.10565**

検討　母平均を m，母標準偏差を σ，標本の大きさを n とすると　$m=48$，$\sigma=16$，$n=400$

よって，この標本平均 $\overline{X}$ は近似的に正規分布 $N\left(48,\ \frac{16^2}{400}\right)$，すなわち $N(48,\ 0.8^2)$ に従う。そこで，$Z=\frac{\overline{X}-48}{0.8}$ とおくと，Z は近似的に標準正規分布 $N(0,\ 1)$ に従う。

$\overline{X}\geqq 49$ のとき　$Z\geqq 1.25$

よって　$P(\overline{X}\geqq 49)=P(Z\geqq 1.25)$

$=P(Z\geqq 0)-P(0\leqq Z\leqq 1.25)$

$=0.5-0.39435=0.10565$

445

答　**0.04406**

検討　標本平均を $\overline{X}$ とすると，$\overline{X}$ は正規分布 $N\left(14.6,\ \frac{2.4^2}{16}\right)$，すなわち $N(14.6,\ 0.6^2)$ に従う。

そこで，$Z=\frac{\overline{X}-14.6}{0.6}$ とおくと，Z は標準正規分布 $N(0,\ 1)$ に従う。

$\overline{X}\geqq 15.5$ のとき　$Z\geqq 1.5$

$\overline{X}\leqq 15.8$ のとき　$Z\leqq 2$

よって　$P(15.5\leqq\overline{X}\leqq 15.8)=P(1.5\leqq Z\leqq 2)$

$=P(0\leqq Z\leqq 2)-P(0\leqq Z\leqq 1.5)$

$=0.47725-0.43319=0.04406$

49 推定

基本問題　本冊 *p. 142*

446

答　**[85.51，86.49]（単位は g）**

検討　標本平均を $\overline{X}$，母標準偏差を σ，標本の大きさを n とすると

$\overline{X}=86$，$\sigma=2.5$，$n=100$

よって，m に対する信頼度 95 % の信頼区間は $\left[86-1.96\cdot\frac{2.5}{\sqrt{100}},\ 86+1.96\cdot\frac{2.5}{\sqrt{100}}\right]$

すなわち　[85.51，86.49]（単位は g）

447

答 **[0.313, 0.407]**

検討 標本比率を R, 標本の大きさを n とすると　$R=\frac{144}{400}=0.36$, $n=400$

よって, p に対する信頼度 95 % の信頼区間は

$$\left[0.36-1.96\sqrt{\frac{0.36\cdot0.64}{400}},\ 0.36+1.96\sqrt{\frac{0.36\cdot0.64}{400}}\right]$$

すなわち　[0.313, 0.407]

50 仮説検定

基本問題 本冊 p. 143

448

答 **表が出る確率は $\frac{1}{2}$ でないとは判断できない。**

検討 表が出る確率を p とする。

表が出る確率が $\frac{1}{2}$ でないならば, $p\neq\frac{1}{2}$ である。ここで, 表が出る確率は $\frac{1}{2}$ である, すなわち, $p=\frac{1}{2}$ という仮説を立てる。仮説が正しいとすると, 100 回のうち表が出る回数 X は, 二項分布 $B\left(100,\ \frac{1}{2}\right)$ に従う。

X の平均 m と標準偏差 σ は

$m=100\cdot\frac{1}{2}=50$, $\sigma=\sqrt{100\cdot\frac{1}{2}\cdot\left(1-\frac{1}{2}\right)}=5$

よって, $Z=\frac{X-50}{5}$ は近似的に標準正規分布 $N(0,\ 1)$ に従う。

$X=56$ のとき　$Z=1.2$

よって　$P(|Z|\geqq1.2)=2P(Z\geqq1.2)$

$=2\{P(Z\geqq0)-P(0\leqq Z\leqq1.2)\}$

$=2(0.5-0.38493)=0.23014$

ゆえに, およそ 23 % となり, 有意水準 5 %

② よりも大きいから, 仮説は棄却されない。

したがって, 表が出る確率は $\frac{1}{2}$ でないとは判断できない。

449

答 **この県の平均点と異なると判断できる。**

検討 A 高校の 2 年生のテストの平均点を m とする。

県の平均点と異なるならば, $m\neq60$ である。

ここで, この県の平均点と等しい, すなわち, $m=60$ という仮説を立てる。

仮説が正しいとすると, A 高校の 2 年生のテストの平均点 $\overline{X}$ は正規分布 $N\left(60,\ \frac{18^2}{144}\right)$, すなわち $N(60,\ 1.5^2)$ に従う。

よって, $Z=\frac{\overline{X}-60}{1.5}$ は近似的に標準正規分布 $N(0,\ 1)$ に従う。

$\overline{X}=63.6$ のとき　$Z=2.4$

よって　$P(|Z|\geqq2.4)=2P(Z\geqq2.4)$

$=2\{P(Z\geqq0)-P(0\leqq Z\leqq2.4)\}$

$=2(0.5-0.49180)=0.0164$

よって, およそ 2 % となり, 有意水準 5 % よりも小さいから, 仮説は棄却される。したがって, この県の平均点と異なると判断できる。